Jedicke · Biotopverbund

Biotopverbund

Grundlagen und Maßnahmen einer neuen Naturschutzstrategie

Von Dr. Eckhard Jedicke

Zweite, überarbeitete und erweiterte Auflage
20 Farbfotos auf Tafeln
96 Schwarzweißfotos und Zeichnungen
32 Tabellen

E.U.
VERLAG
EUGEN
ULMER

Alle Fotos in diesem Buch stammen von
Leonie und Dr. Eckhard Jedicke.
Ein großer Teil der graphischen Darstellungen wurde
von Siegfried Lokau, Bochum, nach Vorlagen des Verfassers oder
der Literatur formal überarbeitet bzw. neu gezeichnet.

Die Deutsche Bibliothek – CIP-Einheitsaufnahme

Jedicke, Eckhard:
Biotopverbund : Grundlagen und Massnahmen einer neuen
Naturschutzstrategie ; 32 Tabellen / Eckhard Jedicke. –
2., überarb. und erw. Aufl. – Stuttgart : Ulmer, 1994
Zugl.: Giessen, Univ., Diss., 1990
ISBN 3-8001-3324-5

Wollgrasweg 41, 70599 Stuttgart
Printed in Germany
Lektorat: Dr. Steffen Volk
Herstellung: Otmar Schwerdt
Einbandgestaltung: Alfred Krugmann, Freiberg a. N.
Satz: Laupp & Göbel, Nehren/Tübingen
Druck und Bindung: F. Pustet, Regensburg

Vorwort

Biotopverbund – ein relativ neues Schlagwort macht im Naturschutz Furore. Wissenschaftler wie Praktiker, Mitarbeiter der Behörden und der ehrenamtlichen Verbände, Planer und Politiker greifen es zunehmend auf. Alle ernsthaft Interessierten sehen in dem Konzept zum Biotopverbund einen ganz entscheidenden Schlüssel, der dem Naturschutz endlich flächendekkend zu wirklichen Erfolgen verhelfen kann.

Diese wären bitter nötig, stellen doch bisherige Bilanzen dem Naturschutz leider ein schlechtes Zeugnis aus: Die Roten Listen der gefährdeten Tier- und Pflanzenarten wachsen, Tag für Tag verschwinden weitere natürliche und naturnahe Lebensräume von der Erdoberfläche; Bodenerosion, Luft- und Wasserverschmutzung greifen zunehmend um sich. Landschafts- und Naturschutzplanung, die theoretisch geeignete Gegenmaßnahmen entwickeln und forcieren müßten, lassen teilweise die nötige Sachkunde und Konsequenz vermissen. Die bisher vielfach herrschende Beschränkung des agierenden Naturschutzes auf die Ausweisung von Naturschutzgebieten unter Vernachlässigung der Restflächen – immerhin über 98% des Areals der Bundesrepublik Deutschland – erwies sich als Fehler, zumal auch die Flächensicherung nicht einmal halbherzig verfolgt wurde.

Das Konzept zum Aufbau von Biotopverbundsystemen erhebt Naturschutzansprüche auf der Gesamtfläche, die in ihrer Intensität abgestuft sind: Eine flächendeckende Nutzungsminderung gehört ebenso untrennbar zu einer wirkungsvollen Strategie wie der Aufbau eines Schutzgebietssystems mit großflächigen Arealen im Bereich von 200 bis mehreren tausend Hektar Größe. Dieses wird ergänzt und verbunden durch die Ausweisung kleinerer punktueller Trittsteinbiotope und deren Verbund untereinander durch lineare Korridorbiotope. Die Funktionsweise des Verbundmodells verglich die Landesanstalt für Ökologie Nordrhein-Westfalen jüngst mit dem menschlichen Blutgefäßsystem: Funktionieren wird es nur, wenn der Körper – und entsprechend die gesamte Landschaft – intakt ist und nicht überstrapaziert wird.

Das vorliegende Buch stellt einen ersten Versuch dar, die vielfältigen Grundlagen und Informationen aus Wissenschaft und Praxis so zusammenzufassen, daß es vor allem dem im Naturschutz Handelnden das nötige Know-how vermittelt. Ein Thema, das sich noch derart stark in der Entwicklung befindet wie der Biotopverbund, das genügend Zündstoff für Diskussionen und Kontroversen bietet, läßt sich noch nicht auf eine objektiv gültige Linie bringen. Diese Zusammenstellung will den aktuellen Kennstnisstand dokumentieren, damit zu aktivem Handeln und zu tiefergehenden wissenschaftlichen Untersuchungen anregen und eine Plattform für den künftigen Dialog liefern.

In den ersten Kapiteln wird die Ausgangssituation zusammengefaßt, die Inseltheorie und die Isolationswirkung vor allem der Straßen dargestellt sowie die Ökologie von Habitatinseln beleuchtet. Es folgt die Einführung in die Grundideen des Biotopverbunds, anschließend eine Beschreibung der Möglichkeiten, entsprechende Vorhaben in etablierte Planungsabläufe zu integrieren. Ausführlich werden die einleitende Biotopkartierung als Grundlage der Planung, die Anforderungen an den Aufbau eines Schutzgebietssystems – hier insbesondere Fragen der Mindestgrößen –

und anhand ausgewählter Beispiele die Praxis des lokalen Verbunds durch Trittsteine und Korridore geschildert. Flächendeckende Extensivierung und die Diskussion grundsätzlicher Kritik bis hin zu Aufgaben für künftige Forschungen runden den Themenkreis ab. Ein umfassendes Literaturverzeichnis bietet die Möglichkeit, noch tiefer in die jeweilige Thematik vorzudringen.

Entstanden ist das Buch aus meiner jahrelangen Tätigkeit im Naturschutz, nicht zuletzt aus meiner Unzufriedenheit mit dem bisher Erreichten aus der Erkenntnis, daß nur ein gründliches und schnelles Umdenken – auch und vor allem in der Politik – den Durchbruch bewirken kann.

Herrn Prof. Dr. Herbert Sukopp, Institut für Ökologie der Technischen Universität Berlin, danke ich für das Lesen des Manuskriptes und viele wertvolle Hinweise, die das Konzept für dieses Buch und das Manuskript zu einer möglichst praxisnahen Handreichung ausreifen ließen. Dank gebührt auch Herrn Roland Ulmer für das entgegengebrachte Vertrauen und die gute Ausstattung des Bandes, ebenso Herrn Dr. Steffen Volk als Lektor für die angenehme Zusammenarbeit. Nicht zuletzt danke ich meiner Frau, Leonie Jedicke, herzlich für ihre Mithilfe bei den Literaturrecherchen und beim Redigieren des Manuskriptes.

Wettenberg, im Januar 1990

Eckhard Jedicke

Zur 2. Auflage

Das Thema Biotopverbund gewinnt zunehmende Aktualität. Vier Jahre nach Erscheinen der ersten Auflage wurde bereits eine Neuauflage notwendig. Sie gab die Gelegenheit, durch eine umfassende Neubearbeitung auch jüngste Erkenntnisse und Erfahrungen aus Wissenschaft und Praxis einzuarbeiten. Erweitert und teils neu aufgenommen wurden u. a. folgende Bereiche:

- ökologische Grundlagen über die Inseltheorie hinaus mit dem Mosaik-Zyklus-Konzept als Begründung für die Forderung nach dynamischem Naturschutz, dem Mosaikkonzept als Erklärungsmodell für hohe Artenzahlen in einer kleinkammerig gegliederten Kulturlandschaft sowie den Modellen der Metapopulation und des MVP-Konzepts;
- Bedeutung und Anwendung von Biotopverbund-Maßnahmen exemplarisch für Pflanzen und ausgewählte Tiergruppen, um die je nach Artengruppe unterschiedlichen Bedürfnisse zu verdeutlichen;
- Schutzgebiete, insbesondere die Sicherung von Natur- und Waldschutzgebieten;
- Extensivierung der Flächennutzung in Land- und Forstwirtschaft sowie bei Eingriffsvorhaben.

Schließlich ließ die Wiedervereinigung eine Ergänzung und Aktualisierung vieler Zahlenangaben notwendig werden.

Gedankt sei allen, die durch kritische Anmerkungen und Verbesserungsvorschläge halfen, diese momentane Bestandsaufnahme des Kenntnisstandes weiter ausreifen zu lassen. Auch in Zukunft freue ich mich über konstruktive Kritik.

Leider bleiben viele in den letzten Jahren aufgestellte Biotopverbund-Konzepte in ihrem Anfangsstadium stecken und legten sich eine falsche, ja schädliche Selbstbeschränkung auf Korridor- und Trittsteinbiotope auf. Die Bedeutung flächendeckenden Agierens des Naturschutz für den Erfolg nahezu sämtlicher seiner Bemühungen ist zwar in der Theorie allgemein anerkannt – doch in der Praxis wird diese Erkenntnis noch nicht umgesetzt. Landnutzung und Naturschutz müssen unter einen Hut gebracht werden, auch damit die einzelnen Naturschutzobjekte – ob Großschutzgebiete, Trittsteinbiotope oder lineare Landschaftselemente – langfristig lebensfähig werden und bleiben. Naturschutz muß viel stärker und offensiver als bisher bei der Flächennutzung in Land- und Forstwirtschaft mitreden.

Ein zweiter Schwerpunkt muß in der Entwicklung und Umsetzung dynamischer Schutzkonzepte liegen: Naturschutz darf nicht allein in statischen Dimensionen verharren und – mit teils hohem Pflegeaufwand – permanent gegen die natürliche Sukzession arbeiten, um Natur in einem Wunschzustand festzuhalten. Stattdessen muß er, vorzugsweise auf großen Flächen mit Totalschutz, die natürliche Entwicklung zulassen. Biotoppflege, wo sie als nötig erachtet wird, sollte in erster Linie Teil einer ökologisch und gleichzeitig ökonomisch gewinnbringenden Landnutzung sein.

Arolsen, im Januar 1994

Dr. Eckhard Jedicke

Inhaltsverzeichnis

1 Einleitung

Abb. 1: Quadratkilometergroß bis auf den letzten Rest ausgerräumte Ackerlandschaft – hier können nur noch ganz wenige Pflanzen- und Tierarten überleben. In solchen Gebieten tut Biotopverbund bersonders not, ist aber auch am schwierigsten zu realisieren.

1.1 Das Artensterben schreitet weiter voran

1.1.1 Traurige Bilanz der Roten Listen

Die Zahl der aussterbenden und vom Aussterben mehr oder weniger stark bedrohten Tier- und Pflanzenarten nimmt weltweit zu – trotz steigender Bemühungen des Naturschutzes durch vielfältige Arten- und Biotopschutzprogramme, durch die vorgeschriebene Beteiligung der Verbände an Planungen von umweltrelevanter Bedeutung, durch eine häufig propagierte »ökologische Planung«. Zeugnis dieser Entwicklung legen dic Roten Listen ab, in denen für bestimmte Räume die ausgestorbenen, verschollenen und gefährdeten Spezies verzeichnet sind. Die ersten solcher Listen erschienen Mitte der 60er und Anfang der 70er Jahre, so daß zumindest teilweise bereits eine Trendanalyse möglich wird.

Seit etwa 1850, als in der Landwirtschaft allmählich ein radikaler Wandel einsetzte, starben im Gebiet der Bundesrepublik (West) nachweislich 20 Vogel-, 27 Schmetterlings-, 4 Fisch-, 17 Spinnen- und 96 Käferarten sowie 63 verschiedene Farn- und Blütenpflanzen aus. In Österreich handelt es sich um 18 Vogel-, 25 Schmetterlings-, 7 Fisch-, 34 Käfer- sowie 60 Pflanzenarten der Farn- und Blütenpflanzen, in der Schweiz um 46 Pflanzen-, 9 Vogel-, 4 Amphibienarten und 1 Reptilienart (WITT & RISSLER 1988).

Die Roten Listen müssen regelmäßig fortgeschrieben werden, um als Sterberegister heimischer Tier- und Pflanzenarten auf dem aktuellen Stand zu bleiben und so weiter ihre wohl wichtigste Funktion erfüllen zu können, bei Gesetzesvorhaben, Eingriffen und Schutzbemühungen als Argumentationshilfe zu dienen. Eine drastische Entwicklung zeich-

Tab. 1. In der Zeit seit 1850 in der Westdeutschland ausgestorbene und heute gefährdete Farn- und Blütenpflanzen (aus KORNECK & SUKOPP 1988)

Gefährdungsgrad	Zahl der Arten	Anteil der Gesamtartenzahl (2995)
ausgestorben/verschollen	63	2,3%
vom Aussterben bedroht	102	3,2%
stark gefährdet	257	9,4%
gefährdet	305	11,2%
potentiell gefährdet	146	5,4%
Summe	873	32,0%

Tab. 2. Ausgestorbene und gefährdete Tierarten im Westteil der Bundesrepublik Deutschland, bezogen auf das Jahr 1400 (große Wirbeltiere) bzw. 1850 (sonstige) (aus BLAB et al. 1984)

Organismengruppe	Zahl einheimischer Arten	ausgestorbene Arten		gefährdete Arten	
		Zahl	%	Zahl	%
Wirbeltiere	449	31	7	222	49
Säugetiere	93	7	8	43	46
Vögel	255	20	8	113	44
Kriechtiere	12	–	–	9	75
Lurche	19	–	–	11	58
Süßwasser-Fische	70	4	6	46	66
Wirbellose	ca. 44100	?	?	?	?
darunter:					
Schnecken	270	2	1	126	47
Muscheln	31	1	3	16	52
Großschmetterlinge	1300	27	2	467	36
Käfer	4000	96	2	1590	40
Libellen	80	4	5	39	49
Webspinnen	803	17	2	97	12

net sich beispielsweise in Nordrhein-Westfalen ab, dem bevölkerungsreichsten Bundesland (nach WITT & RISSLER 1988): Von der ersten zur zweiten Auflage der Roten Liste zwischen 1979 und 1986 wuchs der Anteil gefährdeter Arten

- bei den Farn- und Blütenpflanzen von 33,9 auf 40,1%,
- bei den Moosen von 77,6 auf 80%,
- bei den Säugetieren von 47,7 auf 52,9%,
- bei den Vögeln von 48,4 auf 57,8%,
- bei den Fischen von 40 auf 52%.

Auch Kleinvögel auf dem Rückzug

Mittlerweile zeigen selbst ehemalige Ubiquisten (umgangssprachlich: Allerweltsarten) drastische Rückgänge. Vögel als am besten untersuchte Artengruppe liefern dafür die deutlichsten Beweise (BERTHOLD et al. 1986): Im Rahmen des »Mettnau-Reit-Illmitz-Programms« der Vogelwarte Radolfzell wurden von 1974 bis 1983 auf drei Fangstationen in Süddeutschland, Norddeutschland und Oberösterreich jeweils zwischen Ende Juni und Anfang November insgesamt 184939 durchziehende Kleinvögel 37 verschiedener Arten gefangen. 26 dieser Arten (70%) zeigen eine negative Bestandsentwicklung, die mittlere jährliche Abnahme der Individuenzahlen betrug auf allen drei Stationen 1,6%.

Für die Kleinvögel deutet sich dieselbe Entwicklung an, wie wir sie bei vielen Großvogelarten mit gravierenden Bestandseinbrüchen bereits aus den vergangenen Jahrzehnten kennen. Beispiele für in vielen Bereichen stark zurückgehende Kleinvögel sind Feldlerche (*Alauda arvensis*), Feldsperling (*Passer montanus*), Wendehals (*Jynx torquilla*), Uferschwalbe (*Riparia riparia*), Neuntöter (*Lanius collurio*) und Braunkehlchen (*Saxicola rubetra*).

Anhand des Vergleichs von vier Lokalavifaunen wiesen FROBEL & BECK (1982) einen signifikanten Rückgang der nichtbrütenden und der Brutvogel-Arten im Landkreis Coburg innerhalb der letzten 110 Jahre nach (Abb. 2): Am deutlichsten reduzierte sich der Artenbestand an Brutvögeln, und zwar um rund 15%. Die Nettoverlustrate blieb seit 1888 etwa gleich, die Rate des Arten-Turnover, der »Artenumschlag« von verschwindenden und neu einwandernden Arten, stieg an.

Das Verschwinden der Vögel in der Kulturlandschaft ist noch ein relativ auffälliges Phänomen. Die Rückgänge und das Aussterben von Insekten, Weichtieren und erst recht von anderen Wirbellosen hingegen beschäftigt nur wenige Wissenschaftler – großflächig läßt es sich gar nicht verfolgen. Fest zu stehen scheint, daß die bisherigen Konzepte des Naturschutzes infolge mangelnder Umsetzung ihr Ziel, das Artensterben wenigstens zu stoppen, nicht erreicht, sondern weit verfehlt haben.

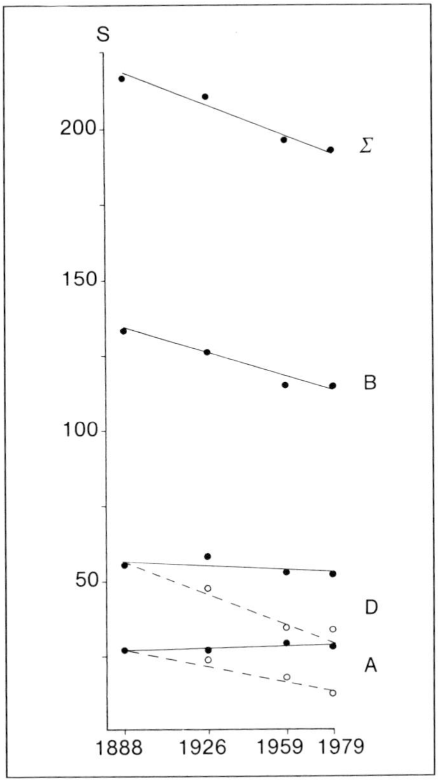

Abb. 2: Rückgang des Artenbestandes der Vögel im Landkreis Coburg, analysiert auf der Grundlage von vier Avifaunen aus den Jahren 1888, 1926, 1959 und 1979 (aus FROBEL & BECK 1982).
S: Artenzahl
Σ: Summe aller Arten
B: Brutvögel
D: Durchzügler und Gäste; gestrichelte Linie: Artenbestand an Durchzüglern nach Abzug ehemaliger Brutvögel
A: Ausnahmeerscheinungen; gestrichelte Linie: nach Abzug ehemals regelmäßig auftretender Arten

1.1.2 Ursachen der Gefährdung

Die Zerstörung ihrer Lebensräume gilt für die meisten gefährdeten und ausgestorbenen bzw. verschollenen Tier- und Pflanzenarten als die Hauptursache ihrer Bestandsrückgänge. Für die Farn- und Blütenpflanzen analysierten KORNECK & SUKOPP (1988) die Gründe für den Artenschwund: An der Spitze stehen Nutzungsänderung, Nutzungsaufgabe und die Beseitigung von Sonderstandorten (s. Abb. 3).

Die Liste der Verursacher (Abb. 4) führt die Landwirtschaft an. Vier von fünf verschollenen oder gefährdeten Pflanzenarten sind auf Pflanzenformationen der »halblandwirtschaftlichen Biotope« angewiesen, die zu nutzen wegen ihrer geringen wirtschaftlichen Produktivität heute uninteressant geworden ist. Als trockene und nährstoffarme Formationen sind dies vor allem Halbtrocken- und Trockenrasen, xerotherme Gehölze, Zwergstrauchheiden und Borstgrasrasen, als feuchte bis nasse Gesellschaften die Feuchtwiesen, hygrophile Therophytenfluren, Kriechrasen und Quellfluren. Hinzu kommen an der Spitze gefährdeter Formationen als sehr naturnahe Biotope oligotrophe Moore, Moorwälder und -gewässer, die infolge von Entwässe-

Abb. 3: Ursachen des Artenrückgangs der Farn- und Blütenpflanzen in der Bundesrepublik Deutschland, geordnet nach der Zahl der betroffenen Pflanzenarten der Roten Liste. Die Summe liegt infolge Mehrfachnennung von Gefährdungsfaktoren höher als die Gesamtzahl der 711 untersuchten Arten (aus KORNECK & SUKOPP 1988).

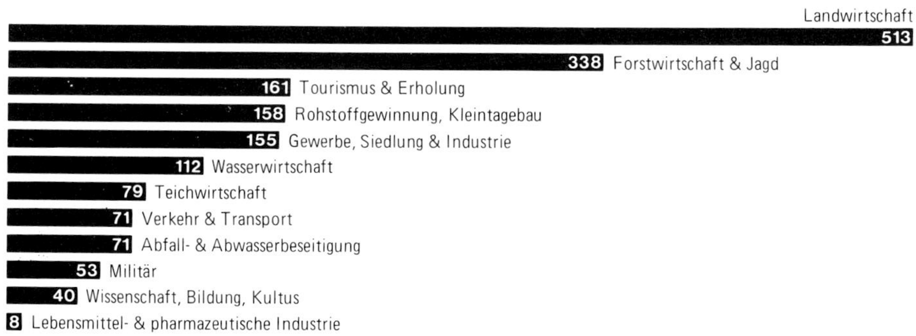

Abb. 4: Verursacher des Artenrückgangs der Farn- und Blütenpflanzen, geordnet nach der Zahl der betroffenen Arten der Roten Liste (aus KORNECK & SUKOPP 1988).

rung, Torfabbau und Kultivierungsmaßnahmen selten wurden.

Die Zerstörung von Sonderstandorten bzw. -biotopen sowie eine Nutzungsintensivierung unter massivem Dünger- und Herbizideinsatz führt insbesondere in der Agrarlandschaft zu einer Nivellierung der Standort- und Lebensbedingungen. ELLENBERG jun. (1983) wies anhand des Vergleichs der Standortansprüche der Rote-Liste-Pflanzenarten nach, daß vorrangig die Spezies der Extremstandorte gefährdet sind: die der warmen, trockenen, nassen oder nährstoffarmen Standorte. Zu entsprechenden Ergebnissen kommen auch KUNZMANN et al. (1985).

Welche Arten sind besonders gefährdet?
Wenngleich die Ursachen und deren Gewichte von Art zu Art sehr unterschiedlich liegen können, so lassen sich doch allgemeine Charakteristika gefährdeter Tier- und Pflanzenarten zusammenfassen. Auffallend hohe Gefährdungsraten finden sich bei solchen Arten, die sich durch besondere Ansprüche auszeichnen (BLAB & NOWAK 1983):

- Arten, die großflächige, strukturreiche und störungsfreie Lebensstätten benötigen;
- die ausschließlich bestimmte Extrembiotope wie zum Beispiel Feucht- und Trockenlebensräume besiedeln;

Abb. 5: Auch mehr oder weniger alltägliche Eingriffe in den Naturhaushalt wie Bachkorrekturen und der Ausbau von Gräben bewirken radikale Biotopänderungen, die zum Verschwinden vieler ehemals dort heimischer Arten führen.

- die stark an wirtschaftlich wertlose bzw. geringwertige Lebensstätten und Biotopteile wie vegetationsarme Standorte, alte morsche Bäume, Kleingewässer usw. gebunden oder aber auf frühere, extensive Formen der Landnutzung angewiesen sind;
- die von einst häufiger, jetzt aber selten werdender Nahrung (etwa Großinsekten) abhängen oder ein ausreichendes Angebot an Blüten über die gesamte Vegetationsperiode benötigen;
- die weite Wanderungen zu Wasser oder Land absolvieren, ohne zerschneidende Hindernisse (Straßen, Stauwehre) fliegend überwinden zu können;
- die von Natur aus nur ein räumlich beschränktes Verbreitungsgebiet in unserem Lande besitzen, weil dann die Schadeinflüsse leicht im gesamten Vorkommensgebiet der Art wirken und keine Rückzugsmöglichkeit mehr besteht, beispielsweise im Fall vieler wärmeliebender Tiere;
- die besonders empfindlich auf äußere anthropogene Einwirkungen reagieren, beispielsweise durch Biozide, Erholungsaktivitäten, Wasser- und Luftverschmutzung;
- die für den Menschen attraktiv sind und so einen Anreiz zur direkten Verfolgung liefern.

1.2 Ein Rückblick: Wandel der Kulturlandschaft

1.2.1 Vom Jäger und Sammler zum Ackerbauern

Mit Ausnahme geringflächiger alpiner Sonderstandorte wurden in der Vergangenheit sämtliche Ökosysteme Mitteleuropas vom Menschen grundlegend beeinflußt und verändert. Wir leben heute in einer Kulturlandschaft, die mit der ursprünglichen Naturlandschaft nur noch wenig gemein hat. Von Natur aus wäre der größte Teil der Landschaft (über 95%) von Wald bedeckt, der sich stark von den heutigen Forsten unterscheiden würde.

Einen guten Überblick zur Entstehung der heutigen Pflanzendecke unter dem Einfluß des Menschen gibt Ellenberg sen. (1982), daneben finden hier die Ausführungen von Meisel (1984), Rem-

MERT (1988a) und STICHMANN (1984, 1986) Verwendung.

Seßhafte Bauern von der jüngeren Steinzeit an

Erwarb der Mensch seine Nahrung weitgehend als Jäger und Sammler, indem er durch die großflächigen Wälder streifte, so war sein Einfluß auf den Naturhaushalt bis zur mittleren Steinzeit, abgesehen von der Ausrottung einiger Großsäuger, noch vergleichsweise gering. Erst in der jüngeren Steinzeit, etwa zwischen 4500 und 1800 v.Chr., wurden in Norddeutschland und einigen Lößgebieten des mittleren und südlichen Deutschlands viele Bauern seßhaft, legten kleine Ackerflächen an und trieben ihr Vieh (Rinder, Schafe, Schweine und Ziegen, ab 2000 v. Chr. auch Pferde) in die umgebenden Wälder. Damit begannen die ersten großen Eingriffe des Menschen in die Ökosysteme und Böden. Der Wald wurde durch die Weidewirtschaft und gezielte Brandrodung zurückgedrängt, vor allem, um Freiflächen für das Ackerland zu schaffen.

Während der Bronze- und Eisenzeit dehnte sich der waldfrei gehaltene Siedlungsraum nur mäßig aus, obwohl das Pflügen mit dem eisenbeschlagenen Holzpflug, die Ernte mit der Sense und erste Entwässerungsversuche feuchter Standorte die Arbeit erleichterten. Die Erfindung der Sense ließ die ersten einschürigen Wiesen entstehen.

Mehrere Schübe in der Waldzerstörung

In den vergleichsweise dicht bevölkerten Altsiedel-Landschaften wurde schon um Christi Geburt die gesamte bestehende Waldfläche mehr oder weniger häufig vom weidenden Vieh genutzt. Besonders intensiv waren damals die von den Römern besetzten Landstriche ackerbaulich bewirtschaftet. Die durch das Auslichten des Waldes bedingte »Aufhellung der Landschaft« schuf mit den entstehenden

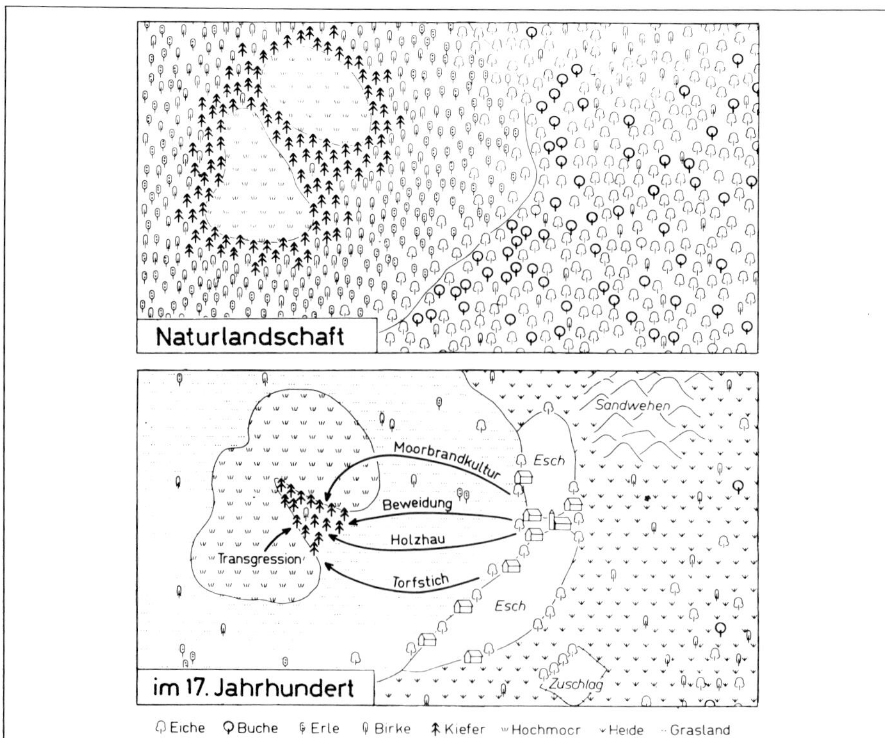

Abb. 6: Der Wandel von der Naturlandschaft zur vom wirtschaftenden Menschen stark beeinflußten Kulturlandschaft des 17. Jahrhunderts (aus ELLENBERG sen. 1982). Die Bilder zeigen eine Naturlandschaft im sandigen Flachland mit zwei kleinen Hochmooren (links), die von Bruchwäldern umgeben werden. Diese gehen in der Mitte in einen feuchten Eichen-Hainbuchenwald über, einem später bevorzugten Ort zur Dorfanlage. Weiter rechts grenzen Buchen-Eichenwald und auf Sand Birken-Eichenwald an. Die Kulturlandschaft war weitgehend entwaldet und durch Wiesen, Heiden und infolge Übernutzung entstandene Dünen geprägt. Die alten Äcker (Esch) liegen auf den besten Böden.

Waldrändern, Lichtungen und Rodungsflächen Lebensräume, die für die Ausbreitung zahlreicher Pflanzen- und Tierarten sorgte, welche vorher entweder auf kleinflächige lichtreiche Sonderstandorte beschränkt waren oder erst durch den wirtschaftenden Menschen eingeführt wurden.

Während der Völkerwanderung eroberte sich der Wald teilweise brachgefallene Flächen zurück. Im Mittelalter jedoch begannen allmählich überall die planmäßigen Erschließungen, die auch große und zusammenhängende, bislang nur randlich beeinflußte Waldgebiete zerschnitten. Rinderherden wurden bis zu den Gipfeln der Mittelgebirge getrieben (vgl. auch Abb. 6).

Erneuten Vorschub erhielt die Waldverwüstung durch die Industrialisierung in der Neuzeit, als Bergwerke und Industriebetriebe große Mengen an Brennholz benötigten.

Zugleich etablierte sich die Forstwirtschaft, die vielfach die Wiederaufforstung mit schnellwachsenden und standortfremden Nadelhölzern forcierte und so grundlegende Veränderungen bewirkte. Waldweide wurde bis Ende des 18. Jahrhunderts praktiziert. Ihre Spuren finden sich heute nur noch in wenigen Hutewäldern, auf Heideflächen wie der Lüneburger Heide und auf Trockenrasen, wo Schafherden noch den waldfreien bzw. -armen Zustand erhalten.

1.2.2 Entstehen der bäuerlichen Kulturlandschaft

Im Laufe der Jahrhunderte entstand in der Agrarlandschaft ein langsam wachsendes, kleinräumiges und abwechslungsreiches Mosaik von Siedlungen und Einzelhöfen, Gärten, Wegen und Triften, Hecken, Gehölzen- und Einzelbäumen, Obstwiesen, Kleingewässern, Heiden und Trockenrasen, Hoch- und Niederwäldern. 500 bis 700 Gefäßpflanzenarten fanden hier Lebensraum, doppelt so viele wie in der ursprünglichen Landschaft; die Vielfalt der Tierarten steigerte sich noch stärker (STICHMANN 1984). Rund 400 Jahre lang war dieses Bild der Normalzustand: vom 16. bis Mitte des 20. Jahrhunderts.

In der Folge der verschiedenen land- und forstwirtschaftlichen Einflüsse auf Ökosysteme (s. Abb. 7) entstanden schon im Mittelalter und früher ausgedehnte Heideflächen, Flugsandfelder und Niederwälder, Vorgänge der Erosion und Podsolierung traten zunehmend auf.

Der anthropogene Einfluß auf die Flora äußerte sich durch Einführung und Heimischwerden von Pflanzensippen, in einer Beschleunigung der Sippenbildung sowie parallel dazu im Rückgang und Aussterben anderer Sippen (SUKOPP 1972). Sippen, die nur infolge direkter oder indirekter Mithilfe des Menschen in

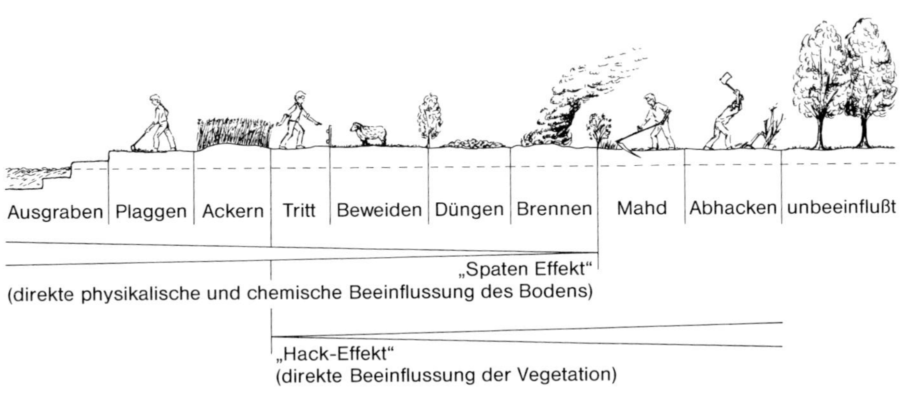

Abb. 7: Formen anthropogener Einflüsse durch die Land- und Forstwirtschaft auf Ökosysteme (nach VAN LEEUWEN aus SUKOPP 1972).

ein Gebiet gelangten, werden als **Hemerochoren** bezeichnet. Sie nehmen heute 16% der beständig in Westdeutschland vorkommenden Arten von Farn- und Blütenpflanzen ein; 7% zählen zu den bis zum Mittelalter eingewanderten **Archäophyten**, 9% zu den seit 1500 heimisch gewordenen **Neophyten**. 115 der hier naturalisierten Arten erwiesen sich als in naturnahen Pflanzenformationen beständig, mehr als 350 Arten verdanken dagegen ihren Standort den Eingriffen des Menschen. Auf der anderen Seite verschwanden mindestens 10 Arten total aus der mitteleuropäischen Flora, viele andere gingen in ihren Beständen stark zurück (SUKOPP 1972).

Artenrückgang seit 1850

Die maximale Artenzahl – zumindest bei den Pflanzen – fand sich Anfang bis Mitte des 19. Jahrhunderts, seitdem lassen sich rückläufige Tendenzen beobachten. Dafür sind mehrere Faktoren verantwortlich (vgl. MEISEL 1984):

- Die »Agrarreform« in der ersten Hälfte des 19. Jahrhunderts löste die Naturaldienste gegenüber den Grundherren ab, alte Berechtigungen zu gemeinschaftlicher Flächenordnung wurden abgeschafft. In der Folge kam es zu Maßnahmen der Bodenordnung durch Zusammenlegen verstreut liegender Grundstücke sowie zu einer weitgehenden Aufteilung der Allmendflächen, die zuvor – oft 50 bis über 80% der Gemarkungen einnehmend – von mehreren Beteiligten oder der gesamten Dorfgemeinschaft genutzt wurden (z. B. Heiden, Trocken- und Halbtrockenrasen).
- Landeskulturelle Maßnahmen wie das Regulieren – sprich Begradigen – von Fließgewässern, Wegebau und Entwässerungen wurden vom Staat angeordnet und finanziert.
- Die Erkenntnisse Justus von Liebigs zur mineralischen Pflanzendüngung und die Gewinnung von nicht-organischen Düngemitteln bewirkten gemeinsam mit dem Einsatz verbesserter landwirtschaftlicher Geräte und Maschinen (Einführung des Dampfpfluges in der zweiten Hälfte des 19. Jahrhunderts) sowie Fortschritten in der Pflanzen- und Tierzucht eine intensive Landnutzung, angespornt nicht zuletzt durch den Bedarf an Nahrungsmitteln infolge des raschen Bevölkerungswachstums. Wesentlich verbessert wurde die Saatgutreinigung um 1920, so daß die Ackerwildkräuter zurückgingen.
- Bei höheren Hektarerträgen und steigendem Viehbesitz – vor allem an Rindern und Schweinen – ging die Zahl der Schafe von fast 25 Millionen 1873 auf nur noch 6,5 Millionen Tiere 1913 zurück. Damit entfiel vielerorts die Beweidung von artenreichen Lebensräumen, die zu ihrer Erhaltung auf eine solche extensive Wirtschaftsweise angewiesen sind. Gründe für die sinkenden Schafzahlen waren der Wegfall der Brachweide, die Einschränkung der Stoppelweide, die Umwandlung von Heidegebieten und nicht zuletzt der weltweite Verfall der Wollpreise im letzten Drittel des 19. Jahrhunderts.
- Zwischen 1918 und 1933 setzte im Schatten der Agrar- und der Weltwirtschaftskrise vorrangig eine verstärkte Grünlandnutzung ein: Inkulturnahme von »Ödland«, umfassende Entwässerungen von Mooren, Streuwiesen und anderen Feuchtgebieten, Düngung von Wiesen und Weiden, eine regelmäßige Beweidung bislang extensiver genutzter Flächen, eine größere Besatzdichte auf den Weideflächen waren die wichtigsten Veränderungen, die sich auf den Naturschutz auswirkten.

1.2.3 Die Industrialisierung der Landwirtschaft seit 1950

Der revolutionäre Umbruch in der Landwirtschaft vollzog sich erst in der Nachkriegszeit unter massivem Einsatz aller technischen und chemischen Möglichkeiten. Starkem wirtschaftlichen Druck ausgesetzt, expandierten die mittleren und großen Betriebe auf Kosten der kleinbäuerlichen Landwirtschaft immer stärker, mit wachsender Betriebsgröße und steigendem Maschinen-, Dünger- und Pestizidinput reduzierten sich die Zahlen der verbleibenden Betriebe und der in der Landwirtschaft Erwerbstätigen. Viel und kostengünstig zu produzieren, blieb den meisten Bauern als einzige Überlebensmöglichkeit. Die Politik der Europäischen Gemeinschaft tat ein Übriges, die Anreize und den Zwang zur Intensivierung zu verstärken.

Die Bilanz ist mit dem heutigen Bild einer ausgeräumten, erodierten und schwer mit Chemie belasteten Agrarlandschaft bekannt; STICHMANN (1984) faßt sie so zusammen: »20 bis 30 Jahre haben ausgereicht, um manche agrare Landschaft zu einem größeren ökologischen Problemgebiet zu machen, als es der benachbarte städtisch-industrielle Bereich ist.« Abb. 8 und 9 verdeutlichen die atemberaubende Zunahme der Hektarerträge in der Landwirtschaft sowie der Viehhaltung im Gebiet der Bundesrepublik, welche beide mit massiven Umweltbelastungen erkauft wurden.

Aus dieser Entwicklung resultiert die dringende Notwendigkeit, einen umfassenden Naturschutz zu betreiben, der die weitestmögliche Erhaltung von Arten, Lebensgemeinschaften und Biotopen

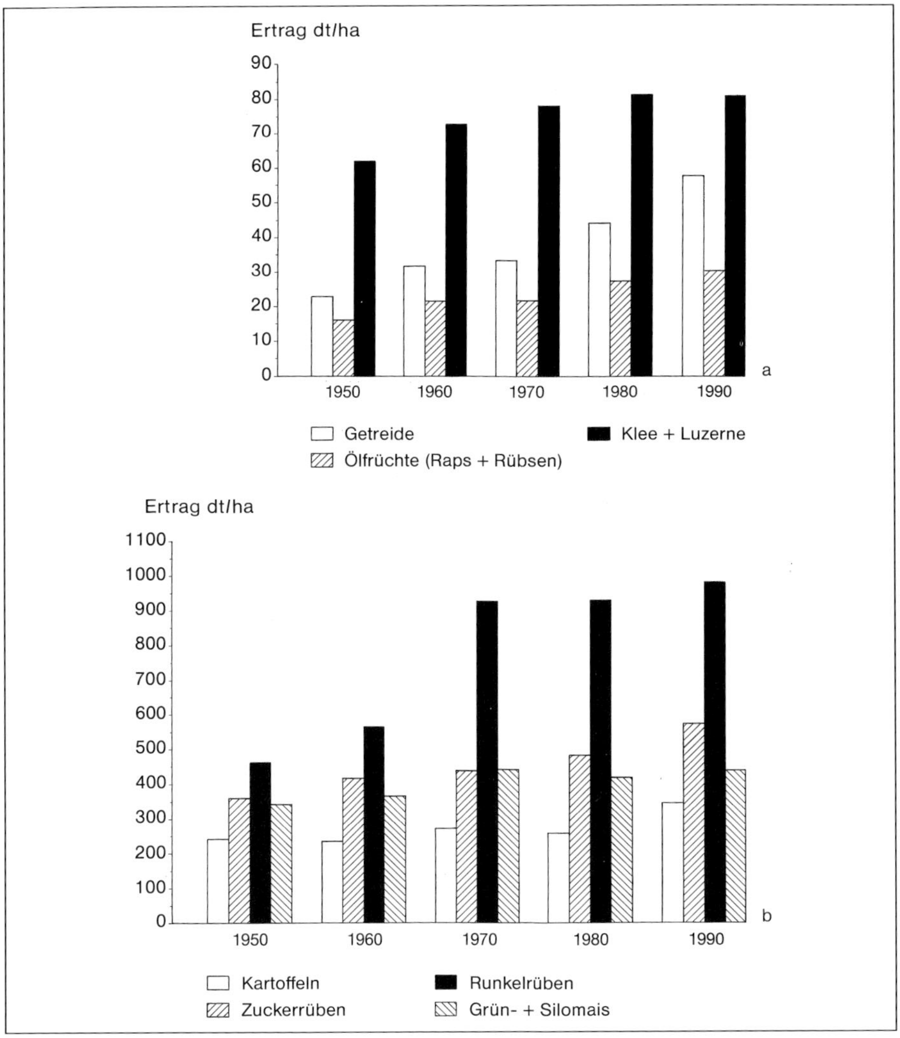

Abb. 8: Anstieg der durchschnittlichen Hektarerträge in der westdeutschen Landwirtschaft seit 1950 (nach Angaben des Statistischen Bundesamtes 1988 und 1992):
a) Getreide, Ölfrüchte und Klee/Luzerne;
b) Kartoffeln, Zuckerrüben, Runkelrüben, Grün- und Silomais.

Abb. 9: Entwicklung der Viehhaltung in Westdeutschland seit 1950 (nach Angaben des Statistischen Bundesamtes 1988 und 1992):
a) Viehbestand an Rindvieh und Schweinen;
b) Zahl der Viehhalter mit Rindvieh und/oder Schweinen.

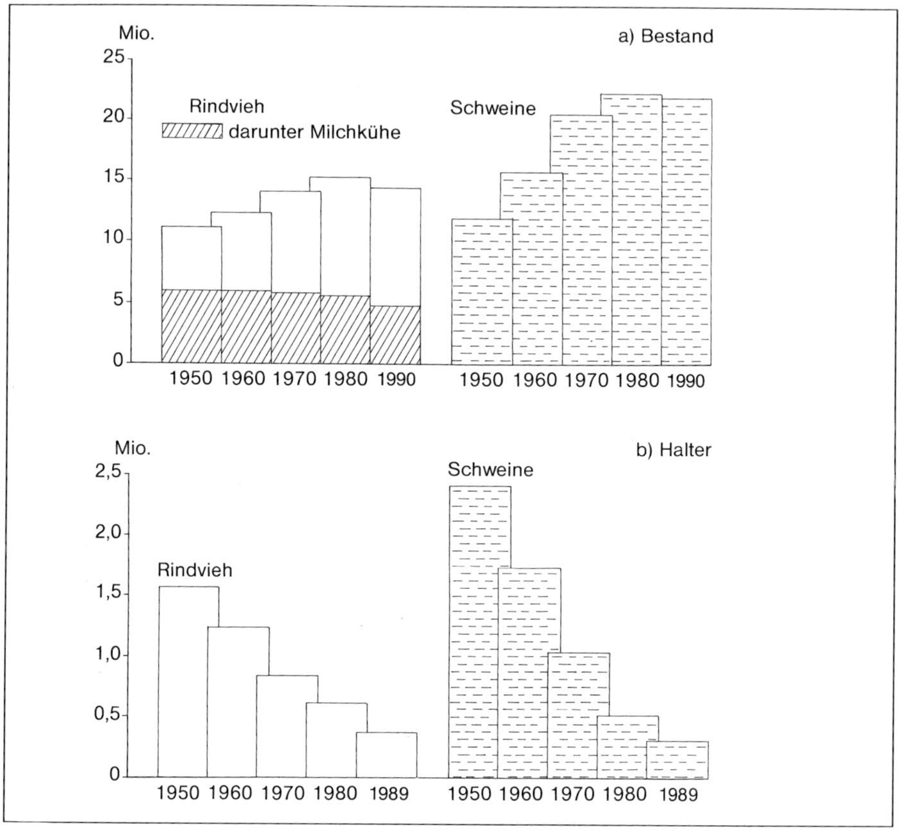

verspricht. Auf diesbezügliche Ziele und Konzepte geht der folgende Abschnitt ein.

1.3 Ziele und Konzepte des Naturschutzes

Eine vielgestaltige, kleinräumig parzellierte Kulturlandschaft, wie sie um 1850 in Mitteleuropa weit verbreitet war, beherbergte ein Maximum an Tier- und Pflanzenarten. Der Naturschutz heute zielt darauf ab, einen möglichst großen Anteil der seinerzeit heimischen Arten zu erhalten. Doch die damalige Landschaftsstruktur als Grundlage der Vielfalt wurde im Zuge der geschilderten Entwicklung zerstört, sie blieb lediglich fragmentarisch erhalten. Ein Zurück zu den früheren Bedingungen kann angesichts der damit verbundenen sozialen, ökonomischen und humanökologischen Folgen niemand ernsthaft fordern.

Intensiver Biotopverbund um 1850
Dennoch muß und kann die zerstörte Landschaftsstruktur wichtige Vorbilder liefern für Konzepte des Naturschutzes. Mitte des 19. Jahrhunderts war ein intensiver Biotopverbund gegeben: Lebensräume gleicher bzw. ähnlicher Qualität standen in engem räumlichen Kontakt. Das demonstrierten als einleuchtendes Beispiel die Hecken, die in einem dichten Netz viele kleinflächige Einzelparzellen umgaben und untereinander höchstens über geringe Distanzen durch Wege oder anderweitig unterbrochen waren. Sie schlossen sich nahezu lückenlos an Feldgehölze, Baumreihen und mehr oder weniger große Waldparzellen bzw. Wälder an.

Auf diese Weise besaßen die heckenlebenden Tierarten einen Lebensraum, der nicht nur eine im Vergleich zu heute große Fläche einnahm, sondern der die nahezu uneingeschränkte Wanderung des einzelnen Individuums entlang der Gehölzstreifen erlaubte. Somit war innerhalb individuenreicher Populationen auf großen, relativ zusammenhängenden Flächen (bzw. Streifen) ein mehr oder weniger ungehinderter Austausch von Einzelindividuen durch Ortsveränderungen möglich.

Die skizzierte Intensivierung der Flächennutzung unter Zerstörung des größten Teils naturnaher und extensiv bewirtschafteter Lebensräume aber bewirkte eine Zerstückelung und vielfache Unterbrechung dieses ehemals engen Biotopverbundes, des räumlichen Kontakts verwandter Biotope. Dies hat Folgen, die später im Zusammenhang mit der Verinselung näher erläutert werden. Der moderne Naturschutz muß versuchen, diesen Kontakt insoweit wieder zu rekonstruieren, daß er die verbliebenen, voneinander isolierten kleinen Teilpopulationen in die Lage versetzt, sich untereinander auszutauschen. Das heißt, Einzelindividuen der einen Population muß es möglich sein, im Zuge üblicher Ortsveränderungen eine andere Population zu erreichen.

Arten- und Biotopschutz

Was aber will der Naturschutz schützen? Vielfach stehen einzelne Arten im Vordergrund der Bemühungen, und zwar insbesondere die seltenen der Roten Listen. Doch dabei geht es nicht nur um die Art ansich: Gerade die seltenen sind Indikatoren mit extremen Ansprüchen an ihren Lebensraum, die mit ihrem Fehlen anzeigen, daß eben dieser nicht mehr intakt ist. Umgekehrt weist das Vorkommen solcher Arten auch auf die Existenz anderer seltener Arten hin (REMMERT 1988a).

Wo solche Indikatorarten nicht mehr vorkommen, muß der Naturschutz versuchen, die notwendigen Lebensbedingungen wieder herzustellen, sprich Biotopschutz zu betreiben. Genau an diesem Punkt setzt auch das Konzept des Biotopverbunds an: Es will einerseits Schutzgebietssysteme mit großen Flächen aufbauen und diese andererseits durch die Sicherung kleinflächiger und linearer Landschaftsstrukturen miteinander verbinden und so deren bestehende Isolation mindern.

In der Naturschutz-Diskussion standen bisher hauptsächlich zwei Strategien gegenüber, die sich genauer betrachtet gegenseitig durchdringen: die des Artenschutzes und die des Biotopschutzes. Der **Artenschutz** geht von der einzelnen Art aus – und darin liegt schon seine Problematik: Bevorzugt untersucht und geschützt werden zunächst nur wenige Arten und Gruppen, die relativ leicht zu bestimmen sind. Dabei handelt es sich vorrangig um Vögel, Fledermäuse, Amphibien, Libellen, Heuschrecken, Großkäfer und Großschmetterlinge, wie HEYDEMANN (1985) feststellt.

Unter den Insekten werden so in Mitteleuropa bestenfalls 4000 bis 5000 Arten erreicht, die nach Einarbeitung auch für den Nicht-Spezialisten determinierbar sind – gerade 10% der gesamten Artenzahl heimischer Insekten. So fehlen die Dipteren oder Zweiflügler (Fliegen und Mücken) völlig, obwohl sie im Stoff-Recycling in den meisten terrestrischen und limnischen Ökosystemen eine herausragende Rolle spielen und die wichtigsten Blütenbestäuber für viele auf Insekten angewiesene Blütenpflanzen darstellen. Dieses Beispiel HEYDEMANNS zeigt, wie unvollständig der Artenschutz bleiben muß.

Manche Ökologen vertreten indes die These, daß die Untersuchung ausgewählter Leitarten genügt, um Grundlagen für den Naturschutz zu liefern. Dabei arbeitet der auf solche Ergebnisse aufbauende Artenschutz m. E. jedoch auf einer sehr ungewissen Basis: Die wenigstens schemenhafte Kenntnis der Vorkommen und Ökologie auch der schwer und nur durch den Spezialisten bestimmbaren Artengruppen müssen der Ausgangspunkt eines umfassenden Artenschutzes bilden.

Dies mindert indes nicht die Bedeutung von Maßnahmenn für herausragende Spitzenarten, von denen zumeist auch andere Organismen profitieren.

Biotopschutz baut auf dem Versagen des einseitigen Flächenschutzes der vergangenen 100 Jahre durch zunehmend verinselte Naturschutzgebiete auf, wie das Beispiel des »Biotopschutzprogramms Nordrhein-Westfalen« unterstreicht (Schmidt 1984). Als notwendige Grundlagen eines den Biotopverbund forcierenden Biotopschutzprogramms gelten dort folgende Punkte:

- Erarbeitung Roter Listen durch Erfassung gefährdeter Arten,
- Kartierung und Bewertung schutzwürdiger Biotope,
- Kartierung gefährdeter Tier- und Pflanzenarten durch Aufstellen eines Fundortkatasters,
- Aufnahme kritischer Tierpopulationen,
- Erfassung von Feinstrukturen in der Landschaft (wie Hecken, Feld- und Wiesenraine, Brachflächen u.ä.),
- Ermittlung des Flächenanspruchs der Arten und Lebensgemeinschaften,
- Erfassung der Standortverhältnisse.

Diese Aufzählung zeigt, daß derartige Biotopschutzprogramme in eine ähnliche Richtung wie Artenschutzprogramme führen; schließlich gilt ein ausreichender Biotopschutz als eines der wichtigsten Standbeine des Artenschutzes. Diese Erkenntnis unterstreicht auch die im Naturschutzgesetz Baden-Württembergs (§ 28 Abs. 2) vorgenommene Präzisierung der Inhalte bzw. Arbeitsschritte landesweiter Artenschutzprogramme, die dort folgendermaßen untergliedert werden:

- Verzeichnisse der im Landesgebiet vorkommenden freilebenden Tier- und Pflanzenwelt sowie ihrer westlichen Lebensgemeinschaften, soweit sie für den Artenschutz bedeutsam sind;
- Kennzeichnung der in ihrem Bestand gefährdeten Arten und Lebensgemeinschaften unter Darstellung ihrer wesentlichen Gefährdungsursachen;
- Vorschläge für Schutzmaßnahmen und Grunderwerb;
- Richtlinien und Hinweise für Pflegemaßnahmen, um die Bestandsentwicklung zu lenken;
- Richtlinien und Hinweise für Maßnahmen der Überwachung.

Angesichts der 130 Ökosystemtypen und 70 000 bis 80 000 Organismen-Arten in Mitteleuropa (Heydemann 1985) muß dies ein schwieriges, wenn nicht unmögliches Unterfangen sein. »Mit Ausnahme sehr weniger Arten oder Artengruppen (wie z.B. einiger Greifvogelarten, der Seevögel oder der Orchideen) fehlt es selbst an regionalen (d.h. für Artenschutzprogramme der Länder relevanten) und erst recht an bundesweiten Bestandserfassungen und Analysen der Bestandsentwicklung in bezug auf die verursachenden Faktoren« – diese Feststellung von Erz (1978a) gilt auch heute noch.

Ob unter dem vorrangig deklarierten Ziel des Arten- oder Biotopschutzes in Angriff genommen, stehen derartige Programme vor immensen Problemen, die sich allein aus dem notwendigen Arbeitsumfang ergeben (vgl. auch Deixler 1985). Dies soll hier als Hinweis auf die Problematik auch des Aufbaus von Biotopverbundsystemen genügen, die in den folgenden Kapiteln immer wieder präziser zur Sprache kommen wird. Sämtliche Bemühungen für den Arten- und Biotopschutz liefern immerhin kleine Bausteine für das entfernte Ziel, welches nach Blab (1979b) auch verstärkter gesellschaftspolitischer Initiativen bedarf: um das gesamtstaatliche Anliegen Naturschutz über die meist lokalen und regionalen wirtschaftlichen Interessen zu stellen und um die institutionellen Mängel im amtlichen Naturschutz zu beheben. Denn gerade diese beiden Konfliktbereiche werfen immer wieder Probleme auf, die mögliche Erfolge des Naturschutzes bereits im Keim ersticken.

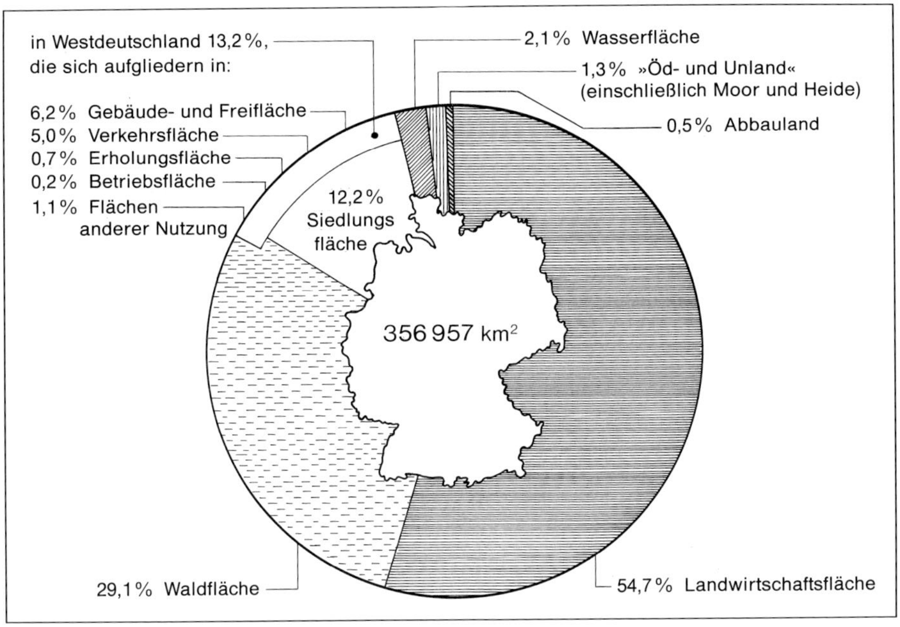

Abb. 10: Flächennutzung in der Bundesrepublik Deutschland, Stand: 1989. Zahlenangaben zur Aufschlüsselung der Siedlungsflächen liegen für Ostdeutschland noch nicht vor, daher sind dort die westdeutschen Angaben genannt (Quelle: Statistisches Bundesamt 1992).

1.4 Statistik der Flächennutzung als Ausgangspunkt

Die Flächennutzungs-Statistik in der Bundesrepublik vermittelt ein erstes Bild der aktuellen Situation als Ausgangspunkt eines umfassenden Naturschutzes (Abb. 10). Dabei liegt die Landwirtschaft nach wie vor weit vorn und müßte damit vorrangig auch im Naturschutz Berücksichtigung finden: 54,7% der Fläche werden agrarisch bewirtschaftet. Rund 40% davon (20% der Gesamtfläche) zählen zu den Intensivanbaugebieten: weite Teile des Jung- und Altmoränenlandes in der norddeutschen Tiefebene, die Behördengebiete am Nordrand der Mittelgebirge, das Thüringer Becken, die süddeutschen Lößlandschaften zwischen Rhein, Neckar und Main sowie die Lößgebiete entlang der Donau. Das Spektrum dort vorkommender Pflanzen- und Tierarten reduzierte sich extrem, der Flächenanteil schutzwürdiger Lebensräume liegt an der Promillegrenze (Kaule 1984).

Weitere 30% der landwirtschaftlichen Fläche bieten theoretisch die Voraussetzung einer Nutzungsintensivierung, falls die öffentliche Hand die dazu nötigen Investitionen überwiegend finanzieren würde. Auf den übrigen 30% erscheint dies aus rein wirtschaftlicher Sicht nicht lohnend, dennoch sind auch hier Eingriffe in den Naturhaushalt, beispielsweise durch Melioration von Almen oder die Erschließung steiler Hanglagen, zu verzeichen (Kaule 1984).

Der Wald nimmt 29,1% des Bundesgebietes ein, er wird zum größten Teil forstwirtschaftlich intensiv genutzt. Die Siedlungsfläche einschließlich der Verkehrsfläche kommt auf 12,2%, in verdichteten Regionen auf 18,2%, in den Kernstädten auf teils über 50%. Vergleichsweise geringe Bedeutung besitzen im bundesdeutschen Mittel die Wasserflächen mit 2,1% und erst recht die Flächen anderer Nutzung mit relativ naturnahen Arealen wie Moore, Heiden und das sogenannte »Unland« mit zusammen 1,3% (Statistisches Bundesamt 1988, 1992).

Rund 1,6% sind als Naturschutzgebiete geschützt, jedoch vielfach nur sehr halbherzig und wenig wirksam; die anderen Schutzkategorien sagen über die Wirksamkeit des Naturschutzes kaum etwas aus (s. Seite 172ff). Diese Zahlen verdeutlichen, wie stark die für den Naturschutz bedeutsamen Flächen heute zurückgedrängt sind, sie nehmen durchschnittlich gerade 2 bis 3% ein.

Sollen künftige Konzepte des Naturschutzes Erfolg zeigen, so dürfen sie sich weder auf den Flächenschutz allein noch auf jene 30% der landwirtschaftlichen Nutzfläche beschränken, deren Bewirtschaftung aufgrund ungünstiger Produktionsbedingungen kaum lohnend intensiviert werden kann. Gerade die letztgenannten Flächen jedoch sind vorrangig von den EG-weit geförderten Stillegungen betroffen. Naturschutz tut aber dort am nötigsten, wo die Landwirtschaft am intensivsten betrieben wird.

1.5 Ästhetische Funktionen des Landschaftsbildes

Die Ausräumung und Uniformierung der Landschaft führt zu einem eintönigen Bild großflächiger Monokulturen, die teilweise auf Entfernungen von mehreren Kilometern durch keinerlei vertikale Strukturen – mit Ausnahme der Strommasten – unterbrochen sind. Der erholungssuchende Mensch verlangt dagegen eine vielfältige, reich strukturierte Landschaft, in der nicht die geraden Linien dominieren. Eine besondere Bedeutung kommt bei einer entsprechenden Landschaftsgliederung den Hecken, Feldgehölzen, Obstbaumreihen und Einzelbäumen zu.

Da die ästhetische Funktion des Landschaftsbildes im Sinne einer vielfältigen

Abb. 11: Einzelbäume in der freien Landschaft wie innerhalb von Siedlungen steigern deren Erlebniswert und machen solche Bereiche attraktiver auch für Erholungssuchende.

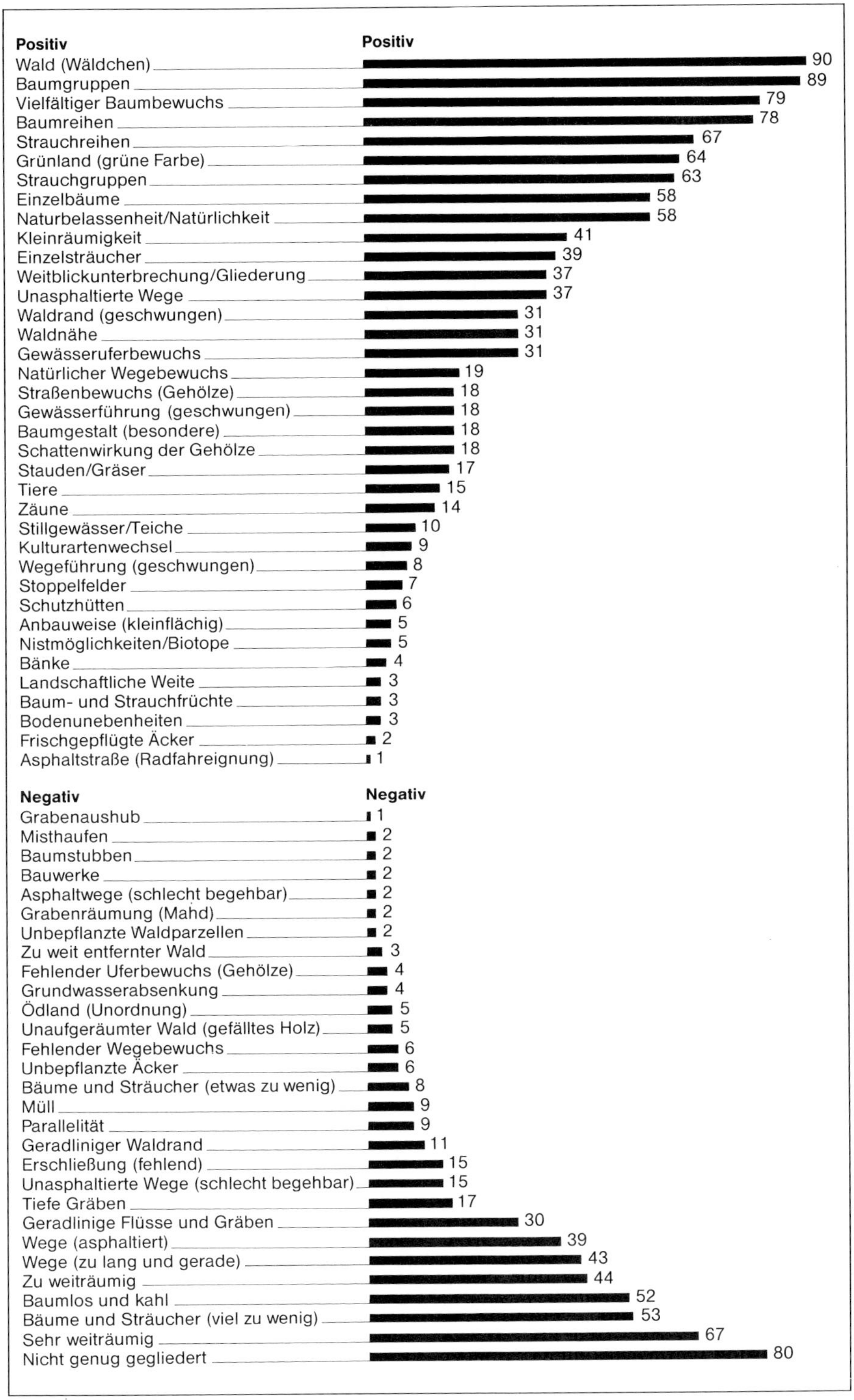

**Abb. 12: Umfrageergebnisse zur Erlebniswirkung einer Landschaft auf Erholungssuchende (aus ASSEBURG 1985).
Allgemein positiv werden gliedernde Landschaftselemente gewertet, während Weiträumigkeit und mangelnde Gliederung am häufigsten kritisiert werden.**

Erholungslandschaft den Anliegen des Naturschutzes und gerade des Aufbaus von Biotopverbundsystemen entgegen kommt und damit zusätzliche Argumente für die politische Diskussion solcher Konzepte liefert, wird hier die Untersuchung von ASSEBURG (1985) zitiert. Analysiert wurde der Erlebniswert einer durch Flurbereinigung veränderten Landschaft, indem Besucher gebeten wurden, 12 Fotos der von ihnen als schön und weniger schön empfundenen Ausschnitte der Umgebung eines Spazierweges anzufertigen. Anschließend fand eine Befragung mit Hilfe der Fotos statt.

Anhand von insgesamt 327 auf diese Weise entstandenen Landschaftsaufnahmen wurde eine Positiv- und eine Negativliste von visuellen Eigenschaften des Gebietes aufgestellt (Abb. 12). Auf die größte Zustimmung stießen Wald und landschaftsgliedernde Elemente wie Hecken, Solitärbäume und Feldholzinseln. Eine nicht ausreichende Gliederung der weiträumigen Landschaft war dagegen die am häufigsten genannte Kritik.

Die bislang überwiegenden Negativfolgen der Flurbereinigung bewirken eine Verringerung der für den Erlebniswert wichtigen subjektiven Faktoren »Schönheit« und »Natürlichkeit«: durch Abnahme des Grünanteils in Form von vielfältigen Wiesen, Weiden und Gehölzen, durch einen zunehmenden Abstand der Landschaftselemente untereinander und deren Uniformierung, durch die Beseitigung bzw. Verringerung von Feinstrukturen sowie durch die Anlage symmetrischer Wegenetze. Zu lange und geradlinige Asphaltwege, große Schlaglängen, fehlende Wegrand- und Feldgehölze und geringe Variationen naturnaher Landschaftselemente sind negativ empfundene Elemente der flurbereinigten und technisierten Agarlandschaft.

Befragte Fußgänger wünschen sich, etwa 70% eines einstündigen Spazierganges auf Graswegen absolvieren zu können, 20% des Weges könnten mit Schotter, 10% durch Asphalt befestigt sein. Zudem bevorzugen sie auf 80% der Spazierstrecke eine geschwungene Wegeführung (ASSEBURG 1985).

Derartige Untersuchungen kann der Naturschutz im Interesse der erholungssuchenden Menschen als gewichtige Argumente in die Waagschale werfen, wenn es um das Verfechten umfassender Biotopverbundsysteme in der Agrarlandschaft geht, die auch zu einer ästhetischen Bereicherung führen.

1.6 Netzwerk Natur als Vorbild: Typen ökologischer Verflechtungen

Die Ökologie spricht von einem biozönotischen Konnex und meint damit das vielfältige Vernetzungssystem der Arten und Individuen innerhalb eines Ökosystems. Neben dieser intraökosystemaren Vernetzung existieren auch noch mannigfaltige interökosystemare Verbindungen, also Beziehungen zwischen verschiedenen Ökosystemen. Beide Typen können und müssen für den Aufbau von Biotopverbundsystemen wichtige Grundlagen und Hinweise liefern, ebenso eine indirekte Vernetzung in Form einer räumlichen Annäherung von Ökosystemen ohne direktes Aneinanderstoßen.

HEYDEMANN (1983a) gliedert das Maschenwerk der Verflechtungen in Ökosystemen sehr differenziert auf in folgende Bereiche (s. auch Tab. 3):

Direkte Vernetzung mit unmittelbarem Kontakt

1. Vernetzung zwischen Arten

- *Vernetzung innerhalb der Population einer Art* = intraspezifische und intrapopuläre Vernetzung (Beispiele ökologischer Effekte: intraspezifische Nahrungskonkurrenz, soziale Ansammlungen, Ermöglichung der Reproduktion bei bisexueller Fortpflanzung)
- *Vernetzung zwischen verschiedenen Populationen derselben Art* = inter-

Tab. 3. Typen ökologischer Vernetzungen in der Natur (zusammengestellt nach HEYDEMANN 1983a)

- Vernetzung
  - direkt
    - zwischenartlich
      - einer Art
        - in einer Population
        - in verschiedenen Populationen
      - verschiedener Arten
        - desselben Lebensformtyps im selben Biotop
        - verschiedenen Lebensformtyps im selben Biotop
        - in verschiedenen Biotoptypen
    - zwischen Ökosystemen
      - desselben Typs in räumlich teilisolierten Beständen
      - verschiedener Typen einer Sukzessionsreihe
      - verschiendener, ökologisch verwandter Typen
      - verschiedener nichtverwandter Typen
  - indirekt
    - zwischen Populationen verschiedener Bestände
    - zwischen Beständen desselben Ökosystemtyps
    - zwischen Beständen unterschiedlicher Ökosystemtypen

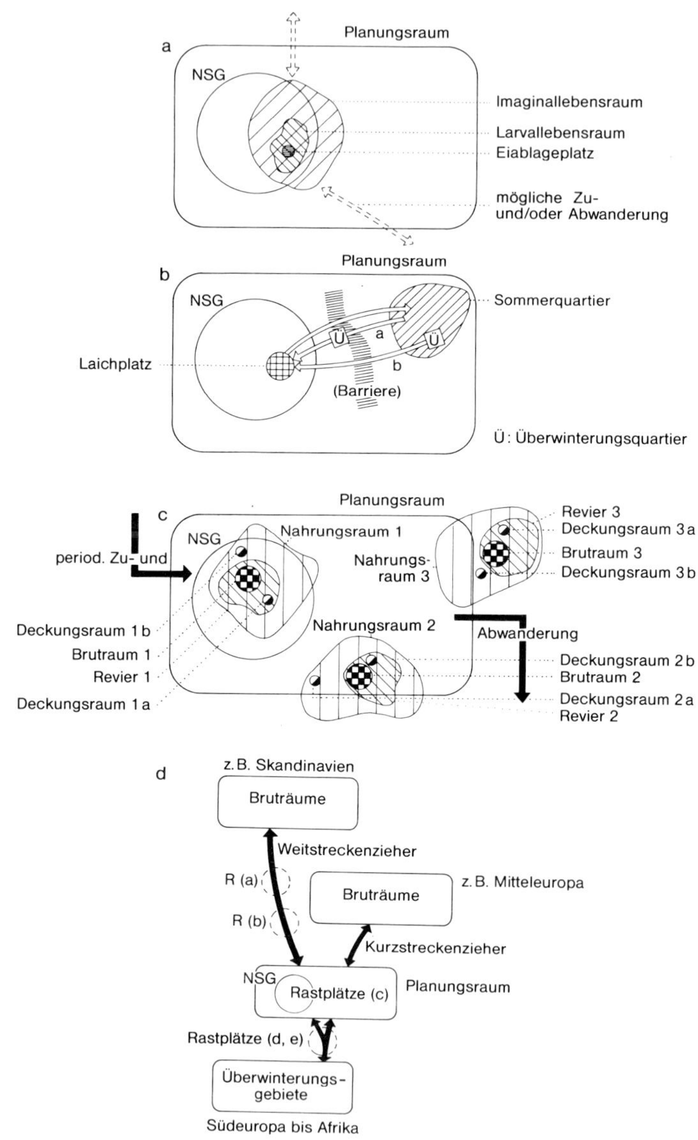

Abb. 13: Modelle von vier unterschiedlichen Gesamtlebensraum-Typen (aus Müller & Riedl 1983): a) Insektentyp mit Eiablageplatz, Larval- und Imaginallebensraum; b) Amphibientyp mit Laichplatz, Überwinterungs- und Sommerquartier; c) Brutvogeltyp mit durch periodische Wanderungen gewechselten Revieren, Nahrungs-, Brut- und Deckungsräumen; d) Zugvogeltyp mit weiträumig entfernten Bruträumen, Nahrungsplätzen und Überwinterungsgebieten.

spezifische und interpopulare Vernetzung (Beispiel ökologischer Effekte: genetischer Austausch zwischen verschiedenen Teilpopulationen in unterschiedlichen Biotopbeständen)

– *Vernetzung zwischen verschiedenen Arten derselben Lebensformtypen im selben Biotopbestand*, etwa innerhalb der räuberischen (carnivoren) Arten mit dem gleichen Nahrungsspektrum, innerhalb der Parasiten oder innerhalb der pflanzenverzehrenden (phytophagen) Arten mit derselben Wirtspflanzenwahl (Beispiel ökologischer Effekte: interspezifische Konkurrenz innerhalb derselben »ökologischen Nische« zwischen verschiedenen Arten)

- *Vernetzung zwischen verschiedenen Arten verschiedener Lebensformtypen im selben Biotop*, etwa zwischen Räuber und Beute, zwischen Parasit und Wirt oder zwischen pflanzenverzehrender Tier- und Wirtspflanzenart (Beispiele ökologischer Effekte: Dichteregulation bei den Beute- bzw. Wirtsarten, Erhaltung der Nahrungsressourcen bei den Feind- und Parasitenarten; bei Tier-Pflanze-Beziehungen Pollenübertragung oder Samenverbreitung)
- *Vernetzung zwischen verschiedenen Arten in Beständen verschiedener Biotoptypen*, etwa beim Blütenbesuch von Wildbienen (*Apidae*) aus dem Brutbiotop A, die ihre Wirtspflanzen am Waldrand (Biotop B) oder am Feldrain (Biotop C) aufsuchen (Beispiele ökologischer Effekte: Nahrungseintrag aus anderen Biotoptypen, Bestäubung)

2. Vernetzung zwischen Ökosystemen

- *Vernetzung in räumlich teilisolierten Beständen desselben ökologischen Ökosystemtyps*, etwa bei räumlichem Verbund zwischen zwei verschiedenen Waldsäumen durch Neuaufbau von ökologisch ähnlichen Hecken (ökologischer Effekt: Vergrößerung des für die Arten verfügbaren Biotop- bzw. Aktionsraumes)
- *Vernetzung zwischen Ökosystemen, die in einem Sukzessionszusammenhang stehen*, etwa im räumlichen Verbund von Röhrichtzonen mit feuchten Hochstaudenfluren und Bruchwaldbereichen oder von Flachmooren mit Großseggenrieden und Feuchtwiesen oder von Trockenrasen mit Eiche-Zitterpappel-Gebüschformationen und anschließendem Eichen-Birkenwald (ökologischer Effekt: natürliche Gliederung der Zonenfolge, aufgrund derer eine größere Anzahl von Arten in den einzelnen Biotopen – je nach klimatischem Wechsel – von einer Zone in die andere überwechseln können, um hier ihre jeweils an bestimmte Ansprüche gebundene Existenzvoraussetzungen durch periodische und aperiodische Wanderungen zu erlangen)
- *Vernetzung von Ökosystemen, die nicht unbedingt in Sukzessionszusammenhang stehen müssen, aber wenigstens in bezug auf wesentliche Faktoren ökologisch verwandt sind*, etwa im Verbund von Halbtrockenrasen-Ökosystemen mit Trockenheiden-Ökosystemen, von Hochmoor- mit Zwischenmoor-Ökosystemen inclusive Trockenheiden-Ökosystemen, von Hochmoor- mit Zwischenmoor-Ökosystemen oder von Eichen-Birkenwald- mit Buchenwald-Ökosystemen auf trockenen Grenzstandorten, von humosen, feuchten Wiesen- mit humosen Acker-Biotopen oder von Acker-Ökosystemen auf Lehmboden mit Feldrainen auf Lehmboden (ökologischer Effekt: viele Arten eines Ökosystems sind nicht nur auf einen einzelnen Biotoptyp spezialisiert, können durch einen solchen Verbund also ihren Gesamtlebensraum erweitern)
- *Vernetzung zwischen Ökosystemen, die unter räumlichem Kontakt stehen (geomorphologisch oder anthropogen bedingt), aber ökologisch nicht miteinander verwandt sind*, etwa in solchen Fällen, wenn ein Wald- oder Wiesen-Biotop direkt an eine Steilküsten-Formation angrenzt, wenn ein Hanggebüsch einen Bachlauf, ein Heckensaum einen Ackerbiotop oder ein Fichtenwald eine Wiese begrenzt (ökologische Effekte: bedeutsam für einige Arten, die z. B. unterschiedliche Brut- und Nahrungsbiotope beanspruchen, andersartige Sommer- und Überwinterungsbiotope, Larval- und Adultbiotope usw.; vgl. auch Abb. 14)

Indirekte Vernetzung

Die indirekte Vernetzung beruht in der Regel auf der Annäherung der Wohnareale für Arten oder für Einzelbestände von Ökosystemen, ohne daß diese in di-

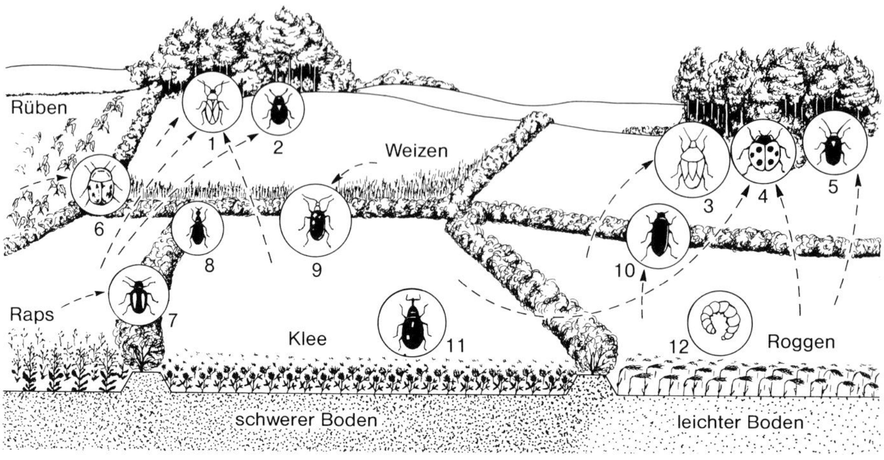

Abb. 14: Mitteleuropäische Feldinsekten nutzen je nach artspezifischem Verhalten ganz unterschiedliche Biotope zur Überwinterung (aus TISCHLER 1984): *Mittelstrecken-Wanderer*: 1. Wiesenwanze (*Lygus*), 2. Glanzkäfer (*Meligethes*), 3. Getreidewanze (*Aelia*), 4. Marienkäfer (*Coccinella*), 5. Knöterich-Erdfloh (*Haltica*); *Kurzstrecken-Wanderer*: 6. Schildkäfer (*Cassida*), 7. Kohlerfloh (*Phyllotreta*), 8. Spitzrüßler (*Apion*), 9. Getreidehähnchen (*Oulema*), 10. Grassamenlaufkäfer (*Amara*); *Feldüberwinterer*: 11. Kleerüßler (*Hypera punctata*), 12. Saateulenraupe (*Agrotis segetum*).

rektem räumlichen Kontakt (Verbund) stehen. Über den sogenannten »Trittstein-Effekt« ermöglicht die indirekte Vernetzung mobilen Arten mit Flug- oder Laufausbreitung das Wechseln von einem zum anderen Großflächen- oder Kleinbiotop. Für diesen Effekt genügen Biotope mit nur gewisser ökologischer Verwandtschaft, oft können sich hier nur wenige Arten ständig vermehren; in der Regel bieten sie überwandernden Tierarten keinen dauerhaften Lebensraum.

1. **indirekte Vernetzung von Populationen verschiedener Bereiche,** die sich etwa durch räumliche Annäherung von Populationen derselben Art auswirkt (ökologischer Effekt: Vergrößern der Chance zu einem genetischen Austausch zwischen Populationen als Grundvoraussetzung für ständig ablaufende Anpassungserscheinungen an ein sich wandelndes Milieu)

2. **indirekte Vernetzung von Beständen desselben Ökosystemtyps,** also die räumliche Annäherung von ökologisch gleichartigen Beständen (ökologischer Effekt: ständiger Austausch von Populationsanteilen verschiedener Arten, dadurch beiderseitiges Stabilisieren eines bestimmten Arteninventars)

3. **indirekte Vernetzung von Beständen verschiedenartiger, ökologisch nicht verwandter Ökosystemtypen**, die eine Ausweitung der Lebensmöglichkeiten für euryöke Arten bedeutet (ökologischer Effekt: Austauschmöglichkeiten für weniger spezialisierte Arten, die zwar meist nicht gefährdet sind, aber vielfach ein wichtiges Nahrungsreservoir für spezialisierte Arten darstellen – auch als häufige Arten müssen sie daher in einem Schutzkonzept die gleiche Rolle spielen wie die infolge ihrer Seltenheit gefährdeten Arten)

Für diese verschiedenen Typen ökologischer Vernetzung existieren zahlreiche, in der Literatur gut beschriebene Beispiele, auf die hier aus Platzgründen nicht näher eingegangen werden kann. Bezüglich der sich daraus ergebenden Konsequenzen für den Aufbau von Biotopverbundsystemen sei auf die Kapitel 3, 6 und 7 verwiesen.

1.7 Zusammenfassung

Bisherige Naturschutzbemühungen konnten das Artensterben nicht stoppen, ja nicht einmal merklich bremsen. Verursacher sind in erster Linie die immense Intensivierung der Landwirtschaft, die verstärkt seit 1950 zu beobachten ist, sowie Forstwirtschaft und Jagd. Nutzungsänderung und -aufgabe, die Beseitigung von Sonderstandorten sowie Auffüllung und Bebauung gelten bei den Pflanzen als die wichtigsten Ursachen des Artenrückgangs, für die Tiere ist eine ähnliche Gewichtung anzunehmen.

Befriedigende Gesamtkonzepte für Arten- und Biotopenschutzprogramme liegen bisher nicht vor. Die Idee der Biotopverbundsysteme muß durch Einzelmaßnahmen des Artenschutzes ergänzt werden, für bisherige Strategien des Biotopschutzes stellt sie eine aussichtsreiche Erweiterung dar. Räumlicher Verbund ist begrifflich von funktionaler ökologischer Vernetzung zu trennen. Ökologische Verflechtungen in der Natur bieten für den Biotopverbund ebenso Vor- und Leitbilder wie die historische, durch den Eingriff des wirtschaftenden Menschen geprägte kleinbäuerliche Kulturlandschaft.

2 Ökologische Grundlagen: Verinselung, Inseltheorie, MVP-Konzept, Metapopulation, Mosaik-Zyklus-Konzept, Mosaikkonzept

2.1 Zerschneidung, Biotopverlust und Strukturverarmung

2.1.1 Lineare Trennlinien und Zerschneidung

In der heutigen, vom Menschen gestalteten Kulturlandschaft durchschneiden zahlreiche anthropogene Trennlinien die Ökosysteme. Als für viele Tier- und teils auch Pflanzenarten unüberwindbare lineare Hindernisse kamen in der ursprünglichen Natur- und auch noch in der naturnahen Kulturlandschaft des Mittelalters – abgesehen von den Verbreitungs-Beschränkungen durch artspezifische Biotopbindungen – überwiegend nur die Fließgewässer infrage. Deren trennende Wirkung wächst mit zunehmender Breite: Einen schmalen, mäandrierenden Berglandbach vermögen viele Tiere leicht zu überwinden, so daß der Austausch zwischen den Populationen beiderseits des Hindernisses gewährleistet bleibt. Noch viel leichter können Pflanzensamen mit dem Wind verdriftet, durch Tiere verschleppt werden oder aus eigener Kraft eine solche schmale Barriere überspringen. Ein breiter Strom im Tiefland hingegen isoliert die Populationen zahlreicher Arten links und rechts des Gewässers sehr viel stärker voneinander.

Heute ist die trennende Bedeutung der Fließgewässer im Vergleich zu den anderen, vom Menschen geschaffenen Barrieren gering. Eine unterschiedlich intensiv wirkende Zerschneidung der Ökosysteme in immer kleinere Teilflächen bewirken folgende lineare Elemente der Landschaft:

- Straßen jeder Größenordnung von innerörtlichen Verbindungen bis zu den Autobahnen,
- Eisenbahntrassen,
- Feld- und Waldwege, ob asphaltiert, geschottert oder auch unbefestigt,
- Trassen der Starkstromleitungen,
- Kanäle für die Schiffahrt (Abb. 15),
- Zäune wie Wildschutz- und auch Amphibienschutzzäune, verschiedene Einfriedungen vor allem mit Maschendraht und eng gesetzten Latten,
- Mauern und Bordsteine, besonders in den menschlichen Siedlungen.

Unbestritten isolieren alle diese linienförmig zu einem Netz verwobenen Barrieren die Lebensräume von Pflanzen- und Tierarten voneinander. Am dichtesten ist das von Straßen und Wegen gebildete Netz geknüpft, auf dessen Ausmaß und Folgewirkungen daher in den folgenden Abschnitten ausführlicher eingegangen wird. Die nicht minder isolierenden, durch intensiven anthropogenen Einfluß geprägten Flächen (beispielsweise Intensivkulturen und dicht bebaute Stadtareale) werden in Kapitel 2.3.1 behandelt.

Die Isolationswirkung ist jedoch nicht für alle Arten gleich – sie hängt zum ei-

Abb.15: Die steilen Spuntwände von Kanälen und vielen ausgebauten Fließgewässern verhindern den Individuenaustausch der beiderseits lebenden Populationen.

nen natürlich von der ganz unterschiedlichen Mobilität und Fortbewegungsweise ab, zum anderen aber auch von den Folgen der Lebensraumveränderung. So haben die Stromversorgungsunternehmen zwar vielfach recht, wenn sie auf die Erhöhung der Artenvielfalt auf ihren Leitungsstrassen verweisen, doch beruht diese Tatsache auf der Einwanderung ehemals standortfremder Saum- und Lichtarten. Für die ursprünglichen Bewohner können die Lebensbedingungen so schlecht werden, daß ihr Bestand zurückgeht bzw. daß sie bei Unterschreiten der notwendigen Mindestarealgröße ganz verschwinden: beispielsweise Tierarten, die große und unzerschnittene Waldflächen mit Altholzbeständen benötigen, etwa der Rauhfußkauz (*Aegolius funereus*), der an den Waldrändern (dazu zählen auch die durch Straßen und breite Wege gebildeten »Waldinnenränder«) durch den größeren und viel häufigeren Waldkauz (*Strix aluco*) verdrängt wird. Ein anderes Beispiel liefert der Große Brachvogel (*Numenius arquata*) als Kulturfolger, der weit überschaubare, nicht durch größere Gehölze unterbrochene frische bis feuchte Wiesenflächen benötigt. Zerschneidet eine Autobahn – oder entsprechend ein Forst bzw. andere gemiedene Flächen – einen solchen Lebensraum, können die beiden verbleibenden Teillebensräume zu klein sein, die Art verschwindet.

2.1.2 Ausmaß und Folgen des Straßennetzes

Rund 2,1 km überörtliche Verkehrstrassen und Gemeindestraßen durchziehen im statistischen Durchschnitt jeden Quadratkilometer Fläche in den alten Ländern der Bundesrepublik: 2,0 km Straßen und 0,1 km Schienen (Brückner 1985, Losch 1992, Mader et al. 1988). Somit besitzt die Bundesrepublik nach Belgien, Japan und den Niederlanden die viertgrößte Straßennetzdichte der Welt (Brückner 1985).

Hinzu kommen grob geschätzt 4,8 km Wirtschaftswege pro km^2 in der landwirtschaftlich und 2,8 km/km^2 in der forstwirtschaftlich genutzten Landschaft, von denen mindestens ein Viertel mit Asphaltdecken versehen sind; sie machen zusammen noch einmal rund 1,4 km/km^2 auf die Gesamtfläche der Bundesgebiet-West bezogen aus (ca.

1,5 km/km² in der Agrarlandschaft, ca. 1,0 km/km² im Forst) (MADER et al. 1988). Hier nennt LOSCH (1992) mit 1,0 km einen geringeren Schätzwert. Teils sehr viel höhere Werte sind in kleineren Untersuchungsräumen belegt:

- 1,4 km/km² asphaltierte Feldwege und 8,2 km/km² Flurwege insgesamt im Talboden des Fürstentums Liechtenstein (BROGGI nach Arbeitsgemeinschaft Culterra 1993);
- 2,2 km/km² asphaltierte Feldwege in der Agrarlandschaft der Großgemeinde Arolsen/Nordhessen (JEDICKE 1991a);
- 3,4 km/km² asphaltierte Feldwege und 9,6 km/km² Flurwege insgesamt im ländlichen Aargauer Jura/Schweiz (Arbeitsgemeinschaft Culterra 1993).

Für die Gesamtschweiz gibt die Arbeitsgemeinschaft Culterra (1993) eine Länge der land- und forstwirtschaftlichen Wege mit 2,4 km/km² im Landesdurchschnitt an, allerdings inklusive der Gewässer, Gletscher und Felsen. Im außeralpinen Bereich sei das Netz wesentlich dichter: Den schweizerischen Mittellandwald durchziehen 5,2 km, den öffentlichen Wald unterhalb von 600 m üb. NN sogar 7,1 km Forstwege.

Im Krofdorfer Forst bei Gießen bestehen rund 3,2 km/km² Holzbodenfläche an Wegen insgesamt, knapp 0,8 km/km² sind asphaltiert.

In Tab. 4 und Abb. 16 sind die Streckenlängen für die unterschiedlichen Straßen- und asphaltierten Wegeverbindungen in Deutschland zusammengestellt. Für die einzelnen Bundesländer sind die Straßen des überörtlichen Verkehrs und der Kraftfahrzeug-Bestand in Tab. 5 aufgeschlüsselt. Die Statistik weist Lücken auf, da aus einzelnen neuen Bundesländern exakte Zahlenangaben noch fehlen.

Damit mißt das Netz der überörtlichen Straßen zum 1. 1. 1990 in Westdeutschland 173 861 km oder im Mittel 700 m/km², in Ostdeutschland 47 201 km oder durchschnittlich 436 m/km². Diese Zahlen umfassen im Westen die Autobahnen, Bundes-, Landes- und Kreisstraßen, im Osten mit anderer Nomenklatur die Autobahnen, Fern- und Bezirksstraßen.

Im relativ straßenarmen Bundesland

Tab. 4. Straßen- und befestigtes Wegenetz im früheren Bundesgebiet und in den neuen Ländern einschließlich Berlin-Ost. Längenangaben in km Gesamtlänge und als Mittelwert in m pro km², Stand: 1. 1. 1990 (aus Statistisches Bundesamt 1992; Schätzwerte für Gemeindestraßen und Wege der Land- und Forstwirtschaft aus LOSCH 1992)

	früheres Bundesgebiet km	früheres Bundesgebiet m/km²	neue Länder u. Berlin-Ost km	neue Länder u. Berlin-Ost m/km²
Autobahnen	8 822	36	1 850	17
Bundesstraßen	31 063	125	–	–
Landes-/Staatsstraßen	63 299	255	–	–
Fernstraßen	–	–	11 320	105
Bezirksstraßen	–	–	34 031	314
Kreisstraßen	70 677	284	–	–
Zwischensumme: Straßen des überörtlichen Verkehrs	173 861	700	47 201	436
Gemeindestraßen (geschätzt)	323 000	1299	?	?
asph. Feld- und Waldwege (geschätzt)	250 000	1001	?	?
Gesamtsumme: asphaltierte Trennlinien insgesamt	746 677	3000	?	?

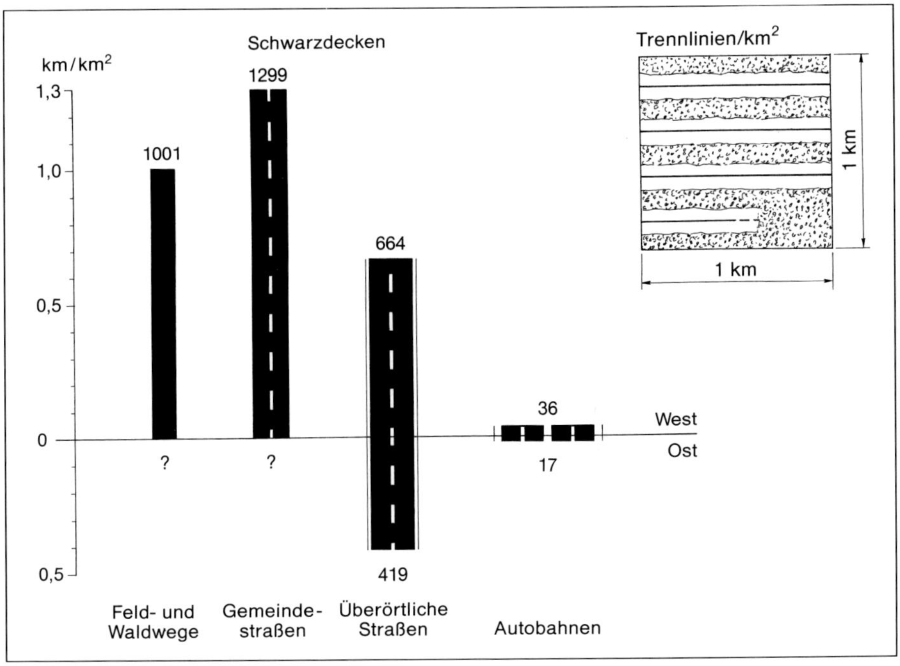

Abb. 16: Durchschnittliche Länge des Straßen- und Wegenetzes (nur asphaltierte Verbindungen) in der Bundesrepublik Deutschland, angegeben in m Länge pro km².

Tab. 5. Straßennetz des überörtlichen Verkehrs und Kraftfahrzeugbestand in den einzelnen Bundesländern. Längenangaben in km Gesamtlänge und als Mittelwert in m pro km². Stand: Straßennetz 1. 1. 1991 (Unterschied zu Tab. 4), Kfz.-Bestand 1. 7. 1991 (aus Statistisches Bundesamt 1992)

Land	Straßen des überörtlichen Verkehrs (km)	davon Autobahnen (km)	Mittel Straßenlänge pro km² (m/km²)	Bestand an Kraftfahrzeugen (Mio.)
Baden-Württemberg	27449	998	767,8	5,937
Bayern	41400	2063	586,8	7,117
Berlin-West	150	46	312,4	0,885
Berlin-Ost	101	14	250,5	?
Brandenburg	?	743	?	?
Bremen	108	46	267,2	0,314
Hamburg	232	81	307,2	0,764
Hessen	16345	931	774,1	3,472
Mecklenburg-Vorpommern	10170	247	426,7	?
Niedersachsen	28001	1221	591,4	4,259
Nordrhein-Westfalen	29868	2101	876,7	9,275
Rheinland-Pfalz	18373	801	925,6	2,290
Saarland	2199	226	855,6	0,620
Sachsen	?	412	?	?
Sachsen-Anhalt	9792	228	479,0	?
Schleswig-Holstein	9870	445	627,4	1,490
Thüringen	7980	250	491,0	?

Schleswig-Holstein nimmt die überbaute Verkehrsfläche 3,5% der Landesfläche ein (Knauer & Wolter 1980), wie überall mit steigender Tendenz. Im westdeutschen Durchschnitt beträgt diese Zahl etwa 5% (Mader et al. 1988), in der Schweiz nach amtlicher Statistik knapp 2% mit ähnlich hohen Anteilen wie in Deutschland im Schweizer Mittelland (Arbeitsgemeinschaft Culterra 1993).

Den größten Flächenverbrauch in Form versiegelter Bodenoberfläche und angrenzender Bankette weisen dabei naturgemäß die Autobahnen auf. Sie messen heute in Deutschland bereits 10672 km, davon sind mehr als 1000 km sechsspurig ausgebaut. Vor allem in den neuen Ländern sieht der Bundesverkehrswegeplan umfassende Neubauten vor. Müller-Pfannenstiel & Winkelbrandt (1991) legten eine Analyse des durchschnittlichen Flächenverbrauchs von bundesdeutschen Autobahnen vor. Für eine vierstreifige Autobahn ergeben sich danach folgende Zahlen:

- direkte Flächeninanspruchnahme durch anlagebedingte Maßnahmen im Flachland 4,6 bis 5,9 ha/km, im Mittelgebirge 6,0 bis 10,4 ha/km; davon sind ca. 4 ha versiegelt;
- Nebeneinrichtungen im Flachland > 4,5 ha/km, im Mittelgebirge > 6,0 ha/km;
- in der Summe im Flachland > 9,1 bzw. > 10,4 ha/km (das entspricht einem mindestens 91 oder 104 m breiten Streifen), im Mittelgebirge > 12,0 bzw. 16,4 ha/km (oder ein über 120 oder 164 m breiter Streifen).

Naturgemäß noch größer ist der Flächenbedarf einer sechsstreifigen Autobahn:

- direkte Flächeninanspruchnahme durch anlagebedingte Maßnahmen im Flachland 5,7 bis 8,0 ha/km, im Mittelgebirge 6,5 bis 11,1 ha/km; davon sind ca. 5 ha versiegelt;
- Nebeneinrichtungen im Flachland > 5,7 ha/km, im Mittelgebirge > 6,5 ha/km;
- in der Summe im Flachland > 11,4 bzw. > 13,7 ha/km (das entspricht einem mindestens 114 oder 137 m breiten Streifen), im Mittelgebirge > 13,0 bzw. 17,1 ha/km (oder ein über 130 oder 171 m breiter Streifen).

Evert & Winkelbrandt (1983) unterstreichen am Beispiel der A 45 zwischen Siegen und Hagen, daß sich der Flächenbedarf im Umfeld der in der Raumordnung als »zentrale Orte« bezeichneten Zentren auf ein 266 m breites Band summiert, in den ländlichen Regionen dagegen »nur« auf 121 m.

Über die direkte Flächeninanspruchnahme hinaus wirken die ökologischen Beeinträchtigungen eines Straßenbandes beiderseits noch weit in die angrenzenden Lebensräume: Änderungen des Mikroklimas und der Lebensbedingungen für Tiere und Pflanzen reichen bis 30 m tief in angrenzende Wälder hinein, erhöhte Schwermetallgehalte an der Bodenoberfläche lassen sich bis in 50 bis 100 m Entfernung nachweisen, Salzschäden durch das winterliche Streuen noch in 50 bis maximal 300 m, Störungen für einzelne Vogelarten wurden bis in 1800 m festgestellt, der Verkehrslärm ist oft noch in mehreren km Entfernung zu hören (Jedicke 1989a, Mader 1985a).

Am Beispiel des Fitis *(Phylloscopus trochilus)* weisen Reijnen & Foppen (1991) den Störeffekt einer vierspurigen Autobahn mit 45000 Fahrzeugen pro Tag auf eine häufige Singvogel-Art anhand der Brutorttreue der Männchen nach: In einem Streifen von bis zu 200 m Distanz zur Autobahn zeigten die dort lebenden Fitis-Männchen eine viel größere Dismigration als die Revierinhaber in größerem Abstand, die überwiegend nahezu dieselben Territorien wie im Vorjahr besiedelten. Die Habitate entlang der Autobahn seien für den Fitis nur von marginaler Bedeutung, mit denen offenbar überwiegend einjährige Männchen vorlieb nehmen müßten.

Es darf aber nicht bei einer linearen Betrachtungsweise des Problems bleiben: Die Straßenverbindungen bilden

Abb. 17: Die Trennwirkung von Straßen, die Populationen völlig voneinander isolieren kann, wird an den breiten Autobahnen besonders deutlich. Aber bereits ein schmaler asphaltierter Feld- oder Waldweg wirkt für viele Kleintiere als unüberwindbare Barriere.

ein zunehmend engmaschiger werdendes Netz, dessen Maschen in Form der verbleibenden Restflächen immer kleiner werden (Reichelt 1979). Die Bundesforschungsanstalt für Naturschutz und Landschaftsökologie in Bonn untersucht regelmäßig die sogenannten unzerschnittenen verkehrsarmen Räume über 100 km^2 Fläche, eine Größe, die als Minimum für eine ungestörte naturnahe Erholung angesehen wird; als zerschneidend werden hier nur die Autobahnen, Hauptverkehrsstraßen und Eisenbahnlinien gewertet (Lassen 1979, 1990). Unter tierökologischen Gesichtspunkten müßten dabei auch die weniger frequentierten Straßen in einer abgestuften Bewertung berücksichtigt werden. Dennoch vermittelt die in Tab. 6 gegebene Übersicht einen Eindruck über die unterschiedliche Belastung in den westdeutschen Bundesländern.

Innerhalb von zehn Jahren, von 1977 bis 1987, nahm die Zahl der unzerschnittenen verkehrsarmen Räume um 18,3% ab, am stärksten reduzierte sie sich in den westlichen Teilen der alten Bundesrepublik (Lassen 1987, 1990). Insgesamt

Tab. 6. Zahl und Anteil der unzerschnittenen verkehrsarmen Räume an der Landesfläche in den Flächenstaaten der westlichen Bundesrepublik (aus Lassen 1987, verändert)

Bundesland	Landesfläche km^2	unzerschnittene verkehrsarme Räume Zahl	Fläche km^2	Räume %
Baden-Württemberg	35751	29	4272	11,9
Bayern	70553	142	23298	33,0
Hessen	21114	20	2697	12,8
Niedersachsen	47450	57	9140	19,3
Nordrhein-Westfalen	34068	19	2389	7,0
Rheinland-Pfalz	19847	–	2774	14,0
Saarland	2568	–	–	–
Schleswig-Holstein	15727	9	1307	8,3
Bundesrepublik (West)	247078	296	45877	18,5

bedecken diese Räume nur noch 18% der Bundesfläche.

Im Überblick können die Folgewirkungen der Straßen auf die Umwelt so zusammengefaßt werden (vgl. Arbeitsgemeinschaft Culterra 1993, Institut für Naturschutz und Tierökologie 1977, Knauer & Wolter 1980, Mader 1979 und 1983b, Olschowy 1981, Wasner & Wolff-Straub 1981):

a) unmittelbare Folgen:
- Zerstörung bzw. Veränderung von abiotischen Landschaftsfaktoren wie Relief, Gestein, Böden, Mikroklima (vgl. Abb. 18), Oberflächengewässer und Grundwasser,
- Vernichten bzw. nachhaltige Störungen von Ökosystemen mit differenzierten Lebensräumen sowie den Vorkommen von Tier- und Pflanzenarten,
- erhöhte Mortalität in der Fauna durch Kollision mit Fahrzeugen,
- Unterbrechung von Wanderwegen bestimmter Tiere,
- Verlärmung durch den verkehrsbedingten Lärm;

b) mittelbare Folgen:
- Belastungen durch Immissionen und Auftausalze,
- Trennwirkung für Tierpopulationen,
- Unterschreiten von Minimalarealen durch Lebensraum-Zerschneidung, dadurch lokales Aussterben von Arten,
- Veränderung des Mikroklimas durch Geländeeinschnitte und Dammbauten, dadurch veränderte Lebensbedingungen für Organismen,
- Ausbildung anthropogener Randzonen,
- Besiedlung angrenzender Flächen durch ehemals biotopfremde Arten,
- Beeinträchtigung straßenbegleitender Gewässer in chemischer und biologischer Hinsicht sowie durch Verlärmung;

c) Langzeitfolgen:
- Verschiebung der Artenzusammensetzung in angrenzenden Biozönosen, be-

Abb. 18: Exemplarische Auswirkungen einer 6 m breiten Waldstraße auf das Mikroklima, dargestellt an der Einstrahlung (gemessen in Lux), Bodentemperatur (°C) und Verdunstungsrate (Evaporation µl/min × cm²) (aus Mader 1979).

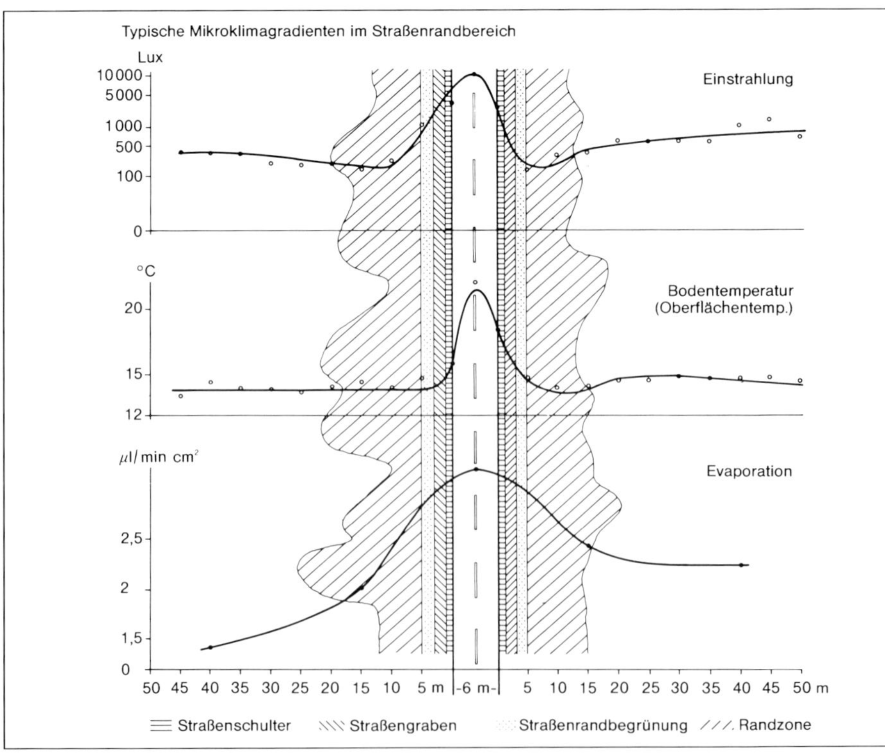

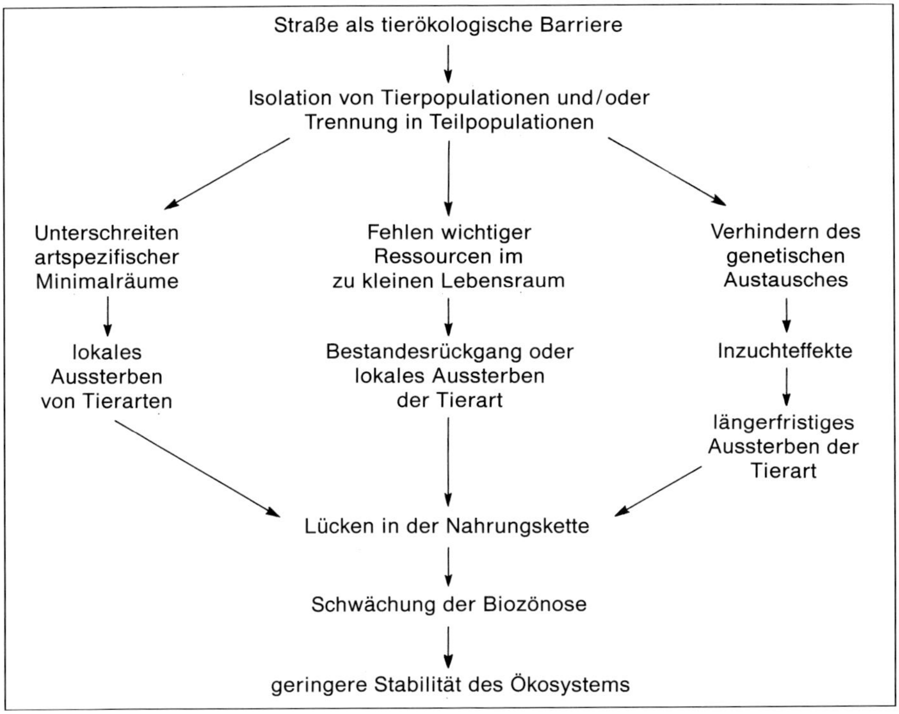

Abb. 19: Tierökologische Folgewirkungen des Barriere-Effekts von Straßen (aus Arbeitsgemeinschaft Culterra 1993).

sonders durch Einwandern fremder Tierarten,
- Ausbildung von Zonationsbiozönosen, also von einer Abfolge unterschiedlicher Lebensgemeinschaften im Gefälle der sich mit zunehmendem Straßenabstand wandelnden Umweltbedingungen,
- zunehmende Empfindlichkeit der Biozönose gegenüber natürlichen wie anthropogenen Störungen,
- Aussterben isolierter Populationen.

2.1.3 Straßen als Barrieren innerhalb von Tieraktionsräumen

Vertieft werden soll an dieser Stelle die tierökologische Wirkung der Straßen als abiotische Barrieren, die Populationen nahezu vollständig voneinander isolieren und auf diese Weise zum Aussterben bringen können (Abb. 19). Betroffen sind davon besonders die epigäischen, also unmittelbar an der Bodenoberfläche lebenden Arten, etwa die Spinnen und viele Insekten, aber auch zahlreiche Wirbeltiere. Vier bisher untersuchte Tiergruppen sollen dies illustrieren: die Amphibien, die Kleinsäuger, die Laufkäfer und die Schnecken.

Wanderwege der Amphibien

Die meisten unserer heimischen Amphibienarten zeigen ein charakteristisches periodisches Wanderverhalten, wie es Abb. 20 am Beispiel der Erdkröte (*Bufo bufo*) illustriert: Sie sind zeitlebens auf das Gewässer fixiert, aus dem sie nach ihrer Metamorphose an Land stiegen. Dieses suchen sie zur Fortpflanzung wieder auf. Die Sommer- bzw. Winterquartiere können bei der Erdkröte im Normalfall bis zu 2200 m entfernt vom Laichgewässer liegen, bei anderen Arten ist die Distanz geringer (Abb. 21). In der Folge kommt es zu intensiven Wanderbewegungen im Frühjahr mit dem Hinzug, dann im (Früh-)Sommer und im Herbst, abgesehen von den üblichen Bewegungsaktivitäten innerhalb des Sommerquartiers (vgl. auch JEDICKE 1992d).

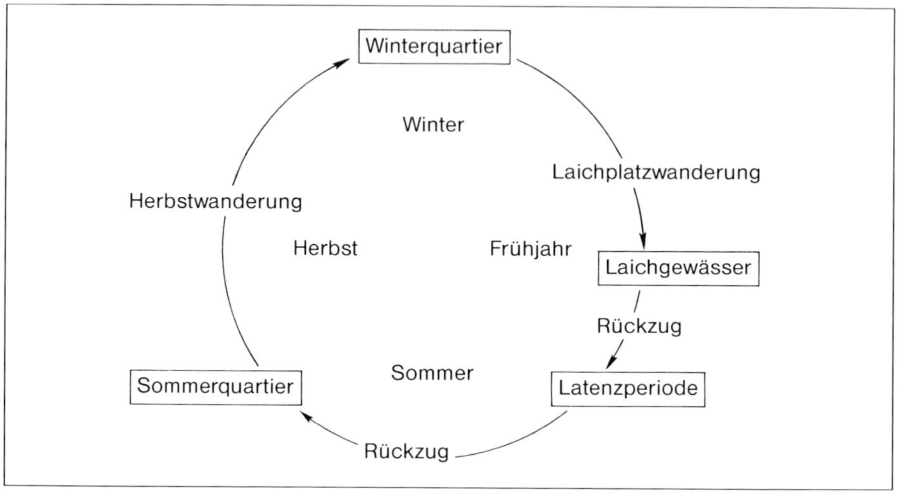

Abb. 20: Wanderverhalten der Erdkröte *(Bufo bufo)* im Laufe eines Jahres.

Bei derart großen Aktionsräumen verwundert es kaum, daß die Wanderwege häufig von Straßen durchschnitten werden, so daß es alljährlich zu enormen Todesraten unter den Amphibien kommt. Innerhalb von vier bis sechs Jahren kann in ungünstigen Fällen durch den Bau einer neuen Straße die gesamte Laichpopulation eines Gewässers ausgelöscht werden. Infolge des immer enger werdenden Straßennetzes (s. Seite 33 ff.), einer erhöhten Fahrzeugzahl und einer wachsenden Kilometerleistung der Autos verschärft sich das Problem immer mehr. Ihre langsame Fortbewegung und verschiedene Verhaltenseigenschaften verstärken die Gefährdung durch den Straßenverkehr (nach BLAB 1986):

- Wandernde Erdkröten (*Bufo bufo*), Alpen- und Feuersalamander (*Salamandra atra und S. salamandra)* sowie Kamm-, Teich-, Faden- und Bergmolche (*Triturus cristatus, T. vulgaris, T. helveticus* und *T. alpestris*) und andere Arten verharren, vom Scheinwerferlicht geblendet, in einer auch nach Passieren des Autos noch beibehaltenen Schreckstellung, anstatt zu fliehen. Je höher die Fahrzeugfrequenz, desto länger dauert folglich die Fahrbahnüberquerung und desto größer ist die Gefahr des Überfahrenwerdens.
- Viele Arten, beispielsweise die Erdkröte, benötigen zum Überqueren einer 15 m breiten Straße – auch ungestört – häufig 10 bis 20 Minuten.
- Die deckungsfreien und warmen Straßenoberflächen bilden für Erdkröten und Salamander ein bevorzugtes Jagdrevier.
- Besonders zu Beginn der Sommeraktivität verharren Springfrosch (*Rana dalmatina*) und Knoblauchkröte (*Pelobates fuscus*), vereinzelt auch Grasfrosch (*Rana temporaria*) und Erdkröte, oft stundenlang auf den Asphalt gepreßt. Dabei heizen sie mittels der von der Oberfläche abstrahlenden Wärme ihren Körper auf, möglicherweise nutzen sie auch den warmen Wasserfilm zur Regeneration ihres Wasserhaushalts.

Die wandernden Amphibien halten sich bevorzugt an Strukturen: Stößt nur ein Waldzipfel an eine Straße, so läßt sich gerade hier ein massierter Straßentod beobachten. In der freien Landschaft ziehen die Tiere Hecken und Feldraine den Kulturflächen, Deckung bietendes Grünland den mehr oder weniger kahlen Äckern vor.

Bereits bei einem Verkehrsaufkommen von 10 Fahrzeugen pro Stunde werden nach GELDER (1973) 30% der Erdkröten überfahren. Zahlreiche Schutzaktionen an bestimmten, besonders frequentierten Straßenabschnitten dienen dazu, die Verluste zu begrenzen; 1986 waren zum Beispiel in Nordrhein-West-

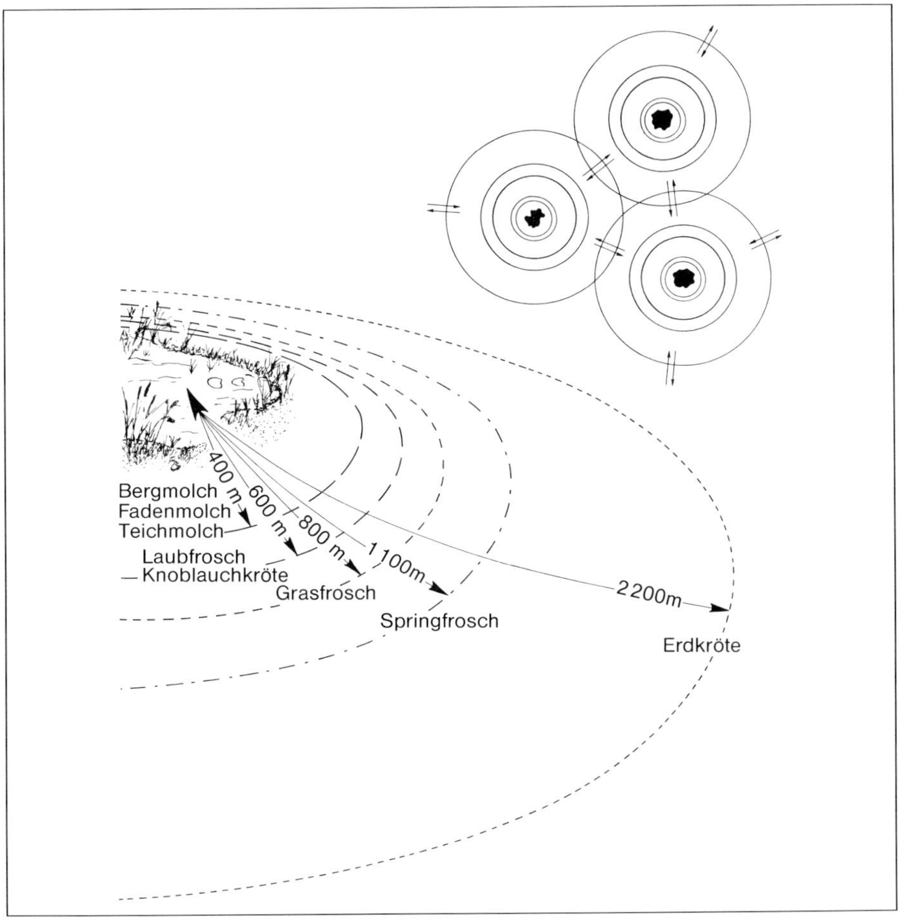

Abb. 21: Größe der Jahreslebensräume ausgewählter Amphibienarten, die bei den Molchen einen Umkreis von bis zu 400 m, bei der Erdkröte dagegen von bis zu 2200 m vom Laichgewässer erfassen. Ober rechts: schematisches Modell eines Verbundsystems von Laichplätzen (aus BLAB 1986).

falen 114 solcher Aktionen bekannt (FELDMANN & GEIGER 1987). Sie können über kurze Zeit das Aussterben von Amphibienpopulationen verhindern, sind über mehrere Jahre hinaus jedoch wegen des hohen personellen Aufwands kaum durchführbar. Dauerhafte Leitzäune in Verbindung mit Tunnelanlagen können zwar die zerschneidende Wirkung der Straßen nicht ausgleichen, doch zumindest für Amphibienpopulationen mindern, eine sachgerechte Ausführung vorausgesetzt.

Barriere für junge Erdkröten

Die Barrierewirkung von Straßen für junge Erdkröten beschreiben MÜLLER & STEINWARZ (1987): Aufgrund der mikroklimatischen Änderungen im Randbereich einer 6 m breiten Kreisstraße stauen sich die Jungkröten bei trockener Witterung mehr als zwei Wochen lang im Straßengraben und an der von jungen Gehölzen bestandenen und dadurch feucht-kühleren Böschung. Einsetzender Regen bewirkt eine rasche Änderung des vorher trocken-warmen Mikroklimas an der Straßenoberfläche: Infolge der starken Akkumulation der Tiere im Straßenrandbereich kommt es zu einer unvermittelten, gleichzeitigen Passage der Straße von oft vielen Tausend Jungkröten. Dieser Vorgang wiederholt sich, je nach Länge der Trockenperioden, jährlich zwei- bis fünfmal.

Bei zu starker Regenintensität bewirken die mit hoher Energie aufschlagenden Tropfen ein Zurückziehen der Jung-

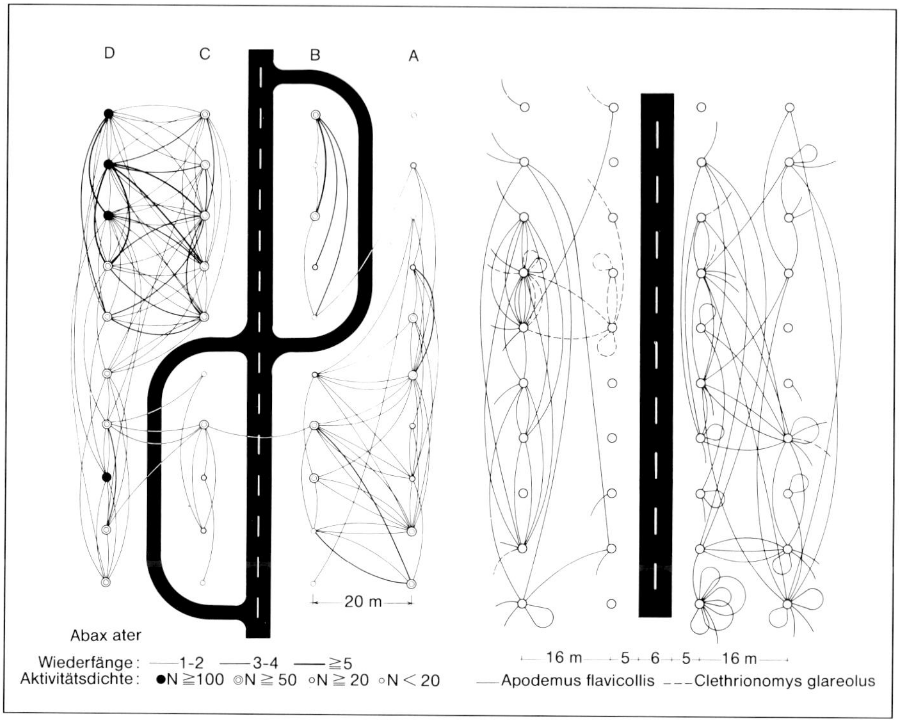

Abb. 22: Zerschneidungswirkung von Straßen und Parkplatzschleifen am Beispiel der Wiederfänge markierter Laufkäfer (*Abax ater*, links) und Mäuse (Gelbhalsmaus, *Apodemus flavicollis*, und Rötelmaus, *Clethrionomys glareolus*, rechts) (aus Mader 1979).

kröten unter schützende Vegetation, die Straßenüberquerung wird erst bei nachlassendem Regen fortgesetzt. Ein Wasserfilm auf der Straßenoberfläche hindert aufgrund geringerer Haftwirkung die Fortbewegung. Umgekehrt bewirkt zunehmende Abtrocknung der Straßenoberfläche oder einsetzende Dunkelheit ein Beenden der Überquerungen (Müller & Steinwarz 1987).

Aktivität von Mäusen und Laufkäfern

Anhand umfassender Markierungs- und Umsetzungsversuche analysierten Mader (1979, 1984b) und Mader & Pauritsch (1981) das Ausmaß des Barriere-Effekts von Verkehrsstraßen für Mäuse und Laufkäfer. Die Abb. 22 zeigt die Mobilitätsdiagramme der Laufkäferart *Abax ater* und der beiden Kleinsäuger Gelbhalsmaus (*Apodemus flavicollis*) und Waldwühlmaus (*Clethrionomys glareolus*), die beweisen, daß nicht nur eine 6 m breite, mit zur Mittagszeit stündlich 200 passierenden Fahrzeugen eine Barriere darstellt, sondern auch schon eine kaum frequentierte, 5 m breite Parkplatzschleife, die täglich nur von 50 Fahrzeugen befahren wird.

Im Experiment ermittelte Mader (1979) für die relativ große und schnelle Laufkäfer-Art *Abax ater* eine Geschwindigkeit der Straßenüberquerung von durchschnittlich 6,6 cm/sec. Das bedeutet, daß statistisch gesehen ab einer Frequenz von 800 Fahrzeugen pro Stunde kein Tier die Straße lebend überqueren kann – ein Wert, der nicht nur für die meisten Autobahnen, sondern auch für viele andere Straßen weit überschritten wird. Die Versuche einer Überquerung haben also tatsächlich nur geringe Erfolgsaussichten, daraus erklärt sich auch die bis auf eine Ausnahme fehlende Wiederfangrate markierter Laufkäfer auf der anderen Straßenseite.

Nicht ganz so krass wie Mader sehen Korn & Pitzke (1988) die Barrierewirkung der Straßen für Mäuse: Sie weisen zwar einen direkten Zusammenhang zwischen der Breite asphaltierter Straßen und der Überquerungshäufigkeit durch die waldlebenden Kleinsäuger Wald-, Gelbhals- und Rötelmaus (*Apodemus sylvaticus, A. flavicollis* und *Clethrinomys glareolus*) nach, jedoch zeigen sie selbst bei einer 8 m breiten Landstraße mit 3 m breiten Randstreifen noch einen regelmäßigen Individuenaustausch.

Isolierung von Landschnecken-Populationen

Während die drei beschriebenen Artengruppen der Amphibien, Kleinsäuger und Laufkäfer zu den mobilsten epigäischen Tieren zählen, dürften asphaltierte Straßen nahezu unabhängig von ihrer Breite für die überwiegende Artenzahl der Landschnecken (*Gastropoda*) eine unüberwindbare Barriere darstellen. Erste Untersuchungen dazu legen MARTIN & ROWECK (1988) vor. Danach vermögen nur sehr wenige große und mehr oder weniger euryöke Arten wie Weinbergschnecke (*Helix pomatia*), Garten- und Hain-Bänderschnecke (*Cepaea hortensis, C. nemoralis*) sowie die Schnirkelschnecken-Art *Arianta arbustorum* unter günstigen Voraussetzungen in Einzelexemplaren die gegenüberliegende Straßenseite zu erreichen. Bei abtrocknender Straßenoberfläche reagieren viele Gehäuseschnecken durch Rückzug in ihr Gehäuse und sterben, sofern sie nicht überfahren werden, bei starker Sonneneinstrahlung ähnlich wie die Nacktschnecken innerhalb kurzer Zeit.

Weitgehend unbekannt sind die Wandergeschwindigkeiten von Schnecken; HESSE nennt nach MARTIN & ROWECK (1988) für die mobilsten Arten folgende Werte: Weinbergschnecke 4–5 cm/min, Garten-Bänderschnecke 6–7 cm/min und Egelschnecken (*Limax* spec.) mehr als 13 cm/min. Für sehr kleine Arten wie Windelschnecken der Gattung *Vertigo* mit Gehäusegrößen von rund 2 mm nehmen die Autoren, ungeachtet der strengen Habitatbindung an vegetationsreiche Standorte, theoretische Überquerungszeiten für zweispurige Landstraßen von mehreren Tagen an. Der Aktionsradius eines Individuums der kleinsten Arten liege während ihrer Lebenszeit vermutlich allenfalls im Bereich von einigen Dezimetern.

Anhand zweier Einzelbeispiele zeigen MARTIN & ROWECK (1988) die Isolationswirkung durch gebaute Strukturen: Brachgefallene Wiesen ermöglichen einer Waldart die Ausdehnung ihres Lebensraumes bis an den Rand einer Straße, trotz jenseitiger entsprechender Habitatgestalt jedoch nicht darüber hinaus.

Abb. 23: 3 km asphaltierte Straßen und Wege durchziehen im statistischen Durchschnitt jeden Quadratkilometer Westdeutschlands – immer neue kommen hinzu und zersplittern bisherige Populationen und Aktionsräume. Der Verinselung der Landschaft wird damit weiter Vorschub geleistet.

Ähnlich wie Straßen behindern auch Siedlungen innerhalb von Bachtälern die Ausbreitung von Schließmundschnecken (*Clausiliidae*), die ihren optimalen Lebensraum in Brennessel-Fluren (*Urtica dioica*) unter Eschen (*Fraxinus excelsior*) und Schwarzerlen (*Alnus glutinosa*) am Bachufer finden.

2.1.4 Wirkung von Feld- und Waldwegen

Eine ähnliche Isolationswirkung wie die Straßen besitzen die asphaltierten Feld- und Waldwege, eine geringere auch die geschotterten bzw. leicht befestigten Verbindungen – unabhängig von der Höhe der meist geringen Verkehrsfrequenz. Darauf weisen vor allem die Untersuchungen von Mader & Pauritsch (1981) sowie Mader et al. (1988) hin.

Die Bedeutung gerade der Wirtschaftswege als die Landschaft zerschneidende Barrieren unterstreicht ihre bereits genannte durchschnittliche Länge. Dennoch sind die Feldwege keine unbesiedelten sterilen Linien, sondern beherbergen je nach Aufbau und Oberflächenbeschaffenheit eine spezifische Fauna, die sich aus dem Artenspektrum der Felder, Wegraine, Waldränder, offenen Sandflächen, Kies- und Schotterflächen rekrutiert; ihre Bedeutung als Lebensraum steigt mit zunehmendem Grünanteil des Weges (siehe Tab. 7 und Abb. 24) (Mader et al. 1988).

Die Barrierewirkung von Feldwegen untersuchten Mader et al. (1988) anhand von Aussetzungsversuchen mit der Wolfspinne *Pardosa amentata*, einer häufigen, tagaktiven Spinnenart der Wegränder und Feldraine. In Abb. 25 werden die unterschiedlichen Reaktionen deutlich: Flucht zum nächstgelegenen Wegrand auf einem Asphaltweg (trotz einer positiven Phototaxis der Art, also einer tpyischen Orientierung zum

Tab. 7. Bevorzugung unterschiedlicher Typen von Wirtschaftswegen durch verschiedene Tiergruppen (aus Mader et al. 1988)

Tiergruppe	Asphalt	Schotter	Schotter(+)	Kies-L	Kies-L(+)	Grüner Weg
Asseln		○				○
Schnecken			◑		◑	◑
Tausendfüßler				○	○	○
Collembolen	◑	●	○	◑	○	●
Geradflügler	○				○	
Wanzen		○			○	○
Fliegen	○	◑	◑	◑	◑	◑
Mücken			◑		◑	●
Hautflügler			○		○	○
Ameisen	◑	◑	○	◑	◑	◑
Laufkäfer			◑		◑	●
Kurzflügler		○	◑		◑	●
Übrige Käfer		○	○		○	◑
Wolfsspinnen	○	○	◑	○	◑	●
Zwergspinnen		○	◑		●	●
Milben		○	○			○
Weberknechte		○				○

○ Kreis = Einzelbeobachtungen
◑ halb gefüllter Kreis = selten (< 10%)
● gefüllter Kreis = häufiger (> 10%)

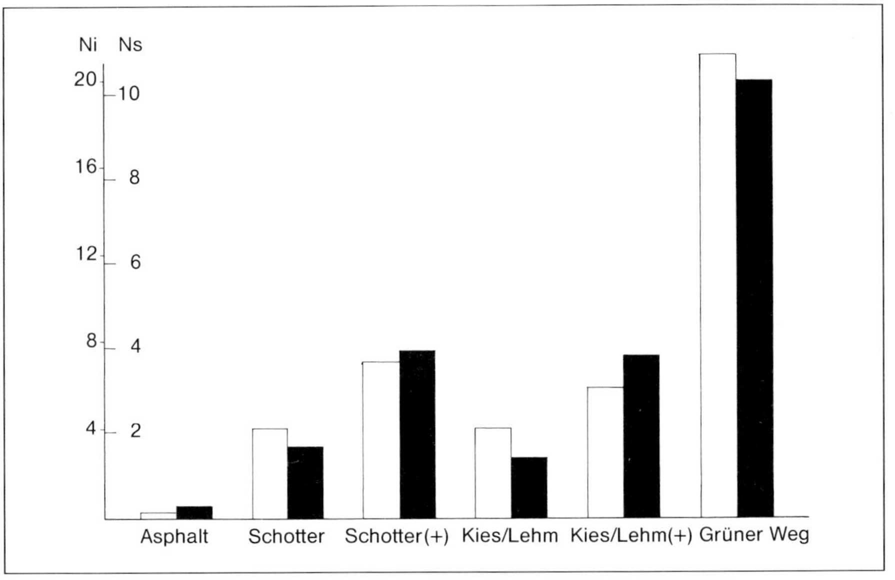

Abb. 24: Intensität der Isolationswirkung unterschiedlich stark befestigter Wirtschaftswege anhand der auf 1 m^2 großen Probeflächen erfaßten Tierarten (aus MADER et al. 1988).
Ni: Anzahl der Individuen (weiße Balken)
Ns: Anzahl der Tierarten (schwarze Balken)

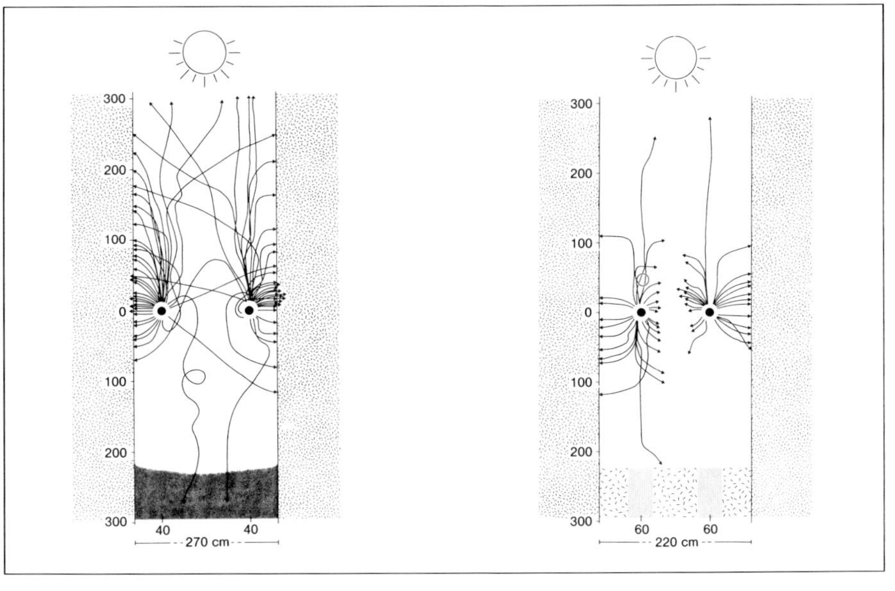

Abb. 25: Mobilitätsdiagramme von Wolfspinnen (*Paradosa amentata*), die auf einem Asphaltweg (links) bzw. grünen Wirtschaftsweg (rechts) ausgesetzt wurden (aus MADER et al. 1988).
Auf dem Asphaltweg erfolgt eine klare Orientierung zum bewachsenen Randstreifen, auf dem Wirtschaftsweg mit Grünstreifen jedoch in gleicher Weise auch zur Mitte. Aus diesen Beobachtungen läßt sich eine geringe Isolationswirkung unbefestigter Wege im Vergleich zu asphaltierten Verbindungen folgern, zumal die unbewachsenen Distanzen von Grünstreifen zu Grünstreifen geringer sind.

Licht hin), Flucht zur grasigen Wegmitte oder zum Wegrand auf dem grünen Wirtschaftsweg mit Fahrspuren. Auch gezielte Störungsversuche von wegrandbewohnenden Wolfspinnen, die aus ihrem Habitat mindestens 20 cm weit auf einen Kies-Lehm-Feldweg getrieben wurden, ergaben bei 30 Versuchstieren keine einzige Feldwegüberquerung. Dieses Ergebnis verdeutlicht den Hindernis- bzw. Barrierecharakter von Feldwegen für bodenlebende Spinnenarten.

MADER & PAURITSCH (1981) wiesen bei einem Versuch mit Kleinsäugern bei insgesamt 64 gefangenen Tieren (einschließlich der Wiederfänge) nur zwei Überquerungen eines asphaltierten, kaum befahrenen Forstweges nach. Damit kommen sie zu der Aussage, daß die Trennwirkung weitgehend unabhängig von dem Verkehrsaufkommen einer asphaltierten Straße besteht. Eine höhere Überquerungsrate erhielten dagegen KORN & PITZKE (1988) bei ihren Beobachtungen an markierten Mäusen (s. Seite 42 f.).

Eine Barrierewirkung bestätigten auch MÜLLER & STEINWARZ (1987), die eine Überquerung selbst breiter und nicht asphaltierter Feldwege durch junge Erdkröten (*Bufo bufo*) nur an schattigen Stellen bzw. bei kühlem und feuchtem Wetter beobachteten. Ansonsten werde eine solche Barriere möglichst umgangen oder aber die Wanderung solange unterbrochen, bis die mikroklimatischen Bedingungen besser werden.

Auf die ökologischen Folgen speziell der Wirtschaftswege und die sich daraus ergebenden Konsequenzen gehen der Arbeitskreis Waldbau und Naturschutz (1988) und FINGERLE (1985) ausführlicher ein.

2.1.5 Biotopverlust und Strukturverarmung

Im Kapitel 1 wurde bereits ausführlich auf den tiefgreifenden Landschaftswandel in der älteren und jüngeren Vergangenheit eingegangen, ebenso auf dessen Folgen, die sich in den stetig wachsenden Roten Listen dokumentieren.

Abb. 26 faßt die Bedrohung naturnaher Landschaftsteile durch Einflüsse der modernen Zivilisation noch einmal zusammen. Abb. 27 und 28 zeigen mit Obstwiesen und Hecken zwei Beispiele für die starke Beeinträchtigung und Zerstörung von Lebensräumen.

Zwei grundlegende Vorgänge führten zu einer häufig totalen Veränderung der Landschaft:

- der Verlust ehemals großflächig entwickelter Biotope bzw. deren fortlaufende Zerstückelung und Verfremdung,

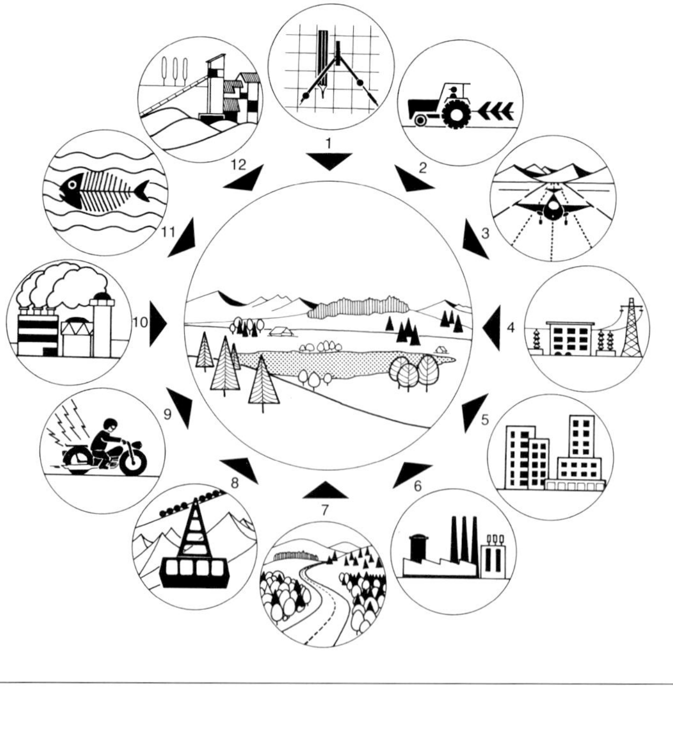

Abb. 26: Zusammenfassende Darstellung der wichtigsten Gefährdungsfaktoren für naturnahe Landschaftsteile und Einzelarten (aus WILDERMUTH 1986). 1 = Melioration, Flurbereinigung; 2 = moderne Landwirtschaft; 3 = Flugplätze, militärische Anlagen; 4 = Energieerzeugung und -transport; 5 = Siedlungsbau; 6 = Industrieanlagen; 7 = Straßenbau; 8 = Massentourismus; 9 = Lärm; 10 = Luftverschmutzung; 11 = Gewässerverschmutzung; 12 = Abbau oberflächennaher Rohstoffe.

– das Vernichten von linear die Kulturlandschaft durchziehenden Strukturen wie Hecken und Saumgesellschaften.

Ringler (1981) beschreibt verschiedene Typen einer natürlichen und anthropogenen Biotopdispersion, also der insel- und netzförmigen Streuung der Lebensräume in der Landschaft. Die schematische Darstellung in Abb. 29 verdeutlicht die Verschiedenartigkeit der möglichen Raumstrukturen, die sich etwa als große, landschaftsbeherrschende Bestände darstellen können, als raumdurchziehende Bandstrukturen wie unverzweigte Bäche und Flußauen, als inselartig zerstreute und dabei flächenmäßig zurücktretende Vorkommen oder aber als eine raumdurchdringende Netzstruktur.

Als Biotopschrumpfung bezeichnet Ringler (1981) den Rückgang der relativ naturnahen Lebensräume zugunsten der kulturbetonten, nur wenigen Arten Lebensmöglichkeiten bietenden Biotope. Diese Schrumpfung mache entweder an den Grenzen schwer nutz- oder intensivierbarer Ökosysteme wie einer steilen Kuppe, einem Einzelfelsen oder Hochmoorrand halt und isoliere damit lediglich natürlich vorgegebene Inseln noch stärker. Oder der anthropogene Schrumpfungsprozeß durchbreche alle Vegetationsgrenzen und werde zur Zerstückelung, indem er ehemals homogene Biotope in kleine Reste zersplittere.

Sowohl die Schrumpfung als auch die Zersplitterung führt zu einer **Verinselung der Landschaft**, einen Begriff, den Mader (1980a) erstmals in dieser Form gebraucht. Ringler (1981) unterscheidet

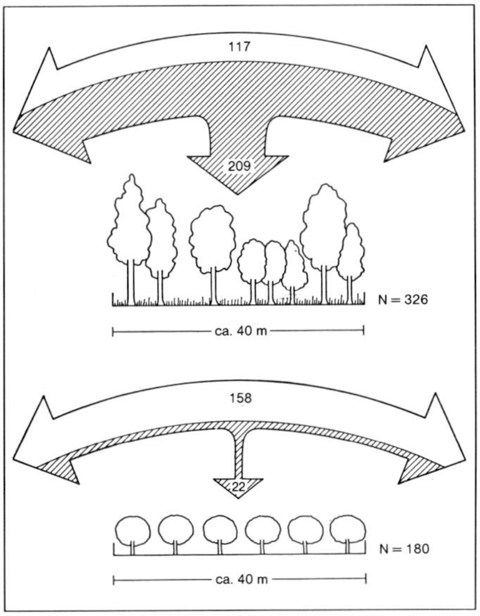

Abb. 27: Vergleich der naturschützerischen Bedeutung einer naturnahen Obstwiese als extensiv bewirtschaftetes Gebiet (oben) mit einer intensiv genutzten Obstplantage (unten): Zahl der über das Gebiet hinwegfliegenden (weiß) und der einfliegenden Vögel (schraffiert) (aus Mader 1982).
N = Gesamtzahl der Beobachtungen.

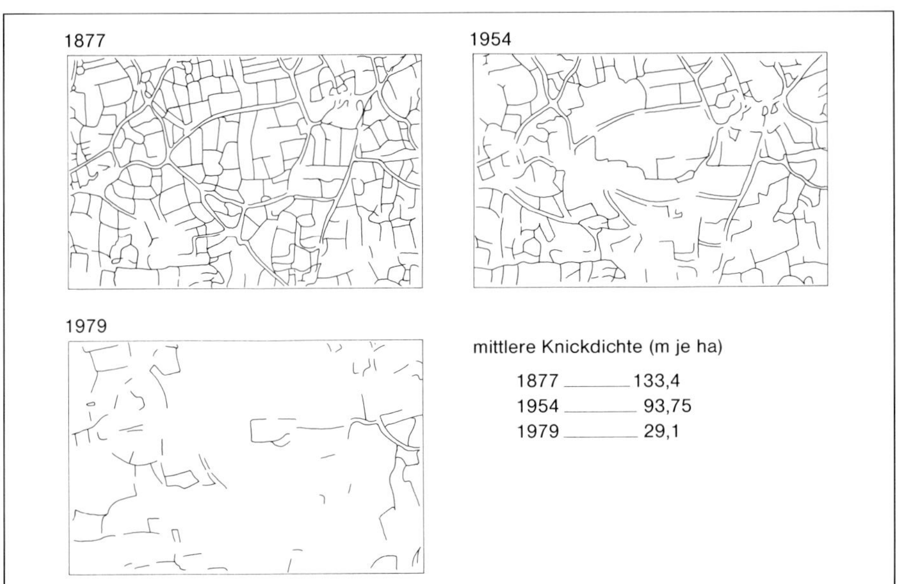

Abb. 28: Verringerung des Netzes von Wallhecken (Knicks) im Raum Satrup/Angeln in Schleswig-Holstein als wertvolles Verbundelement (nach Marxen aus Knauer 1980).

Abb. 29: Schematische Beispiele der natürlichen und anthropogen bedingten Biotopdispersion (aus RINGLER 1981). Schwarz: naturnahe Vegetation; weiß umrandet: Saumzone als Anzeiger der Grenzfestigkeit der Biotopinseln

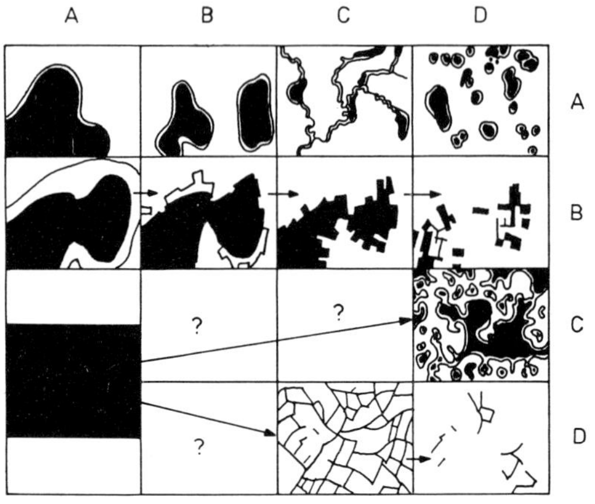

Reihe A: naturgegebene Inselstrukturen
Feld AA: großes Moor
Feld BA: zwei Seen
Feld CA: Bachläufe mit Quellwäldern
Feld DA: Toteiskessel und Laubwaldkuppen

Reihe B bis D: anthropogene Zersplitterung
Reihe B: Hochmoor (schwarz) und Niedermoorgürtel (weiß umrandet) in fortschreitender Zerstückelung
Reihe C: Allmende-Nutzung als Relikt einer altertümlichen Kulturlandschaft, gestaltet aus einer Hartholzaue, mit einem Mosaik aus Gehölzen, Säumen, Wiesen von höchster Strukturvielfalt
Reihe D: Wald splittert sich in ein Heckennetz auf.

entsprechend zwischen der **Biotopdispersion** als dynamischen Begriff für die beschriebenen Vorgänge, Verinselung hingegen als statische Bezeichnung für die Verteilung aller Insel- und Splitterbiotope zusammen mit den Biotopresten in einer Landschaftseinheit zu einem bestimmten Zeitpunkt.

Die Strukturveränderung seit Mitte des 19. Jahrhunderts in der Folge von Kultivierung, Intensivierung, Erschließung und Besiedlung bewirkte nach RINGLER eine Situations- und Milieuänderung in den verbleibenden Biotopen:

- Flächenverkleinerung (Schrumpfung),
- Anpassung an Flurstücke (Parzellierung, Grenzbegradigung),
- Vergrößerung des Verhältnisses der Randlänge zur Biotopfläche und des Anteils der anthropogen veränderten Randzonen,
- Abstandsvergrößerung zwischen den Biotopen, sprich räumliche Isolation,
- ökologische »Verfremdung« des Biotopumfeldes durch Zufuhrstoffe, Bodenmeliorationen, Überbauung usw., also eine Milieu-Isolation und trophische (Nahrungs-)Isolation.

Oben: Eine reich gegliederte Landschaft wie dieser extensiv genutzte Burgberg besitzt eine viel höhere Erlebniswirkung als eine ausgeräumte Agrarlandschaft, wie Befragungen von Erholungssuchenden beweisen. Auch solche Argumente sprechen für die Realisierung von Biotopverbundsystemen.

Unten: Als Pflegemaßnahme tituliert, schwinden durch alltägliche Eingriffe immer wieder wertvolle Kleinlebensräume. Dies gilt beispielsweise für Bachkorrekturen, denen vielfach standortgerechte Ufergehölze, Kolke und Steilufer weichen.

In der Folge steigt die Anfälligkeit der verbleibenden Biotopinseln gegenüber Milieuänderungen durch Einflüsse aus den umgebenden Nutzflächen, ja es tritt in unterschiedlichem Umfang eine gewisse Standortadaption ein, indem sich die Standortfaktoren des Biotoprestes dem jeweiligen Umfeldmilieu anpassen. Randeinflüsse bewirken bei Biotopinseln die Ausbildung gestörter Randzonen, die je nach Intensität und Wirkungsbreite der Faktoren unterschiedlich weit in das Biotopinnere hineinrücken und die verbleibende, störungsfreie bzw. -arme Kernzone mehr oder weniger stark einschnüren. Je kleinflächiger eine Biotopinsel, desto eher nimmt der von außen gestörte Bereich die gesamte Inselfläche ein (vgl. RINGLER 1981). Auf die Folgen geht das folgende Kapitel näher ein.

2.2 Die Inseltheorie in der Biogeographie

Inseln im Meer stellen als isolierte Ökosysteme par excellence schon lange ein bevorzugtes Forschungsobjekt für die Biogeographie und Ökologie dar. MACARTHUR & WILSON (1963, 1967 bzw. 1971) entwickelten hier ihre bahnbrechende Inseltheorie, die Stoff für zahlreiche weitere Untersuchungen lieferte. Viele wissenschaftliche Arbeiten befaßten sich in der Folgezeit mit der Übertragbarkeit der Theorie auf Habitatinseln. Sie stellen somit eine wesentliche Grundlage für die Überlegungen zum Biotopverbund dar (s. Abschnitt 2.3).

Die zentralen Aussagen der Inseltheorie lassen sich so zusammenfassen:

- Die Flächengröße einer Insel entscheidet über die Artenzahl – je größer eine Insel, desto mannigfaltiger das hier lebende Artenspektrum. Diese **Arten-Areal-Beziehung** findet ihren Ausdruck in Graphiken, in denen die Artenzahl gegen die Flächengröße aufgetragen wird.
- Auf Inseln besteht ein Gleichgewicht zwischen der Zahl der neu einwandernden und der aussterbenden Arten (Immigration und Extinktion, vgl. Abb. 30), d. h. genauer gesagt handelt es sich um ein Fluktuieren um einen Mittelwert, welches sich als **Turnover (Artenumsatz)** bezeichnen läßt. Neu zu besiedelnde Inseln weisen eine hohe Immigrations- und eine niedrige Extinktionsrate auf, bis ein Gleichgewicht erreicht wird.
- Der Erfolg der Erstbesiedlung einer Insel hängt von ihrer Größe und der Entfernung von einer entsprechenden Besiedlungsquelle ab, sprich von dem nächstliegenden ähnlich gearteten Lebensraum (**Arten-Distanz-Beziehung**, vgl. Abb. 31).
- Selbst winzige Inseln können als sogenannte Trittsteine die Austauschprozesse erheblich verstärken, indem sie den vorübergehenden Aufenthalt von Arten erlauben, ohne unbedingt als Dauerlebensraum geeignet zu sein. Sie verkürzen die auf einmal zu überwindende Distanz zur nächsten größeren Insel (**Trittstein-Effekt**).

Arten-Areal-Kurven

Der Zusammenhang zwischen Flächengröße und Artenzahl läßt sich, wie MAC-

Oben: Feldgehölze in der Agrarlandschaft bilden ein bevorzugtes Untersuchungsobjekt für die Übertragung der Inseltheorie auf Habitatinseln. Sie können als optisch wirkungsvolles Beispiel für die Verinselung der Landschaft auch der Bevölkerung die Augen für die Problematik öffnen.
Unten links: Eine Wiesenflockenblume (*Centaurea jacea*) mit einer Raupe der Erbseneule (*Mamestra pisi*), eines Nachtfalters – ein Exempel für die Spezialisierung von Tieren auf ganz bestimmte Nahrungspflanzen. Fehlen diese, so sterben auch die auf deren Vorkommen angewiesenen Tierarten aus.
Unten rechts: Der Straßentod der jahresperiodisch wandernden Amphibien – hier zwei Erdkröten (*Bufo bufo*) – verdeutlicht in drastischer Weise die Zerschneidungs- und Isolationswirkung der Verkehrsbänder.

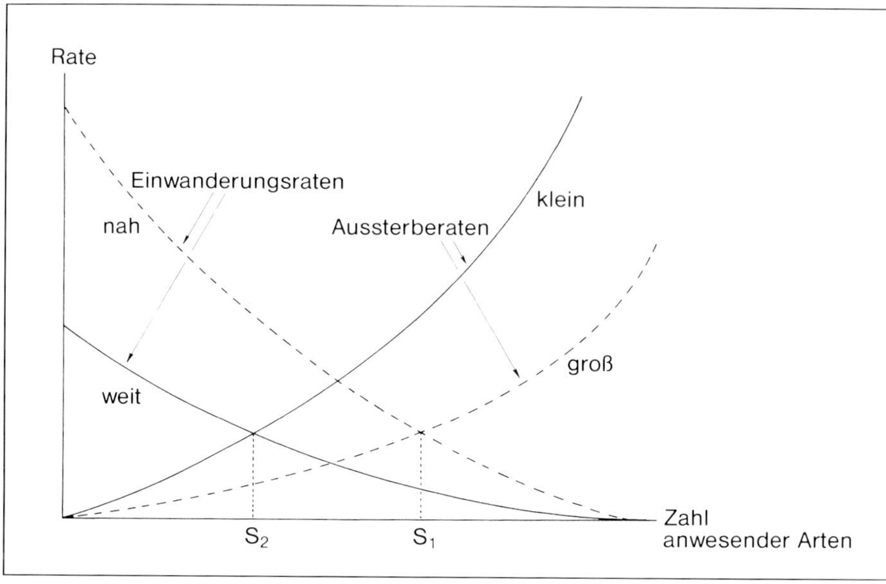

Abb. 30: Gleichgewichtsmodell der Floren und Faunen zweier Inseln zwischen Einwanderungsrate (Immigration) und Aussterberate (Emigration) (aus SCHLÜPMANN 1985). Die Höhe der Raten von Einwanderung und Aussterben hängen von der Isolierung der Insel (Entfernung zum Festland) und von der Flächengröße ab. Mit steigender Isolierung und abnehmender Inselgröße sinkt die Zahl anwesender Arten, das Gleichgewicht (S) verschiebt sich nach links. Umgekehrt bedeuten eine geringere Distanz und/oder eine größere Inselfläche eine Erhöhung der Artenzahl infolge einer erhöhten Einwanderungs- bzw. einer verminderten Aussterberate.

ARTHUR & WILSON (1967, 1971) zeigen, in einer Exponentialfunktion auch quantitativ darstellen:

$S = C\ A^z$
oder $\lg S = \lg c + \lg A$
(MARGULES et al. 1982).

Dabei steht S für die Anzahl der Arten, A für die Flächengröße der Insel. C ist ein populationsspezifischer Faktor, der angibt, wieviele Arten der betreffenden Gruppe (Vögel, Lurche, Schnecken, Laufkäfer, Schmetterlinge etc.) pro Flächeneinheit (z. B. $1\,km^2$) zu erwarten

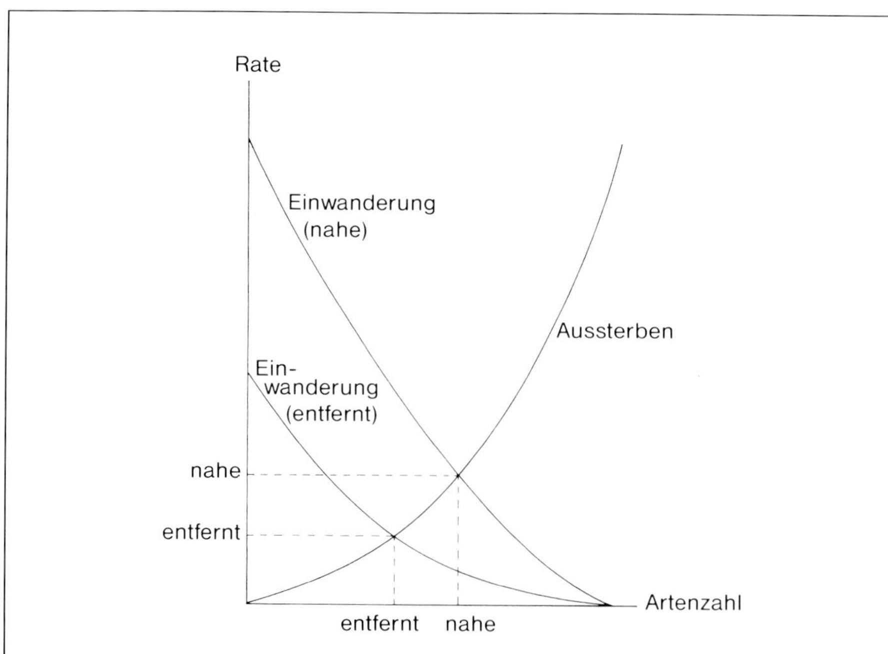

Abb. 31: Theoretische Darstellung des Distanzeffektes: Je größer die Entfernung zwischen zwei Inseln, desto geringer die Artenzahl (aus SIMBERLOFF 1974).

Abb. 32: Beispiele für Arten-Areal-Kurven aus Untersuchungen in Teilbereichen der Bundesrepublik:

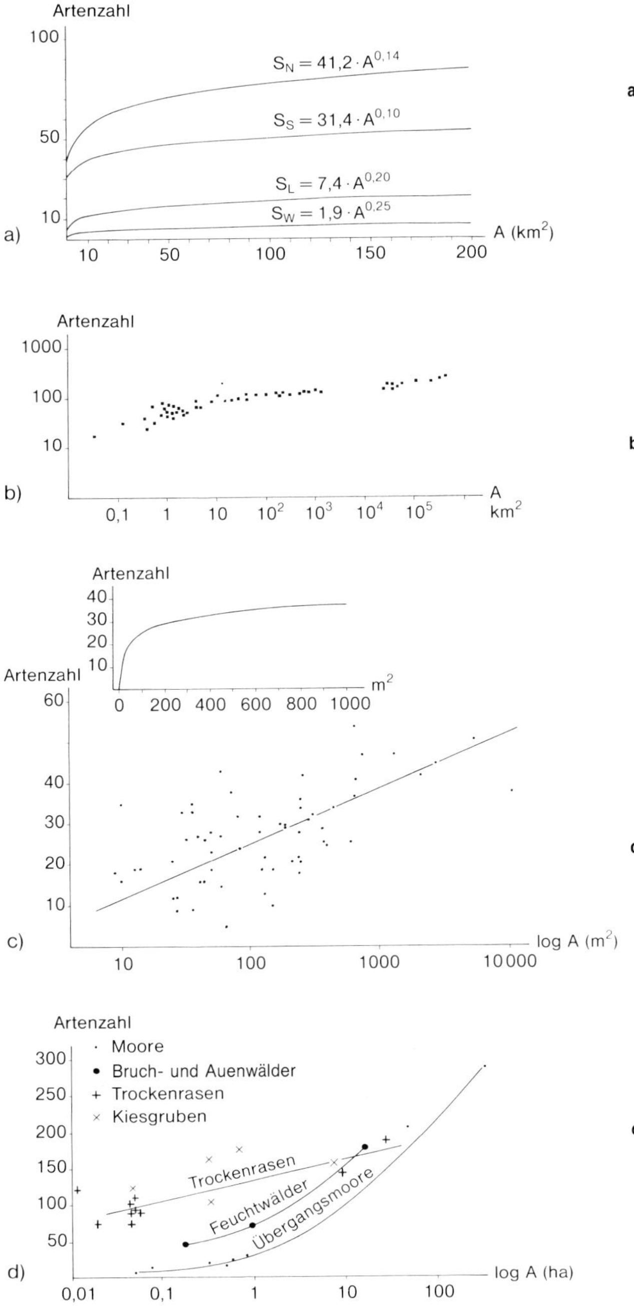

a) **mitteleuropäische Brutvögel: sämtliche Arten (S_N), Singvögel (S_S), Nichtsingvögel – Landvögel (S_L) und Wasservögel (S_W) (aus Banse & Bezzel 1984);**

b) **mitteleuropäische Brutvogelarten (Durchschnitt) (Reichholf 1987b);**

c) **feuchtgebietstypische Pflanzenarten von Weihern im Landkreis Ravensburg (aus Konold & Wolf 1987);**

d) **Pflanzenarten der Übergangsmoore, Bruch- und Auenwälder, Trockenrasen und Kiesgruben im voralpinen Hügel- und Moorland (Ringler 1981).**

sind. Der Exponent Z schließlich stellt ein empirisches Maß des Isolationsgrades dar: Bei isolierter, »insulärer« Lage der Fläche nimmt er Werte um 0,28 (0,25 bis 0,30) ein, unter flächig-kontinentalen Bedingungen beträgt er etwa 0,14. Ein mittlerer Wert um 0,20 bedeutet bereits eine teilweise Isolation, obwohl die betreffende Fläche noch in Kontakt zu gleichartigen Biotoptypen steht. Je höher der Wert des Exponenten Z, umso stärker nimmt dem »Insel-Effekt« gemäß die Artenzahl bei fortschreitender Flächenverminderung ab (vgl. REICHHOLF 1987).

Zahlreiche Untersuchungen befassen sich zunächst mit der Anwendung der Inseltheorie auf echte Inseln innerhalb von Meeres- bzw. Seeökosystemen, zunehmend jedoch auch auf Habitatinseln innerhalb einer weitgehend lebensfeindlichen Kulturlandschaft (s. auch Abb. 32). Verwiesen sei hier lediglich beispielhaft auf die Arbeiten von COLEMAN et al. (1982), GILBERT (1980), MAC ARTHUR et al. (1972), MILNE & FORMAN (1986), MÜHLENBERG et al. (1977), NILSSON (1977), RUSTERHOLZ & HOWE (1979), SIMBERLOFF (1969, 1974, 1976), SIMBERLOFF & WILSON (1969) und WIETEFELD et al. (1984) sowie die Zusammenfassung wichtiger Forschungsergebnisse bei COX & MOORE (1987) und MÜLLER (1981).

2.3 Habitatinseln und ihre Konsequenzen

2.3.1 Die Verinselung der Landschaft

Der bereits umrissene radikale Landschaftswandel in ganz Mitteleuropa und darüber hinaus führte durch Biotopisolierung (vgl. das Beispiel der Straßen), Biotopverlust und Strukturverarmung zu einer Verinselung der Landschaft: Ein großer Teil heimischer Tier- und Pflanzenarten lebt heute zurückgedrängt auf isolierten, räumlich scharf begrenzten und meist kleinflächigen Restlebensräumen, die wie Inseln im Meer lebensfeindlicher Nutzflächen liegen (MADER 1980a, 1984a).

MADER (1990) faßt die Verinselungsprozesse infolge der sich gesamteuropäisch vollziehenden Landschaftsveränderungen in drei Gruppen zusammen:

- **Flächeneffekte** beruhen auf Schrumpfung und Ausdünnung naturnaher Biotope, sich vergrößernden Distanzen zwischen den verbleibenden Restflächen und der zunehmenden Lebensfeindlichkeit des Umfeldes.
- **Barriereeffekte** gründen auf Mobilitätshindernissen in Form der linearen Infrastruktur wie Straßen, Wirtschaftswege, Bahntrassen und Kanäle (vgl. Kapitel 2.1) ebenso wie auf der Behinderung raumdynamischer Eigenschaften vieler Arten durch intensiv bewirtschaftete Produktionsflächen.
- **Randzoneneffekte** schließlich äußern sich durch schärfer werdende Grenzen zwischen Nutz- und Schutzflächen, durch das Verschwinden von Ökotonen und Saumzonen sowie die Verlagerung von Randzonen von außen nach innen in Biotopflächen.

Schnell wurden aufgrund der offensichtlichen Parallelen die Theorien der Inselökologie auch auf Inselbiotope des Festlandes, die sogenannten Habitatinseln, übertragen. Beispielhaft untersucht und verglichen wurden in dieser Beziehung etwa isolierte Waldinseln inmitten von intensiv bewirtschafteten Getreidefeldern sowie Anpflanzungen in den Einschlüssen von Autobahnkreuzen und Parkflächen, die ringsum von Asphalt und Beton umgeben sind. Denn nicht nur die Straßen stellen für viele Tiere unüberwindbare Barrieren und damit die verbleibenden Lebensräume isolierende Schranken dar (s. Seite 39 ff.), sondern ebenso die menschlichen Siedlungen, die mehr oder weniger intensiv gedüngten und begifteten Agrarflächen und sogar die forstwirtschaftlich genutzten Waldflächen.

Bereits MAC ARTHUR & WILSON (1967 bzw. 1971) übertragen ihre Inseltheorie auch auf Habitatinseln. Darunter verstehen sie solche Lebensräume, die von andersartigen, aber nicht radikal verschiedenen Habitaten umgeben sind. Anders als im Falle echter Inseln, deren marine oder limnische Umgebung terrestrisch lebenden Arten eine nur schwer zu überwindende Barriere darstellt, sehen sie Habitatinseln umgeben von Flächen, die zwar ebenfalls isolierend wirken, aber sich ausbreitenden Arten immerhin noch eine etwas größere Chance zur Überwindung bieten. Ob die Verinselung der Landschaft zu einer ebenso großen Isolation wie im Falle von Meeresinseln führt, bezweifeln indes noch heute einzelne Autoren.

Vögel auf Wald-Habitatinseln

Besonders gut untersucht wurde die Bedeutung von Habitatinseln, auch im Vergleich zur Biogeographie der Meeresinseln, an Beispielen von Waldfragmenten als Lebensraum für die Vogelwelt. Die zentralen Ergebnisse lassen sich folgendermaßen zusammenfassen:

- Mit steigender Flächengröße nimmt die Artenzahl im allgemeinen zu (AMBUEL & TEMPLE 1983, BLAKE & KARR 1984, 1987; HOWE 1984, LYNCH & WHIGHAM 1984, MARTIN 1981, OPDAM et al. 1985, ROBBINS 1980, SVENSSON 1978, WOOLHOUSE 1983).
- Verschiedene waldbewohnende Langstreckenzieher unter den Vögeln sowie Waldinnenarten werden auf kleinen Inseln offenbar durch die vergleichsweise große Waldrandlänge und das Vorkommen von Arten des Ackerlandes ausgeschlossen. Diese Faktoren wirken auf die Avifauna augenscheinlich stärker als flächenabhängige Habitatsänderungen oder das Ausmaß der Isolation der betreffenden Waldinseln (AMBUEL & TEMPLE 1983, BLAKE & KARR 1984).
- Großflächige Waldinseln begünstigen das Vorkommen von Arten, die den Langstreckenziehern, den Waldinnenarten und/oder den ökologischen Spezialisten zuzurechnen sind, während auf kleinen Inseln Kurzstreckenzieher und Standvögel dominieren (BLAKE & KARR 1984, 1987).
- Manche spezialisierte Waldarten unter den Brutvögeln benötigen als Minimalareal mindestens eine unzerschnittene Fläche von 500 bis 1000 ha, auf kleineren Waldinseln fehlen sie (SVENSSON 1978). Minimalflächen von 100 ha für Waldinseln fordert aus ornithologischer Sicht ROBBINS (1980).
- Die auf Waldinseln vorkommenden Vogelgemeinschaften tendieren zwar auch zur Vergesellschaftung in nahen großflächigeren Wäldern, dennoch lassen sich signifikante Unterschiede in der Zusammensetzung nachweisen (HOWE 1984).
- Die Isolation von Waldinseln korreliert nicht generell negativ mit dem Artenreichtum (HELLIWELL 1976, HOWE 1984). Zwischen der Gesamtzahl der Brutvogelarten und den Isolationsvariablen (Distanz zwischen den Inseln und Entfernung zum nächsten extensiv genutzten Wald) besteht keine Korrelation; das Ausmaß der Isolation beeinflußt hingegen die Artenzahl derjenigen Vogelarten, die eng an reife Waldbestände gebunden sind (OPDAM et al. 1985).
- Der Turnover, der sogenannte Artenumsatz, sinkt bei einer zunehmenden Zahl von nahe beieinander liegenden Waldinseln; die Extinktion – das Aussterben von Arten – erscheint auf einer großen Waldinsel unwahrscheinlicher als auf in mehrere Teilflächen zersplitterten kleineren Waldinseln mit derselben Gesamtfläche (WOOLHOUSE 1987).
- Folgen der Fragmentation von Waldbiotopen sind komplex, sie müssen artspezifisch differenziert betrachtet werden; viele Arten reagieren offenbar auf andere Faktoren als Flächengröße und Isolationsgrad wie zum Beispiel strukturelle und floristische Merkmale stärker (LYNCH & WHIGHAM 1984).

Die Inseltheorie im Naturschutz

Die auf kleinflächigen Habitatinseln besonders stark von außen einwirkenden abiotischen und biotischen Einflüsse können die Arten-Areal-Beziehung jedoch auch umkehren: Die Artenzahl ist aufgrund des Einwanderns biotopfremder Arten und Ubiquisten unter Umständen höher als auf größeren Flächen (vgl. Abschnitt 2.3.3). Im Gegensatz zu Meeresinseln wirkt hier die Habitatgrenze nicht in einer vergleichbaren Schärfe (SCHNEIDER & SUKOPP 1978).

Trotz auffälliger Parallelen kann die Inseltheorie deshalb nicht vorbehaltlos auf Habitatinseln übertragen werden; die Frage, welche Einschränkungen dabei notwendig sind, ist in der Wissenschaft noch umstritten. Der Streit polarisierte sich in der SLOSS-Debatte, der Alternative zwischen dem Schutz weniger, sehr großer Flächen und der Unterschutzstellung vieler kleiner Flächen (vgl. Kap. 2.8). Noch weitergehender mündete die Diskussion im europäischen Raum in der Gegenüberstellung des Segregations- und des Integrationsmodells (s. Kap. 3.7). Ungeachtet dieses »Glaubenskrieges« (MADER 1990) gelten in allgemeinen Grundzügen die Aussagen der Inseltheorie bezüglich Arten-Areal-Beziehung, Turnover, Arten-Distanz-Beziehung und Trittstein-Effekt kleiner Inseln jedoch ebenso für Habitatinseln, soweit diese tatsächlich durch eine radikal andersartige Umgebung umschlossen sind. Dies kann im Falle aller naturnahen Landschaftsbestandteile relativ homogener Habitatstruktur angenommen werden, die beispielsweise durch intensiv landwirtschaftlich genutzte Flächen, Straßen und/oder menschliche Siedlungen begrenzt werden.

Einschränkungen zur Gültigkeit der Inseltheorie, so läßt sich die hier zugrunde liegende Literatur zusammenfassen, greifen in der Regel erst bei Detailfragen Platz. SIMBERLOFF & ABELE (1975) und GILBET (1980) sehen die Anwendung der Theorie für Naturschutz und Ökologie indes noch als verfrüht an, die vorhandenen Studien böten bei kritischer Beleuchtung nur wenig Unterstützung für die Grundsätze. Zu allgemeiner Vorsicht mahnen auch MARGULES et al. (1982). Dennoch gebraucht eine zunehmende Zahl von Wissenschaftlern die Inseltheorie im Zusammenhang mit Habitatinseln und Schutzkonzepten.

Einige Autoren bezweifeln die Anwendbarkeit von Arten-Areal-Kurven, um die voraussichtliche Artenzahl auf Habitatinseln hinreichend genau zu extrapolieren. MARGULES et al. (1982) sehen zwar eine begrenzte Gültigkeit dieser Beziehung für ausgewählte Artengruppen – wie sie den meisten Untersuchungen zugrunde liegen –, stellen jedoch die Übertragbarkeit auf vielfältigere Artengemeinschaften infrage. Denn diese wird vollzogen, wenn Schlußfolgerungen aus der Inseltheorie für die Planung von Schutzgebieten gezogen werden. WOOLHOUSE (1983) vermutet methodisch bedingte Unzulänglichkeiten bei der Bestandserfassung speziell ornithologischer Daten, indem auf großen Flächen die Probenahme weniger gründlich erfolge und so die Steigung der Arten-Areal-Kurve merklich drücke. Bei der Untersuchung mitteleuropäischer Brutvogel-Populationen wählen BANSE (1982), BANSE & BEZZEL (1984) sowie BEZZEL (1982) als untere Grenze für die Nutzung der Arten-Areal-Beziehung eine Fläche von 100 ha (1 km^2), da für kleinere Gebiete – sie liegen im steilen Bereich der Potenzfunktion – eine sinnvolle Aussage nicht mehr gewährleistet sei. Als Lösungsmöglichkeit, um auch hier dennoch zu praktikablen Ergebnissen zu gelangen, schlagen BANSE & BEZZEL (1984) die Berechnung streng biotopabhängiger Arten-Areal-Kurven und die Erarbeitung allgemeiner Interpolationswerte vor, die auch für Kleinflächen überregional vergleichbar den Artenreichtum abschätzen lassen.

Eine Warnung, allein aus der Flächengröße auf die Bedeutung potentieller Schutzgebiete für den Naturschutz zu schließen, sprechen BOECKLEN & GOTELLI (1984) aus. Das Modell vermöge lediglich einen Teil der Variationen in der Artenzahl zu erklären. Hinzu kommt nach RAPOPORT et al. (1986), daß der Schutz eines maximalen Artenreichtums nicht unbedingt gleichbedeutend sei mit dem Schutz des wertvollsten Teils eines Ökosystems, die gefährdetsten Arten müßten Vorrang besitzen.

Dennoch unterstreicht beispielsweise DIAMOND (1975), daß große Schutzgebiete und solche in unmittelbarer Nachbarschaft zueinander im allgemeinen eine größere Artenzahl als kleine bzw. isolierte Flächen beherbergen. Zugleich weist dieser Autor auf die Möglichkeit hin, daß ein kleines Schutzgebiet, welches als Rest eines überwiegend zerstörten, ehemals zusammenhängenden Habitats geschützt und erhalten wird, durchaus mehr Arten zu beherbergen vermag, als dies im Gleichgewichtszustand der Fall ist. Dieser Überschuß werde jedoch allmählich im Zuge einer erhöhten Extinktionsrate wieder ausgeglichen.

NILSSON (1978, 1986) fordert die Differenzierung der Schutzstrategien je nach betrachteter Artengruppe: Die meisten Wirbeltiere fehlten auf kleinflächigen, isolierten Inseln trotz des Vorhandenseins sonst geeigneter Biotoptypen; diese erforderten daher großflächige Schutzgebiete. Einige Organismengruppen wie bestimmte Insekten oder Pflanzen würden indes auch die Situation hochgradiger Fragmentierung ihrer Lebensräume meistern. Offensichtlich könnten alle Vogelarten der Wälder, Seen und Flußmündungen großflächige Biotopinseln besiedeln, während viele auf kleinflächigeren fehlen würden. Notwendig seien aus diesen Gründen kleine **und** große Schutzgebiete. Hinzu kommt die Tatsache, daß eine echte Sukzessions-Dynamik nur in großflächigen Gebieten ablaufen kann – kleine Schutzflächen benötigen dagegen zumeist den lenkenden Eingriff des Menschen, um ihre naturschützerische Bedeutung zu behalten (NILSSON 1986, vgl. auch Kapitel 2.6).

Beweise der Gültigkeit genereller Arten-Distanz-Beziehungen für kleinstflächige Habitatinseln erbrachte DAVIS (1976), der die Besiedlung isolierter, neu angelegter Flecken der Brennessel (*Urtica dioica*) mit je 9 m^2 untersuchte: Die nur 25 bis 75 m von einem bestehenden Nesselbestand (der Kolonisierungsquelle) entfernten Probeflächen wurden innerhalb von drei Jahren durch 39 verschiedene Insektenarten besiedelt, die gewöhnlich mit *Urtica dioica* vergesellschaftet auftreten. Die über 800 m fern liegenden Probeflächen wurden deutlich langsamer besiedelt – innerhalb von drei Jahren ließen sich nur 17 *Urtica*-bewohnende Insektenarten nachweisen.

Im allgemeinen geben die Aussagen der Inseltheorie jedoch wichtige Hinweise zur Verinselung und zu deren Konsequenzen für den Aufbau von Biotopverbundsystemen. Bei der Beurteilung der Isolationswirkung von Flächen und Trennlinien indes erscheint eine differenzierte Wertung notwendig: Je nach Art bzw. Artengruppe kann beispielsweise ein Waldgebiet isolierend oder verbindend wirken. Für Waldarten unter den Laufkäfern (*Carabidae*) stellen Wiesen bzw. allgemein Bereiche des Offenlandes eine Barriere dar, während umgekehrt die Arten der Wegraine und Brachflächen durch Wälder isoliert werden.

Beispiel Agrarlandschaft

MADER (1984c) stellte die verheerende Wirkung allein von angeblich bienenfreundlichen Blattlaus-Bekämpfungsmitteln in einem Bohnenfeld dar, deren Ergebnis – auf 8 ha Fläche hochgerechnet – 51 000 Marienkäfern (*Coccinellidae*), 120 000 Laufkäfern (*Carabidae*) und 95 000 Kurzflügelkäfern (*Staphylinidae*) das Leben kostete. Abgesehen von der strukturellen Lebensfeindlichkeit der Äcker beweist diese Untersuchung, daß die Überlebensmöglichkeiten auch für Ubiquisten und typische Feldarten immer stärker eingeschränkt werden.

Die Laufkäfer (*Carabidae*), Tausendfüßler (*Myriopoda*) und Fluginsekten einer 700 m^2 großen Fichtenwaldinsel inmitten von Getreidefeldern in 500 m Entfernung zum nächstgelegenen Fichtenforst untersuchten MADER & MÜHLENBERG (1981). Das Artenspektrum der Fauna rekrutiert sich sowohl aus Wald- als auch Feldarten, wobei die Waldinsel für die Laufkäfer – nur mit zwei Arten vertreten – kein wichtiges Refugium

Abb. 33: Artenvielfalt und Ähnlichkeit der Fauna (Laufkäfer und Spinnen) unterschiedlich großer Waldinseln, schematische Darstellung (aus MADER 1981).
UF 1–4: Untersuchsflächen
Hs: Diversitätswerte zur Darstellung der Artenvielfalt
Qs: Ähnlichkeitsquotienten
Bei Flächenverringerung und Zunahme der Isolation dringen zunehmend Feldarten ein und verdrängen die typischen Waldarten.

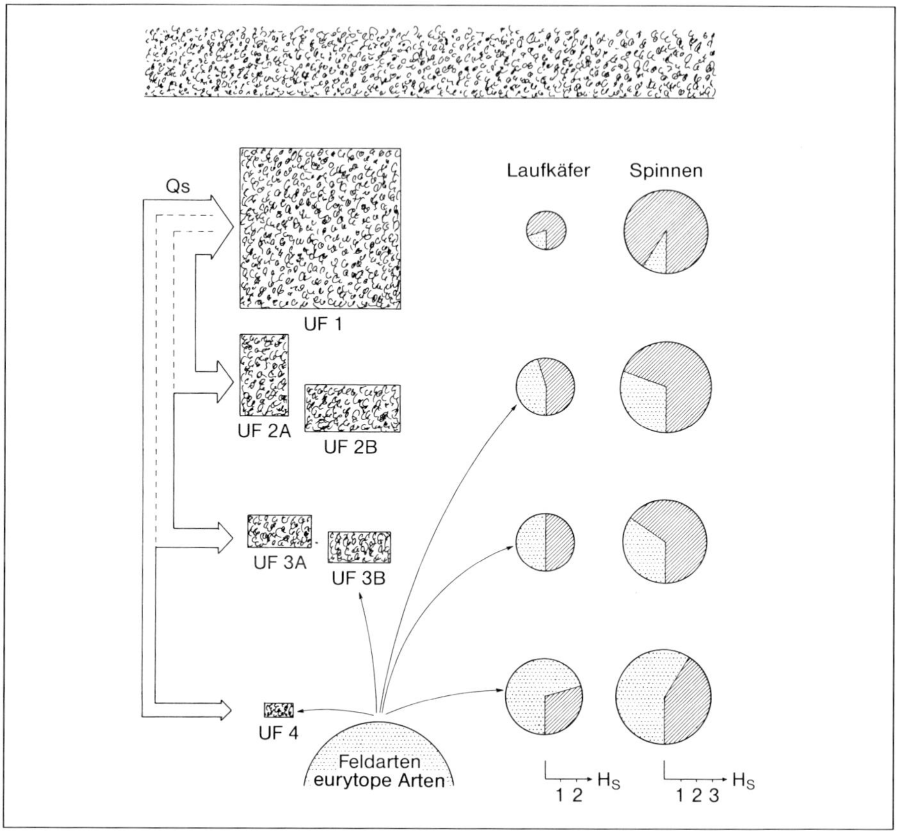

mehr darstellt. Das Fehlen der Waldarten *Carabus problematicus, C. violaceus* und *C. nemoralis* hängt möglicherweise mit dem Unterschreiten des von ihnen geforderten Minimalareals zusammen. Die höchste Artenzahl aller untersuchten Biotope weist der Waldrand auf, gefolgt von der Waldinsel und als artensärmster Habitattyp dem Zentralbereich des Fichtenforstes.

MADER (1981) vergleicht die Spinnen- und Laufkäferfauna von sechs unterschiedlich großen, isoliert in der Agrarlandschaft liegenden Eichen-Hainbuchen-Waldflächen (Abb. 33). Mit Verringerung der Inselflächen und zunehmender Isolation steigt die Artenvielfalt (Diversitätsindex) beider Tiergruppen, und zwar durch ein Vordringen standortfremder Arten der offenen Landschaft. Die Ähnlichkeit der Artenspektren zwischen den kleinen Inselbiotopen und der großen Ursprungsfläche ist im allgemeinen gering.

Ebenfalls Spinnen und Laufkäfer beobachteten MÜHLENBERG (1984) und MÜHLENBERG & WERRES (1983) in ihrer Reaktion auf eine experimentelle Lebensraum-Verkleinerung, hier einer Mähwiese. Die im ersten Jahr 2750 m^2 Fläche messende Wiese wurde im folgenden Winter durch Umbruch in Ackerland auf ein Fünftel reduziert. In der Folge verschwanden 46,9% der Spinnen- und 33,3% der Laufkäferarten. Eine Neubesiedlung innerhalb des folgenden Untersuchungsjahres erfolgte bei den Laufkäfern und größeren Spinnen nur in eingeschränktem Maße, lediglich bei den Kleinspinnen wurde der Artenverlust ausgeglichen. Die verschwundenen Arten lassen sich durch eine größere Körperlänge, geringere Aktivitätsdichte und engere Habitatbindung charakterisieren.

Bei den Neueinwanderungen überwiegen weit verbreitete Kulturlandarten. Die Gesamtaktivitätsdichte beider Tiergruppen ging nach der Wiesenverkleinerung zurück, auch das erhöhte Auftreten von häufigen, euryöken Pionierarten konnte diese Erscheinung nicht kompensieren.

Beispiel Stadtpark
Folgen der Isolation durch Einschluß inmitten einer Stadt untersuchte Tischler (1980) in einem 3,5 ha großen Stadtpark in Kiel an Asseln (*Isopoda*) und Tausendfüßlern (*Myriopoda*). Dabei fällt eine im Vergleich zu naturnahen Lebensräumen außerhalb der Stadt vierfache bzw. bei den Asseln sogar 58fache Individuendichte auf – ein Phänomen kleiner Inseln, auf das später noch eingegangen wird (s. Seite 63 f.). Es dominieren die als Kulturfolger einzustufenden Arten (30% der Arten, 88% der Individuen). Das Artenspektrum erscheint stark verschoben: Im Vordergrund stehen Asseln und Tausendfüßler von geringer Körpergröße, während mehrere größere, in der Umgebung der Stadt vorkommende Arten gänzlich fehlen. Diese besondere Artenauslese in der Insellage führt Tischler auf die leichtere Verschleppbarkeit kleinerer Formen beispielsweise durch Wind und größere Tiere zurück, wie sie auch bei den Käfern und Spinnen bekannt ist.

Klausnitzer (1993) nennt verschiedene Beispiele für Isolationserscheinungen städtischer Habitatinseln mit gestörten Dominanzstrukturen, Disharmonien der Fauna, Differieren der Faunen benachbarter vergleichbarer Habitate sowie Hinweisen auf bevorzugte Besiedlungswege und Ausbreitungsschranken. Relativ häufig trete Superdominanz mit Individuenanteilen einer Tierart von über 50 Prozent auf. Einige Lebensformentypen bzw. taxonomische Gruppen fehlten völlig – beispielsweise infolge geringer Mobilität und artspezifisch kleiner Aktionsradien. Arten mit hoher Nachkommenzahl zur Massenverbreitung (r-Strategen) seien im Gegensatz zu den sich langsamer entwickelnden K-Strategen besonders begünstigt, ebenso durch Luftströmungen verbreitete Arthropoden.

Beispiel Forstökosysteme
Heydemann (1982) spricht auch innerhalb der Forstgebiete von Erscheinungen der Isolation. So werde die Mehrheit der Wirbellosen-Fauna bereits durch eine Kahlschlagzone von über 200 bis 300 m Breite stark in ihrer Aktivität begrenzt, wobei die bodenlebenden, nicht flugfähigen Arten besonders betroffen seien. Hinzu kommen die in ihren Folgen für Fauna und Flora sicherlich bedeutsameren Isolationseffekte durch Ausfall von vertikalen Schichten (Krautschicht, Strauchschicht), durch baumartentypische Einflüsse (Beispiel Bodenversauerung und Lichtmangel unter Fichten), durch das Fehlen eines ausreichenden Totholzanteils, durch Störungen von Räuber-Beute- oder Wirt-Parasit-Beziehungen oder durch geänderte Strukturformen aufgrund der Waldbewirtschaftung (Hoch-, Mittel- und Niederwald, Baumalter usw.).

Von Straßenflächen umgebene Waldinseln, wie sie Autobahneinschlüsse in extremster Form bilden, zeichnen sich durch ein Vorherrschen der flugfähigen Arten, eine gegenüber unisolierten Wäldern erhöhte Artenzahl, die auf der Einwanderung standortfremder Arten beruht, sowie durch eine abnehmende Aktivitätsdichte typischer Waldarten mit verringerter Flächengröße aus (Pauritsch 1984).

Den in den verbleibenden, durch Siedlungen, Agrarflächen oder Forstgebiete geprägten Inselbiotopen kommt eine zunehmende, ja inzwischen eine ganz entscheidende Bedeutung der Artenerhaltung zu, obwohl sie sich auf durchschnittlich maximal 3% der Fläche in der Bundesrepublik beschränken. Die Isolation kann mehr oder weniger stark sein, vor allem aber ist ihre Intensität art- bzw. artengruppenspezifisch zu sehen. Wasservögel etwa vermögen Distanzen zwischen verinselten Lebensräumen in einer ganz anderen Größenordnung zu überwinden als Amphibien, Tagfalter andere als Asseln, Spinnen oder gar Schnecken. Ebenso stellt eine Biotopgrenze wie eine Straße oder ein Flußlauf für die eine Art eine unüberwindbare Barriere dar, während die andere sie ungehindert überfliegt.

2.3.2 Allgemeine Konsequenzen der Verinselung

Aus den grundlegenden Aussagen zur Inselökologie von MacArthur & Wilson (1967 bzw. 1971) sowie den nachfolgenden Untersuchungen zieht Mader (1980a, b) folgende Schlußfolgerungen, die sich als Konsequenzen aus der Inselsituation für die Zoozönose ergeben, welcher das Überwechseln in einen geeigneten benachbarten Lebensraum erschwert bzw. ganz unmöglich ist:

1. Im Gegensatz zum nahezu stationären Artenbestand großräumiger Biotope besteht auf Inselbiotopen ein dynamisches Gleichgewicht.
Diese als Turnover oder Artenumsatz bezeichnete Tatsache äußert sich durch einen starken Zustrom einwandernder Tierarten bei gleichzeitigem Verlust durch aussterbende oder abwandernde Arten (Abb. 34). Je kleiner die Inselfläche, um so stärker verringert sich die Einwanderungsrate – beispielsweise durch eine geringere Trefferquote passiv verbreiteter Arten. Die Aussterberate ist infolge der reduzierten Populationsgrößen (größere Anfälligkeit gegenüber äußeren Umwelteinflüssen, Krankheiten usw.) und des eingeschränkten Ressourcenangebotes erhöht, in der Folge verringert sich im allgemeinen der Gleichgewichtspunkt der Artenzahl (vgl. Abb. 36).

2. Die Artenvielfalt von Inselhabitaten ist flächenabhängig.
Entsprechend der Arten-Areal-Beziehung (s. Seite 51 ff.) steigt die Artenzahl zumeist in exponentieller Abhängigkeit mit der Flächengröße: Im Normalfall verdoppelt sich die Artenzahl bei einer Verzehnfachung der Fläche. Beispiele für solche Arten-Areal-Kurven für unterschiedliche Habitatinsel-Typen sind in Abb. 32 dargestellt.

Abb. 34: Über die Zu- und Abwanderung von Organismen entscheidet eine Reihe verschiedener Faktoren (aus Mader 1984a).

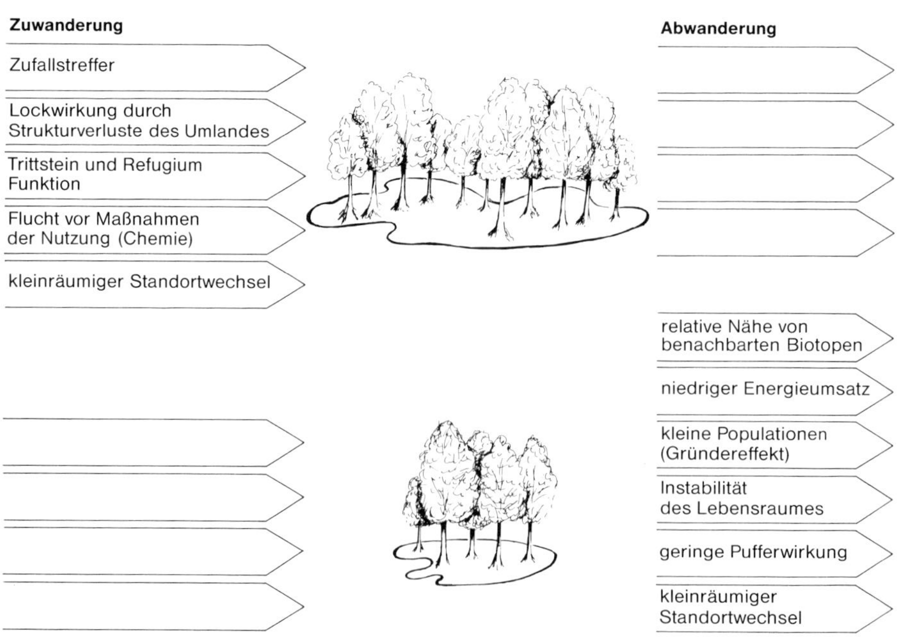

3. Die anthropogenen Randzonen sind von der wirksamen Inselfläche abzuziehen.
Die Inselbiotope bestehen aus einer biotoptypischen, mehr oder weniger ungestörten Kernzone und einer anthropogen stark beeinflußten Randzone (Abb. 35). Im Gegensatz zu natürlichen Ökosystem-Übergängen, den sogenannten Ökotonen (s. Seite 107 ff.), in denen ein langsamer, kontinuierlicher Übergang der Lebensbedingungen erfolgt, werden die Inselbiotope in aller Regel von einer scharfen Grenze umgürtet: Wald stößt ohne Übergangszone direkt auf Ackerbiotope oder Straßenschneisen, Moorökosysteme auf beweidetes Grünland, Schilfgürtel eines Sees auf einen Fichtenforst. Damit können negative Belastungsfaktoren wie Pestizide, Düngemittel, Kfz-Abgase, Staub und Lärm, aber auch mikroklimatische Einflüsse, leicht über die ihrer Übergangszone beraubten Biotopgrenze hinweg auf die Inselfläche einwirken.

Je kleiner die Habitatinsel, desto größer ist der Anteil der gestörten Randzonen an der Gesamtfläche und desto stärker schrumpft die Kernzone zusammen. Überstreichen die Randzonen-Einflüsse die Gesamtfläche einer Habitatinsel, geht die biotoptypische Kernfläche ganz verloren. Nach MADER & MÜHLENBERG (1981) ist dies unter mikroklimatischen Gesichtspunkten bei Waldbeständen mit unter 80 m Durchmesser der Fall, so daß diese für Waldtiere nicht mehr als Lebensraum dienen können.

4. In den Randzonen verschiebt sich das Artenspektrum.
Spezialisierte, stenöke Arten verschwinden aus den mikroklimatisch veränderten und durch einen schnellen Wechsel anthropogener Störfaktoren geprägten Randzonen von Habitatinseln. Die damit frei werdenden ökologischen Nischen werden von neu einwandernden Arten eingenommen, die zumeist als euryök – also als Ubiquisten – zu bezeichnen sind: Eine weite Verbreitung, oft hohe Siedlungsdichten und/oder eine Begünstigung durch die Umwelteinflüsse des Menschen (Kulturfolger) sind ihre Kennzeichen. Die Besiedlungschancen für migrationsfreudige und dabei weite Strecken überbrückende Arten sind naturgemäß besser als für standorttreue Arten mit geringer Migrationsaktivität.

5. Das Artenspektrum der Kernzonen wandelt sich.
Gleichzeitig mit den unter (4) beschriebenen Vorgängen verlassen vor allem Spezialisten und unter diesen in erster Linie die großen Tierarten die Habitatinsel bzw. sterben aus, weil sie ungestörte und größere Lebensräume beanspru-

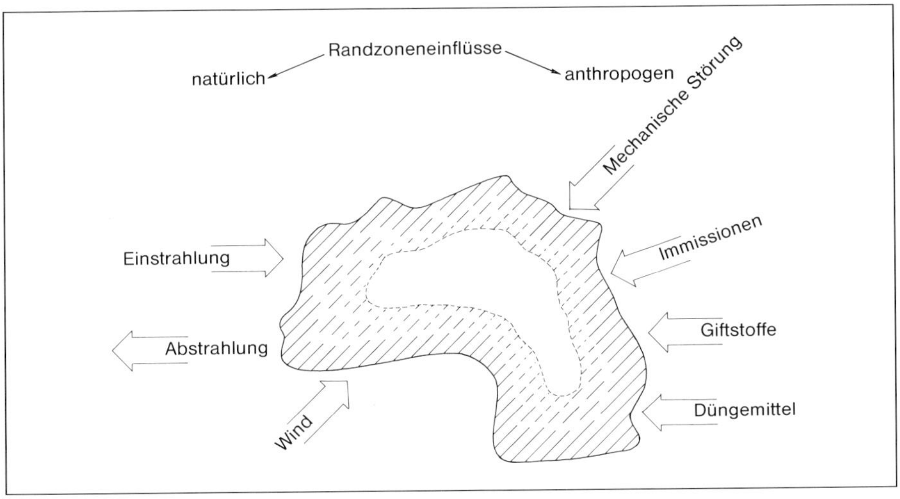

Abb. 35: Die Randzonen einer Habitatinsel sind zahlreichen natürlichen und anthropogen bedingten Einflüssen ausgesetzt, die im Innern der Inselfläche nur noch abgeschwächt wirksam werden (aus MADER 1980a).

chen. Somit fallen oft die carnivoren »Spitzenarten« der Nahrungsketten aus, mögliche Folgen sind Störungen von Biomasse und Energiefluß des Systems. Die freiwerdenden Nischen nutzen wiederum wenig spezialisierte Arten der bisherigen Lebensgemeinschaft oder Zuwanderer, die nicht selten Massenvermehrungen zeigen.

6. Dominanzstrukturen werden gestört, einzelne Arten dominieren plötzlich.
Wie bereits anhand von Einzelbeispielen beschrieben, dominieren auf kleinflächigen Habitatinseln im Gegensatz zu großflächig entwickelten Biotopen häufig wenige Arten, die einen großen Teil der Individuen einer Tierpopulation stellen. Die Artendiversität ist in großräumigen Gebieten aufgrund einer meist höheren Artenzahl und einer ausgewogeneren Individuenverteilung deutlich höher.

7. Isolierte Populationen können sich genetisch differenzieren.
Der sogenannte Gründereffekt kann bei bestimmten Tierarten Prozesse der Rassenbildung auslösen: Eine durch Verinselung abgespaltene und nun isolierte Teilpopulation zeichnet sich durch ein gehäuftes Vorkommen bestimmter Allelkombinationen (vereinfacht: Erbanlagen) aus, die sich in der Ausbildung bestimmter ansich untypischer Merkmale zeigen können. Bleibt die Isolation langfristig erhalten – wie das besonders im Falle wenig migrationsfähiger und eng an ihr Habitat gebundenen Arten zutrifft, für die die jeweilige Habitatgrenze als Barriere einen Austausch unmöglich macht –, so können sich in der Inzucht ähnlichen Vorgängen durchaus neue Rassen bilden (vgl. MOSSAKOWSKI 1966, SCHUBERT 1984).

Ein wichtiges Stichwort in dieser Hinsicht ist die genetische Drift, unter der alle Abweichungen und Veränderungen in den Genfrequenzen verstanden werden, die zufällig auftreten (SCHUBERT 1984). Genetische Drift spielt vor allem in kleinen Populationen bis zu wenigen hundert Individuen eine Rolle, in größeren haben Zufallsfehler einen geringeren Einfluß. In drei Situationen ist die genetische Drift – auch in der Inselökologie – von besonderer Bedeutung (SCHUBERT 1984):

Gründerprinzip: Neue lokale Populationen werden bei der Besiedlung fremder Territorien durch wenige Individuen gegründet, die zusammen nur einen Bruchteil der genetischen Variabilität der Elternpopulation besitzen. Da die Auswahl dieser Individuen rein zufällig geschieht, unterscheiden sich die entstehenden Populationen in ihrer genetischen Konstitution oft beträchtlich von der Ausgangspopulation.
Kontinuierliche Drift: Bei Populationen, die längerfristig aus einer geringen Individuenzahl bestehen, werden die Zufallsfehler in jeder Generation wirksam.
Zeitweilige Drift: Eine kurzzeitig sehr starke Reduktion der Individuenzahl einer Population kann – bedingt durch den Zufall – zu genetisch beträchtlich von der Ausgangspopulation verschiedenen überlebenden Individuen führen. Bleibt die Population über zwei oder mehrere Generationen klein, setzt der Prozeß der kontinuierlichen Drift ein.

Alle drei Situationen lassen sich in Inselbiotopen beobachten. Genauere Untersuchungen dazu stecken noch in den Anfängen.

MADER (1980a) leitet aus diesem Katalog möglicher bzw. tatsächlicher Folgen der Verinselung die Aussage ab, daß diese die in § 1 des Bundesnaturschutzgesetzes festgelegten Ziele des Naturschutzes, die Leistungsfähigkeit des Naturhaushaltes, die Nutzungsfähigkeit der Naturgüter, die Pflanzen- und Tierwelt sowie die Vielfalt, Eigenart und Schönheit von Natur und Landschaft zu sichern, grundlegend beeinträchtigen bzw. in Frage stellen. Die daraus zu ziehenden Konsequenzen künftiger Naturschutzarbeit weisen in Richtung des Aufbaus von Biotopverbundsystemen (MADER 1980a):

a) »Eine weitere Zerstückelung naturnaher Restflächen – und sei es auch

»nur« durch Straßenbaumaßnahmen – muß verhindert werden.

b) Großflächige Kernzonen naturnaher Biotope sind unabdingbare Voraussetzung für Wiederbesiedlungsprozesse durch abgewanderte Tierarten bzw. zur Erhaltung von Arten, die auf ausgedehnte, ungestörte Flächen angewiesen sind.

c) Sofern genügend großflächige Schutzgebiete und naturnahe Lebensräume vorhanden sind, ist eine Vernetzung solcher Flächen durch »Trittstein«-Biotope und die Flächenverbindung über Korridore wünschenswert.

d) Bei der Schutzgebietssystem-Planung wie auch bei der Flächensicherung durch Ankauf sind im allgemeinen runde Flächenformen eckigen, langgezogenen oder mäandrierenden Formen vorzuziehen...«.

2.3.3 Hohe Artenzahlen auf kleinen Habitatinseln – ein Widerspruch?

Mehrfach klang bereits an, daß sich verhältnismäßig kleine Habitatinseln durch hohe Artenzahlen auszeichnen – eine Tatsache, die im Widerspruch zu der tpyischen Arten-Areal-Beziehung steht. MADER (1990) spricht von Attraktionseffekten der Insellebensräume. Dieser Artenreichtum liegt in einer großen Zahl von untypischen Einwanderern begründet: Kleine Inselbiotope, so stellt MADER (1983a) fest, sind einem ständigen Zustrom durch Tierarten ausgesetzt, die aus den intensiv bewirtschafteten Flächen ringsum fliehen. Hinzu kommen migrationsfreudige Arten, die kleine Inseln als Trittsteine für den vorübergehenden Aufenthalt nutzen. In der Folge entwikkelt sich zwangsläufig ein Konkurrenzkampf um die Ressourcen (»Habitatausstattungen«), deren Angebot quantitativ gesehen zwar mit reduzierter Flächengröße nur linear schrumpft, qualitativ aber exponentiell abnimmt (Abb 36, MADER 1983a).

Diese Tatsache läßt sich mit der geringeren Stabilität kleiner Inselbiotope und den stärker wirksamen Störeinflüssen von außen erklären: Je kleinflächiger eine Habitatinsel, desto größeren Raum nimmt im Verhältnis die gestörte Randzone ein und nagt damit an der Kernzone, die vorrangig über die Ressourcenqualität entscheidet. Arten mit großem Flächen- und/oder verschiedenartigem Habitatanspruch (vgl. Seite 26 ff.) wandern bei einer Verringerung der Flächengröße als erste ab, in dieser Beziehung ist die Lebensgemeinschaft verarmt.

Als Fazit bleibt festzuhalten: In irgendeiner Weise spezialisierte und damit

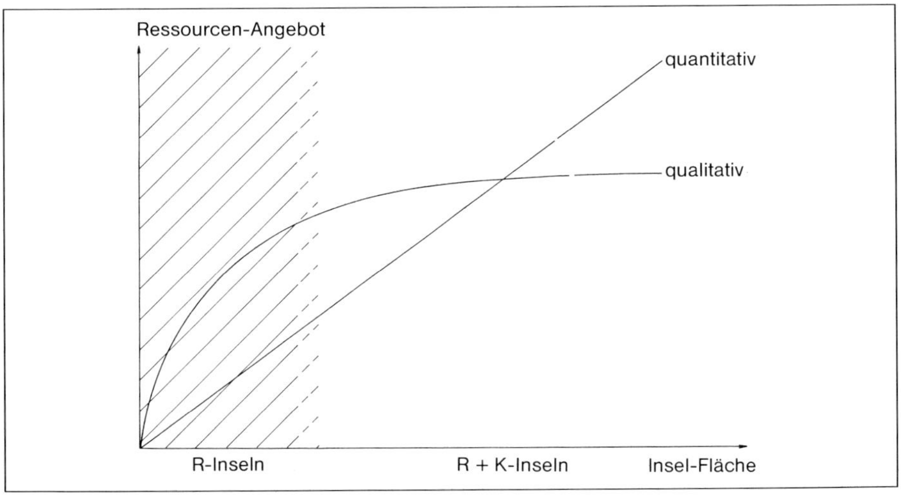

**Abb. 36: Schematische Darstellung der Entwicklung des quantitativen und qualitativen Ressourcenangebotes mit Zunahme der Flächengröße (aus MADER 1983a).
R = Randzoneninseln (definitionsgemäß mit einem Randzonenanteil von > 20% der Gesamtfläche
R + K = Inseln mit ausgeprägter Kernzone**

in aller Regel seltenere, nach den üblichen Maßstäben des Naturschutzes »schutzwürdigere« Arten besitzen auf kleinen Habitatinseln stark verminderte Anteile am Artenspektrum. Es dominieren dagegen anpassungsfähige, opportunistische Arten, die als Ubiquisten keine engen Ansprüche an ihren Lebensraum stellen bzw. von der allgemeinen Standortnivellierung, die auch auf die gestörten Insel-Randzonen einwirkt, profitieren und häufig hohe Siedlungsdichten erreichen. Das Gros des Artenspektrums – gebildet aus »Flüchtlingen«, Pionierarten und verbleibenden Resten der ursprünglichen Lebensgemeinschaft – besitzt jedoch nur geringe Populationsdichten, so daß ihre langfristigen Überlebenschancen schlecht sind (vgl. MADER 1983a).

Eine weitere Erklärung für hohen Artenreichtum auf Kleinflächen bietet das Mosaikkonzept (s. Kapitel 2.7): In einer kleinkammerigen, reich strukturierten Landschaft mit einer Vielfalt unterschiedlicher Habitate und deren Heterogenität mit vielen Grenzlinien zwischen unterschiedlichen Habitattypen können viele Ubiquisten leben. Sie nutzen in der Regel nicht allein die Ressourcen einer kleinen Habitatinsel, sondern auch jene angrenzender Lebensräume. Aus diesen Erkenntnissen leitet die Naturschutzplanung ihren Anspruch sowohl auf großflächige Schutzgebiete als Dauerlebensräume ausreichend großer Populationen als auch auf die Erhaltung und Neuschaffung kleinflächiger Biotope als Trittsteine und Korridore zum Verbund ab.

2.4 Kleinste überlebensfähige Population: das MVP-Konzept zum Schutz von Zielarten

Die Inseltheorie sagt mit der Arten-Areal-Beziehung nichts über die Chancen, mit denen einzelne Arten auf einer Inselfläche erhalten werden können. Wie groß müssen ein Lebensraum und die dort lebende Population einer Art sein, um den langfristigen Fortbestand dieser Art mit einer gewissen Wahrscheinlichkeit zu gewährleisten? Auf diese Frage versucht das Konzept der kleinsten überlebensfähigen Population (Minimum Viable Population, MVP) eine Antwort für ausgewählte Zielarten zu geben. Das MVP-Konzept soll für Einzelarten in einem bestimmten Habitat die kleinste isolierte Populationsgröße mit einer definierten Überlebenschance bestimmen und dabei auch den Einfluß von Zufallsprozessen berücksichtigen, die zum Erlöschen von Populationen führen können (siehe unten) (HOVESTADT 1990, HOVESTADT et al. 1992). Das Überlebenskriterium ist dabei als willkürliche gesellschaftspolitische Zielsetzung festzulegen: Soll die Population so groß sein, daß sie beispielsweise mit 95% Wahrscheinlichkeit die nächsten 100 Jahre überlebt?

Ursachen für das Aussterben von Populationen können systematische und zufällige Ereignisse sein (HOVESTADT 1990): Zu der ersten Gruppe zählen zum Beispiel Habitatzerstörung, Umweltverschmutzung, Jagd und langfristige Klimaveränderungen – hier setzt umfassender Naturschutz mit seinen Bemühungen an. Zufällige Ereignisse dagegen lassen sich direkt nicht beeinflussen; die einzige Gegenstrategie besteht in der Erhaltung möglichst individuenstarker Populationen, mithin dem Schutz großflächiger Habitate. Zu unterscheiden sind vier Gruppen zufälliger Ereignisse:

- Demographische Zufallsprozesse wie zufallsbedingte individuelle Unterschiede im Überleben und Fortpflanzungserfolg führen zu Schwankungen von Populationsparametern, etwa hinsichtlich des Geschlechterverhältnisses, des Aufbaus der Alterspyramide, der Geburten- und Todesrate.
- Zufällige Schwankungen von Umweltparametern, die nicht vorhersehbar sind, können Populationen aussterben lassen, etwa ungewöhnlich harte Winter, gehäuftes Auftreten von Räubern, Parasiten oder Krankheiten.

- Naturkatastrophen wie Überschwemmungen, Lawinen oder Feuer besitzen zumeist nur für sehr kleine Lokalpopulationen eine gefährliche Dimension.
- Genetische Zufallsprozesse äußern sich in Form der bereits beschriebenen genetischen Drift (s. Kapitel 2.3.2) und führen zum Verlust genetischer Vielfalt innerhalb einer Population.

Bei Überlegungen zur MVP-Größe ist besonders der Unterschied zwischen gesamter Population und der sogenannten effektiven Populationsgröße zu beachten, also die Zahl der Individuen, die aktiv am Fortpflanzungsgeschehen teilnimmt.

Als Grundlage für die Abschätzung der Überlebensfähigkeit einer Population beschreiben Hovestadt et al. (1992) die Durchführung einer Gefährdungsgradanalyse (Population Vulnerability Analysis, PVA). Dazu müssen vielfältige biotische und abiotische Einflußfaktoren in bezug auf Bestand, Raumanspruch, Populationsbiologie und Habitatqualität berücksichtigt werden. Als Ergebnis soll dann für die betrachtete Art unter den festgelegten Rahmenbedingungen über die MVP eine Angabe über den Flächenbedarf dieser Minimalpopulation möglich sein.

Blab (1992) betont, daß die MVP einen Minimalwert darstelle, der nicht Ziel von Naturschutzplanungen sein könne. Sie könne lediglich einen Anhaltspunkt liefern, um sich »möglichst weit davon im sicheren Bereich« zu bewegen.

Von den an den Zielarten ausgerichteten Schutzmaßnahmen profitierten dann auch weitere gefährdete Arten. Für die Ebene von Landkreisen empfehlen Hovestadt et al. (1992) als Beispiel einer Zielart den Ortolan *(Emberiza hortulana)*. Nutznießer entsprechender Schutzbemühungen seien in diesem Fall ebenso Schwarzstirnwürger *(Lanius minor)*, Rotkopfwürger *(Lanius senator)*, Wendehals *(Jynx torquilla)*, Steinkauz *(Athene noctua)*, Gartenschläfer (*Eliomys quercinus*), Schmetterlingsarten der Obstbäume, Spinnen und Käfer der Feldraine usw. Je nach Flächenanspruch bestehen verschiedene Vollzugsebenen, auf denen wirkungsvolle Schutzmaßnahmen ergriffen werden können, für die die Autoren folgende Beispiele nennen:

- mit Landwirten die Schlanke Windelschnecke *(Vertigo heldi)*;
- in einzelnen Kommunen der Kleine Schillerfalter *(Apatura ilia)*;
- in Landkreisen wie genannt der Ortolan;
- auf der Ebene der Bundesländer den Fischotter *(Lutra lutra)*;
- im gesamten Bundesgebiet der Schwarzstorch *(Ciconia nigra)*.

Neu ist die Fixierung von habitatbezogenen Schutzprogrammen an Einzelarten indes nicht – vielfältige Projekte liefern dazu Beispiele: Der Große Brachvogel *(Numenius arquata)* und der Weißstorch *(Ciconia ciconia)* symbolisieren den Schutz von Feuchtwiesen und Flußauen, der Steinkauz von Streuobstwiesen, der Schwarzspecht *(Dryocopus martius)* von Buchenaltholzinseln, der Laubfrosch *(Hyla arborea)* von sonnenexponierten Stillgewässern usw. Allerdings fehlte diesen Vorhaben vielfach der Rahmen in Form der Festlegung einer als minimal (kritisch) erachteten Populationsgröße.

In der Praxis erlaubt das MVP-Konzept infolge erheblicher Lücken bei den theoretischen Grundlagen, der Modellbildung und detaillierten ökologischen Langzeituntersuchungen noch wenig konkrete Ergebnisse, wie Hovestadt (1990) zugibt. Der Schutz ganzer Ökosysteme sei über den Schutz ausgewählter Zielarten jedoch durchaus auch mit dem bisher vorhandenen Wissen möglich. Begleitende Forschung und Beobachtung müsse dabei eine Anpassung der laufenden Maßnahmen ermöglichen.

2.5 Die Metapopulation als Schutzobjekt

In der Praxis findet man alle Individuen einer Population selten innerhalb eines einzigen homogenen Gebietes. Im Normalfall gliedert sich die Population eher in mehrere Lokalpopulationen oder Subpopulationen auf, zwischen deren Individuen ein Austausch stattfindet – gefördert durch die vom Menschen bewirkte Habitatfragmentation (Stichwort Verinselung, vgl. Kapitel 2.1 bis 2.3). Diese Subpopulationen bilden gemeinsam eine Metapopulation. Eine Metapopulation ist »eine Menge von diskreten, zur selben Art gehörenden Unterpopulationen (Subpopulationen); der größte Teil der Fortpflanzung erfolgt zwischen den Individuen derselben Unterpopulation« (SCHAEFER 1992). Als Subpopulation bezeichnet der Autor die Untereinheit einer Population, wobei zwischen Subpopulationen der Austausch von Genen vermindert sei oder – zum Beispiel bei sich vegetativ vermehrenden Pflanzen – überhaupt nicht stattfinde.

HANSKI & GILPIN (1991) definieren die Metapopulation als eine Reihe lokaler Populationen, die sich durch den Austausch von Individuen gegenseitig beeinflussen. Ähnlich spricht BLAB (1992) von einem »Netz lokaler Populationen (...), die (in einem Gleichgewicht von Aussterben und Wiederbesiedlung) untereinander durch migrierende Kolonisten lose verbunden sind«. Geprägt wurde der Begriff der Metapopulation bereits um 1970 durch LEVINS in der englischsprachigen Literatur (vgl. Rückblick bei HANSKI & GILPIN 1991).

Abb. 37 zeigt eine hypothetische Metapopulation zu zwei unterschiedlichen Zeitpunkten. Die Skizze legt nahe, daß ein Wechsel der besiedelten Vorkommensorte stattfindet, d.h. daß einzelne Lokalpopulationen häufiger aussterben und andere neu gegründet werden. Diese Tatsache wird in Form des Turnovers in der Inselökologie und der Ökologie insgesamt bestätigt (vgl. auch das Mosaik-Zyklus-Konzept in Kapitel 2.6).

Von daher muß das Erlöschen einer Lokalpopulation an einem Ort nicht unbedingt ein Alarmzeichen sein, wie etwa BEZZEL (1991) es formuliert: »Das plötzliche Verschwinden von Arten, aber auch die explosive Vermehrung mit anschließendem Rückgang als Ausdruck desynchronisierter Zyklen muß nicht immer sofort nach hektischer Aktivität des Naturschutzes schreien.« Es gilt stets, Prozesse nicht nur in einer Lokalpopulation, sondern übergeordnet auf der Ebene einer Metapopulation zu beobachten. Dabei gehört ein Auf und Ab in der Populationsstärke auch auf Metapopulations-Ebene zu den gewöhnlichen Erscheinungen. Diese Dynamik ergibt sich auch aus dem im folgenden Kapitel dargestellten Mosaik-Zyklus-Konzept.

HOVESTADT et al. (1992) beziehen die Definition einer MVP, der kleinsten überlebensfähigen Population (Kapitel 2.4), anstatt auf eine isolierte Lokalauch auf eine Metapopulation in ihrer Gesamtheit. Für eine kleine Lokalpopulation kann in einer Schutzkonzeption, so die Autoren, ein erhöhtes Aussterberisiko akzeptiert werden, nicht aber für eine Metapopulation. Geeignete Habitate für die betrachtete Zielart müssen – unter Berücksichtigung der artspezifischen Verbreitungsfähigkeit – häufig genug sein und ausreichend nahe beieinander liegen, um durch Austauschprozesse die dauerhafte Existenz der Metapopulation zu sichern. In der Schutzpraxis erfordert das unter Umständen auch die Sicherung gegenwärtig nicht besiedelter, aber potentiell geeigneter Habitate. Besonders wichtig sind für den Fortbestand einer Metapopulation einige sichere und große Lokalpopulationen (vgl. HOVESTADT et al. 1992).

Oben: Lokaler Biotopverbund durch Hecken – in der Agrarlandschaft zwar ein wichtiger Bereich, doch dürfen andere Biotoptypen dabei nicht vernachlässigt werden. Generell müssen gleiche bzw. einander ähnliche Biotoptypen miteinander verbunden werden.
Unten: In Weinbau-Gebieten stehen Trockenbiotope im Vordergrund des Biotopverbunds. Weinbergsbrachen sind als flächige Biotope für den Naturschutz zu sichern.

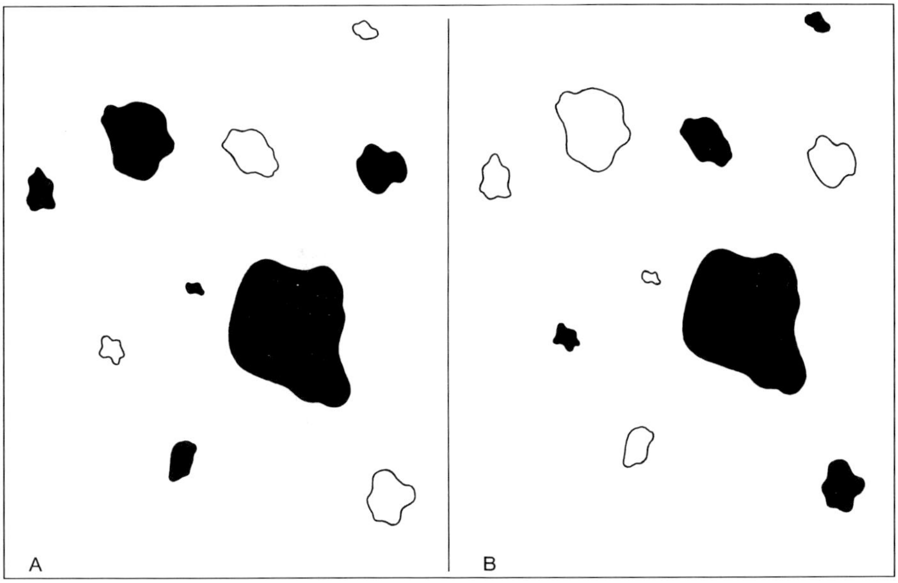

Abb. 37: Verbreitungsbild einer hypothetischen Metapopulation zu zwei unterschiedlichen Zeitpunkten (nach SHAFFER aus HOVESTADT et al. 1992).

Als Vorteile einer Metapopulation nennt BLAB (1992) den in der Literatur beschriebenen »Rettungseffekt«: Wird eine einzelne Lokalpopulation dezimiert, so können Einwanderer benachbarter Lokalpopulationen diese vor dem Aussterben retten oder, stirbt der Bestand aus, diesen neu begründen. Zudem könne in einer Metapopulation, verglichen mit einer zusammenhängenden Population gleicher Individuenstärke, ein größerer Anteil genetischer Variabilität erhalten bleiben. Jedoch muß im Einzelfall durch Analyse der wichtigsten Risikofaktoren festgestellt werden, so schränken HOVESTADT et al. (1992) ein, ob eine Population besser als eine einzige große Lokalpopulation oder als eine Metapopulation, die insgesamt ein größeres geographisches Gebiet besiedele, erhalten werde.

2.6 Raum und Zeit als Faktoren im Mosaik-Zyklus-Konzept der Ökosysteme

2.6.1 Dynamik von Ökosystemen am Beispiel von Urwäldern

Pflanzen- und Tiergemeinschaften verändern sich im Laufe der Zeit. Diese Dynamik wurde in der Ökologie anhand verschiedener Prozesse beschrieben. Als für Waldökosysteme und ihre Bodenvegetation wichtigste Veränderungen nennt SCHMIDT (1991) vor allem Fluktuation und Sukzession. Fluktuation bedeutet kurzfristige Veränderungen von Jahr zu Jahr in der Populationsdichte der einzelnen Arten, also vermehrte und verringerte Individuen- bzw. Sproßzahlen. Ei-

Oben links: Eine Neuvermessung von Feldgemarkungen bringt vielfach Erstaunliches an den Tag: Die meisten Landwirte nehmen Wegraine, Uferstreifen und andere Parzellenteile bis hin zu ganzen Wegen unerlaubt mit unter den Pflug. Wenn der Acker bis unmittelbar an den Weg heranreicht und der Wegrain völlig fehlt, wird die Grenzüberschreitung auf Kosten der letzten Reste von Natur auf den ersten Blick deutlich.
Oben rechts: Feldwege sollten so naturnah wie möglich bleiben: Ein Wiesenweg, dessen Fahrspuren von einem durch Gräser gebildeten Grünstreifen getrennt sind, besitzt die geringste Isolationswirkung auf die Fauna.
Unten: In der Agrarlandschaft zur Entwässerung angelegte Gräben können in ihren Folgen gemildert und zu artenreichen Lebensräumen im Verbund mit Fließ- und stehenden Gewässern entwickelt werden.

ne klare Richtung ist bei Fluktuationen meist nicht erkennbar. Sukzession dagegen markiert ein zeitliches Nacheinander von Organismengemeinschaften, indem die eine Gemeinschaft von einer anderen abgelöst wird.

Die Sukzession von Pflanzenbeständen führt zu einem Klimaxstadium, welches in Mitteleuropa in der Regel Wald darstellt. Dennoch darf man sich den (vom Menschen weitgehend unbeeinflußten) Wald nicht als etwas Gleichförmiges und Statisches vorstellen. Vielmehr besteht ein Urwald aus kleinen Flecken von Beständen ganz unterschiedlichen Alters, die jeweils nach Durchlaufen einer Jugend- und Optimalphase in eine Zerfallsphase eintreten und mehr oder minder katastrophenartig zusammenbrechen. Folglich wird der Begriff Klimax heute auch in weiterem Sinne gebraucht »für jedes verhältnismäßig stabile Stadium der Vegetationsentwicklung, gleichgültig, ob es durch klimatische, edaphische oder anthropogene Faktoren bedingt ist« (SCHAEFER 1992).

REMMERT (1987, 1991) beschreibt auf der Grundlage internationaler Urwaldforschung den mutmaßlichen Regenerationszyklus in einem mitteleuropäischen Urwald (Abb. 38):

- Ein Hallenwald aus Rotbuche *(Fagus sylvatica)* durchläuft seine Optimalphase, die im Schnitt 300 Jahre dauert. Dabei handelt es sich um eine den heutigen Forsten ähnliche Form eines Altersklassenwaldes mit gleichartigem Altersaufbau – wenn auch nur kleinflächig.
- Über die Terminalphase (Endphase) geht der Wald schließlich in die Zerfallsphase über, indem die Bäume infolge Überalterung, Sturm und anderer Einflüsse zusammenbrechen. In der Zerfallsphase können sich krautige und holzige Pflanzenarten mit hohen Lichtansprüchen ansiedeln, die im geschlossenen Hochwald kümmern oder völlig fehlen.
- Die lichtliebenden Arten erreichen in der Verjüngungsphase mit Vorherrschen von Gräsern und Stauden ihr Optimum.
- Durch den Lichtgenuß können auch junge Gehölze keimen und hochschießen, die häufig nicht der ursprünglichen Baumart angehören: Auf den Zusammenbruch des Urwald-Alterklassenwaldes folgt eine Pionierwaldgesellschaft vor allem aus Weichhölzern (besonders

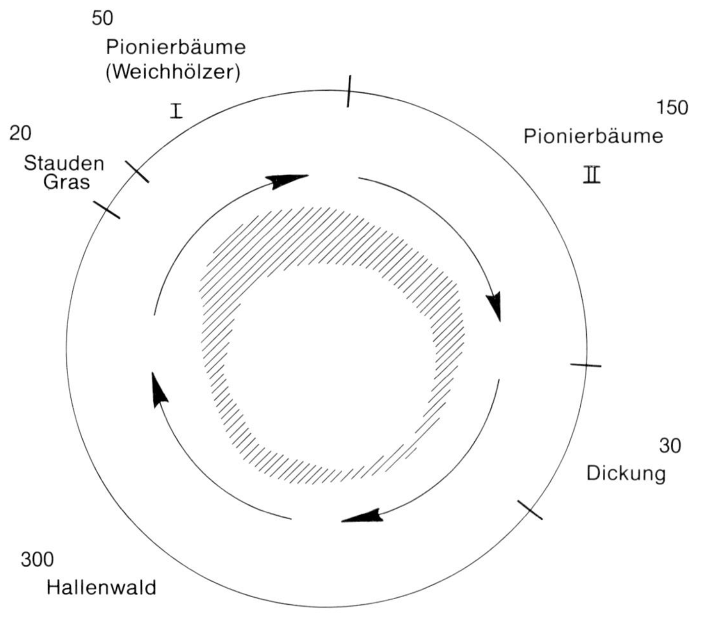

Abb. 38: Regenerationszyklus in einem mitteleuropäischen Urwald (aus REMMERT 1991). Die Zahlenangaben beziehen sich auf die durchschnittliche Zeitdauer der einzelnen Abschnitte in Jahren. Die Breite der Schraffur steht für die Variation der Diversität.

Birke, *Betula*), die wiederum abgelöst wird durch Ulmen *(Ulmus)*, Eschen *(Fraxinus)*, Berg- und Spitzahorn *(Acer)* und Wildkirsche *(Prunus)*.

- Erst im Schatten dieser Bäume kann sich die Rotbuche wieder etablieren und erneut einen Buchenwald in seiner Optimalphase aufbauen.

Ein Urwald ist somit nicht ein konstanter Waldbestand, sondern ein sukzessiver Zyklus ganz verschiedener Pflanzen- und Tiergesellschaften, der in ähnlichem Ablauf in kleinräumigem Mosaik phasenverschoben das Gesamtgebiet des Waldes durchzieht. Die einzelnen Mosaiksteine sind in Buchenwäldern und vermutlich auch in anderen mitteleuropäischen Waldtypen nach Einschätzung von REMMERT (1991) zirka 1 bis 2 ha groß; andere Ökologen gehen von einem noch kleinflächigerem, intensiv durchmischten Mosaik aus.

Es genügt für den Naturschutz somit nicht, einen mehr oder minder kleinflächigen Altbaumbestand aus der Nutzung zu nehmen und als Urwald der natürlichen Entwicklung zu überlassen. Zu einem Urwald gehören zwingend auch die anderen Sukzessionsstadien des Zyklus von der offenen Wiesen- bzw. Staudenfläche über Vorwald- bzw. Pionierwaldgesellschaften bis hin zum jungen Buchenhallenwald. Entsprechendes gilt für andere Waldgesellschaften.

Im vom Menschen genutzten Forst findet die Dynamik keine Berücksichtigung. Die Bäume werden aus wirtschaftlichen Gründen, je nach Baumart, im Alter zwischen 80 und 200 Jahren geschlagen (Rotbuche 120 bis 140 Jahre). Unter natürlichen Bedingungen werden die Bäume jedoch zwischen 300 (bis 500) Jahren (Rotbuche) und 1000 Jahren (Eichen) alt. Mithin schließt die Forstwirtschaft rund 200 bis 800 Jahre Entwicklungszeit des Ökosystems aus – und somit auch die reifste und (vor allem faunistisch) sehr artenreiche Phase vor und während des Zusammenbruchs. Das betrifft nicht allein die Totholz-Bewohner, sondern generell die typischen Arten reifer Wälder. Selbst ein Wirtschaftswald gleicher floristischer Zusammensetzung einschließlich der Baumarten zeigt, so REMMERT (1991), eine ganz andere Vogelwelt als ein zugehöriger benachbarter Urwald.

Ebenso ausgeschlossen sind im Forst die Pionier- und Vorwaldgesellschaften. Nach den Erkenntnissen der Urwaldforschung ist es die Ausnahme, daß auf einem Buchenwald-Standort auf die eine Rotbuchen-Generation unmittelbar die nächste folgt. Welche Auswirkungen die gängige forstliche Praxis längerfristig auf die Böden und ihre Nährstoff-Verfügbarkeit hat, ist erst in Ansätzen bekannt; REMMERT (1991) sieht es als sehr wahrscheinlich an, daß die Nichtbeachtung der natürlichen Zyklen Anteil an den derzeitigen Problemen des Waldes habe: »Das Nachpflanzen Generation für Generation der gleichen Baumart, noch dazu in den dicht von der eigenen Art durchwurzelten Boden, muß als ungünstig angesehen werden (...), da immer die gleichen Nährstoffe weggenommen werden und die vorhergehenden Bäume während der Optimalphase gefällt werden – wenn noch alle Wurzeln voll im Boden existieren.«

2.6.2 Das Mosaik-Zyklus-Konzept

Auf Beobachtungen der Vorgänge in Urwäldern basiert in der Ökologie das Mosaik-Zyklus-Konzept. Dieses Konzept geht davon aus, daß es keine flächig einheitlichen Ökosysteme gibt, sondern daß sich in ihnen innerhalb kurzer Zeit eine mosaikartige Struktur einstellt. Die Klimax als Endstadium einer natürlichen Vegetation baut sich aus einem Mosaik verschiedener Pflanzengesellschaften auf, die jeweils einem eigenen Zyklus unterworfen sind (REMMERT 1987, 1991; vgl. Abb. 38).

SCHERZINGER (1991) leitet daraus drei wesentliche ökologische Ausgangsbedingungen für den Arten- und Biotopschutz ab:

- **Biotopsukzession ist dynamisch;** sie hängt ab von Zusammensetzung und Strukturen der Vegetation, von der räumlichen Ausdehnung und dem Veränderungstempo der Einzelflächen (Mosaiksteine).
- **Der Ablauf kehrt periodisch bzw. zyklisch wieder;** dabei sind katastrophale Zäsuren meist typisch. Der Ablauf kann mit einem Wechsel der Leitarten in der Vegetation, der Flächenverteilung und deren Proportionen usw. einhergehen.
- **Parallel laufende Zyklen befinden sich in einem räumlichen Nebeneinander,** sie funktionieren asynchron, also nicht zeitgleich gegeneinander versetzt.

Diese komplexen Raum-Zeit-Muster werden endogen und exogen gesteuert – endogen zum Beispiel durch das begrenzte Lebensalter der eine Waldgesellschaft aufbauenden Bäume, exogen durch Stürme, Brände, Überschwemmungen, Krankheiten und Massenvermehrungen von Schäden anrichtenden Insekten. Die letztgenannten von außen einwirkenden Faktoren können einen Abschnitt des Zyklus stark beschleunigen und so den Zyklus insgesamt verkürzen. Ebenso ist ein Verlangsamen möglich, indem beispielsweise im Buchen-Hallenwald mehrmals nacheinander das gleiche Stadium auftritt (REMMERT 1991).

Gilt das Mosaik-Zyklus-Konzept, so erscheint es als irreführend, von einem ökologischen Gleichgewicht zu sprechen. Die ökologische Stabilität beruht in der Dynamik des gesamten Zyklus und nicht auf dem status quo irgend einer dieser Phasen (BAIRLEIN 1991), wie der Begriff des ökologischen Gleichgewichts als Argument für Naturschutz-Projekte gebraucht wird. In einem einzelnen Mosaikstein, so REMMERT (1991), ist kein Gleichgewicht zu erwarten, denn er durchläuft einen gerichteten Prozeß. Daher ist eine fehlende Selbstverjüngung der herrschenden Baumarten auch nicht unbedingt als Alarmzeichen zu interpretieren; die Alterspyramide einer Population bei Pflanzen wie bei Tieren kann zerrissen sein, wie es REMMERT möglicherweise als Indikator für die den Zyklus treibenden (langlebigeren) Schlüsselarten des Systems ansieht.

Auch Artenvielfalt ist in diesem Zusammenhang nicht unbedingt ein wertbeschreibendes Kriterium: In der Optimalphase eines Buchen-Hallenwaldes dominiert die Rotbuche als einzige Pflanzenart das System, die Diversität der Fauna ist vergleichsweise gering. Umgekehrt sind andere Stadien des gleichen Systems ausgesprochen reich an Pflanzen- und Tierarten, besonders in der Zerfallsphase und im entstehenden Pionierwald (REMMERT 1991). Der Wechsel im Verlaufe eines Wald-Zyklus bleibt nicht auf die Bäume beschränkt, er vollzieht sich auch im Boden mit chemischen, physikalischen und biologischen Parametern bis hin zu einer Veränderung des Grundwasserspiegels. Für die Bodenvegetation im Wald läßt SCHMIDT (1991) die Frage offen, ob das zu beobachtende räumliche Nebeneinander auf ein zeitlichen Nacheinander im Sinne des Mosaik-Zyklus-Konzeptes schließen läßt – obgleich sich dieser Vergleich aufdrängt.

Das Mosaik-Zyklus-Konzept ist nicht auf die Wälder und ebenso nicht auf die Endstadien der Pflanzenentwicklung beschränkt, wie REMMERT (1991) betont – es gelte ebenso für die Pionierstadien auf dem Wege zum Endstadium: In Mitteleuropa stellen die meisten Heidegebiete mit der Besenheide *(Calluna vulgaris)* ein solches Zwischenstadium dar und lassen den deutlichen Ablauf in vier Phasen erkennen (vgl. JEDICKE et al. 1993):

- Pionier- oder Initialphase im Alter von null bis drei, selten bis zehn Jahren – die Besenheide ist erst mit wenigen, niedrigen Jungpflanzen vertreten, es dominieren in der Regel üppig entfaltete Moose und Flechten;
- Aufbauphase im Alter von durchschnittlich sechs bis zwölf Jahren – Moose und Flechten werden durch die sich zunehmend entfaltende und kräftig blühende Besenheide zurückgedrängt;

- Reife- oder Optimalphase im Alter zwischen zwölf und 28 Jahren die Heide ist voll entfaltet, Begleitarten wie Moose nehmen aber langsam zu;
- Degenerationsphase im Alter von 16 bis zirka 30 Jahren – der größte Teil der Besenheide ist abgestorben, so daß sich Moose, Flechten und Gräser stark entfalten können.

Wie für die *Calluna*-Heide sind, so REMMERT (1991), auch für Salzwiesen phasenverschobene Zyklen eines kleinräumigen Mosaiks belegt, die sich indes in der Größenordnung von Quadratmetern abspielen. Das Prinzip desynchroner Zyklen als Mosaikbausteine von Ökosystemen nehmen verschiedene Ökologen auch für außereuropäische Lebensräume an wie beispielsweise in der afrikanischen Steppe, in Argentinien mit einem Wechsel zwischen Grassteppe und Dornsavanne, in der mongolischen Steppe durch Kolonien grabender Kleinsäuger, welche die Vegetation zunächst weitgehend zurückdrängen, später durch ihren Kot und eine gute Bodendurchlüftung aber eine üppige Pflanzendecke entstehen lassen, um dann wiederum Mäusekolonien Platz zu machen.

Die Gültigkeit des Mosaik-Zyklus-Konzeptes für weitere Ökosysteme nachzuweisen und die Sukzessionsabläufe im einzelnen nachzuweisen, stellt eine noch schwierige Aufgabe der ökologischen Forschung dar. REMMERT (1991) nimmt indes an, »daß es sich hier um ein allgemeines Prinzip der Regelung von Ökosystemen handelt (...), welches sehr viel einfacher Schäden und Störungen korrigiert, als dies durch Vernetzung der Funktionen der unterschiedlichen Organismen möglich wäre – eben weil Katastrophen und deren Reparatur in das System von vornherein eingebaut sind«.

2.6.3 Relevanz für die Naturschutzpraxis – dynamische Schutzkonzepte

Das Mosaik-Zyklus-Konzept fordert für die Praxis des Naturschutzes vor allem ein weitaus großflächigeres Denken und Handeln als bisher, was den Schutz vom Menschen unbeeinflußter Totalreservate anbelangt. Langfristiges Ziel muß sein, den notwendigen Raum zur Verfügung zu stellen, daß alle möglichen Stadien des Zyklus jederzeit auf irgend einem Teil des Reservates vorhanden sind. Im Detail sind die Konsequenzen des Konzeptes für einen ökologisch begründeten Naturschutz, so SCHERZINGER (1991), »noch nicht einmal ansatzweise diskutiert – geschweige denn, praxisorientiert durchdacht«.

Forstwirtschaft schließt eine zyklische Sukzession aus – somit ist das Gros der im Wald ausgewiesenen Naturschutzgebiete für einen umfassenden Naturschutz nicht geeignet, weil diese weiterhin forstlich genutzt werden. Jedoch besitzen auch sie ihren Wert als Pufferzonen und für Teilaspekte des Arten- und Biotopschutzes. Geeignet sind dagegen die Naturwaldreservate (s. Seite 186 ff.), die forstwirtschaftliche Nutzung ausschließen (vgl. SCHMIDT 1991).

Die zyklischen Veränderungen der Mosaikstruktur lassen sich nicht beeinflussen. In einem Naturschutzgebiet der in Deutschland üblichen Größenordnung können in relativ kurzer Zeit die Bäume auf der Gesamtfläche absterben oder durch natürliche Ereignisse wie Sturm umstürzen, so daß der ursprüngliche Schutzgrund nicht mehr besteht – erst recht dann, wenn Bäume anderer Arten nachwachsen (s. REMMERT 1991). Mit dem Verschwinden des Altholzes werden auch die daran angepaßten Tierarten lokal aussterben, weil ihnen in der Regel keine Ausweichfläche entsprechender Habitatstruktur in erreichbarer Nähe zur Verfügung steht.

Gelingt es, zum Beispiel großflächige Buchenwaldareale mit einem hohen Anteil an Flächen in der Optimalphase – kurz vor der üblichen Endnutzung – unter Schutz zu stellen, so muß man sich vergegenwärtigen, daß die flächig relativ gleichförmige Habitatstruktur nicht dem Naturzustand entspricht – es wird lange dauern, bis sich die urwaldtypische Mo-

Abb. 39: Typische Vogelarten in den einzelnen Stadien des Urwaldzyklus (aus SCHERZINGER 1991). Angegeben ist auch die mittlere Zeitdauer der Stadien in Prozent von insgesamt zirka 600 Jahren.

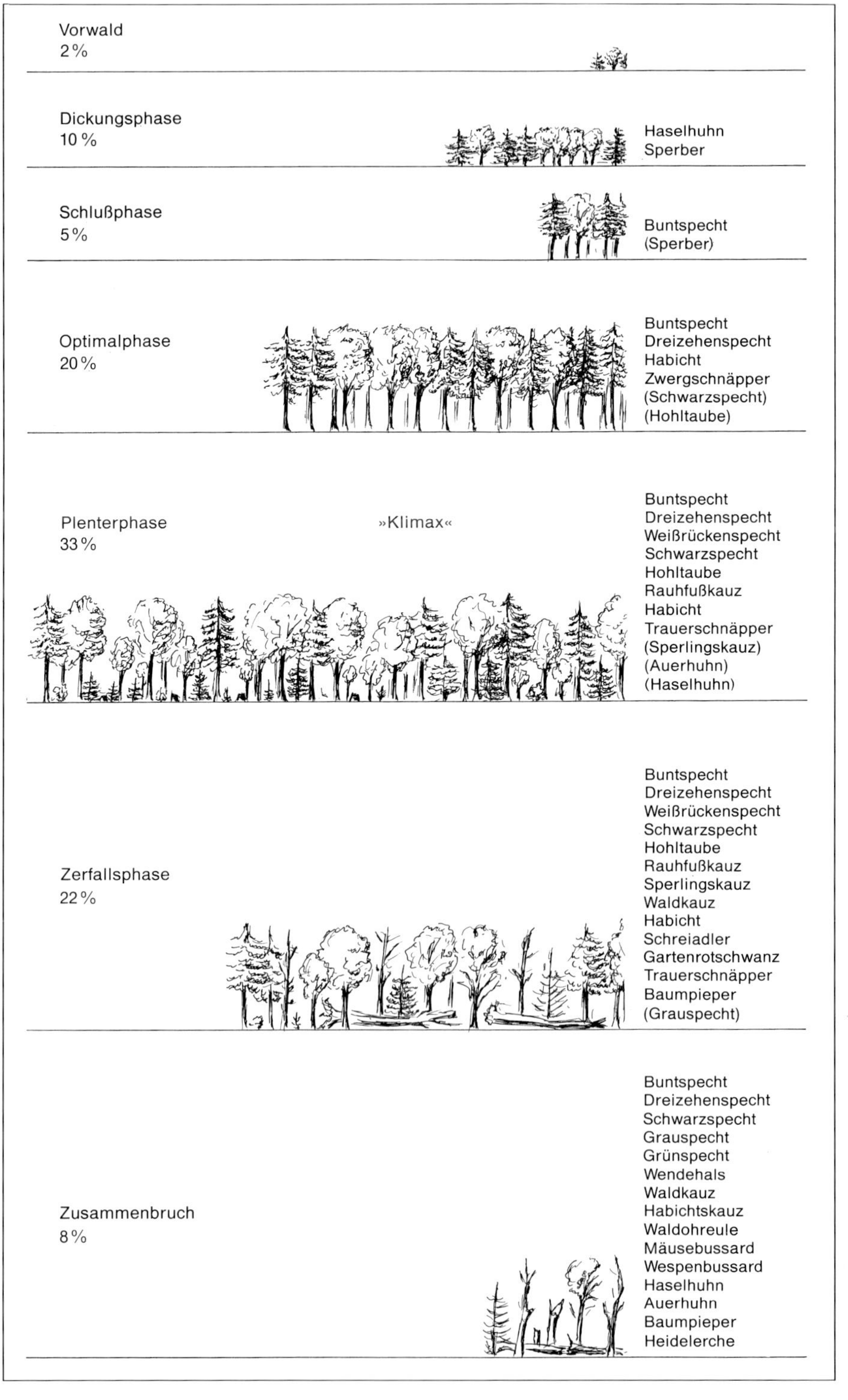

saikstruktur im Sinne eines Flickenteppichs mit schätzungsweise 1 bis 2 ha großen Mosaiksteinen einstellt (zu Ausnahmen infolge Katastrophen s.u.). Das läßt aber nicht den Umkehrschluß zu, auf die Ausweisung flächiger Waldbestände bzw. Forsten als Totalreservate zu verzichten – vielmehr ist das zwingende Voraussetzung, um eines Tages überhaupt wieder Urwaldflächen in Mitteleuropa zu erhalten. Ebenso entsprechen mancherorts ausgewiesene »Urwald«-Schutzgebiete (zum Beispiel »Urwald Sababurg«) keineswegs einem Urwald, sondern sie stellen in der Regel alte Hutewälder mit Solitärbäumen dar.

Überdenkenswert sind auch die Bewertungskriterien von Waldbiotopen, etwa bei Eingriffsverfahren. So müßte ein junges Sukzessionsstadium mit Pionierwaldarten und hohem Artenreichtum ebenso hoch bewertet werden wie ein artenarmer Hochwald in seiner Optimalphase oder eine zerfallende Altholzinsel – sie alle sind Bestandteile des Zyklus mit spezifischer Flora und Fauna. Naturnahe Waldwirtschaft mit Dauerbestokkung und einzelstammweiser Nutzung erscheint im Hinblick auf das Mosaik-Zyklus-Konzept nicht unbedingt als Garant größtmöglicher Naturnähe in der Forstwirtschaft (s. Kapitel 8.2).

Scherzinger (1991) sieht im Mosaik-Zyklus-Konzept aus Sicht des zoologischen Artenschutzes vier neue Gesichtspunkte gegenüber der traditionellen Konzeption von Schutzgebieten: Qualität, Zeit, Raum und Zyklus. Diese werden nachfolgend in enger Anlehnung an Scherzinger erläutert.

- **Qualität:** Die Abgrenzung von Schutzflächen muß sich nicht mehr allein auf einen schutzwürdigen Status quo beschränken, sondern kann auch potentielle Biotopqualitäten als Entwicklungsaspekt mit bewerten. Vorausschauender Naturschutz muß heute die Entwicklungsflächen von morgen sichern, auf denen beispielsweise die Altholzbewohner der jetzigen, eines Tages zusammenbrechenden reifen Waldinseln ausweichen können. Eine solche Mobilität von einem Mosaikstein zum anderen ist im natürlichen Ablauf vorgesehen – wenngleich in von Art zu Art unterschiedlich begrenzten Distanzen.

- **Zeit:** Arten, die relativ kurzlebige Abschnitte des Zyklus nutzen, sind von Natur aus seltener als solche, die langfristig bestehende Mosaikflächen bewohnen (siehe Beispiele der Avifauna in Abb. 39). Große Pflanzenfresser wie Rothirsch und Reh beschränken sich auf die Verjüngungsflächen, die gerade 8% der durchschnittlichen Laufzeit des Zyklus in einem Mosaikfeld ausmachen – diese Arten müssen im natürlichen Urwald selten sein. Vögel der Waldsteppen wie Wendehals, Ziegenmelker und Waldohreule können im wesentlichen nur das Endstadium der Zerfallsphase nutzen, somit 2 bis 5% der Zeit. Der Buntspecht dagegen findet von der Schluß- über Optimal-, Plenter- und Zerfallsphase bis zum Zusammenbruch durchgängig in rund 88% der Zeit gute Lebensmöglichkeiten. Um den Schutz kurzlebiger Standorte mit ihrem Arteninventar zu gewährleisten, sind daher wesentlich größere Anstrengungen notwendig als für langlebige Komplexe.

- **Raum:** Störungsfaktoren, Standortbedingungen und Pflanzengesellschaft entscheiden wesentlich über die Flächengröße der einzelnen Mosaikteile. Die Flächenproportion wirkt sich für die Arten, die auf bestimmte Strukturmerkmale bzw. Reifestadien spezialisiert sind, wie eine isolierte Habitatinsel aus – Scherzinger unterstreicht die Gültigkeit der Arten-Areal-Kurve für jeden einzelnen Mosaikstein[1]. Je größer die Fläche, desto eher können dort auch spezialisierte und große Tierarten leben, etwa Schwarzstorch *(Ciconia nigra),* Auerhuhn *(Te-*

[1] Ob die Arten Arten-Areal-Kurve bei nur vielleicht 0,2 bis 2 ha großen »patches« tatsächlich anwendbar ist, müßte bewiesen werden – eher erscheinen in einem kleinräumigen Habitatmosaik hohe Artenzahlen wahrscheinlich (vgl. Kapitel 2.6.4).

trao urogallus), Schreiadler *(Aquila clange)*, Habichtskauz *(Strix uralensis)* und Weißrückenspecht *(Dendrocopos leucotos)*. Andererseits zeigt sich der Grenzlinieneffekt (edge-effect) an den Grenzlinien zwischen unterschiedlichen Flecken (patches) des Mosaiks in Form hoher Artenzahlen. Zu der hohen Diversität tragen auch Arten bei, die sehr unterschiedliche Teilhabitate benötigen, wie das Auerhuhn. Ein Reichtum an Grenzlinien steigert Diversität und Abundanz der Fauna, aber auch die Gefahr für das einzelne Individuum, Beutegreifern zum Opfer zu fallen (Predation).

Flächengröße und Grenzlinieneffekt steuern damit die Diversität in gegenläufiger Richtung. Besonders schwer zu erhaltende »Problemarten« des Naturschutzes, die eine Vielfalt unterschiedlicher Habitattypen auf engem Raum benötigen, hängen in hohem Maße von der räumlichen Zuordnung der Mosaiksteine zueinander ab. Artenschutz muß durch die Sichtweise des Mosaik-Zyklus-Konzepts mit dem zeitlichen Ablauf parallel existierender Zyklen und der räumlichen Gliederung der Einzelflächen ganz neue Ansätze erhalten.

Großflächige Mosaiksteine entstehen am ehesten durch exogene Faktoren wie Windwurf, Brand und Insekten-Kalamitäten. Größer sind die Flächen vermutlich von Natur aus in einförmigen Nadelholz-Beständen der subalpinen Stufe (mit »patches« bis zu 100 km^2 infolge Verjüngung durch Katastrophen), während im montanen Mischwald flächige Zusammenbrüche die Ausnahme sind. Im naturnah gestuften Klimaxwald geht BIEBELRIETHER nach SCHERZINGER dagegen von Regenerationsflächen mit höchstens einem Baumlängen-Durchmesser (d.h. 0,2 bis 0,3 ha) aus, REMMERT (1991) für den Buchenwald wie gesagt von 1 bis 2 ha.

• **Zyklus:** Naturschutz zielt heute im allgemeinen darauf ab, eine Art und einen Lebensraum durch Flächenschutz langfristig an ein und demselben Ort zu erhalten – nach dem Mosaik-Zyklus-Konzept ein unnatürlicher Vorgang, der allenfalls durch wiederholtes Eingreifen des Menschen ermöglicht wird. Ein permanenter Turnover, das Aussterben der einen und das Einwandern der anderen Arten, ist in der natürlichen Dynamik auf jeder Einzelfläche die Regel. Der Ablauf eines Zyklus bedingt die laufende Gefährdung von immer wieder anderen Arten, die bei Verschlechtern ihrer Lebensbedingungen auf andere Mosaiksteine ausweichen müssen. Der zyklische Ablauf ist dabei im Einzelfall schwer bzw. überhaupt nicht voraussagbar. Das betrifft vor allem Sturmereignisse und Insekten-Kalamitäten.

Kleine und isolierte Schutzflächen, wie sie in der Praxis heute weitaus dominieren, besitzen in Anbetracht des Mosaik-Zyklus-Konzepts nur vorübergehenden Wert zur Erhaltung wenigstens eines Teils gefährdeter Arten(gemeinschaften), die eine Rekolonisation neu entstehender großer Schutzflächen initiieren können.

Die Dimension der einzelnen Mosaiksteine, die Laufzeiten der Sukzessionsphasen eines Zyklus und die Gesamtdauer des Zyklus können, soweit sie bekannt sind, bei der Abschätzung von Mindestflächengrößen helfen. Für den Bergmischwald rechnet SCHERZINGER (1991) angesichts geringer Größen der einzelnen »patches« mit 120 bis 200 ha, im artenarmen Nadelwald der Subalpinstufe aber mit 100 km^2. Artenschutz für höhere Tiere erfordert jedoch wohl in der Regel noch erheblich größere Flächen, weil ihre Populationsgröße in weitgehend isolierten Schutzgebieten stets über der als kritisch betrachteten Dichte liegen sollte.

Zusammenfassend zieht SCHERZINGER (1991) das Fazit, daß »natürliche Prozesse – für sich – bereits schutzwürdig sind und darüber hinaus eine Fülle von Sonderbiotopen erbringen, die über Pflegemaßnahmen nicht bereitgestellt werden können.« Ganze Sukzessions-Zyklen über große Flächenmosaike zu sichern, werde zwar nur in wenigen Großschutzgebieten möglich sein. Bisher seien aber selbst die Nationalparks in Deutschland zu klein, um ihren vollwertigen Beitrag zur Artensicherung zu leisten. Auf der anderen Seite gibt er zu bedenken, daß sich Naturschutz nicht allein durch »Management« mit einem immerwährenden Kampf gegen die Sukzession – wie in vielen Projekten – betreiben läßt; durch den »fortgesetzten Kampf gegen die natürlichen Prozesse« werde auch viel Geld zum Fenster herausgeworfen, das – so BEZZEL (1991) – möglicherweise Kapazitäten für an anderer Stelle dringend benötigte Mittel schaffen und Naturschutz effizienter gestalten könnte.

Mit Propagierung dynamischer Schutzkonzepte will SCHERZINGER keinesfalls Alternativen polarisieren: »Benötigt wird demnach ein Netzwerk aus Schutzgebieten, Trittsteinen und Korridoren mit großen ›Dynamikflächen‹ und entsprechenden ›Stabilisierungsflächen‹ dazwischen.« Keinesfalls dürfe parallel zur Flächensicherung auf mindestens 15% der Landesfläche auf das bisherige Instrumentarium der Artenschutz-Förderung auf Landwirtschaftsflächen, im Forst oder in den Gemeinden verzichtet werden. »Das Mosaik-Zyklus-Konzept ist also keine Alternative zum herkömmlichen Naturschutz, sondern eine wesentliche Erweiterung, da in einem zukünftigen Artensicherungsprogramm Statik und Dynamik der faunistischen Besiedlung einander wirksam ergänzen müssen.« (SCHERZINGER 1991).

Auch BAIRLEIN (1991) unterstreicht, daß langfristig der Erhalt eines reichen, vernetzten Mosaiks an Lebensräumen und der darin möglichen und notwendigen stabilisierenden, zyklischen Dynamik der Systeme erfolgreicher sein werde als die Konservierung einzelner aktueller, spezifischer Einzelzustände unter Ignoranz dynamischer Vorgänge oder von Sukzessionsprozessen. Dabei stellt er die Bedeutung solcher konservierender Maßnahmen für kurz- bis mittelfristige Ziele nicht in Frage; sie könnten Grundlage für die Verwirklichung des langfristigen Ziels sein.

Am Beispiel der Vögel erläutert BAIRLEIN (1991) die Notwendigkeit von internationalen Verbundsystemen, damit staatenübergreifend eine ausreichende Zahl der von den verschiedenen Arten beanspruchten Brut-, Durchzugs- und Überwinterungsbiotope vorhanden sei. Unter den Brutvögeln Baden-Württembergs sind nach HÖLZINGER (1987) von den Langstreckenziehern 71% der Arten gefährdet, unter den Kurzstreckenziehern 57%, unter den Standvögeln dagegen 49%. Diese Zahlen sind ein deutliches Indiz für dringende Schutzmaßnahmen außerhalb des Brutareals der Arten. Entsprechend muß auch bei anderen Tierarten, die periodische Habitatwechsel durchführen, die Jahresökologie insgesamt berücksichtigt werden (Beispiel Amphibien).

2.7 Das Mosaikkonzept: kleinkammerige Kulturlandschaft

Bei kleinen Inselflächen ist die Anwendung der Inseltheorie bzw. der Arten-Areal-Beziehung nicht angebracht, weil sie sich im Gegensatz zur Theorie in der Regel durch hohe Artenzahlen auszeichnen (s. Kapitel 2.3.3). Das gilt erst recht für eine mehr oder weniger kleinräumig gegliederte Kulturlandschaft, in der viele Untersuchungen die Arten-Areal-Beziehung auf den Kopf zu stellen schienen: In großen Feldgehölzen beispielsweise leben pro Flächeneinheit weniger Käfer- und Spinnenarten als in kleinen; große Heideflächen beherbergen pro Flächeneinheit weniger Insektenarten als kleine (DUELLI 1992a und b, MADER 1983a). Vorwiegend im englischen Sprachraum entfachte sich daran die SLOSS-Debatte (Erläuterung in Kapitel 2.8).

Differenziert man bei Betrachten der Artenzahlen anhand der Anpassung der einzelnen Arten an die Schwankungsbreite von Umweltfaktoren, so zeigt sich die Gültigkeit der Inseltheorie für stenöke, also auf bestimmte Habitatqualitäten spezialisierte Arten auch auf Kleinflächen: Sie sind auf größeren Flächen mit höherer Diversität vertreten als auf kleinen – weil für diese Arten Habitatflächen echte Inseln darstellen: Feldgehölze für Waldspezialisten, Heideflächen für Heidespezialisten (DUELLI 1992a und b). Für das Gros der Arten in der vom Menschen intensiv umgestalteten Kultur-, insbesondere Agrarlandschaft, nämlich die Ubiquisten bzw. euryöken Arten, steigt die Artenzahl, je fragmentierter und dadurch vielgestaltiger die Landschaft ist. Die hohe Diversität in der Kulturlandschaft resultiert aus vielen Arten, die Ökotone als Übergangszonen zwischen verschiedenen Habitaten an den zahlreichen Grenzlinien besiedeln, sowie solchen Arten, die im Laufe ihrer Entwicklung zwischen verschiedenartigen Habitaten wechseln. Zur letzteren Gruppe rechnet DUELLI eine Vielzahl potentieller Nützlinge in der Landwirtschaft, die in der biologischen Schädlingsbekämpfung von Interesse sind. Ebenso ergibt die Anwendung der Inseltheorie in den Kulturen (besonders Fruchtfolgeflächen) keinen Sinn: Die Artenzahl an Insekten und Spinnen ist, so DUELLI, in einem großen Maisfeld geringer als in einem kleinen Feld. Je vielfältiger die Umgebung eines Maisfeldes, desto artenreicher ist das Maisfeld selbst.

DUELLI (1989, 1992a und b) erklärt diese Beobachtungen mit dem sogenannten Mosaikkonzept, das er als Alternative zur Inselökologie versteht. Es besitzt einen anderen Inhalt als das Mosaik-Zyklus-Konzept (s. Kapitel 2.6), welches zur Erklärung langfristiger Sukzessionsabläufe eine Alternative zum Modell des Klimaxstadiums darstellt.

Die entscheidenden Fakoren im Mosaikkonzept sind nach DUELLI (1992b) Habitatvielfalt, Habitatheterogenität und das Ausmaß genetischen Austausches:

1. Habitatvielfalt, d. h. die Anzahl verschiedener Habitattypen pro Flächeneinheit, wirkt sich durch den Artenaustausch positiv auf die Artenzahl aus. Abb. 40 verdeutlicht das anhand einer theoretischen Modellandschaft (zum Beispiel 1 km^2): Je größer die Zahl darin vorkommender Habitate, desto größer ist die Artenzahl, da jeder Habitattyp eine charakterische Flora und Fauna beherbergt. Hinzu kommen Arten benachbarter und

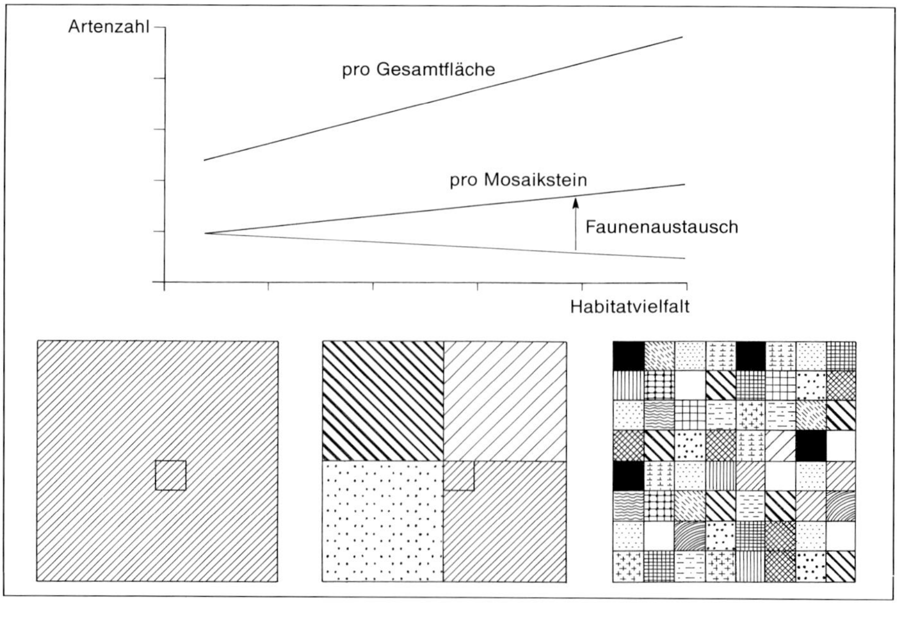

Abb. 40: Beziehung zwischen Habitatvielfalt und Artenzahl nach dem Mosaikkonzept (aus DUELLI 1992b). Mit steigender Anzahl verschiedener Habitattypen pro Flächeneinheit nimmt auch die Zahl vorkommender Arten zu. Bei der Funktion »pro Mosaikstein« werden kleine, flächengleiche Quadrate desselben Biotoptyps miteinander verglichen, bei denen die Habitatvielfalt der Umgebung variiert.

weiter entfernter Mosaiksteine, die infolge der räumlichen Nähe einwandern können. Zwar ist die Zahl stenöker Arten auf einem großflächigen Magerrasen höher als auf einem kleinen, aber die Flächenvergrößerung des Magerrasens bewirkt einen geringeren »Gewinn« an Arten als durch zusätzliche Habitattypen mit eigener Artengarnitur.

2. Habitatheterogenität beschreibt die Mosaiksteingröße bzw. die Anzahl von Mosaiksteinen pro Flächeneinheit: Wachsende Mosaiksteingröße wirkt (im Gegensatz zur Inseltheorie) nach dem Mosaikkonzept reduzierend auf die Artenzahl, wie Abb. 41 zeigt: Die Länge der Grenzlinien zu benachbarten Habitattypen nimmt ab, die Ressourcen für auf Ökotone oder aber jahres- wie tagesperiodischen Habitatwechsel (Überwinterung, Fortpflanzung, Nahrungssuche, Versteck, Sonnenbadeplatz, Nachtquartier etc.) angewiesene Arten werden reduziert.

   QUINN & HASTINGS (1987) sowie ROBINSON & QUINN (1988) zeigten durch theoretische Modelle und empirische Untersuchungen, daß pro Gesamtfläche mehr Arten überleben, wenn die Fragmente etwas getrennt, aber nicht total voneinander isoliert sind. Die Fragmentierung verhindert, daß dominante Arten die empfindlicheren auf der Gesamtfläche gleich intensiv zurückdrängen; die Dominanzstrukturen unterscheiden sich von Teilfläche zu Teilfläche, so daß in der Summe mehr Arten längerfristig überleben können. Freilich wird diese pauschale Betrachtung in der Praxis zu differenzieren sein – was die eine Art(engruppe) an Fragmentierung überwindet, wirkt für die andere bereits isolierend.

3. Genetischer Austausch zwischen den Mosaiksteinen ist eine Frage des Ausmaßes der Isolation bzw. Verinselung der Einzelflächen sowie der Größe der Metapopulation (s. Kapitel 2.5). Die Fragmentierung eines Gebietes in Mosaiksteine ist eine Form der Verinselung mit der Folge lokalen Aussterbens von (Teil-)Populationen. Positiv kann diese Verinselung aber nur dann wirken, wenn vor einem Aussterbeereignis einzelne Individuen der verschwindenden lokalen Population in umliegende geeignete Habitate gelan-

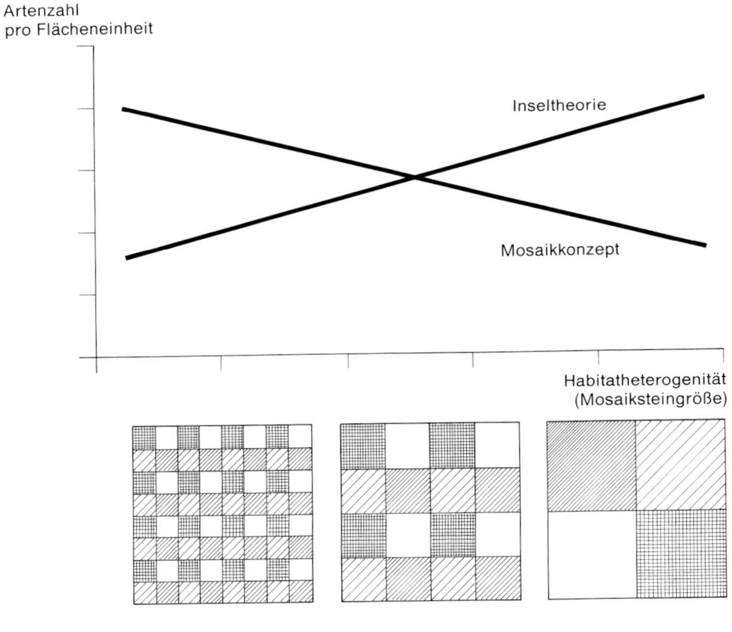

Abb. 41: Abhängigkeit der Artenzahl pro Flächeneinheit von der Mosaiksteingröße bei gleichbleibender Habitatvielfalt mit vier aneinander grenzenden Biotoptypen (aus DUELLI 1992b). Der Inseltheorie zufolge steigt die Artenzahl mit zunehmender Mosaiksteinfläche, dem Mosaikkonzept zufolge mit der Anzahl der Mosaiksteine und der Länge der Grenzlinien.

gen können. Totale Isolation ließe solches Abwandern mit Erfolg dagegen nicht zu. Als Richtgröße vermutet Duelli (1992b), daß ein Genaustausch von 1% der lokalen Population pro Generationszeit ausreicht, um lokal ausgestorbene Populationen wieder zu ersetzen. Mobile Arten sind dabei zweifellos im Vorteil.

Duelli (1989, 1992b) sieht in diesem Zusammenhang die Verinselung der Landschaft durch Feld- und Waldwege (s. Kapitel 2.1.4) als etwas überbewertet. Lokales Aussterben einer Art gehört nach dem Mosaikkonzept zu den üblichen Vorgängen – solange zuvor Fortpflanzungseinheiten der betroffenen Pflanzen bzw. Einzelindividuen der Tierarten in umliegende geeignete Habitate gelangen.

Bereits Ende der 50er Jahre untersuchte Huffaker (1958) im Labor das Zusammenspiel von Isolation und Populationsbewegungen in bezug auf das Überleben von Räuber und Beute, und zwar anhand von Orangen, Spinnmilben und Raubmilben:

- Vollständige Isolation der Orangen voneinander durch Bestreichen des Labortisches mit Öl führt zu einem raschen Aussterben von Räuber und Beute, die auf jeder Orange gemeinsam ausgesetzt wurden.
- Erhalten die Spinnmilben durch einen schwachen Luftzug (Ventilator) die Möglichkeit, sich mit Hilfe von Flugfäden von leergefressenen »Inseln« zu anderen Orangen retten zu können, so überleben sie – nicht aber die flugunfähigen Raubmilben, da der geringe Anflug von Spinnmilben als Nahrungsgrundlage nicht ausreicht.
- »Totale Vernetzung«, sprich fehlende Isolationen zwischen den Orangen, bewirkt ein Aussterben von Beute und Räuber, da die Raubmilben alle Spinnmilben erreichen, auffressen und dann selbst verhungern.
- Beide Arten überleben längerfristig nur durch eine ausgeklügelte variable, nicht vollständige Isolation, im Experiment durch schmale Holzbrücken erzielt. Von isolierten Orangen aus besiedeln die Spinnmilben durch Verdriftung solche Orangen, die vorher durch Raubmilben über Holzbrücken erreicht und leergefressen worden waren. Je vielfältiger (d. h. im Grunde je »naturnäher«) die Abstufung des Isolationsgrades, desto länger überleben beide Arten.

Natürliche Systeme sind ungleich komplizierter – und daher auch viel schwieriger zu verstehen. Aus diesem Grund stecken die Erkenntnisse über die Wirkungen von Isolation und Verbund noch so sehr in den Kinderschuhen.
Ausgehend von den Experimenten Huffakers untersuchte Rennau (1991) die Frage, in welchem Maß ein Populationssystem dadurch stabilisiert werden kann, daß eine begrenzte Ressource räumlich fragmentiert wird. In Laborexperimenten und durch Simulation mit Hilfe eines Computermodells zeigte er, daß vor allem die Entwicklungsrate der Beute und die Reproduktionsrate des Räubers über das »Stabilisierungspotential räumlicher Heterogenität« entscheiden, wenig dagegen die Tiereigenschaften, die das Verbreitungsvermögen bestimmen.

2.8 Folgerungen für Biotopverbundsysteme

Liefert Biotopverbund die richtige Strategie gegen die Verinselung der Landschaft? Inseltheorie, MVP-Konzept, Metapopulation, Mosaik-Zyklus-Konzept und Mosaikkonzept bieten verschiedene, zum Teil gegensätzliche Antworten. Das betrifft vor allem die Gewichtung der vier Teilaspekte des Verbundkonzeptes, nämlich Großflächenschutz, Trittsteine, Korridorbiotope und flächige Nutzungsextensivierung.

Eine zentrale Frage zielt auf die Flächengröße von Schutzgebieten, die in der Ökologie schon Jahrzehnte im Rahmen der sogenannten SLOSS-Debatte geführt wird: **s**ingle **l**arge **o**r **s**everal small? Ist es angesichts begrenzter für den Naturschutz verfügbarer Flächen sinnvoller, einzelne große oder besser viele kleine Areale unter Schutz zu stellen (vgl. unter anderem HIGGS & USHER 1981, MARGULES et al. 1982, SIMBERLOFF & ABELE 1975, 1982)?

Die Inseltheorie spricht für die Bevorzugung großflächiger Schutzgebiete, die hohen Artenzahlen auf Kleinflächen und das Mosaikkonzept für eine größere Zahl kleiner Schutzgebiete. Die eher akademische denn praxisrelevante SLOSS-Debatte geht insofern an den tatsächlichen Gegebenheiten vorbei, als es keine Entweder-Oder-Entscheidung geben kann. Die unbestreitbar notwendige Sicherung großer Flächen für den Naturschutz macht die Erhaltung und Vergrößerung kleiner Schutzgebiete keinesfalls überflüssig.

Der Schlüssel zum Verständnis der verschiedenen in diesem Kapitel angesprochenen ökologischen Theorien liegt in dem räumlichen Maßstab der Betrachtung, wie ihn HANSKI & GILPIN (1991) und darauf abbauend BLAB (1992) beschreiben:

- In **lokalem Maßstab,** in dem sich die Individuen einer Lokalpopulation überwiegend in ihrem gesamten Lebenszyklus bewegen und sich untereinander im Rahmen von Nahrungssuche und Fortpflanzung beeinflussen, findet das **MVP-Konzept** Anwendung. Ziel des Naturschutzes muß hier sein, eine lokale Population in überlebensfähiger Stärke zu erhalten.
- Die **Ebene der Metapopulation** betrifft ein **Netzwerk von Lokalpopulationen**. Diesen Maßstab markieren fleckenartige Vorkommen von Lokalpopulationen, von denen sich einzelnen Individuen (Kolonisten) von einer zur anderen Lokalpopulation bewegen. Dabei überwinden sie im typischen Fall Habitattypen, die für ihre Nahrungssuche und Fortpflanzung ungeeignet sind. Sie sind einem hohen Risiko ausgesetzt, dabei keinen geeigneten Lebensraum zu finden.
- Nur auf **geographischer Ebene**, das gesamte Verbreitungsgebiet einer Art betreffend, kann die **Inseltheorie** im engeren Sinne angewendet werden. Ein einzelnes Individuum besitzt keine Möglichkeit, den Großteil dieses Gebietes in seinem Leben zu erreichen.

DUELLI (1989, 1992b) unterstreicht, daß die **Inseltheorie** nur für Habitatspezialisten anwendbar ist, soweit eine Kulturlandschaft betrachtet wird. Ansonsten eigneten sich die Kriterien der Inseltheorie für die Bewertung von Tabuzonen, sprich reinen Naturschutzgebieten. Dabei ist allerdings, so muß hinzugefügt werden, eine gewisse Mindestgröße der Inselflächen einzuhalten, unterhalb derer etwa die Arten-Areal-Beziehung weniger zutrifft.

Die Artenzahl als zentrale Größe der Inseltheorie besitzt zudem nur beschränkten Aussagewert – wie bereits angesichts hoher Artenzahlen auf kleinen Inselflächen angesprochen wurde, ist es ein Unterschied, ob man stenöke oder euryöke Arten, sprich Ubiquisten, betrachtet. So zieht eine Reduktion der Flächengröße, wie es MÜHLENBERG & HOVESTADT (1992) formulieren, unweigerlich eine Reduktion des ursprünglichen Artenbestandes bzw. den Ersatz von spezialisierten Arten durch Generalisten nach sich. »Dies ist in vielen Fällen nicht mit der Reduktion lokaler Artenvielfalt, sondern mit einer regionalen Vereinheitlichung der Artenbestände (...) verbunden.«

Das **Mosaik-Zyklus-Konzept** unterstützt die Forderung nach Großschutzgebieten, wie sie schon auf Grundlage der Inseltheorie erhoben wurde – und liefert dabei Maßstäbe für die Größendimension, damit angesichts der zyklischen Veränderungen durch Sukzession alle Einzelstadien permanent auf verschiedenen Teilflächen existieren.

Bleibt das ähnlich benannte **Mosaikkonzept**: Ein kleinräumiges Mosaik mit Habitatvielfalt und Habitatheterogenität auf engem Raum kommt den Bedürfnissen des Gros der Arten in der Kulturlandschaft nahe – es unterstützt somit das Leitbild lokalen Biotopverbunds im wesentlichen durch Korridorbiotope.

Als Fazit für die Realisierung von Biotopverbundsystemen seien folgende Punkte unterstrichen:

- Die gegenwärtige Verinselung der Landschaft durch massive Habitatfragmentierung und -zerschneidung erfordert wirksame Gegenmaßnahmen, ihr Fortschreiten ist zu stoppen. Allerdings reicht der Erhalt des Status quo bei weitem nicht aus, um das Artensterben zu bremsen.
- Nur großflächige Schutzgebiete können im Sinne der Inseltheorie und des Mosaik-Zyklus-Konzepts möglichst vollständige Biozönosen auch mit seltenen Arten in Populationen mit höherer Überlebenswahrscheinlichkeit erhalten und auch dynamischen, in Zyklen ablaufenden Veränderungen der Ökosysteme den nötigen Platz bieten. Ein Ziel liegt darin, in vom Menschen weitgehend unbeeinflußten Großschutzgebieten permanent alle Sukzessionsstadien der zyklischen Entwicklung repräsentiert zu wissen.
- Die Orientierung an Zielarten erleichtert dem Biotopschutz die Formulierung von Mindestanforderungen an die Flächenbereitstellung. Durch Erarbeiten von zielartspezifischer Daten zur kleinsten überlebensfähigen Population (MVP-Konzept) und zu deren Flächen- und Habitatansprüchen erscheinen entsprechende Forderungen des Naturschutzes begründeter, ihr Vollzug läßt sich an der Populationsentwicklung der Zielart(en) beobachten und kontrollieren. Allerdings ist die Nennung einer überlebensfähigen Population eine politische Konvention und keine naturwissenschaftlich begründete Forderung – im Interesse des Arterhalts sollte die Populationsgröße möglichst weitaus stärker sein.
- Bei Arten mit nur fleckiger, nicht flächenhafter Verbreitung muß der Blick künftig verstärkt über die einzelne Lokalpopulation hinaus auf die Ebene von Metapopulationen gerichtet werden, um einen möglichst engräumigen Verbund mehrerer Lokalpopulationen bzw. ihrer Lebensstätten zu realisieren, d. h. den Individuenaustausch untereinander zu ermöglichen. Der Aufbau von Korridorbiotopen kann dazu ebenso hilfreich sein wie vermutlich eine flächendeckende Extensivierung der menschlichen Landnutzung.

2.9 Zusammenfassung

Die Verinselung der Landschaft beruht auf dem Verlust und der Zersplitterung von flächig und linear entwickelten Biotopen. Damit wurden die Vorkommen der meisten Tier- und Pflanzenarten auf mehr oder weniger kleine, durch eine lebensfeindliche Umgebung teilweise voneinander isolierte Restflächen reduziert. Anthropogen bedingte Isolationseffekte in Form von für viele Arten nicht oder kaum überwindbaren Barrieren ergeben sich vor allen aus land- und forstwirtschaftlicher Nutzung, Bebauung durch Gebäude und dazugehörige Infrastruktur und dem immer dichteren Verkehrsnetz.

Im statistischen Mittel durchziehen heute 2,0 km Straßen, 0,1 km Schienenwege und 1,0 km asphaltierte Wirtschaftswege jeden Quadratkilometer des Westteils der Bundesrepublik. Neben dem direkten Straßentod bewirken diese eine Trennung von Populationen, wie für Mäuse, Laufkäfer, Spinnen und am extremsten für Landschnecken nachgewiesen wurde.

Mit Vorbehalt läßt sich die Situation durch intensive Landnutzung isolierter Habitatinseln mit der von Meeresinseln vergleichen. Daher übertragen viele Autoren die biogeographische Inseltheorie auf Biotope in terrestrischer Umgebung. Kennzeichen von Habitatinseln sind im allgemeinen wachsende Artenzahlen mit steigender Flächengröße (gilt nicht für kleine Habitatinseln), gestörte Randzonen mit verschobenem Artenspektrum, gestörte Dominanzstrukturen und die Chance genetischer Differenzierung. Für die Anwendung im Naturschutz wird die Inseltheorie zunehmend kritisch gesehen. Sie erscheint praktikabel vor allem bei großflächigen Schutzgebieten und in geographischem, das Verbreitungsgebiet einer Art abdeckendem Maßstab.

An ausgewählten Zielarten mit ihren notwendigen Populationsgrößen und für deren Erhalt erforderlichen Flächengrößen orientiert sich das MVP-Konzept der kleinsten überlebensfähigen Population (MVP = Minimum Viable Population). Es ist vor allem in lokalem Maßstab anwendbar. Erfahrungen in der Praxis fehlen jedoch noch weitgehend, und vielfach mangelt es auch an den nötigen ökologischen Kenntnisen der betrachteten Arten. Das gilt ähnlich für das Konzept der Metapopulation, welches ein Netz miteinander in Verbindung stehender Lokalpopulationen betrachtet.

Das Mosaik-Zyklus-Konzept berücksichtigt die in der bisherigen Naturschutzpraxis vernachlässigte zeitliche Dynamik von Ökosystemen und Biotopen: Ein Urwald (und ähnlich vermutlich viele andere Lebensräume) erneuert sich zyklisch, aber phasenverschoben auf kleinen, mutmaßlich hektargroßen Mosaiksteinen. Nötig sind daher dynmamische Schutzkonzepte für Großflächen: Schutzgebiete müssen so groß sein, daß permanent alle Stadien der Sukzession ohne menschliches Eingreifen vorhanden sind.

Im Unterschied dazu erklärt das Mosaikkonzept den hohen Artenreichtum in einer reich gegliederten Kulturlandschaft. Habitatvielfalt und Habitatheterogenität mit zahlreichen Grenzlinien bieten vor allem Ubiquisten Lebensraum, die in der Regel nicht allein die Ressourcen einer kleinen Habitatinsel, sondern auch jene angrenzender Lebensräume nutzen.

In den Tendenz scheinen stenöke Arten eher durch Großflächenschutz zu erhalten sein, euryöke, weiter verbreitete Arten (die z. B. in Agrarökosystemen bedeutsamer sein werden) dagegen besser in einer kleinräumig gegliederten Kulturlandschaft.

3 Einführung in das Biotopverbund-Konzept

3.1 Begriffserklärung: Biotopverbund oder Biotopvernetzung?

Im Biotopschutz finden zwei Begriffe zumeist synonym Verwendung: Verbund und Vernetzung. In ihrer exakten Bedeutung müssen sie jedoch sehr klar getrennt werden:

- **Verbund** meint einen räumlichen Kontakt zwischen Lebensräumen, der jedoch nicht unbedingt durch ein unmittelbares Nebeneinander gewährleistet sein muß; die zwischen gleichartigen Lebensräumen liegende Fläche muß für Organismen (in der Regel eine oder mehrere untersuchte Artengruppen) überwindbar sein, so daß ein Austausch von Individuen möglich ist.
- **Vernetzung** betrifft funktionale Beziehungssysteme zwischen pflanzlichen und/oder tierischen Organismen, wie sie seit Jahrmillionen in der Natur bestehen. Abgesehen von der insofern unsauberen Benutzung des Wortes Biotopvernetzung beinhaltet es bereits eine fatale Verengung des Konzeptes: Ziel ist eben nicht allein ein »Netz« von naturnahen Lebensräumen, sondern auch eine flächendeckende Extensivierung menschlicher Nutzung. Im Gegensatz zum amtlichen Sprachgebrauch der Landesbehörden in Baden-Württemberg und Rheinland-Pfalz, in dem von Vernetzung bzw. vernetzten Biotopsystemen die Rede ist, sollte daher einheitlich von Biotopverbund gesprochen werden, der die funktionale Vernetzung einschließt, aber einen umfassenderen Anspruch beinhaltet.

Als Beispiel für natürliche Verbundsysteme nennt HEYDEMANN (1987a) die Meeresküsten, an denen für menschliches Verständnis eine sehr harte Grenze zwischen ganz verschiedenen Ökosystemen besteht. Eine spezialisierte Fauna bildet jedoch eine ausgeprägte vertikale Zonierung, »gewissermaßen eine vertikale Weichheit des Übergangs«: Bestimmte Landorganismen dringen bis in das Wasser, Meeresorganismen bis in den terrestrischen Bereich vor. Im Wattenmeer setzen sich beispielsweise auf den kilometerweiten, von Landorganismen überwanderten Salzwiesen »etagenökologisch unterschiedlich orientierte Lebensgemeinschaften übereinander und stehen, senkrecht betrachtet, direkt über Zentimeter in Verbindung« (HEYDEMANN 1987a).

Derartige »weiche« Übergänge in Form funktionaler Vernetzungen und räumlichen Verbunds finden sich unterschiedlich stark entwickelt überall dort, wo verschiedenartige Biotoptypen aneinanderstoßen, soweit sie nicht durch anthropogenes Eingreifen mehr oder weniger zerstört wurden. Diese Ökotone wiederherzustellen, gilt als ein Ziel des Verbunds (s. Abschnitt 3.6).

3.2 Das Konzept

Die in den vorangegangenen Abschnitten dargelegte Verinselung der Landschaft und ihre Folgen machen schnelles Handeln notwendig, sollen das Artensterben gestoppt und artenreiche Lebensgemeinschaften erhalten werden. Zwei Kernaussagen lassen sich aufstellen (vgl. MADER 1985b):

- Aus ökologischer und Naturschutz-Sicht besteht die heutige Kulturlandschaft aus unterschiedlich klar abgrenzbaren und isolierten Insellebensräumen.

- Die in Insellage mehr oder weniger gefangenen Biozönosen werden langfristig kaum überleben können, starke Verschiebungen des Artenspektrums und ein Aussterben vieler Spezies läßt sich schon heute verfolgen. Die ökologische Problematik der Isolation stellt die Stabilität des Naturhaushaltes in Frage.

Die scharfe räumliche Trennung zwischen Nutzökosystemen und den verbliebenen Habitatinseln bzw. allgemeiner den weniger intensiv genutzten Landschaftsteilen muß drastisch gemildert, die zu große Distanz zwischen den Lebensräumen verringert werden. Nur ein kurzfristig aufgestelltes und umgehend realisiertes Gegenkonzept, wie es konsequente Biotopverbundsysteme darstellen, kann den Naturschutz aus den »roten Zahlen« retten.

Biotopverbund muß, soll er nicht nur als Deckmäntelchen und Alibi dienen, dessen Wirkung unbedeutend bleibt, in einem umfassenden Sinn verstanden werden, wie ihn etwa MADER (1988) definiert: als kombinierte Maßnahme von Großflächenschutz (Schutzgebietssysteme), von Vernetzung dieser Flächen über kleinere Trittstein- und linienhafte Korridorbiotope sowie von einer die gesamte Landschaft betreffenden Nutzungsextensivierung.

Damit steht das Konzept des Biotopverbunds auf vier Beinen:

1. Großflächige Lebensräume dienen Pflanzen und Tieren als genetisch stabile Dauerlebensräume. Ihre Flächengröße muß sich, so fordern Naturschützer schon seit mindestens 100 Jahren, an dem Arealanspruch der Spitzenarten orientieren, die meist als Endverbraucher auf dem Gipfel von Nahrungspyramiden bzw. -ketten stehen und in der Regel die großflächigsten Forderungen stellen. Vielfach handelt es sich dabei um Greifvogelarten. Aber auch schon das Gros der mitteleuropäischen Vogelarten benötigt 80 ha Fläche als absoluten Minimallebensraum (REICHHOLF 1987b). Schutzgebiete unter 100 ha (1 km^2) Größe bezeichnet FORSTER (1980) als Botanische Gärten oder Zoos. Ein Schutzgebietssystem als Bestandteil des Biotopverbunds muß Abschied von der heute gängigen Praxis der Ausweisung von Naturschutzgebieten nehmen, die zu 83% (!) kleiner als 100 ha, zu 30% sogar kleiner als 10 ha sind (vgl. Seite 181).

2. Trittsteine zwischen den Inseln der großflächigen Schutzgebiete benötigen nicht die Flächengröße, um vollständigen Populationen das dauerhafte Überleben zu sichern. Sie sollen jedoch eine zeitweise Besiedlung und auch die Reproduktion erlauben, um einen Ausgangspunkt und eine Zwischenstation für den Individuenaustausch der großen Inseln bilden zu können.

3. Korridore als Wanderwege verbinden großflächige Schutzgebiete und Trittsteine über ein möglichst engmaschiges Netz miteinander. Für sie gelten ähnliche Anforderungen wie für die Trittsteine, im Gegensatz dazu stellen sie jedoch nicht punktförmige, sondern bandförmige Lebensräume dar.

4. Nutzungsextensivierung bildet das vierte, mindestens ebenso wichtige Standbein des Biotopverbunds. Die starke Isolationswirkung der intensiv mit Pestiziden und Düngern behandelten Agrarflächen muß durch Umstellen auf schonendere Wirtschaftspraktiken weitestmöglich gemindert werden – zugleich auch, um die Störungsintensität in den Randzonen der Schutzflächen herabzusetzen. Die Schlaggröße ist deutlich zu reduzieren. Nutzungsextensivierung bedeutet zugleich auch einen geringeren Druck auf die Landschaft durch den Bau von Verkehrslinien, Freizeitaktivitäten, Bodenversiegelung etc. und muß sich ebenso auf die Forstökosysteme beziehen.

In der Praxis gehen die Bezeichnungen von Dauerlebensräumen, Trittsteinen

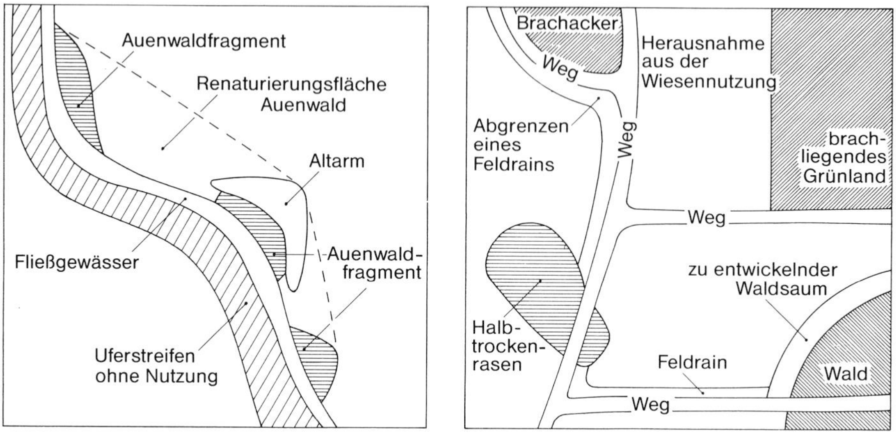

Abb. 42: Beispiele für Biotopverbund durch flächige und lineare Biotope. Links: Entlang eines Fließgewässers wird einerseits ein 10 m breiter Uferstreifen aus der bisherigen landwirtschaftlichen Nutzung herausgenommen und bleibt künftig der natürlichen Sukzession überlassen. Andererseits werden die verbliebenen Auenwaldfragmente unter Einbeziehung eines Altarms durch die Renaturierung des Auenwaldes verbunden. Rechts: Ein Halbtrockenrasen, ein Brachacker und eine brachliegende Wiese werden miteinander verbunden über die Abgrenzung von Feldrainen, welche sich selbst überlassen bleiben, sowie durch die Nutzungsaufgabe einer Wiesenfläche, um die beiden Brachflächen zu einem zusammenhängenden Sukzessionsgebiet zusammenzufassen.

und Korridoren natürlich ineinander über. Bei überregionaler Betrachtung sollte ein 10 ha großes Naturschutzgebiet seiner tatsächlichen Bedeutung entsprechend auch nur als Trittstein bezeichnet werden, da es für viele größere Tierarten keine dauerhaften Überlebensmöglichkeiten bietet. Dies mindert seine Bedeutung innerhalb eines Schutzgebietssystems nicht, doch es verdeutlicht, daß dieses NSG nicht denselben Stellenwert besitzt wie etwa ein 500 ha großes Auen- oder Waldschutzgebiet in der Nachbarschaft. Umgekehrt werden Hecken im allgemeinen als Korridore bezeichnet, die als linienhafte Landschaftselemente Trittsteine und Großflächen miteinander verbinden sollen – obwohl zahlreiche Tierarten in Hecken auch Dauerlebensräume finden, in denen sich ihre Populationen langfristig erhalten.

Der Aufbau eines Biotopverbundsystems mit großen Schutzgebieten, Trittsteinen und verbindenden Korridoren kann sich nicht auf die verbliebenen 2 bis 3% naturnaher Flächen in der Kulturlandschaft beschränken. Nötig ist eine umfassende Renaturierung von Gebieten, die bisher anderweitig genutzt werden, und zwar mit den folgenden Zielen vor Augen:

- Die verbliebenen Habitatinseln sind mit ihrer Gesamtfläche so zu vergrößern, daß sie tatsächlich Populationen langfristige und damit echte Überlebenschancen garantieren können.
- Trittsteine sollen neu etabliert bzw. kleinste Inseln entsprechend erweitert werden.
- Linienförmige Korridore als Ausbreitungslinien und vorübergehende Lebensräume sind zu entwickeln.

Programme zum Schutz von Ackerrandstreifen und zur Herausnahme von Uferstreifen entlang der Fließgewässer aus der wirtschaftlichen Nutzung bilden erste zaghafte Ansätze in dieser Richtung. Der Naturschutz muß hingegen, um zu tatsächlichen Erfolgen zu gelangen, seine Ansprüche vor allem auf die Bereitstellung größerer Flächen immer wieder artikulieren (vgl. Seite 109 ff.).

Nie jedoch wird, auch bei noch so extensiver Flächennutzung, ein perfekter Verbund von naturnahen Lebensräumen möglich sein: Alle Maßnahmen im Rahmen der Renaturierung mit dem Ziel des Wiederverbunds und der Wiedervernetzung auf durchschnittlich 10 bis 20% der Fläche bedeuten nur eine Linderung der Lebensraumzerstörung (HEYDEMANN 1986b). Alle Bestrebungen können nur einen Versuch darstellen, die angerichteten Wunden weitestmöglich zu schließen und die bleibenden Narben klein zu halten.

Abb. 42 bis 44 geben schematische Beispiele für Verbundsysteme weitge-

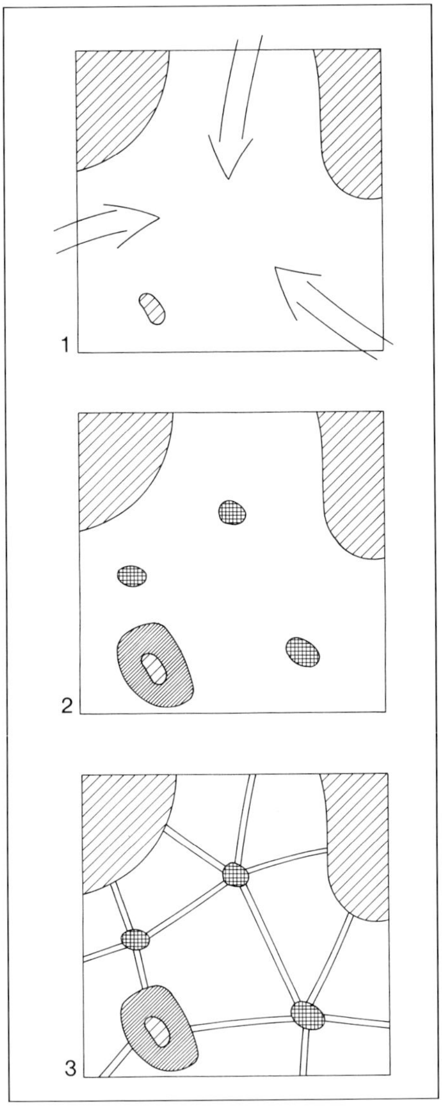

Abb. 43: Aufbau eines lokalen Biotopverbundsystems, schematische Darstellung.
1. Ausgangszustand: Zerteilung eines ehemals geschlossenen Siedlungsgebietes einer Art durch trennende Nutzungen in drei voneinander isolierte Teilbestände. Die verbliebenen Siedlungsgebiete sind weit schraffiert.
2. Anlage von Trittsteinbiotopen (gerastert) zwischen den Inseln und Vergrößern des kleinsten Insellebensraumes durch Renaturierung angrenzender Flächen (eng schraffiert).
3. Lokaler Verbund durch Entwickeln von korridorartigen linearen Verbindungen sowie durch eine massive Nutzungsextensivierung auf den verbleibenden Flächen.

hend auf lokaler Ebene. Bezüglich einer einleuchtenden Verbundplanung in einer Gemeinde sei exemplarisch auf BRAUN et al. (1993) verwiesen.

3.3 Überlegungen zur Planung und Realisierung

Biotopverbund läßt sich sowohl von oben als auch von unten beginnend wiederherstellen. Mit anderen Worten: Die Landesregierungen, der Bund und internationale Organisationen wie die Europäische Gemeinschaft sollten sich bemühen, ein überregionales Schutzgebietssystem mit großflächigen Arealen aufzubauen, während die Landkreise und Gemeinden, ja auch einzelne Grundeigentümer, in dem ihnen möglichen Rahmen zunächst unabhängig ein angemessen enges Netz von Trittsteinen und linienhaften Verbundelementen installieren. Natürlich ist es vorteilhaft, wenn alle Bemühungen möglichst frühzeitig in ein gemeinsames Konzept münden. Schließlich liegt es vor allem an den Landesregierungen, durch finanzielle Hilfen lokale Bemühungen der Renaturierung zu unterstützen bzw. überhaupt erst zu ermöglichen.

Allgemeine Leitlinien

Verbundsysteme müssen je nach lokaler Ausstattung des betreffenden Raums mit naturnahen Strukturen und Elementen sehr unterschiedlich ausfallen. Dennoch lassen sich einige Leitlinien aufstellen, die bei jeder Planung zu berücksichtigen sind:

1. Der Aufbau von Biotopverbundsystemen erscheint umso notwendiger, je intensiver eine Landschaft von Menschen genutzt wird. Nicht die noch kleinbäuerlich strukturierten Gebiete mit mehr oder weniger kargen, dem Grenzertrag nahen Böden in den Mittelgebirgen, sondern vorrangig die **intensiv bewirtschafteten Agrarökosysteme** beispielsweise in den Bördelandschaften und Lößgebieten müssen von einem Biotopnetz durchzogen werden. Je intensiver die Nutzung, desto engmaschiger und großflächiger muß der Biotopverbund werden – eine ökologisch unbestrittene Tatsache, deren Realisierung große Schwierigkeiten in Politik und Öffentlichkeit mit sich bringen wird.

2. Der Planung muß eine umfassende **Biotopkartierung** vorausgehen, in der sämtliche vorhandenen Strukturelemen-

Abb. 44: Fiktives Grundschema naturraumdifferenzierter Biotopverbundsysteme unterschiedlicher Typen (aus RINGLER 1990).

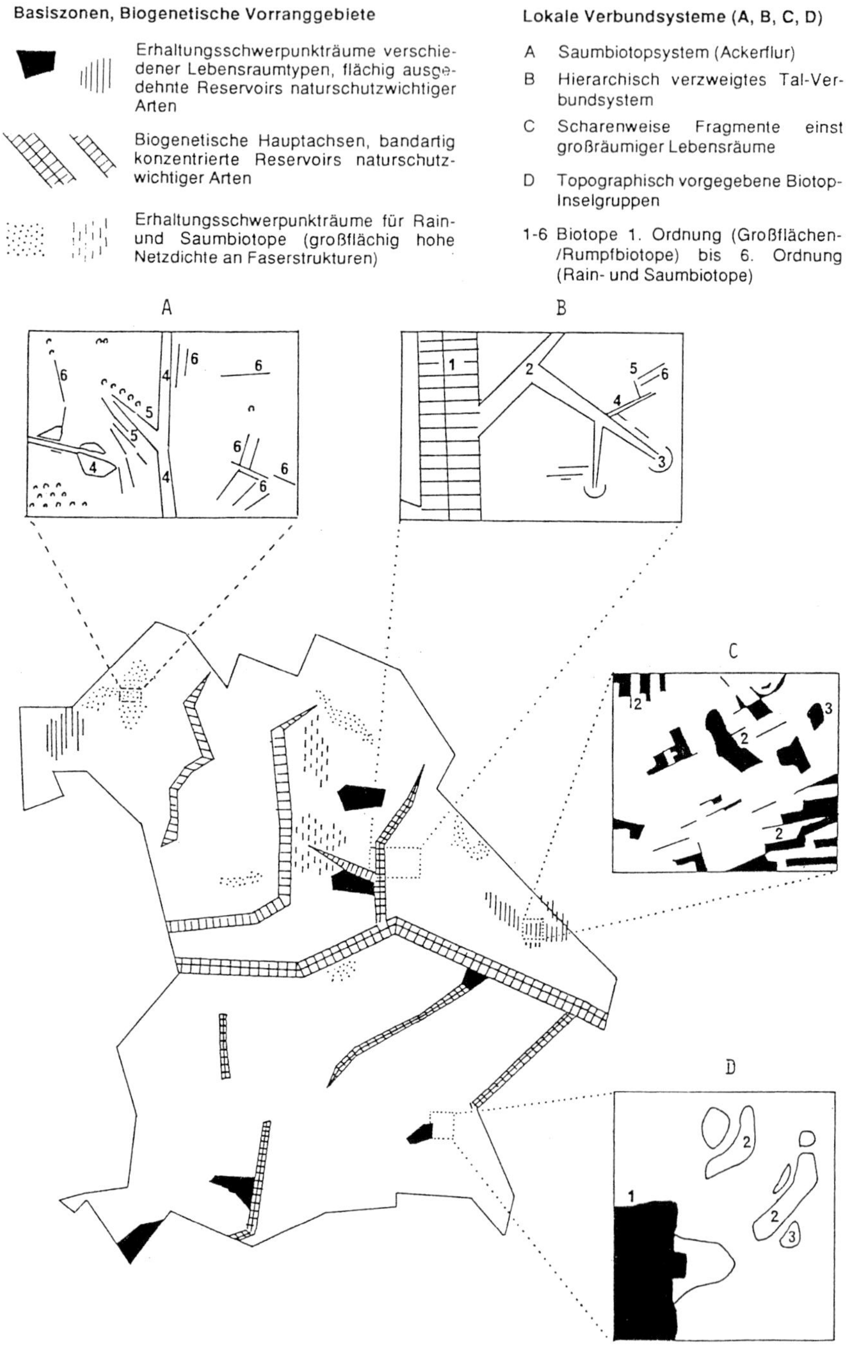

Abb. 3: Fiktives Grundschema naturraumdifferenzierter Biotopververbundsysteme in Bayern.

Abb. 45: Die Wasseramsel (*Cinclus cinclus*) – hier ein übernachtendes Tier auf einem Eisenträger unter einer Brücke – steht als Symbol für die Vielschichtigkeit der Aktionsfelder eines wirkungsvollen Biotopverbunds: Vordergründig ist ihr bereits durch die Renaturierung von Fließgewässern geholfen. Mindestens als ebenso wichtig gelten jedoch flankierende Maßnahmen wie die Verbesserung der Wasserqualität durch eine optimalere Abwasser-Reinigung, umweltpolitisches Handeln auf überregionaler Ebene und die Abgrenzung ungenutzter Uferrandstreifen. Hinzu kommt als reine Artenschutz-Maßnahme die Schaffung eines ausreichenden Angebots an Niststätten, die die Wasseramsel unter modernen Betonbrücken nicht mehr findet.

te des untersuchten Raumes erfaßt werden. Die anzustrebende Genauigkeit richtet sich nach der Art des Vorhabens: Ein großflächiges Schutzgebietssystem, welches den lokalen Verbund zunächst außen vor läßt, beansprucht eine weniger feine Kartierung als ein örtliches Verbundkonzept, welches vorrangig auf einem engmaschigen Netz von Trittsteinen und Korridoren beruhen soll. Im letzten Fall sind auch kleinste und scheinbar geringwertige Strukturen wie etwa Trockenmauern, Lesesteinhaufen und Steilwände zu erfassen.

3. Das Verbundkonzept knüpft an den **vorhandenen Biotopstrukturen** an, um diese miteinander zu **verbinden**. Dabei finden geeignete Raumgliederungen – wie sie in der Landschaft sichtbar sind – Verwendung, indem vorhandene geomorphologische Strukturen, Wegränder, Bachufer oder auch nur Grundstücksgrenzen für zu entwickelnde Verbindungen vorrangig herangezogen werden.

4. Ausgangspunkt eines Verbundsystems können neben der reinen Biotopkartierung auch **gefährdete Restpopulationen** von Tier- und Pflanzenarten sein, die auf kleine Bestände zurückgedrängt wurden und ganz zu verschwinden drohen. Ein Beispiel dafür liefert die Kartierung einer Schmetterlingsart, die durch neue Eingriffe akut bedroht ist (s. Seite 94 f.). Ein Problem stellt hier allerdings der oft mangelhafte Kenntnisstand bezüglich des Artenspektrums und der örtlichen Vorkommen dar. Während am ehesten Informationen über Vögel und Amphibien vorliegen, bieten vor allem die Insekten mit ihren vielfach starken Spezialisationen differenzierte Hinweise.

5. Ausschließlich sollten **Biotoptypen gleicher oder ähnlicher Art** miteinander vernetzt werden, beispielsweise Hecken untereinander mit Feldholzinseln und Waldrändern, Saumbiotope der Weg- und Straßenränder mit brachgefallenen trockenen Wiesen, feuchte Gräben mit stehenden Kleingewässern usw.

6. **Argumente** wie Seltenheit und Gefährdung von einzelnen Arten können zwar bei der rechtlichen Sicherung von Flächen gegen Beeinträchtigungen hilfreich sein, als Begründung für Verbundsysteme sind sie jedoch nicht erforderlich. Geschützt werden sollen vorrangig nicht wenige Raritäten, sondern möglichst artenreiche und vollständige Tier- und Pflanzengemeinschaften.

7. **Straßen** als Barrieren, die Wander- und Austauschbewegungen von Arten hindern, können in ihrer isolierenden Wirkung nur mäßig gemindert werden.

Abb. 46: Wanderungshindernisse für Tiere sind im Rahmen des Biotopverbunds so gut wie möglich zu entschärfen. Dazu zählt der Einbau von Amphibientunneln in Verbindung mit dauerhaften Leitzäunen an besonders prekären Kreuzungspunkten von Amphibienwanderwegen mit Verkehrsstraßen.

Der Straßenrand sollte im Anschluß an die durchschnittlich 1 m breite, häufiger gemähte Bankette von einem in 1- bis 4jährigen Turnus möglichst mosaikartig gepflegten Grünstreifen und anschließend zumindest teilweise von einem Gehölzgürtel gesäumt sein, welcher Vögel, Fledermäuse und Insekten zu einem höheren Überfliegen des Straßenraumes bewegen und somit die Unfallhäufigkeit reduzieren soll.

Bestehende Kreuzungspunkte mit Wanderwegen von Amphibienpopulationen sind durch Untertunnelungen in Verbindung mit stationären Leitzaun-Einrichtungen zu entschärfen. In Südostfrankreich und der Schweiz wurden innerhalb durchschnittener Waldgebiete auch Brücken- und Unterführungsbauwerke für Säugetiere mit Erfolg getestet (Schaal, nach Mader 1985). Bei Neubauten sind Verkehrswege weitestmöglich zu bündeln; ansonsten kann eine bewußte Trassenwahl ihre zerschneidende Wirkung in relativen Grenzen halten (s. Seite 217 ff.).

8. **Wanderungshindernisse in Fließgewässern** müssen generell abgebaut, neue dürften nicht mehr genehmigt werden. Alle Verrohrungen und Verschalungen, Sohlschwellen, Staustufen und Wehre unterbinden die meist überlebensnotwendigen Wanderaktivitäten von Fischen, Wasserinsekten und anderen Kleintieren innerhalb von Fließwassersystemen. Ein umfassender Rückbau aller in der Vergangenheit begradigten und ausgebauten Fließgewässer muß wenigstens näherungsweise den früheren Zustand rekonstruieren. Fischteichanlagen, die einen Bachlauf in seiner Gesamtheit aufstauen, sind dergestalt zu renaturieren, daß das Fließgewässer seinen ursprünglichen Charakter eines durchgängigen Laufes wieder zurückerhält.

9. **Fachlich fundierte Planungen** müssen die Basis eines jeden Verbundkonzeptes bilden. In der Praxis lassen jedoch viele Verbundprojekte zu wünschen übrig, z.B. weil sie auf jegliche Artkartierungen als Bewertungsgrundlage verzichten. In Baden-Württemberg etwa sieht die Richtlinie des Landes die Kartierung wenigstens ausgewählter Artengruppen nicht zwingend vor. Mindestinhalte an lokale Verbundplanungen sind in Kapitel 4.4 beschrieben.

Die im allgemeinen von der grundlegenden Bestandsaufnahme des Ist-Zustandes über dessen Bewertung zur Verbund-Konzeption notwendigen Arbeitsschritte, an die sich wiederum Maßnahmen zur Flächensicherung und Pflegekonzeption anschließen müssen, sind in Tab. 8 zusammengefaßt (vgl. ausführlicher Kapitel 4.4).

Tab. 8. Arbeitsschritte und Inhalte einer Biotopverbund-Planung

	Arbeitsschritt	Inhaltsschwerpunkte
Planung	Kartierung	– Nutzung – Straßen- und Wegenetz – Landschaftsstrukturen, Lebensräume – vorhandene Schutzgebiete – Flora/Pflanzengesellschaften, Fauna
Planung	Bewertung	– Rote Liste-Arten/-Gesellschaften – schutzwürdige Landschaftselemente – Defizite und Entwicklungziele
Planung	Verbundkonzept	– Großflächenschutz – Trittsteine – Korridorbiotope – Nutzungsextensivierung – notwendige Renaturierungsmaßnahmen – Umfang künftiger Pflegemaßnahmen – Kostenplan
Realisierung	Flächensicherung	– Klärung der Eigentumsverhältnisse – Flächentausch und -kauf – Beantragung und Ausweisung von Schutzgebieten – Finanzierung
Realisierung	Pflegekonzept	– vertiefende Untersuchung zu Arteninventar und Pflegebedarf – einmalige gestaltende Maßnahmen – periodisch wiederkehrende Maßnahmen – Bewirtschaftungs-Vereinbarungen – personeller und finanzieller Bedarf

3.4 Biotopverbund für Pflanzen und ausgewählte Tiergruppen

3.4.1 Vorbemerkungen

Verbundprojekte vor dem Hintergrund des Schutzes ausgewählter Pflanzen- oder Tierarten (-gruppen) entsprechen dem Anliegen der Zielarten-Idee des MVP-Konzepts (Kapitel 2.4): Ausgewählte Restpopulationen einzelner Arten werden durch Maßnahmen des Biotopschutzes respektive Biotopverbundes in mindestens dem Maße gefördert, daß die Individuenzahl der kleinsten überlebensfähigen Population überschritten wird. Und dabei sollte der Blick über die Lokalpopulation hinaus ausgedehnt werden auf Größenordnungen einer Metapopulation (s. dazu Kapitel 2.5). Gleichwohl müssen sich diese Forschungstheorien noch als Ansätze für die Naturschutzpraxis bewähren (Kaule 1991).

Bislang dominieren (meist lokale) Verbundprojekte, die allein an verschiedenen Biotoptypen – allen voran Hecken und Feldgehölzen – orientiert sind, nicht jedoch an Artvorkommen bzw. den Habitatansprüchen bestimmter Arten. Dieses Manko gilt es in Zukunft abzubauen, um die fachliche Basis der Projekte abzusichern und nicht im luftleeren Raum eine mehr oder minder austauschbare Wunschnatur zu planen.

In den folgenden Abschnitten sollen einige Anregungen und Überlegungen zusammengefaßt werden, wie art- und artengruppenbezogene Aspekte in Planungen einbezogen werden können. Zentrale Gesichtspunkte bilden dabei das Verbreitungsverhalten und -vermögen sowie bei vielen Tieren jahresperiodisch und/oder entwicklungsbedingt verschiedenartige Habitatansprüche (Teilsiedler-Problematik). Da die Kenntnisse zu diesen Fragenkomplexen vielfach noch sehr gering sind, werden jeweils nur ausgewählte Beispiele ohne jeden Anspruch auf umfassende Darstellung des Kenntnisstandes genannt.

3.4.2 Pflanzen

Bestäubungs- und Verbreitungsbiologie der einzelnen Arten sind die Schlüsselfaktoren, die über ein Funktionieren von Biotopverbund-Maßnahmen für Pflanzen entscheiden. Die ökologischen Bedingungen für die Pollenübertragung und damit den Genfluß in einer Biozönose beschreiben VOGEL & WESTERKAMP (1991): Windbestäubung **(Anemophilie)** spielt nur in artenarmen Pflanzengesellschaften eine Rolle. Wesentlich bedeutsamer ist die Übertragung der Pollen durch Tiere **(Zoophilie)**, wobei teils recht enge Beziehungen mit anatomischen Anpassungen zwischen Blütengestalt und Mundwerkzeugen der bestäubenden Insekten (lange Rüssel) bestehen. Daneben kommen Selbstbestäubung **(Autogamie)** und Bestäubung über das Medium Wasser **(Hydrogamie)** vor.

In Pioniergesellschaften dominieren Pflanzenarten mit Blüten, die durch verschiedene allotrope Tiere (Generalisten) bestäubt werden, d.h. Tiere, die nicht auf die Aufnahme von Nektar oder Pollen spezialisiert sind, sondern auch andere Nahrung zu sich nehmen, vor allem blütenbesuchende Käfer, Wanzen, Netzflügler, Geradflügler, bestimmte Hymenopteren und manche Fliegen (SCHAEFER 1992). In reifen Lebensgemeinschaften sind hingegen enge Tier-Pflanze-Beziehungen häufig, indem bestimmte Blüten von spezialisierten Bestäubern befruchtet werden. Kennzeichend sind hier, so VOGEL & WESTERKAMP (1991), u.a. ein breites Spektrum von Blütenbiotypen und entsprechenden Bestäuber-Gilden, ein hoher Anteil von Blüten, die durch eutrope Tieren bestäubt werden, d.h. von Spezialisten unter gegenseitigen anatomischen Anpassungen von Blüte und Bestäuber, sowie eine räumliche und zeitliche Aufgliederung des Blütenangebots.

Somit hängt die Pollenverbreitung und damit der eine Aspekt des genetischen Austausches stark von den Tieren und ihren Verhaltensweisen ab, die als Bestäuber fungieren – von deren Bestandsdichte, der Effektivität ihres Bestäubungsapparates, der Nektarmenge, Flugweiten, Flugrichtung und indirekt auch der Geländestruktur. Meist beträgt die mittlere Reichweite dabei nach VOGEL & WESTERKAMP (1991) nur wenige Meter.

Die Verbreitungseinheiten **(Diasporen)** der Pflanzen bedienen sich ähnlich den Pollen verschiedener Transportmedien, doch auch Verbreitung aus eigener Kraft durch explosive Entladung von Spannungen (Beispiel Springkräuter, (*Impatiens* spec.) kommt vor. Wichtige Verbreitungswege für Diasporen sind folgende (vgl. u. a. COX & MOORE 1987, SCHAEFER 1992):

- **Anemochorie**, die Verbreitung durch Wind, zeigen z.B. die winzigen, 0,01 bis 0,1 mm messenden Sporen von Farnen; die ebenfalls sehr kleinen Orchideensamen, die von leichten, leeren Zellen umgeben sind und über 200 km zurücklegen können; Gänseblümchen *(Bellis perennis)* als Windstreuer, das seine Samen aus steif-federnden Achsen schüttelt; Korbblütler *(Compositae)* als Haarflieger mit Pappushaaren bzw. einem an einen Fallschirm erinnernden Haarschopf; Birken (*Betula* spec.) als Flügelflieger mit geflügelten Samen.
- **Epizoochorie**, das Verschleppen durch äußerliches Anheften an Tiere, nutzen Pflanzen, indem sie Haken oder klebrige Sekrete bilden, mit denen sie an Tieren haften bleiben; z. B. Kletten (*Arctium* spec.) durch dornige Fruchtstände, Labkräuter (*Galium* spec., be-

sonders *Galium aparine*) durch stachelige Früchte, Mistel *(Viscum album)* durch eine klebrige Konsistenz des Beereninneren, so daß beerenverzehrende Vögel die Samen an Ästen, dem Wuchsort der Mistel, von ihrem Schnabel abstreifen; viele Arten der Wasser- und Ufervegetation, die im Gefieder von Wasservögeln teils über hunderte von Kilometern verschleppt werden und daher oft eurasisch oder weltweit verbreitet sind (ZEMP 1992).

- **Endozoochorie** erfolgt über den Magen-Darm-Trakt eines Tieres, welches zwischen der Diasporenaufnahme und dem Ausscheiden unter Umständen größere Wegstrecken zurücklegt; die Samen von Winden (*Convolvulus* spec.), Malven (*Malva* spec.) und Pfaffenhütchen *(Euonymus europaeus)* sollen noch nach zweiwöchigem Aufenthalt im Vogeldarm auskeimen. ZEMP (1989) vermutet als Ursache für die Ansiedlung der Preiselbeere *(Vaccinium vitis-idaea)* in 12 km Entfernung vom nächsten Vorkommen Verschleppung durch Wildschweine *(Sus scrofa)*, die gern Preiselbeeren fressen und in einer Nacht Distanzen von 15 bis 20 km überwinden könnten, wobei sich die Darmpassage nicht innerhalb von einer halben Stunde wie bei vielen Vögeln vollziehe.
- **Myrmekochorie** heißt Verschleppen durch Ameisen, eine Strategie, die z. B. Veilchen (*Viola* spec.) durch eiweißreiche Anhängsel an ihren Samen verfolgen, welche den Ameisen als Nahrung dienen und so die Verschleppung fördern.
- **Hydrochorie** beruht auf dem Diasporentransport durch Wasser(strömung) in Form von schwimmfähigen Samen, z. B. bei der Gelben Schwertlilie *(Iris pseudachorus)*.
- **Anthropochorie** bedeutet Verschleppung durch den Menschen, **Hemerochorie** kulturbedingte Verschleppung; z. B. finden sich auf Industriebrachen, in Häfen, entlang von Eisenbahnlinien und in Güterbahnhöfen viele Neubürger (Neophyten), die durch den Warentransport und durch Fahrtwind eingeschleppt bzw. weiter verbreitet werden, etwa Klebriger Gänsefuß *(Chenopodium botrys)*, Kalisalzkraut (*Salsola kali* ssp. *ruthenica*), Drüsiges Weidenröschen *(Epilobium ciliatum)*, Unterbrochener Windhalm *(Apera interrupta)* und Schmalblättiges Greiskraut *(Senecio inaequidens)*. Infolge Versalzung der Straßenränder durch Auftausalze breitet sich der Salzschwaden *(Puccinellia distans)* hunderte von Kilometern ins Binnenland aus.

ZEMP (1992) gruppiert die Bedingungen zum Erhalt lebensfähiger Populationen grob nach verschiedenen Pflanzenhabitaten:

- Ruderalvegetation: Die hier vertretenen Arten produzieren meist eine große Anzahl Samen, die durch Wind, Tiere und Menschen verbreitet werden. Somit sind auch größere Distanzen leichter zu überwinden und neue Flächen relativ rasch besiedelbar – ihre Verbreitung und Erhaltung erscheint gesichert, solange solche offenen, neu zu besiedelnden Standorte als Ersatz für verschwindende Populationen vorhanden sind.
- Magere Wiesen und Weiden: Unter den typischen Pflanzenarten sind Windverbreitung (Schirmflieger und Windstreuer) sowie von Tieren gesammelte, aber teilweise verlorene Samen häufig. Ob dies z. B. zur Neubesiedlung von verinselten, nur noch extensiv gepflegten Grünanlagen ohne lineare Verbindungsstrukturen innerhalb von Städten ausreicht, oder ob hier bei Extensivierung neu auftretende Arten allein aus dem noch vorhandenen Diasporenreservoir im Boden keimen, ist unklar.
- Waldboden-Vegetation: Auf Ameisenverbreitung angewiesen sind z.B. die Frühlingsgeophyten basenreicher Standorte wie Bärlauch *(Allium ursinum)*, Hohler Lerchensporn *(Corydalis cava)*, Blaustern *(Scilla bifolia)* und Wald-Gelbstern *(Gagea lutea)*. Im Gebiet um Basel sind deren Vorkommen teils für Ameisen unüberwindbar durch vielbefahrene Straßen und teils Autobahnen isoliert. Dennoch wurden von Bärlauch und Lerchensporn neue, spontan be-

gründete Vorkommen entdeckt, wobei Verschleppung durch Erdreich ausgeschlossen wird – der Verbreitungsweg ist unklar.

• Besondere Waldgesellschaften: Geobotanisch natürlicherweise voneinander getrennte Waldgesellschaften zeigen oft ausgesplitterte Areale, etwa eng begrenzte Flecken azidophiler Waldgesellschaften im schweizerischen Tafeljura und Sundgau. Trotz alter Isolation hält sich die dortige Vegetation – so daß sich die Frage stellt, ob über bewahrenden Naturschutz hinaus auch innovative Methoden wie Biotopverbund (in welcher Form auch bei geologisch bedingter Verinselung?) einen Sinn machen.

Neben diesen vier Beispielen beschreibt ZEMP (1992) die Sporenpflanzen *(Pteridophyta)*, deren Diasporen als Luftschweber sehr große Distanzen überwinden können bzw. fast omnipräsent sind. Das Problem gefährdeter Arten besteht daher weniger in der Isolation als in dem Seltenerwerden der Standorte, die ihren sehr speziellen Ansprüchen genügen.

Einen weiteren Sonderfall stellen die Apomykten dar, d.h. Arten oder Sippen, die sich nicht mehr oder kaum generativ, sondern allein oder weit überwiegend vegetativ vermehren. Damit können einerseits sehr konkurrenzfähige Biotypen entstehen (genetisch homogene, durch Selbstbefruchtung oder eingeschlechtliche Fortpflanzung entstandene Gruppe von Individuen, die sich physiologisch von anderen Biotopyen ihrer Art unterscheidet; SCHAEFER 1992). Sie sind, so ZEMP (1992), in ihrem Fortbestand nicht auf genetischen Austausch angewiesen. Aber bei der Neubesiedlung geeigneter Habitate bietet die Apomixis keine Vorteile. Diese Erscheinung ist z.B. bei Kleinsippen der Schafgarben (*Alchemilla* spec.) bekannt. REIF & AULIG (1993) beschreiben Apomixis mit der Folge vieler lokaler Kleinarten, Varietäten und Formen bei Heckensträuchern wie Rosen und Brombeeren. Um diese zu erhalten, ist bei Neuanlagen von Hekken und Feldgehölzen möglichst nur solches Pflanzgut zu verwenden, das aus vor Ort gewonnenem Samen angezogen wurde.

Ohne Zweifel bestehen über Art und Bedeutung des Biotopverbunds bei Pflanzen noch sehr große Wissenslücken (ZEMP 1992). Die von Art zu Art sehr unterschiedlichen Bestäubungs- und Verbreitungsmechanismen und deren teilweise Abhängigkeit vom Verhalten von Tieren gestalten dieses Forschungsgebiet sehr schwierig. Die geschilderten Beispiele illustrieren sehr gut, wie stark botanisch und faunistisch motivierter Biotopschutz voneinander abhängen. Indirekt kommt eine blütenreiche Vegetation mit kleinräumig und zeitlich stark wechselnden Blühaspekten bei über die gesamte Vegetationsperiode vorhandenem Blütenhorizont nicht nur darauf angewiesenen Tierarten, sondern über die Bestäubung durch Tiere (Zoophilie) auch wiederum vielen Blütenpflanzen zugute.

3.4.3 Wirbellose

Ein Beispiel für ein lokales Verbundkonzept, welches auf den Ansprüchen einer Wirbellosen-Art fußt, legen SETTELE & GEISSLER (1988) für den Blauschwarzen Moorbläuling *(Maculinea nausithous)* vor. Abb. 47 zeigt die Verbreitung der weltweit gefährdeten Schmetterlingsart südlich von Stuttgart. Soll der Bestand erhalten werden, müssen geplante Bebauungen gestrichen, die Mahd von Grabenrändern und Bachuferstreifen angepaßt, Brachflächen geschont und miteinander verbunden werden. Der Große Wiesenknopf *(Sanguisorba officinalis)* stellt die ausschließliche Nektar-, Eiablage- und Larvenpflanze dieser Bläulingsart dar. Ende August bis Anfang September verlassen die Raupen die Fruchtknoten der Pflanze, in denen sie bis dahin ausschließlich lebten, und suchen die Bauten von Knötchenameisen (hier der Art *Myrmica rubra*) auf, wo sie sich von den Ameisen wie deren Brut füttern lassen. Die Mahd von Grabenrändern,

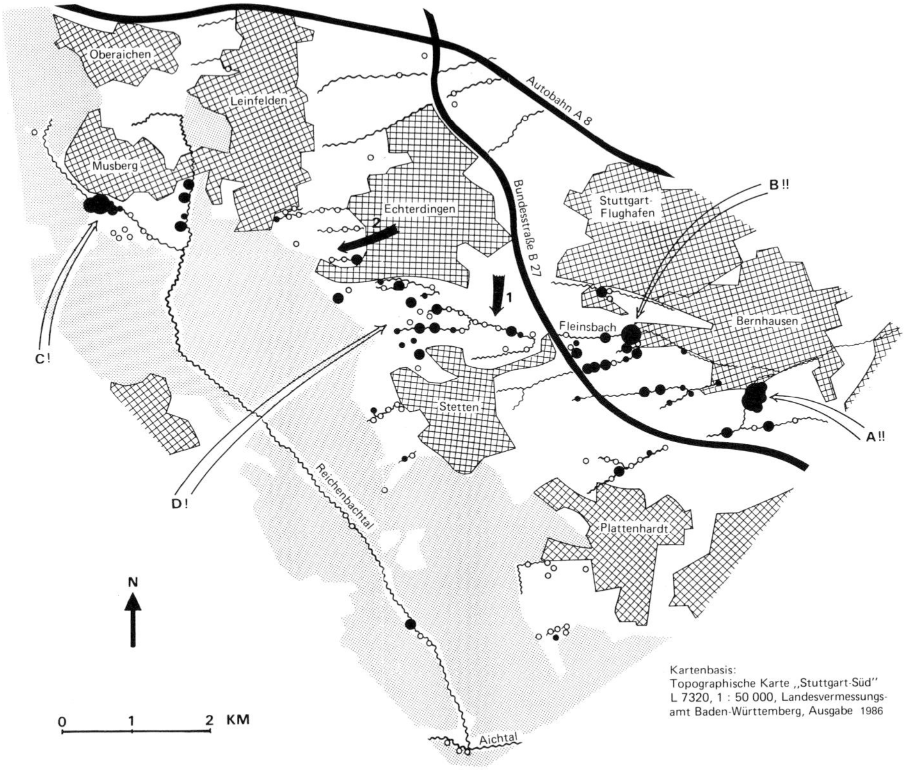

Abb. 47: Beispiel der Grundlagen-Kartierung für ein lokales Biotopverbundsystem, dessen Planung von den Restvorkommen und den Ansprüchen einer bedrohten Einzelart ausgeht, des Blauschwarzen Moorbläulings (*Maculinea nausithous*) (aus Settele & Geissler 1988).
schwarze Punktsignatur: Vorkommen von Wiesenknopf-Beständen mit Moorbläulings-Nachweisen
offener Kreis: Wiesenknopf-Bestände ohne den Blauschwarzen Moorbläuling
geschlängelte Linie: Gräben, Bäche etc. als Biotopverbund-Strukturen
schwarze Pfeile: Isolation durch zu frühen Mähzeitpunkt im Untersuchungsjahr
A bis D: wertvolle Brachflächen
Punktraster: Waldgebiete; grobes Raster: Siedlungen und Flughafen

Uferstreifen und ausgewählten Feuchtwiesen auf den Monat September zu verschieben, kann zur Erhaltung der Raupen beitragen, ebenso der Schutz von Brachflächen und sie verbindenden Korridoren (Gräben, ungenutzte Wegraine). Die bodenbewohnenden Knötchenameisen als Wirtstiere in der zweiten Larvalphase sind mit ihren Nestern durch den Einsatz schwerer Landmaschinen, einen zu tiefen Grasschnitt und Düngung gefährdet – auch ihnen hilft ein Biotopverbund mit einem Netz von Brachflächen.

Duelli (1992a und b) befaßt sich mit den allgemeinen Ansprüchen an einen Biotopverbund für Wirbellose. Mit Ausnahme in ihren Biotopansprüchen spezialisierter Arten wie den Hochmoorgelbling *(Colias palaeno)* mit enger Bindung an die Vorkommen der in Mooren lebenden Moor- oder Rauschbeere *(Vaccinium uliginosum)* postuliert er für das Gros der Wirbellosen-Arten die Gültigkeit des Mosaikkonzeptes (vgl. Kapitel 2.7): Eine kleinräumig reich gegliederte Kulturlandschaft mit einem Mosaik aus kleinflächigen Feldern und halbnatürlichen Habitaten maximiert die Diviersität von Gliederfüßern (Arthropoden) und mindert die Wahrscheinlichkeit gänzlichen Aussterbens seltener Arten.

Je nach Habitatansprüchen und diesbezüglicher Flexibilität ordnen Duelli et al. (1990) in einer Untersuchung gefundene Laufkäfer- und Spinnenarten sechs Kategorien bezüglich ihrer Verteilung an Habitatgrenzen (Abb. 48). »Harte Grenze« (»hard edge«) bedeutet, daß zwischen benachbarten Flächen kein meßbarer Individuenaustausch stattfindet. »Gedämpfe Grenzen« (»soft edges«) können in verschiedener Weise auftreten: durch Ab- oder Zunahme, aber nicht völliges Fehlen einer Art im an-

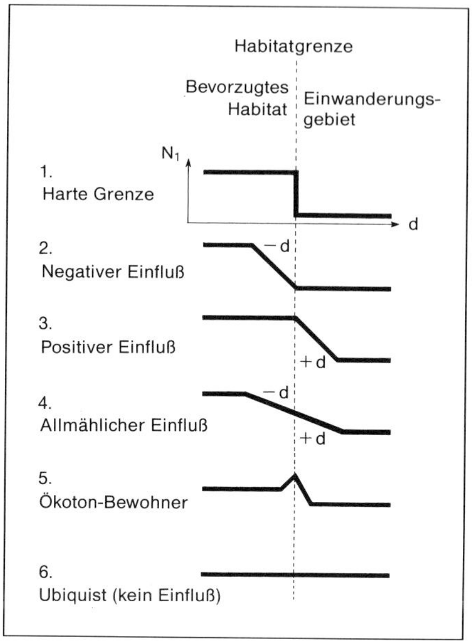

Abb. 48: Sechs Kategorien unterschiedlichen Verhaltens von Käfer- und Spinnenarten an Habitatgrenzen (aus DUELLI et al. 1990). Das bevorzuge Habitat (links) kann natürlich/naturnah oder landwirtschaftlich genutzt sein. n = Anzahl der Individuen.

grenzenden Lebensraum (Kategorien 2 und 3 in Abb. 48), indem sie diesseits der Grenze gedeiht und in die benachbarten Flächen in unterschiedlichem Maße eindringt; dieser Wechsel kann auch allmählicher vonstatten gegen (Kategorie 4). Den Grenzlinieneffekt (»edge-effect«) von Ökotonen (vgl. Kapitel 3.6) verkörpert Kategorie 5, wenn die Grenzlinie zwischen zwei Habitattypen selbst der bevorzugte Lebensraum ist. Mehr oder minder gleichförmig in ganz unterschiedlichen Habitaten sind die Ubiquisten der Kategorie 6 verteilt.

Diese Klassifikation soll verdeutlichen, wie differenziert die Habitatansprüche auch der Wirbellosen in der Kulturlandschaft gesehen werden müssen. Es leuchtet ein, daß das Mosaikkonzept hier größte Artenvielfalt verspricht, weil die verschiedenen Ansprüche durch ein heterogenes Habitatmosaik auf relativ kleinem Raum eher erfüllt werden können als auf isolierten, weit voneinander entfernten, aber größeren Flächen. Dabei bleibt indes die Frage unberücksichtigt, ob die Populationsgrößen zum längerfristigen Arterhalt im Einzelfall ausreichen. Und die Habitatspezialisten unter den Wirbellosen – besonders Arten der Naturlandschaft – fordern, wie eingangs angedeutet, gesonderte Maßnahmen des (großflächigen) Biotopschutzes.

3.4.4 Säugetiere

Neben den Vögeln sind die meisten Säugetiere, insbesondere die größeren, ausgesprochen mobil und können somit auch größere Distanzen überwinden: beim Wildschwein *(Sus scrofa)* bis ca. 100 km, bei Reh *(Capreolus capreolus)*, Rothirsch *(Cervus elaphus)* und Fuchs *(Vulpes vulpes)* ca. 30 km und beim Hermelin *(Mustela erminea)* über 6 km. Dispersionsbewegungen, die zu einem Genaustausch zwischen Populationen führen, sind zudem wahrscheinlich bei den meisten Arten nicht strukturabhängig (WIEDEMEIER 1992).

Dennoch zeigen viele Säuger gravierende Bestandsrückgänge, die auf negativen Veränderungen ihrer Habitate generell, aber ganz sicher auch auf Isolationseffekten beruhen. Als Barrieren wirken, in artspezifisch zu differenzierender Stärke, beispielsweise Straßen, insbesondere mit Wildschutzzäunen, geschlossene Siedlungen, intensiv genutzte, ausgeräumte Ackergebiete. Die Isolationswirkung von Straßen für Mäuse wurde in Kapitel 2.1.3 beschrieben. Selbst die gut flugfähigen Fledermäuse überfliegen bei der Nahrungssuche stark befahrene Straßen nicht, sondern drehen davor ab – möglichweise infolge Blendung durch Scheinwerfer (RICHARZ mdl.).

WIEDEMEIER (1992) unterscheidet Dispersionsbewegungen und tägliche Bewegungen: Bei letzteren orientierten sich die meisten Säugetierarten überwiegend oder ausschließlich an Strukturen wie Hochstaudensäumen und Gehölzen entlang von Bächen, Hecken und Waldrändern. Das sei nachgewiesen für Fledermäuse, Iltis und andere Marderartige.

Daraus ergeben sich, folgt man WIEDEMEIER, zwei generelle Forderungen an einen Biotopverbund aus Sicht des Säugetier-Schutzes: Zum einen müssen die vorhandenen Barrieren, in erster Linie mehrspurige Straßen und Wildschutzzäune, durch Überführungen überwindbar gestaltet werden. Zur Effizienz solcher Grünbrücken und zu den baulichen Anforderungen, damit sie ihre Funktion erfüllen, liegen erst sporadische Informationen vor, z. B. für Bilche, Dachs und Schalenwild über die Bundesstraße B 31 neu am Bodensee (MÜLLER-STIESS briefl.). Auch hier besteht noch großer Forschungsbedarf.

Zum anderen kommt eine vielfältige Strukturierung der Kulturlandschaft mit hohem Flächenanteil naturnaher Landschaftselemente mit Sicherheit auch den Bedürfnissen der meisten Säugerarten nach. Beispiele für wichtige Habitattypen sind Bachläufe und Wiesengräben (mit Hochstauden- und Gehölzsäumen), Hecken, Feldgehölze, Waldsäume, Ruderal- und Brachflächen.

3.4.5 Amphibien

Für viele Amphibienarten sind die regelmäßig im Rahmen ihrer jahresperiodischen Wanderungen überwundenen Distanzen recht gut bekannt (vgl. Kapitel 2.1.3). Ihr theoretischer Aktionsraum läßt sich an den relativ leicht zu erfassenden Laichgewässern anknüpfen. Weniger exakt sind indessen die Kenntnisse über die Habitatansprüche in den Sommerquartieren, in denen die einzelnen Individuen meist recht stationär mit einem Radius von maximal 50 m leben (BLAB 1986). Dennoch müßte das Wissen ausreichen, um für Amphibien als Zielarten wirksame Biotopverbundsysteme aufzubauen. Folgende Leitlinien lassen sich dazu empfehlen (für Hessen vgl. JEDICKE 1992 d):

- Der kleinflächige Schutz der Laichgewässer und ihrer Uferzonen ist zwar wichtig, reicht allein aber nicht aus.
- Höchste Schutzpriorität besitzen die Vorkommen der seltensten und größere Populationen der übrigen Arten, deren gesamter, ganzjähriger Aktionsraum in Form von Schutzgebieten zu sichern ist. Dabei gelten in Anbetracht der bisherigen Kenntnisse folgende Orientierungswerte (Angaben auf Hessen bezogen): > 500 Individuen bei Bergmolch *(Triturus alpestris)*, Teichmolch *(T. vulgaris)*, Erdkröte *(Bufo bufo)* und Grasfrosch *(Rana temporaria)*; > 250 Individuen bei Feuersalamander *(Salamandra salamandra)* und Wasserfrosch *(»Rana esculenta«)*; > 100 Individuen bei Fadenmolch *(Triturus helveticus)*, Kammolch *(T. cristatus)* und Kreuzkröte *(Bufo calamita)*; > 50 Individuen bei Gelbbauchunke *(Bombina variegata)* und Laubfrosch *(Hyla arborea)*; alle Vorkommen von Knoblauchkröte *(Pelobates fuscus)*, Wechselkröte *(Bufo viridis)*, Moorfrosch *(Rana arvalis)*, Springfrosch *(R. dalmatina)*, Kleinem Teichfrosch *(R. lessonae)* und Seefrosch *(R. ridibunda)*. Laich-, Sommer- und Winterquartier sind vor Ort zu ermitteln, um umfassende Schutzmaßnahmen mit ganzjähriger Wirkung zu entwickeln.
- Im Sinne von Trittstein-Biotopen sind in einem zweiten Schritt auch die Lebensstätten kleinerer Populationen zu sichern, und zwar ebenfalls gleichermaßen mit ihren Gewässer- und Landlebensräumen. Neuanlagen von Laichgewässern bei geeigneten Voraussetzungen sollten durch Laichplatz-Komplexe im Sinne BLABS (1986) sowohl zur Stützung bzw. Vergrößerung vorhandener Populationen als auch zur Neubesiedlung bislang unbesetzter, aber potentiell geeigneter Gebiete zwischen bestehenden Populationen erfolgen.
- Lineare Korridorbiotope spielen für Amphibien sowohl bei ihren jahresperiodischen Wanderungen als auch zur Ausbreitung offenbar eine wichtige Rolle. Strukturarme Felder werden von Erdkröten gemieden, die meisten Individuen umwandern Getreide- und Maisfelder. Bevorzugte Korridore scheinen Gehölz- und krautige Vegetationsbestände darzustellen, die auch als Jahreslebensräume dienen können: Hecken und Feldgehölze, Brachland und Hochstaudenfluren, Uferrandstreifen und Wegraine,

Feuchtwiesen und feuchte Gräben. Nach Untersuchungen von Reh & Seitz (1990) ermöglicht von feuchten Gräben durchdrungenes Grünland einen sporadischen Individuenaustausch über Distanzen zwischen 2 und 7 km. Für Kurzstrecken werden dabei Gräben als Leitlinien benutzt, größere Ortswechsel erfolgten querfeldein durch Grünland (Reh 1991).

- Pestizide und Pflanzennährstoffe beeinflussen Amphibien direkt und indirekt negativ – eine extensivierte Flächennutzung kann einen Beitrag zum Arterhalt leisten.
- Tunnelanlagen und Amphibienschutzzäune können langfristig das Problem des Straßentodes wandernder Amphibienarten nicht lösen. Mit abnehmender Priorität sind zu fordern: vollständige Straßensperrung und deren Renaturierung – Anlage von Ersatzlaichgewässern oder -Landlebensräumen unter Umsiedlung der Population – stationäre Leiteinrichtungen und sorgfältig geplante Tierdurchlässe. Die weitere Zerschneidung von Aktionsräumen durch Straßen ist weitestmöglich zu verhindern.

Artspezifisch müssen entsprechende Verbundprojekte für Amphibien natürlich stärker ins Detail gehen. Als Beispiel eines Laichplatz-Verbundes sei auf Mai (1989) verwiesen, der auf 235 km^2 Fläche in den Gemarkungen Bad Wildungen und Edertal (Nordhessen) an 53 Standorten insgesamt 98 Kleingewässer neu anlegen ließ. Innerhalb von ein bis fünf Jahren wurde die 53 Standorte von durchschnittlich vier Amphibienarten neu besiedelt. Integriert wurden dabei spezielle Schutzbemühungen für Kreuzkröte und Laubfrosch: bei der Kreuzkröte durch Folienteiche als Ersatz für austrocknende Laichgewässer, für den Laubfrosch durch 18 Laichgewässer-Neuanlagen an zwölf Standorten unter Einbeziehung von bis zu 0,5 ha Umgebungsfläche als Ruderalbiotope. Das untere Edertal bildet ein Hauptverbreitungsgebiet des Laubfrosches in Hessen. Ein enges Netz potentieller Laichgewässer soll bei Aufgabe bisheriger Laichgewässer Ausweichmöglichkeiten bereitstellen.

3.5 Verbundelemente in verschiedenen Ökosystemtypen

3.5.1 Vorbemerkungen

Es ist klar, daß eine gesonderte Betrachtung von Verbundsystemen innerhalb verschiedener Ökosystemtypen – hier sind Agrar-, Forst- und Siedlungsökosysteme die wichtigsten – sich nur rein arbeitstechnisch begründen läßt, läuft sie doch dem eigentlichen Ziel des Biotopverbunds entgegen, Trennung und Isolation von Lebensräumen aufzuheben. Ansprechpartner, Beteiligte und planerisch-politische Rahmenbedingungen gestalten sich jedoch derart verschieden, daß sie durchaus die Unterscheidung der drei genannten Gruppen von Ökosystemtypen rechtfertigen. Hinzu kommen auch die deutlich verschiedenen Schwerpunkte bei den als Verbundelementen infrage kommenden Habitat- und Biotoptypen.

Dies soll die Bedeutung eines intensiven Verbunds zwischen Biotopen der Forstgebiete, der bebauten und der landwirtschaftlich geprägten Landschaften nicht schmälern. So sind beispielsweise Bereiche der Fließgewässer unbedingt ununterbrochen und durchgängig zu gestalten, auch wenn der Renaturierung eines verrohrten Abschnittes innerhalb von Siedlungsgebieten nur ein sehr schmaler Streifen zur Verfügung steht. Hecken und Gehölzformationen sollen von der freien Landschaft aus über stufige Wald- und entsprechend gestaltete Wegränder an die Forstgebiete anzuknüpfen und sich in Dörfer und Städte hineinzuziehen, ebenso möglichst naturnah gestaltete Grünstreifen und -anlagen. Dies gilt auch für Altgrasstreifen und Brachflächen, Grabensysteme, vegetationsarme unbefestigte Wege usw.

Uneingeschränkten Schutz verlangen grundsätzlich alle auch noch so kleinflächigen Reste natürlicher bzw. naturnaher Biotope wie Moore einschließlich kleinstandörtlicher Vermoorungen, Still- und Fließgewässer mit allen Quellbereichen, der potentiellen natürlichen Vegetation nahe Waldbereiche einschließlich der Auen- und Bruchwälder, geomorphologische und geologische Sonderstandorte wie Schluchten, Felsen, Binnen- und Küstendünen. Der Katalog ließe sich fortsetzen, die genannten Beispiele dienen lediglich als Anregung zum Nachdenken.

3.5.2 Agrarökosysteme

Zum Aufbau eines Biotopverbunds in Agrarlandschaften liegen mit Abstand die meisten Untersuchungen und Vorschläge vor. Viele Konzepte beschränken sich weitgehend auf Hecken als Verbundelemente. Ihre verbleibenden Fragmente werden vorrangig vernetzt durch Neupflanzungen mit Gebüschen, Feldgehölzen, Feldholzinseln und Waldrändern. Dennoch darf der Verbund keinesfalls nur auf Gehölzformationen reduziert bleiben.

Ein zweites wichtiges Standbein innerhalb von Agrarökosystemen bilden Bäche und Gräben als linear entwickelte Feuchtbiotope gemeinsam mit ihren randlichen Gehölzsäumen in Form von Auenwaldfragmenten – besonders der Bachauenwälder, zu deren Reste auch die Schwarzerlen-Reihen (*Alnus glutinosa*) entlang vieler Bäche gehören –, mit Röhrichtzonen wie Säumen von Schilf (*Phragmites communis*), Rohrglanzgras (*Phalaris arundinacea*), Schwaden (*Glyceria* spec.) und verschiedenen Seggenarten (*Carex* spec.) sowie mit feuchten Staudenfluren, in denen Arten wie Mädesüß (*Filipendula ulmaria*), Blutweiderich (*Lythrum salicaria*) und Sumpfdotterblume (*Caltha palustris*) dominieren.

Wichtige Verbundelemente bilden die an die Gewässer angrenzenden Flächen, die zum Teil ebenfalls noch durch Grund- und/oder Überschwemmungswassser beeinflußt werden und dann Feucht- und Naßwiesen bilden. Häufiger finden sich hier relativ trockene Grünlandstreifen, die durch mehr oder weniger häufige Mahd nur extensiv genutzt werden. Wo diese nicht vorhanden sind, sollte entlang sämtlicher Gewässer ein

Abb. 49: Fließgewässer sollten durchgängig in Agrar-, Forst- und Siedlungsökosystemen renaturiert werden. Als Vorbilder für derartige Maßnahmen können naturnah erhaltene Fließgewässer des entsprechenden Naturraums dienen – wie hier der Mittellauf der Kossau in Schleswig-Holstein, ein typischer Flachlandbach mit ausgeprägter Mäanderbildung.

mindestens 5 bis 10 m breiter Uferrandstreifen aus der Intensivnutzung herausgenommen und – wenn überhaupt – nur in mehrjährigen Turnus gemäht werden.

Weitere, meist trockene Grasraine bzw. Altgrasstreifen einschließlich der nitrophilen Säume als Verbundelemente, in deren Vegetation in der Regel die Gräser dominieren, finden sich an Böschungen, entlang mancher Wege, an Waldrändern sowie in Abgrabungen und Aufschüttungen. Sie können das Bindeglied zu Heiden, Halbtrocken- und Trokkenrasen bilden, soweit derartige Biotope vorhanden sind, aber ebenso zu Grünland- und Ackerbrachen. Alle Hekken, Waldränder und Feldgehölze sollen von einem mindestens 2 bis 5 m breiten Kraut- bzw. Grassaum umgeben sein und bieten sich somit zur Integration in das Netz der Altgrasbestände an. Dies gilt auch für die neu zu schaffenden Feldraine.

In Bereichen dominierenden Grünlandes kommen die Naß-, Streu- und Feuchtwiesen als wichtige Verbundelemente hinzu. Im Sinne der als Ökotone bezeichneten »sanften Übergänge« (s. Seite 107 ff.) gilt ein besonderes Augenmerk der Erhaltung bzw. Neuschaffung von Gradienten in der Feuchteversorgung von naß über feucht und frisch bis trocken. Bei einer entsprechenden extensiven Nutzungsweise sind die feuchten Wiesen mit den Gesellschaften der Gräben und Fließgewässer zu verbinden, die trockenen Ausprägungen mit Altgrasstreifen, Wegrainen und (Halb-) Trockenrasen. Wichtig sind schließlich sämtliche Quellbereiche, und zwar nicht nur die auffälligeren Tümpel- und Sturzquellen, sondern auch die Sickerquellen.

Nicht vergessen werden dürfen darüber hinaus alle Feinstrukturen der Landschaft. Einzelsträucher und Gebüsche, Einzelbäume und hochstämmige Obstbäume bzw. Obstbaumreihen sind in das Gehölz-Verbundnetz mit einzubeziehen, die letztgenannten zugleich in den Verbund von grasig-krautigen Säumen. Hier wiederum sind ungespritzte Ackerrandstreifen ein weiterer Bestandteil. In Lößlandschaften kommen die Hohlwege als besonders wertvolle Elemente hinzu.

Für Weinbaugebiete gelten die Aussagen zum Gehölz- und Gras- bzw. Krautsaum-Verbund sinngemäß. Hier werden jedoch Elemente der (Halb-)Trockenrasen und steilen Böschungen eine wichtigere Rolle übernehmen. Hinzu kommen Trockenmauern und Steinhaufen sowie die Wald(rand)bereiche oberhalb der Anbaugebiete. Die starke Sonneneinstrahlung in meist steiler Hanglage bedingt überwiegend trockenwarme Lebensbedingungen, die einer bei uns seltenen, spezialisierten Tier- und Pflanzenwelt entgegenkommt, welche gerade auch in den intensiven Weinbaugebieten einen engmaschigen Biotopverbund existentiell benötigt.

3.5.3 Forst- und Waldökosysteme

Bewußt wird hier auf die Unterscheidung zwischen Wald als natürlich entstandener Baumbestand und Forst als anthropogen begründete Formation, die angepflanzt wurde, hingewiesen. Heute muß der weitaus größte Teil der mitteleuropäischen Waldungen als Forst bezeichnet werden, der sich besonders auffällig durch Fichten (*Picea abies*) und andere Nadelhölzer auf von Natur aus mit Laubwald bestockten Flächen sowie durch einen regelhaften, monostrukturellen und altersmäßig sehr gleichförmigen Bestandsaufbau auszeichnet.

Kompromißlos erhaltenswerte Ausgangspunkte eines Verbundsystems im

Oben: In Weinbau-Gebieten stehen Trockenbiotope im Vordergrund des Biotopverbunds: Mauern und Steinhaufen, magere Rasen und sonnenexponierte Gebüsch- und Waldrandgesellschaften zum Beispiel. Weinbergsbrachen sind als flächige Biotope für den Naturschutz zu sichern.

Unten: Eine naturnah gestaltete, nicht versiegelte Hoffläche liefert ein Beispiel für Alternativen zur Pflasterung und Asphaltierung privater Flächen.

POLIKLINIK

Abb. 50: Niederwälder und andere Relikte historischer Formen der Waldnutzung besitzen einen hohen Naturschutzwert und erfordern ihre Einbindung in den Biotopverbund bei langfristig gelenkter behutsamer Pflege.

bewaldeten Bereich bilden zunächst alle Restbestände der potentiellen natürlichen Vegetation (vgl. ELLENBERG sen. 1982). Dazu zählen sowohl die zonalen Waldtypen wie Eichen-Hainbuchen-, Hainsimsen-Buchen-, Eichen-Birken- oder Bergahorn-Buchenwälder als auch die extrazonalen, auf Sonderstandorte beschränkten, und die azonalen Typen in Bach- und Flußauen. So können vorhandene Bruchstücke von Bachauenwäldern, wo sie gerade innerhalb von Waldgebieten noch erhalten blieben, relativ leicht durch Neuanlagen zu einem mehr oder weniger durchgängigen System verbunden werden, welches sich in die offene Landschaft hinein fortsetzt.

Zu den artenreichen und naturnahen Wald- bzw. Forstbestandteilen zählen grundsätzlich alle Laubholzbestände, die an Bachläufen, in Schluchten und an Steilhängen stocken, ebenso durch historische Nutzungsformen geprägte Flächen wie die Niederwälder. Weiter muß die Aufmerksamkeit den Altholzbeständen gleich welcher Baumart gelten, für die in den Mittelgebirgslagen die über 140 Jahre alten Rotbuchen (*Fagus sylvatica*) ein Beispiel liefern. Ein ausreichender Anteil solcher Altholzinseln in nicht zu großem räumlichen Abstand zueinander bildet die Voraussetzung für das Überleben stabiler Populationen von Schwarzspecht (*Dryocopus martius*), Hohltaube (*Columba oenas*) und Rauhfußkauz (*Aegolius funereus*) sowie bestimmter Fledermaus-Arten.

Vor allem für die Wirbellosenfauna wirkt sich ein hoher Totholzanteil in allen Waldtypen positiv aus; daher sollte auch außerhalb von Altholzbeständen in bestimmten, eigens ausgewiesenen Totholzbereichen auf die forstwirtschaftliche Nutzung verzichtet werden.

Die Waldränder sind über eine stufigbreite Ausgestaltung an das Verbundsystem der freien Landschaft anzuschließen. Dagegen muß die Entwicklung der sogenannten Waldinnenränder entlang der Wirtschaftswege, Schneisen und Lichtungen zurückhaltend angegangen und im Einzelfall abgewogen werden, führt sie doch zu einer Isolierung der Waldflächen. Einen intensiven Verbund sollte man für alle Feuchtbiotope anstreben, indem die Distanzen zwischen bestehenden Quellbereichen, Feuchtwäldern, Nieder- und Hochmooren, Grä-

---

Oben: Die Begrünung von Hauswänden, Dächern, Ziegelstein- und Betonmauern für Zwecke des Biotopverbunds stellt bei den begrenzten Flächenressourcen innerhalb von Städten eine wertvolle Maßnahme dar.
Unten: Sich selbst überlassene Steinbrüche entwickeln sich innerhalb von wenigen Jahrzehnten zu wertvollen Lebensräumen. Im Bild dominiert der Ginster (*Sarothamnus scoparius*).

ben, Teichen, Tümpeln und Weihern durch Neuanlage von Kleingewässern wie Teichen, Tümpeln und wassergefüllten Wagenspuren verringert werden.

Erhaltenswert sind daneben alle vorhandenen Sonderstandorte innerhalb der Forsten und Wälder, wie sie vor allem durch anthropogene Eingriffe in der Vergangenheit entstanden. Als Beispiele seien Zwergstrauchheiden, offene Sandflächen, Kies- und Sandgruben, Steinbrüche und Ruderalflächen genannt.

Zu achten ist darauf, daß nicht ausgerechnet mit Begründungen des Biotopverbunds der weiteren Zerschneidung von Lebensräumen innerhalb der Forstgebiete Vorschub geleistet wird. Eine Auflichtung des Waldes durch Baumeinschlag entlang der Wege etwa, nur um Kraut- und Strauchsäume anzulegen, ist im allgemeinen abzulehnen. Gefährlich argumentiert NIESSLEIN (1985), wenn er Befürchtungen als nicht begründbar zurückweist, der Waldwegebau würde Lebensräume zerschneiden: »Wildbiotope werden durch den Randeffekt entlang der Waldstraßen eher aufgewertet. Lebewesen, die eine Waldstraße räumlich nicht überwinden können, sind in der Regel wenig mobil und daher an kleinflächig abgegrenzte Lebensräume gewöhnt... Gerade die vom Naturschutz immer wieder geforderte Stufigkeit der Bestände, die hohe Bewertung des Waldrandeffektes und die angestrebte Vielgestaltigkeit der Lebensbedingungen für Pflanzen und Tiere sprechen dafür, in der Waldstraße eine willkommene Unterbrechung geschlossener Waldflächen, eine gewünschte Vergrößerung der Waldrand-Längen und eine Verbesserung der Chancen für Artenvielfalt zu sehen.« Dieses Beispiel unterstreicht, wie differenziert Argumente wie Waldrandlänge und Artenvielfalt gesehen werden müssen. Generell muß die negative Isolationswirkung von Wegen höher eingeschätzt werden als mögliche Folgewirkungen wie die Erhöhung der Artenzahlen.

Langfristig fordert ein wirkungsvoller Biotopverbund in Forstökosystemen auch eine Abkehr von der gegenwärtig allgemein praktizierten Wirtschaftsweise. Der einheitliche Bestandsaufbau bei dichtem Kronenschluß und vielfach fehlender Kraut- und Strauchschicht bewirkt eine Isolation, die nur ein veränderter Bestandsaufbau unter Minderung des Nadelholz-Anteils verringern kann. Naturverjüngung und eine naturnahe Forstwirtschaft, wie sie mit hinsichtlich Alter und Artzugehörigkeit gemischten Beständen unter Verzicht auf großflächige Kahlschläge in verschiedenen Betrieben erfolgreich praktiziert wird, weisen den Weg in die Zukunft.

3.5.4 Siedlungsökosysteme

Die meist begrenzten zur Verfügung stehenden Flächenanteile innerhalb der menschlichen Siedlungsökosysteme setzen der Realisierung eines Biotopverbunds in den Städten und Dörfern in der Regel enge Grenzen. Problem- und Zielbewußtsein vorausgesetzt, lassen sich aber auch hier Erfolge erzielen. Besonders wichtig erscheint ein Verbund der Biotope innerhalb mit denen außerhalb der Siedlungen, so daß ein Individuenaustausch möglich wird.

Dörfliche Siedlungen lassen sich meist mit relativ einfachen Maßnahmen in die umgebende Kulturlandschaft einfügen: Obstwiesen und einzelne hochstämmige Obstbäume bilden ebenso wie Hecken, Einzelbäume und Alleen wichtige Bindeglieder. Ein verrohrter Bach, der sich durch das Dorf zieht, wird wieder an das Tageslicht zurückgeholt und – soweit es die räumlichen Bedingungen erlauben – standortgerecht mit Schwarzerlen (*Alnus glutinosa*) bepflanzt und gefestigt. Baulücken, Ruderalflächen, extensiv genutzte Blumenwiesen anstelle monotoner Rasenanlagen sowie bislang vergessenes Grün in Ecken und Winkeln knüpfen den Kontakt zu außerorts gelegenen Altgrasstreifen, Krautsäumen und ungenutzt liegenbleibendem Brachland.

Hinzu kommen Trockenmauern und eventuell alte Stadtmauern, die mit ihren Lückensystemen vor allem im Verbund

Abb. 51 und 52: An die Stelle ökologisch wertlosen Blumenkasten-Grüns mit Koniferen müssen in den Dörfern und Städten gezielte Maßnahmen zur Entsiegelung von Flächen und deren naturnahen Begrünung treten. Diese beginnen bereits bei kleinen Baumscheiben.

mit vegetationsarmen, besonnten Sukzessions- und Ruderalflächen einer spezialisierten Tier- und Pflanzenwelt Lebensraum bieten. In Scheunen, Wirtschaftsgebäuden und Kirchen sollten Einflugluken für Schleiereulen (*Tyto alba*) und Fledermäuse offengehalten bzw. wiederhergestellt werden, eventuell unterstützt durch das Anbringen geeigneter Nisthilfen auf den Dachböden.

In den **Städten** stehen vielfach andere Biotoptypen im Mittelpunkt, vor allem parkartige Grünanlagen, Friedhöfe, Brachflächen auf ungenutzten Bau- und Trümmergrundstücken, Alleen, markante Einzelbäume, Randstreifen und Böschungen entlang der Verkehrswege (Straßen, Bahnlinien) sowie brachgefallene, eingewachsene Gärten. Die extreme Isolationswirkung der großen versiegelten Flächenanteile einschließlich der dadurch bewirkten Veränderungen des Mikroklimas erfordern an sich ein sehr engmaschiges ausgleichendes Biotopverbundsystem. Wenngleich die Pflanzen- und vor allem Tiergemeinschaften innerhalb der Städte hinsichtlich Artenspektrum und Dominanzstruktur zumeist stark anthropogen beeinflußt sind, so darf dennoch ihre Bedeutung für den Naturschutz nicht unterschätzt werden.

Allgemein sollten jegliche Grünanlagen so naturnah wie möglich gestaltet werden. Dazu zählt eine Pflegeextensivierung auf großen Teilen der Rasenflächen, die auszumagern und zu einer ein- bis zweimal jährlich gemähten Wiese zurückzuentwickeln sind. Totholz und Laubstreu sind innerhalb von Gehölzbeständen zu belassen, denn sie stellen unentbehrliche Biotopelemente für zahllose Wirbellose dar. Bei Erdarbeiten sollten abwechslungsreiche Reliefstrukturen unter Verwendung unterschiedlicher Bodenarten geschaffen werden, um Grundlagen für ein reiches Vegetationsmosaik zu schaffen. Aus den Uferzonen an stehenden und fließenden Gewässern sind bestimmte Bereiche beispielsweise durch gezielte Anpflanzungen auszugrenzen, um den anthropogenen Störungsdruck zu mindern.

In den dicht bebauten Gebieten kommt der Hausbegrünung auch innerhalb des Verbunds eine maßgebliche Rolle zu, wo anders eine lebensfreundlichere Gestaltung des Raumes kaum möglich ist. Die positiven Wirkungen be-

Abb. 53: Die Anlage neuer Trockenmauern kann vorhandene Mauern und andere Trockenbiotope im Siedlungsbereich miteinander verbinden.

grünter Fassaden und Dächer auf Tierarten, Mikroklima, Lärmbelastung, Niederschlagsabfluß und ästhetisches Gesamtbild sind unbestritten. Gerade hier läßt sich schon mit geringen finanziellen Mitteln ein Erfolg für den Naturschutz erreichen.

Bereits die Wege und Parkflächen können bei bewußter Gestaltung als vernetzende Elemente wirken, wenn auch nur für wenige Arten. So wies HAESELER (1982) innerhalb des Stadtgebietes von Oldenburg nach, daß dort 22 verschiedene Arten von Bienen (*Apidae*), Grabwespen (*Sphecidae*), Ameisen (*Formicidae*), Bienen-/Spinnenameisen (*Mutillidae*) und Wegwespen (*Pompilidae*) in den Ritzen zwischen Pflastersteinen und Wegplatten der Bürgersteige, Parkplätze und Straßen leben. Als Primärbiotope besiedeln diese in erster Linie mehr oder weniger bewachsene Sandflächen.

Der Flächenanspruch von Biotopverbundsystemen innerhalb von Siedlungsgebieten kollidiert leicht mit den Gebot, ein Ausufern der Bebauung in den Randbereichen der Städte zu verhindern und stattdessen vorhandene Baulücken zu schließen, um den Flächenverbrauch zu minimieren. Hier kommt es auf eine intensive Abwägung der Interessen und das Vorhandensein eines schlüssigen Gesamtkonzeptes für den betreffenden Raum an. Dieses fehlt in aller Regel noch – Natur- bzw. Flächenschutz innerhalb der Siedlungen besteht nach wie vor nahezu ausschließlich aus Rettungsaktionen vor drohender Zerstörung in letzter Minute.

Die größte Wertigkeit genießen in aller Regel die hinsichtlich der Umweltfaktoren wie Trockenheit bzw. Nässe extremeren Standorten sowie solche Gebiete, deren Vegetation und/oder Nutzung bereits seit langen Zeiträumen mehr oder weniger unverändert bestehen.

Als wichtiges Argument für die Notwendigkeit eines Biotopverbundes, welcher die Lebensräume innerhalb der Stadt mit solchen außerhalb verbindet, spricht neben den für den Artenerhalt notwendigen Austauschprozessen vor allem die klimatische Funktion von Grünachsen und Freiflächensystemen, die maßgeblich den Luftaustausch fördern und somit auf die menschliche Gesundheit und das Wohlbefinden sehr direkte Auswirkungen zeigen.

SCHULTE (1989) fordert die Berücksichtigung folgender Flächen, Strukturen und Maßnahmen zur Realisierung eines Biotopverbundes im besiedelten Bereich und dessen Randzonen:

a) Schutz, Erhaltung und Förderung bereits vorhandener (teil)vernetzter naturnaher oder sekundär entstandener Lebensräume und Strukturen wie Bäche, Gewässer allgemein, Hohlwege, unversiegelte Wege und Pfade, alte Stadtmauern, sonstige Mauern und Wallanlagen, Grünzüge und -gürtel, bodenständige Gehölze, Verkehrsnebenflächen;
b) Relikte ehemaliger Landschaftsstrukturen, beispielsweise Feucht- und Trockenbiotope;
c) Überreste ehemaliger traditioneller Nutzungsformen der Landwirtschaft (Feldgehölze, Hecken, Streuobstwiesen, Extensivweiden usw.) und ehemalige Abbaugebiete (alte Steinbrüche, Kies, Sand- und Tongruben);

d) (lokal) seltene bzw. bedrohte Arten und Artengemeinschaften,
e) Erweiterung von öffentlichen Grünflächen unter naturnaher Gestaltung;
f) Fördern einer (extensiven) Begrünung von Dächern und Fassaden;
g) naturnahe Gestaltung nicht-öffentlicher Grünflächen, Haus- und Kleingärten;
h) Bodenentsiegelung und Begrünung/ Wiederbelebung vormals versiegelter oder verdichteter Bodendecken;
i) Schutz, Erhaltung, Erweiterung und Management von Ruderal- und Brachflächen und deren Einbeziehung in das bestehende Grünflächensystem;
j) Öffentlichkeitsarbeit zur Information und Motivation der Bürger.

Biotopverbund aus rein anthropozentrischer Sicht, im wesentlichen durch Möglichkeiten der Naherholungsnutzung motiviert, bildet das im Konzept bestehende Landschaftsprogramm Hamburgs mit einem angestrebten Freiraum-Verbundsystem (Freie und Hansestadt Hamburg 1992). Dessen Ziel liegt in einem Netz von Freiflächen, welches ein dezentrales Angebot an Erholungsorten in für Fußgänger und Radfahrer erreichbarer Distanz bietet. Naturerlebnis für die Stadtbewohner ist dabei ein Teilziel.

3.6 Ökotone: »weiche« Grenzen als ein Ziel des Verbunds

In der modernen Kulturlandschaft stoßen verschiedenartige Ökosysteme zumeist mit harten Grenzen aneinander: Ackerflächen liegen ohne Übergangszone unmittelbar neben Forstgebieten,

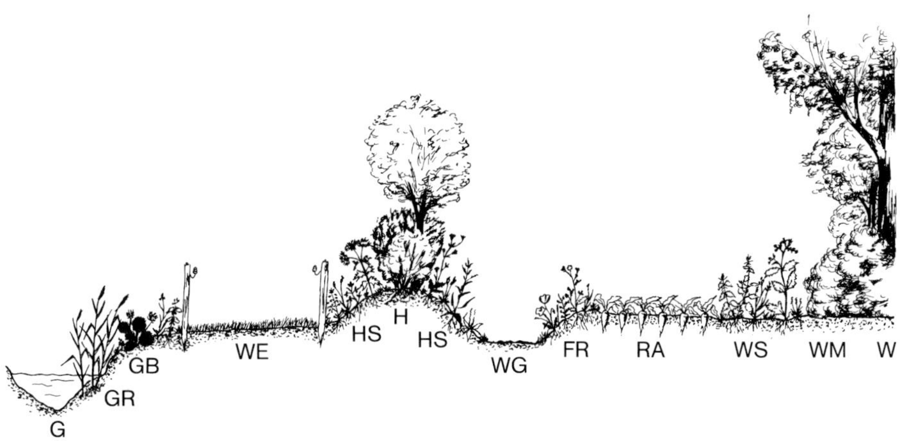

Abb. 54: Modellartiger Schnitt durch eine an Saumbiotopen reiche Landschaft (aus Wolff-Straub 1984).

G = wasserführender Graben
GR = Grabenröhricht
GB = Grabenböschung
WE = Weide
HS = Heckensaum
H = Hecke
WG = unbefestigter Feldweg
FR = Feldrain
RA = Rübenacker
WS = Waldsaum
WM = Waldmantel
W = Wald

Als Saumbiotope sind zu bezeichnen:
1. die Grabenböschung im Übergang vom Röhricht zur Weide,
2. die Hecke einschließlich ihrer beidseitigen Säume im Übergang vom Gehölz zur offenen Feldflur (»doppelseitiger Waldmantel«),
3. der Feldrain im Übergang vom unbefestigten Weg zum Acker,
4. der Waldrand, bestehend aus Waldmantel und Waldsaum, im Übergang vom geschlossenen Wald zur offenen Feldflur.

Straßen zerschneiden Hochwaldareale, intensive Standweiden grenzen an ein Moor. Entsprechend abrupt gestaltet sich auch der Wandel der jeweils typischen, sehr verschiedenartigen Biozönosen. Von Natur aus hingegen geht ein Wechsel von einem zum anderen Ökosystemtyp kontinuierlich vor sich, dem sich langsam ändernden Standortgradienten entsprechend. Damit erfolgt in diesen Saumbiotopen eine Abpufferung der unterschiedlichen Wirkungen und Faktoren gegeneinander, so etwa der klimatischen und anderen abiotischen Einflüsse.

Eine solche Übergangszone bezeichnet man als Ökoton, einen Grenzbereich, der sich im Vergleich mit den angrenzenden »reinen« Ökosystemen als Folge der gegenseitigen Überschneidung durch ein vielfach höheres Angebot an Lebenserfordernissen wie Nahrung, Deckung und Mikroklima auszeichnet. Dieser sogenannte Rand- oder Grenzlinieneffekt äußert sich durch einen in aller Regel deutlich größeren Artenreichtum und eine erhöhte Artendichte, der sich aus Bewohnern der beiden aneinanderstoßenden Ökosysteme sowie aus spezialisierten Saumarten rekrutiert (vgl. Holtermann 1983, van Leeuwen 1964, Mader 1987a, Schäfer 1974, Wolff-Straub 1984 u.a.).

Für den Naturschutz besitzen Ökotone aufgrund ihrer hohen Artenzahlen und der besonderen Zusammensetzung ihrer Biozönose mit spezialisierten Saumarten einen hohen Wert. Daher gilt als ein wichtiges Ziel des Biotopverbunds, die noch erhaltenen Saumbiotope in das Konzept einzubinden und vor allem in großem Umfang Raum für die Renaturierung solcher Lebensraumbänder zu schaffen. Die Bemühungen beziehen sich besonders auf Strauch- und Krautsäume entlang der Waldränder, die vielfach große Ähnlichkeit zu den Heckensystemen in der offenen Landschaft besitzen, sowie auf die Hecken und Feldgehölze umziehenden Krautsäume (s. auch Abb. 54).

Entsprechende Ökotone sollte sich generell überall dort entwickeln können, wo eine intensive Nutzung auf sehr extensiv bearbeitete oder völlig ungenutzte Lebensräume stößt. Infrage kommen damit alle Waldränder, Uferzonen von Fließ- und stehenden Gewässern, die Randbereiche sämtlicher Feuchtgebiete wie beispielsweise Seggenwiesen oder Bruchwälder mit einem typischen Feuchtegradienten, die Grenzlinien von (Halb-)Trockenrasen, Dünen und Salzwiesen, Zwergstrauchheiden usw.

Großangelegte Pflanzarbeiten erscheinen zumeist unnötig – in aller Regel genügt es, die notwendigen Flächen zur Ökoton-Entwicklung bereitzustellen und sie allein den Vorgängen der natürlichen Sukzession zu überlassen. Es versteht sich eigentlich von selbst, daß die dazu notwendigen Flächen nicht auf Kosten der naturnahen Lebensräume gehen dürfen, sondern den intensiv bewirtschafteten Flächen abgezwackt werden müssen.

Auch Straßenränder werden vielfach als solche Saumbiotope angesehen und zur Einbeziehung in den Biotopverbund empfohlen. Während der Straßenbau damit eine Möglichkeit sieht, sein Negativimage in Sachen Umwelt aufzupolieren, fordert die Ökologie eine differenziertere Betrachtung. Tatsache ist, daß Straßenrandflächen trotz der stark isolierenden Wirkung des Asphaltbandes selbst bzw. gerade innerhalb intensiv bewirtschafteter Landschaften durchaus wichtige und artenreiche Refugiallebensräume für Arten der Feldflur sowie der bebauten Gebieten darstellen können. Innerhalb von naturnäheren Lebensräumen, beispielsweise einem durch eine Straße zerschnittenen Waldgebiet, verstärkt das Straßenrandgrün hingegen die Intensität Populationstrennung, indem für das Ökosystem untypische Arten einwandern und in den Randzonen mit den angestammten Organismen in Konkurrenz treten, welcher letztere häufig unterliegen.

Mader (1987a) faßt die negativen tierökologischen Auswirkungen der Straßenränder in folgenden Punkten zusammen, wie sie im übrigen in abgeschwächter Form auch für die Korridore entlang von Feld- und Waldwegen gelten:

- Trennwirkung innerhalb der zu vernetzenden Biotope durch Straßenkreuzungen und -gabelungen, so daß auch die Längswanderungen längs der Straßen unterbrochen sind:
- Konkurrenzdruck durch Arten der angrenzenden Biozönosen und damit Vergrößern der ökologischen Wirkungsbreite;
- hoher Anteil an landschaftsuntypischen »Fremdarten« und Zufallsbesuchern;
- Belastungen durch zahlreiche straßen- und verkehrsbedingte Störfaktoren (Lärm, Erschütterungen, Wind und Fahrtwind, Emissionen, Salzeintrag, Mahd, Unfalltod).

Somit können die Straßenränder bei entsprechender Gestaltung (s. Seite 217 ff.) zwar durchaus einen Bestandteil von Biotopverbundsystemen innerhalb der intensiv anthropogen geprägten Landschaften (Agrar- und Siedlungsflächen) bilden und hier entsprechend breiter ausfallen, jedoch damit lediglich die negativen Folgen der Straßen geringfügig mindern (MADER 1987a). Innerhalb naturnaher Ökosysteme sollte hingegen die isolierende und zerschneidende Wirkung von Straßen nicht noch durch eine großzügige Gestaltung der Straßenränder verstärkt werden (s. Abb. 55). Generell bleiben die sogenannten Verkehrsnebenflächen minderwertige Randprodukte des Straßenbaus, auf die sich der Naturschutz nicht zurückdrängen lassen darf.

3.7 Der Flächenanspruch des Naturschutzes

Der Naturschutz und konkurrierende Nutzer vertreten teils sehr unterschiedliche Ansichten und Konzepte, was den Flächen- und Raumanspruch des Arten- und Biotopschutzes anbetrifft: Die einen fordern eine Segregation, also eine Begrenzung des Naturschutzes allein auf die schützenswerten Biotope. Aufgrund der Intensivnutzung der agrarischen Wirtschaftsflächen kämen nur die sogenannten Rückzugsgebiete als Lebensräume der zu schützenden Arten infrage. Das andere Extrem bildet die Ansicht, daß der Naturschutz in die Nutzung der Landschaft integriert werden müsse, da grundsätzlich alle Ökosysteme Lebensraum für Arten und Biozönosen böten.

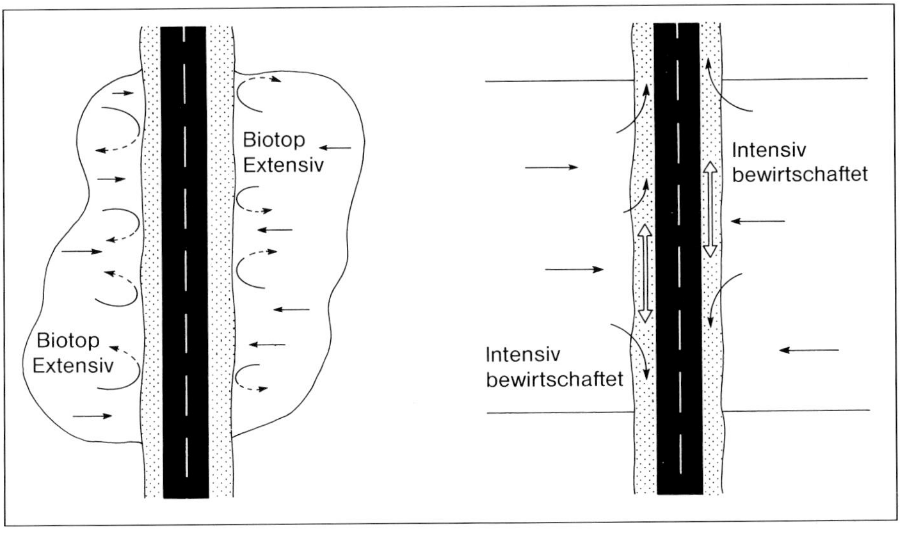

Abb. 55: Ein breit angelegtes Straßenbegleitgrün verstärkt in naturnahen oder extensiv genutzten Landschaften den Trenneffekt der Straße (links), während ihm in intensiv bewirtschafteten Landschaften eine gewisse Leitlinien- und Refugialfunktion zukommen kann (rechts) (aus MADER 1987a).

Diese Polarität läßt sich zwar wissenschaftlich diskutieren, geht jedoch etwas an der Realität vorbei. Vordergründig betrachtet beschränken sich Biotopverbundsysteme auf die Segregation, also die Ausgrenzung von Schutzflächen und -linien aus der normalen Nutzung. Dabei wird jedoch gerne übersehen, daß Biotopverbund auch eine Nutzungsextensivierung auf der gesamten Fläche beinhaltet. Wenngleich diese nicht von heute auf morgen durchsetzbar erscheint, so sind erste Schritte jedoch schon heute auf Teilflächen einzuleiten. Auch intensiv genutzte und lebensfeindliche Nutzökosysteme lassen sich durch gezielte Maßnahmen zu artenreichen Lebensräumen zurückentwickeln.

Der Naturschutz fordert daher langfristig seine Integration im Gesamtraum, nicht eine Segregation und Abschiebung auf Restflächen. 100% – so muß dementsprechend die Antwort auf die Frage nach dem Flächenanspruch des Naturschutzes lauten. Erz (1978b) stellt dazu eine Pyramide des differenzierten Flächenanspruchs des Naturschutzes auf der Gesamtfläche dar, ohne auf den quantitativen Bedarf einzugehen (Abb. 56):

- Auf der Gesamtfläche des Landes – an der Pyramidenbasis – besitzt der Naturschutz lediglich Begleitfunktion und ist gegenüber anderen öffentlichen Belangen abzuwägen.
- In extensiv bewirtschafteten Bereichen wie Heiden, Halbtrockenrasen, Salzwiesen, bestimmten Waldformen und Gewässern müssen Nutzungsbeschränkungen gefordert werden, etwa hinsichtlich Industrieansiedlungen und Bebauung, agrarischer Intensivnutzung, Forstwirtschaft, Fischerei, Jagd usw.
- Vorrangfunktionen für den Naturschutz lassen sich durch Ausweisung von Schutzgebieten unterhalb des Ranges von Naturschutzgebieten in kleineren Teilen der Landschaft festlegen, beispielsweise als sogenannte »ökologische Zellen«.
- Ein geringerer Teil der Landschaft müßte einem strengen Schutz als Totalreservate im Sinne der landläufigen und ökologisch notwendigen Begriffsauffassung von Naturschutzgebieten realisiert werden, der jedoch auch heute nur noch wenige NSG entsprechen.

Eine ähnliche Gliederung in absolute Schutzfunktion, überlagernde Schutzfunktion und Nutzfunktion stellt die in Tab. 9 gezeigte Übersicht von Zielonkowsi (1988) dar.

Die Quantifizierung des Flächenan-

Abb. 56: Der differenzierte Flächenanspruch des Naturschutzes auf der Gesamtfläche (aus Erz 1978b). Als Totalreservate gesicherte strenge Naturschutzgebiete (Spitze des Dreiecks) können allein die meisten Ziele des Naturschutzes nicht verwirklichen, da u. a. ihre Fläche zu gering ist. Mit stufenweise erhöhter Nutzungsintensität der Landschaft sinken die Schutzanforderungen, jedoch bleiben auch in den Intensivgebieten noch flankierende Maßnahmen des Naturschutzes sinnvoll und notwendig.

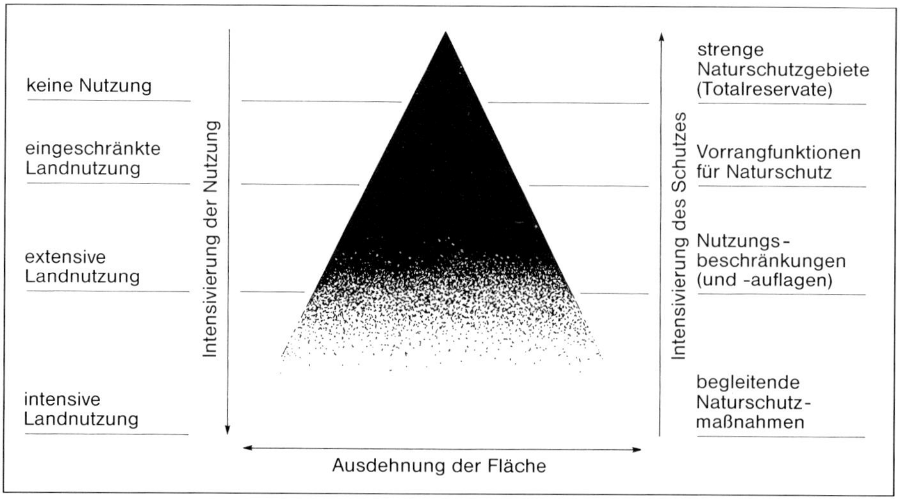

Tab. 9. Modellkonzept Naturschutz in der Landnutzung (aus Zielonkowski 1988)

Flächen/ Funktion	Nutzung	Status	Naturschutzziele	Objekte
1. Absolute Schutzfunktion	keine Nutzung	Totalreservat: Naturschutzgebiet, Nationalpark (Staatsbesitz als Ziel)	Schutz von Arten, Biozönosen, Biotopen, Naturhaushalt	Pflanzen- und Tierarten der Roten Listen
2. Überlagernde Schutzfunktion	eingeschränkte Landnutzung	Wasserschutz, Landschaftsschutz, Geschützter Landschaftsbestandteil	Sicherung der Naturgüter Boden, Wasser, Tierarten, Pflanzenarten	Gewässer und Gewässerränder, Grundwasser, Boden, Moore, Streuwiesen, Trockenrasen, naturnahe Wälder
3. Nutzfunktion	ordnungsgemäße Landnutzung unter Beachtung von Naturschutzzielen	? Kulturlandschaft	Sicherung ökologischer Nutzfunktionen im Naturhaushalt, Boden, Wasser, Luft, Arten, Eigenart und Schönheit der Landschaft (integrierter Pflanzenbau, naturgemäßer Waldbau, Erholung)	Hecken, Feldraine, Feuchtwiesen, Magerrasen, Waldränder, Kleinstrukturen

spruchs auf den unterschiedlichen Ebenen bringt große Schwierigkeiten mit sich. Hinweise auf das **Angebot** an noch vorhandenen naturnahen Strukturelementen erbrachten die in den siebziger und achtziger Jahren gelaufenen Biotopkartierungen in den Bundesländern, wenn auch mit unterschiedlich großer Genauigkeit. Je nach Naturraum ergaben sich sehr verschiedene Anteile. Angesichts der komplexen Beschaffenheit von Ökosystemen und Biozönosen (Erz 1978b) steht die Quantifizierung des **Bedarfs** demgegenüber immer noch vor großen Problemen, da die Kenntnisse der Ökologie von Arten und Lebensgemeinschaften nach wie vor zu gering ist.

Generell schwanken die Forderungen für den Flächenanteil von Vorranggebieten und extensiven Ausgleichsflächen zwischen 10 und 20%, wobei 10% das absolute Minimum darstellen bzw. häufig nur auf die Vorrang- und nicht die Ausgleichsflächen bezogen werden. Auch der Rat von Sachverständigen für Umweltfragen (1985) übernahm die 10%-Forderung als das ökologische Existenzminimum für zahlreiche wildlebende Pflanzen- und Tierarten. Der Sturm der Entrüstung seitens der Naturnutzer gegen solche Forderungen setzt Finke (1987) folgenden Zusammenhang entgegen: »Je extensiver, also umweltfreundlicher die Flächennutzung insgesamt, umso geringer kann der Flächenanteil sein, auf dem Biotop- und Artenschutz mit absolutem Vorrang zu betreiben sind.«

Konkretere und differenziertere Flächenforderungen formuliert als erster Heydemann (1983a) für das Bundesland Schleswig-Holstein, dessen Ergebnisse Finke (1987) auf das westdeutsche Gebiet überträgt (Tab. 10). Bundesweit ergibt sich daraus ein Anspruch auf rund

Tab. 10. Flächenbedarf für ein »Integriertes Biotopschutzkonzept« in der Bundesrepublik Deutschland (West) und im Bundesland Schleswig-Holstein (aus FINKE 1987 und HEYDEMANN 1983a, verändert; jeweils Durchschnittsangaben)

Funktion/Fläche	Prozentualer Anteil der Gesamtfläche			
	Bundesrepublik		Schleswig-Holstein	
	%	1000 ha	%	1000 ha
Vorranggebiete für den Naturschutz				
1. bisher ungenutzte terrestrische Flächen (einschließlich eines Teils der abgebauten Rohstoff-Entnahmestellen)	3,2	800	10,3–12,3 (für 1.–4.)	154–184 (für 1.–4.)
2. Brachland: aktuell vorhanden und in den nächsten Jahren anfallende Flächen	4,0	1000		
3. 10% der Waldflächen in öffentlicher Hand, die zu naturnahen Waldökosystemen zu entwickeln sind	1,6	400		
4. a) 50% der Gewässerfläche (einschließlich der Kleingewässer)	0,7	170		
b) Uferränder	0,5	150		
5. 75% der Wattenmeeroberfläche und eines Teils des flachen Ostseestrandes	1,4	350		187*
Zwischensumme Vorranggebiete	11,4	2870	11,3	169*
Ausgleichsflächen				
1. Saumbiotope (Hecken, Straßenränder, Wegränder, Böschungen von Bahnlinien und Kanälen) – z. B. als Geschützte Landschaftsbestandteile auszuweisen	1,2	300	3–5 (für 1.–2.)	45–80 (für 1.–2.)
2. Vernetzungsflächen und Kleinbiotope im landwirtschaftlichen Raum und extensiv genutzte Areale in diesem Bereich (= 6–10% der landwirschaftlichen Nutzfläche)	3–5	750–1250		
3. Ausgleichsflächen im urban-industriellen Raum (Parkanlagen, Grünflächen usw.)	2,0	500	2,0	30
Zwischensumme Ausgleichsflächen	7,2	1800	5–7	75–110
Gesamtsumme Vorrang- und Ausgleichsflächen	ca. 18,6	4670	ca. 17,3**	262

* wegen des hohen Meeresanteils nicht prozentual auf die Landesfläche Schleswig-Holsteins bezogen
** ohne Wattenmeeranteil

11,4% für Naturschutz-Vorranggebiete sowie weitere 7,2% für Ausgleichsflächen, in der Summe also knapp 19%. Damit liegen ökologische Eckwerte in zumindest einigermaßen fundierten Größenordnungen vor. FINKE (1987) faßt daraus drei generelle Forderungen zusammen:

1. 10% der Fläche der Bundesrepublik Deutschland sind mit dem **absoluten Vorrang** Biotop- und Artenschutz zur Verfügung zu stellen.
2. Weitere 10% der Gesamtfläche werden mit »**relativem Vorrang**« für Biotop- und Artenschutz benötigt, entsprechend den Ausgleichsflächen nach HEYDEMANN (1983a).
3. Diese Eckwerte sind als das absolute Minimum in allen Planungsregionen der Bundesrepublik anzustreben, um eine repräsentative, naturraumspezifische biotische Ausstattung in diesen Regionen zu erhalten.

Eine quantitative Abschätzung für das Bundesland Bayern, allerdings anders gegliedert, gibt SCHREINER (1987), dessen Forderungen in Tab. 11 zusammengefaßt sind. Er kommt unter Einbeziehung von Maßnahmen gegen die Bodenerosion durch Wasser mit 12% der Fläche auf 33% für absolute und vorrangige Schutzfunktionen. Für die übrigen 67% der Landesfläche schlägt ZIELONKOWSKI (1988) im Rahmen der dringend gebotenen Nutzungsextensivierung Förderprogramme im Rahmen dreier Funktionsgruppen vor: die Neuanlage von wertvollen Biotopen, die Förderung der Artenvielfalt durch Extensivierungen und der Qualitätserhalt von Trinkwasservorräten durch Reduktion der Nutzungsintensität in wasserwirtschaftlichen Vorranggebieten.

Über die Einhaltung dieser ökologischen Eckwerte zu wachen, sehen FINKE (1987) und SCHMIDT & REMBIERZ (1987) die Regionalplanung als geeignete Ebene an. Damit könne vermieden werden, daß die einzelne Kommune die »ökologischen Aufgaben« in der jeweiligen Nachbargemeinde angesiedelt sieht und sich so aus der Verantwortung zu stehlen versucht.

In einzelnen Gemeinden und Naturräumen muß der Flächenanteil der Vorrangfunktion Naturschutz sicherlich erheblich höher sein, wenn man etwa an die Ausweisung großflächiger Schutzgebiete denkt. Auf deren notwendigen Mindestflächen sowie auf die anzustrebende Verbunddichte durch Trittsteine und Korridore – die ja die Höhe des Flächenanspruchs bestimmen – wird genauer in den Kapiteln 6 und 7 eingegangen.

9,6 bzw. 13,6% Flächenanspruch für den Arten- und Biotopschutz legen HAMPICKE et al. (1991) und HORLITZ & KIEMSTEDT (1991) in zwei Szenarien eines Forschungsvorhabens zugrunde. Diese Vorranggebiete werden für die einzelnen Biotoptypengruppen anhand des heute vorhandenen Bestandes und des Defizits (erforderliche Flächen in Abhängigkeit u.a. von ihrer früheren Verbreitung und Chancen ihrer Wiederherstellbarkeit) bilanziert. Wenngleich über die zugrunde liegende Methoden gestritten werden kann, ergeben sich doch für die alten Bundesländer begründete Einschätzungen für die Schwerpunkte des Flächen- und Renaturierungsbedarfs.

3.8 Zusammenfassung

Die Strategie des Biotopverbunds zielt auf die Integration der Belange des Naturschutzes in die gesamte Flächennutzung. Sie fußt auf vier Bereichen:

1. einem System großflächiger Schutzgebiete als Dauerlebensraum stabiler Populationen (Flächen unter 100 ha Größe gleichen einem Freilandzoo);
2. einem Netz von Trittsteinbiotopen geringerer Flächengröße als Ausgangspunkte und Zwischenstationen für den Individuenaustausch zwischen den großen Schutzgebieten;
3. einem Verbund der punktuell ausgeprägten Lebensräume durch lineare Korridorbiotope als bevorzugte Ausbreitungslinien;

Tab. 11. Flächenanspruch des Naturschutzes in Bayern (aus Schreiner 1987, geringfügig verändert)

Funktion	nähere Charakterisierung	Flächengröße in Bayern (ha)	%-Anteil zur Gesamtfläche
a) absolute Schutzfunktion	Regenerations- und Wiederausbreitungszentrum für Pflanzen- und Tierarten. Totalreservate in Staatsbesitz	326000	4,6
b) generell vorrangige Schutzfunktion	alle halbnatürlichen und naturnahen Ökosystemtypen sowie Bestände halbnatürlicher *und* alter Ökosysteme	350000	5,0
c) Förderung des biologischen Austausches	Trittsteinlebensräume und Bandstrukturen als Grundgerüst der Vernetzung von Totalreservaten	288000	4,1
d) Pufferzonen für Totalreserve	Ökotone; Schutz der Totalreservate vor Belastungen jedweder Art aus angrenzenden Gebieten	153000	2,2
e) Pufferzonen an Gewässern	beiderseits 5 m breite Streifen an *allen* Fließgewässern, 10 m breite Streifen an Seen	37500	0,5
f) Schutz von Moorböden	Sicherung der Grünlandnutzung oder Bestockung mit Wald zur Vermeidung von Winderosion. Flächengröße umfaßt die landwirtschaftlich genutzte Flächen auf Moorböden	80000	1,1
g) Schutz der Böden vor Wassererosion	Sicherung der Grünlandnutzung oder Bestockung mit Wald zur Vermeidung von Wassererosion in hängigen Lagen. Flächengröße umfaßt landwirtschaftlich genutzte Fläche in stark erosionsgefährdeten Gebieten	850000	12,0
h) Schutz der Oberflächengewässer	Sicherung der Grünlandnutzung oder Bestockung mit Wald zur Vermeidung des Nährstoffeintrags in Oberflächengewässer in Überschwemmungsgebieten, die etwa einmal jährlich überflutet werden. Flächengröße umfaßt landwirtschaftlich genutzte Fläche in o. g. Überschwemmungsgebieten	112000	1,6
f) Schutz des Grundwassers	Sicherung einer extensiven Grünlandnutzung oder Bestockung mit Wald in Wasserschutzgebieten. Flächengröße umfaßt die Schutzzonen I–III aller bestehenden und geplanten Wasserschutzgebiete, soweit sie landwirtschaftlich genutzt werden	135000	1,9

4. einer flächendeckenden Extensivierung der Flächennutzung.

Nur die gleichberechtigte und konsequente Realisierung aller vier Sektoren kann den Naturschutz zu einem echten Erfolg führen. Exemplarisch werden Erfordernisse eines Biotopverbundes für Pflanzen, Wirbellose, Säugetiere und Amphibien umrissen: Als ausgewählte Zielarten können solche Artengruppen oder Einzelarten Verbundplanungen konkretisieren helfen und eine spätere Erfolgskontrolle ermöglichen. In Agrar-, Forst- und Siedlungsökosystemen ergeben sich hinsichtlich der Verbundmaßnahmen unterschiedliche Schwerpunkte. Je intensiver eine Landschaft genutzt wird, desto vordringlicher ist die Verwirklichung eines Biotopverbunds.

Im Rahmen einer Biotopkartierung werden die Restlebensräume und gefährdete Restvorkommen von Einzelarten erfaßt, um von diesen ausgehend ein Verbundkonzept zu entwerfen. Ausschließlich sind Biotoptypen gleicher oder ähnlicher Art miteinander zu verbinden. Ökotone – sanfte Übergänge von einem Biotoptyp zum anderen an Standortgradienten – sind vor allem im Falle aneinanderstoßender Nutz- und Schutzflächen in Form von Saumbiotopen zu entwickeln.

Verschiedene Arbeiten zur Quantifizierung des Flächenanspruchs durch den Naturschutz gehen als Minimum von knapp 20% der Gesamtfläche aus, wobei mindestens 10% als Vorranggebiete zu sichern sind, der Rest als Ausgleichsflächen. Detaillierte Aussagen über den auf diese Weise zu erhaltenden Anteil des Artenbestandes von Mitte des 19. Jahrhunderts als »Idealziel« werden in der Literatur nicht getroffen.

4 Ebenen und Möglichkeiten der Planung

4.1 Abgrenzung und Größe von Planungsgebieten

Das angesprochene Netz großflächiger Schutzgebiete muß vorrangig auf der Ebene der Regierungsbezirke bzw. Bundesländer realisiert werden: Hier sind die Naturschutzbehörden bei den Regierungspräsidenten bzw. bei den Landesministern gefordert, überregionale Konzepte vorzulegen und zu realisieren. Die ehrenamtlich tätigen Naturschutzverbände müssen auf politischer Ebene immer wieder solche Konzepte anmahnen und bei deren Aufstellung maßgeblich mitwirken. Weitere Anstregungen sind auf Bundes- und europäischer Ebene nötig.

Im lokalen Raum läßt sich die Planung von Biotopverbundsystemen entweder in andere die Landschaft betreffende Planungen integrieren oder aber eventuell auch eigenständig entwickeln. Die folgenden Abschnitte gehen näher auf diese Möglichkeiten ein.

Wünschenswert erscheint, die Aufteilung der Landschaft in Naturräume als Grundlage für die Biotopverbundplanung zu wählen. Die von Meynen & Schmithüsen (1959–1962) vorgelegte, vor allem geologisch und geomorphologisch begründete naturräumliche Gliederung der Bundesrepublik stellt zwar unter biogeographischen Gesichtspunkten keine optimale Abgrenzung dar. Dennoch bildet sie eine wesentlich naturbezogenere Planungsgrundlage als die politische Grenzziehung.

Kaule (1991) fordert eine Modifizierung der naturräumlichen Gliederung anhand standörtlicher Differenzen in der Landschaftsausstellung. Auf westdeutscher Ebene entwirft Trautmann (1978) eine Karte von 17 verschiedenen Landschaftstypen, die Kaule (1991) in abgewandelter Form mit den Hauptnutzungstypen unterlegt. Die letztgenannte Karte könnte die Basis für die Entwicklung landes- und bundesweiter Schutzgebietssysteme bilden, denn sie zeigt auf, in welchen Bereichen – im Siedlungsraum, in der intensiv bewirtschafteten Agrarlandschaft oder in Waldgebieten – der Schwerpunkt in den Schutzbemühungen liegen muß.

Dennoch hat sich nach Kaule (1991) bei landesweiten Biotopkartierungen der Bezug auf naturräumliche Einheiten erster und zweiter Ordnung bewährt. Bei einer differenzierteren Betrachtung zieht er auch die Einheiten dritter Ordnung heran, deren Grenzen jedoch teilweise derart verschoben werden müßten, daß im Biotopspektrum einheitliche Bilanzräume entstehen. Entsprechendes kann für die Planung von Biotopverbundsystemen empfohlen werden, so daß beispielsweise große Talauen um abzweigende, in andere Naturräume hineinragende Täler erweitert oder randlich in agrarisch geprägten Offenlandschaften gelegene größere Waldinseln dem benachbarten waldreichen Natur- bzw. Planungsraum zugeschlagen werden.

Die politische und praktische Durch- und Umsetzbarkeit von Biotopverbundsystemen auf lokaler Ebene erscheint jedoch am größten, wenn deren Planung mit Schritten der »etablierten« Planung verbunden wird. Hier bietet sich insbesondere die Integration in Landschafts- und Flurbereinigungspläne an, da so zugleich ein allgemein rechtsverbindlicher Status erreichbar ist und die Pläne nicht so leicht als schöne Zukunftsvision in den Schreibtischschubladen verstauben können. Beiträge für den Biotopverbund können auch die im Rahmen der Bebauungsplanung aufgestellten Grünordnungspläne liefern, ebenso Fachplanungen wie die Dorferneuerung, forstliche Planungen oder Gewässerrenaturierungs-Planungen.

Auch wenn für das zu beplanende Gebiet bereits ein Landschafts- oder Grünordnungsplan existiert, kann der Biotopverbund damit koordiniert werden, indem dessen Inhalte und Maßgaben in die Fortschreibung der Planung aufgenommen werden und somit Rechtsverbindlichkeit erlangen.

Die Größe der Planungsgebiete ergibt sich in diesen Fällen aus dem Umfang der anstehenden Gesamtplanungen. Sie kann im Rahmen von mehreren 100 ha liegen, wenn Teile eines Gesamtgebietes abgedeckt werden. Soll eine gesamte Gemeindefläche etwa über die Flächennutzungsplanung überplant werden, so bewegt sich die Größe bei einigen bis vielen 1000 ha. Größere Schutzgebietssysteme erfordern die Betrachtung mehrerer Naturräume bzw. der politisch abgegrenzten Bundesländer.

Gewarnt sein an dieser Stelle vor einer Unterschätzung des notwendigen Arbeitsaufwandes, den jede Biotopverbundplanung, ganz gleich in welcher Größenordnung, erfordert. Die üblichen Honorarsätze für Landschafts-, Grünordnungs- und Landschaftspflegerische Begleitpläne, wie sie die Honorarordnung für Architekten und Ingenieure (HDAI) vorsieht, kann den Mehraufwand niemals abdecken.

4.2 Integration in die Regional- und Bauleitplanung

4.2.1 Landschaftsrahmenplanung

Ohne hier tiefer ins Detail der Planungspraxis gehen zu können, sollen in den folgenden Kapiteln einige pragmatisch grundlegende Abläufe, Mitwirkungsmöglichkeiten und Fakten geschildert werden, soweit sie für den Naturschutz und insbesondere für die Realisierung des Biotopverbundes Bedeutung besitzen.

Tab. 12 gibt einen Überblick über den Aufbau der Landschaftsplanung im Rahmen der Gesamtplanung auf den verschiedenen Ebenen. Während ein überregionales Schutzgebietssystem Bestandteil des Landschaftsprogramms bzw. des Landschaftsrahmenplans auf Landes- und Regionsebene werden muß, sind die Verknüpfungen von Trittsteinen und Korridoren auf Gemeindeebene festzuschreiben.

Der kleine Maßstab und das große räumliche Bezugsgebiet erlauben der Landschaftsrahmenplanung innerhalb der Regionalplanung nicht die Berücksichtigung des Verbunds en detail. Dabei werden Räume gekennzeichnet, in denen bestimmte Nutzungen Vorrang vor anderen haben sollen (z. B. Erholung vor Agrarwirtschaft), in denen besondere Maßnahmen zur Landschaftsentwicklung durchzuführen sind, in denen eine ökologische Eignung oder Nicht-Eignung für bestimmte Nutzungsansprüche besteht usw. Konkret handelt es sich dabei etwa um die Abgrenzung bestehender und künftiger Siedlungsbereiche gegenüber Freiräumen (vor allem regionale Grünzüge), Waldflächen und Agrarbereichen, die Festschreibung von aktuellen oder geplanten Feld-Wald-Grenzen, Gewässern und Freizeiteinrichtungen, Vorrangräumen für bestimmte Nutzungen sowie vorhandenen und geplanten Flächenschutzgebieten einschließlich Schutz- und Erholungswäldern, Wasserschutz- und Hochwassergebieten (vgl. AMANN et al. 1988, KRAUSE et al. 1985, MRASS & WINKELBRANDT 1984, SCHULZ 1978).

Der Landschaftsrahmenplan selbst erlangt keine Rechtsverbindlichkeit, lediglich seine wichtigsten Aussagen werden in den Regionalplan übernommen. Die örtlichen Planungsträger sind gehalten, die Informationen des Landschaftsrahmenplans bzw. des Regionalplans in ei-

Tab. 12. Landschaftsplanung im Rahmen der Gesamtplanung auf den verschiedenen Ebenen

Planungsgebiet	Planungsträger	Gesamtplanung	Beitrag der Landschaftsplanung	Karten-Maßstab	Bemerkungen
Bundesland	Landesregierung	Landesentwicklungsprogramm bzw. -plan, Raumordnungsprogramm	Landschaftsprogramm, Landschaftsrahmenprogramm bzw. -plan	1:200000 bis 1:1000000	Landschaftsprogramm, zum Teil mit Artenschutzprogramm; in Berlin Gesamtplanung = Räumliches Entwicklungsmodell (REM), Bremen = Stadtentwicklungsplan (STEP)
Region	Regionalverband	Regionalplan, Regionaler Raumordnungsplan	Landschaftsrahmenplan	1:25000 bis 1:100000	Gesamtplanung in Berlin und Bremen = Bereichentwicklungsplan (BEP) ohne, in Hamburg Programmplan mit Landschaftsrahmenplan
Gemeinde (Gemarkung)	Gemeinde oder Planungsverband	Flächennutzungsplan	Landschaftsplan (in Großstädten auch Grünordnungsplan)	1:5000 bis 1:10000	
Teile des Gemeindegebietes	Gemeinde	Bebauungsplan	Grünordnungsplan	1:500 bis 1:2500	in Nordrhein-Westfalen und Bremen ist der Begriff des Grünordnungsplans im Gesetz nicht vorgesehen, dort überall Landschaftsplan
fachlich abgegrenzte Gebiete	Fachverwaltung	Fachplanung	Landschaftspflegerischer Begleitplan	verschiedene Maßstäbe	z. B. Flurbereinigung, Dorferneuerung, Straßenplanung usw.

Oben links: Mindestens eine Fläche von 0,5 ha (500 km^2) in feuchten Wiesen- und Flachmoorbiotopen benötigt eine Population des Breitblättrigen Knabenkrautes (*Orchis latifolia*), um langfristig zu überleben.
Oben rechts: Die Berg- oder Waldeidechse (*Lacerta vivipara*) bevorzugt sonnenexponierte Habitatelemente wie offen liegende Steine und Mauern – auch derartige Kleinststrukturen sollten daher in lokalen Verbundkonzepten Berücksichtigung finden.
Unten: Für Tagfalter wie den Admiral (*Vanessa atalanta*) nimmt man eine Größe des popularen Minimalareals von 1 ha und mehr an. Die maximal überwindbaren Verbunddistanzen liegen bei den Schmetterlingen im allgemeinen vermutlich zwischen 1 und 3 km. Der Admiral nimmt dabei insofern eine Sonderstellung ein, als er zu den jahresperiodisch wandernden Tieren zählt und somit in der Lage ist, auch größere Entfernungen zu überbrücken.

gener Verantwortung auszuformen und zu konkretisieren (AMANN et al. 1988).

4.2.2 Flächennutzungs- bzw. Landschaftsplanung

Bedeutsamer als die Regionalplanung für die Realisierung des Biotopverbunds sind die für ein Gemeindegebiet aufzustellenden Landschaftspläne, die auf einer Ebene mit den Flächennutzungsplänen stehen. In der Regel besitzen die Landschaftspläne keine direkte Verbindlichkeit, sondern nur durch die Übernahme ihrer wichtigsten Aussagen in den betreffenden Flächennutzungsplan. In manchen Ländern können sie jedoch auch via Verordnung Rechtskraft erlangen, auf jeden Fall aber per Beschluß der gemeindlichen Gremien als verbindlicher Bestandteil des Flächennutzungsplanes. Aber auch der letztere hat für den einzelnen Bürger keine Bindungskraft, sondern nur für die Behörden, die dessen Vorschriften erst in den Bebauungsplänen bürgerwirksam werden lassen.

Die Bedeutung des Landschaftsplans wurde durch das seit Juli 1987 geltende Baugesetzbuch des Bundes insofern gesteigert, als die Planer den Anforderungen an Bauleitpläne bei strenger Interpretation des Gesetzes nur bei Durchführung einer Umweltverträglichkeitsstudie gerecht werden (GREBE 1988). Damit müßten alle Planungsmaßnahmen auf ihre Umwelteingriffe hin überprüft werden – eine Forderung, der nur durch interdisziplinäres Zusammenarbeiten von Vegetationskundlern und Zoologen, Klimatologen, Hydrologen und Landschaftsökologen Rechnung getragen werden kann.

Ein Landschaftsplan soll zunächst alle natürlichen Landschaftsfaktoren erfassen: Landschaftsstruktur und Relief, Geologie und Boden, Wasserhaushalt und Gewässer, Klima, Pflanzen- und Tierwelt. Es folgt die Darstellung der verschiedenen Nutzungen und ihrer Intensität, also von land- und forstwirtschaftlichen Flächen, Wohn- und Industriegebieten, Verkehrsflächen und Abbaugebieten. Ergänzend aufzunehmen sind die Belastungen des Naturraumes, beispielsweise durch Gewässerverschmutzung, Bodenerosion, Bodenbelastung oder Lärm (GREBE 1988). Derartige Informationen werden in Grundlagenkarten dargestellt.

Fachplan für Belange des Biotopverbunds

Zur Integration der Biotopverbund-Planung in den Landschaftsplan bzw. in den Textteil des Flächennutzungsplans schlägt PUTH (1988) die Aufstellung eines informellen Fachplans vor, ähnlich wie ihn auch der Sportstättenleitplan oder der Wirtschaftsentwicklungsplan darstellt. Durch einen gesonderten Beschluß der Gemeindevertretung könne er so Rechtsverbindlichkeit erlangen. Um dies und auch eine befriedigende Umsetzung des Konzeptes in der Praxis zu erreichen, müsse der beauftragte Planer den Bürgern und den politischen Entscheidungsträgern neben der Fachberatung den Sinn für vernetztes Denken

---

Oben: Teiche und Tümpel als punktuelle Trittsteinbiotope lassen sich mit verhältnismäßig geringem Aufwand schaffen. Doch darf auch dabei nicht der nötige Sachverstand fehlen – schon viele Kleingewässer wurden im Namen des Naturschutzes auf sensiblen Standorten angelegt und beeinträchtigen so Vorkommen bedrohter Pflanzen- und Tierarten.

Unten links: Naturgemäße Forstwirtschaft auf der gesamten Forstfläche als kostensparende Umstellung der Wirtschaftsweise – hier in einem Privatwald in Schweinsberg bei Marburg – bleibt ein langfristiges, aber dennoch unabdingbares Ziel des Biotopverbunds.

Unten rechts: Die meisten Ackerwildkräuter lassen sich nur durch eine extensive Bewirtschaftung von Ackerflächen erhalten. Dazu können als lineare Elemente des Biotopverbunds Ackerrandstreifen ohne Herbizidanwendung und mit eingeschränkter Ausbringung von Insektiziden und Düngemitteln einen wichtigen Beitrag leisten. Bei der Kornrade (*Agrostemma githago*) kommt als weitere Gefährdungsursache die verbesserte Saatgutreinigung hinzu, so daß die Samen nicht mehr verbreitet werden.

vermitteln. Daneben erleichtere ein interessierter Sachbearbeiter in der Gemeindeverwaltung und ein von Beginn enger Kontakt zu örtlichen Verbänden und Einzelpersonen, Naturschutzorganisationen, Land- und Forstwirten sowie Jägern die Arbeit ganz wesentlich.

Hohe Anforderungen an die beteiligten Planer stellt mit Recht von ESCHWEGE (1988):

- Kenntnis der vorkommenden Pflanzen- und Tierarten sowie ihrer spezifischen Lebensraumansprüche, um sinnvolle Verbundvorschläge zu unterbreiten;
- lückenlose Kartierung von Biotopen, Kleinstrukturen und deren Defiziten in einer großmaßstäbigen Karte, am besten im Maßstab 1:5000 mit eingetragenen Höhenlinien und Parzellengrenzen;
- gleichzeitig Erfassung des Wegenetzes, unterschieden nach Wiesen-, Schotter- und Schwarzdeckenwegen;
- Kenntnis von landwirtschaftlichen Fruchtfolgen und Arbeitsweisen (zum Beispiel der Mahd- und Erntetermine, Formen der Grünlandnutzung etc.).

In Anlehnung an die Parzellengrenzen – da so am leichtesten realisierbar – sind dann die Vorschläge für den Biotopverbund zu erarbeiten. Wie wichtig dazu gerade eine solide Artenkenntnis und das Wissen über die Ansprüche der Fauna und Flora sind, klingt in diesem Buch immer wieder an.

Landschaftspläne zu schlecht

Bisherige Landschaftspläne werden diesen Anforderungen kaum gerecht. Das zeigt die Untersuchung von RÜCKERT & SCHÖN (1988), die 33 hessische Landschaftspläne der 80er Jahre (Aufstellungsbeginn zwischen 1981 und 1987) auf ihr Fundament und ihre Aussagen zum Biotop- und Artenschutz analysierten: In keinem Fall liegt den Plänen eine flächendeckende, das gesamte Gemeindegebiet oder zumindest Teile dessen umfassende Biotopkartierung zugrunde. Sie stützen sich zumeist auf die lückigen Ergebnisse der landesweiten Biotop- und Amphibienkartierung sowie bruchstückhafte andere Informationen. Vielfach werden die enthaltenen Flächen einfach in die Schubladen verschiedener Biotoptypen eingeordnet, wenige Planer bemühen sich um Nennung vorkommender Pflanzen- und Tierarten.

Eine differenziertere Beschreibung der realen Vegetation im Planungsraum bzw. Teilgebieten findet sich lediglich in 39% der Pläne. Bis auf zwei der 33 Pläne geben sie nur beispielhafte Artenaufzählungen aus Flora und Fauna, von einer eindeutigen Kennzeichnung der vorkommenden Pflanzengesellschaften ganz zu schweigen. Erhebungen der Tierwelt beschränken sich dabei weitgehend auf Säuger, Vögel und Amphibien – von den rund 30000 hessischen Insektenarten sind nur in sieben Plänen mehr als 10 Arten genannt.

Subjektiv fällt auch die Entscheidung der Schutzwürdigkeit erfaßter Biotope in den von RÜCKERT & SCHÖN (1988) untersuchten 33 Landschaftsplänen aus: Zumeist bleibt das Vorkommen seltener Arten das einzige Argument. Spezielle Konzepte für die Entwicklung von Biotopverbundsystemen wurden – von einem Ansatz abgesehen – nicht erarbeitet.

Vertiefende Landschaftspläne als Sondergutachten

Damit werden alle untersuchten Landschaftspläne den gesetzlichen Anforderungen des Biotop- und Artenschutzes nicht gerecht. Die Defizite beginnen nicht erst bei der Planung, sondern bereits bei der Grundlagenerfassung. Für den Biotopverbund liefern sie keinerlei verwertbare Grundlagen, fehlen ihnen doch, abgesehen von der lückenhaften Biotopkartierung, so wichtige Kriterien wie Lebensraumgröße und -struktur, räumliche und funktionale Benachbarung usw. Planer wie Gemeinden scheinen überfordert zu sein, wie die Autoren abschließend feststellen. Einen Schlüssel zur Lösung sehen sie durch den Einsatz staatlicher Mittel, um vertiefende Landschaftspläne als Sondergutachten im

Hinblick auf den Biotop- und Artenschutz zu fördern.

Diese Ergebnisse sind sicherlich auch auf andere Bundesländer zu übertragen. Als Lösungsmöglichkeit bleibt neben der staatlichen Förderung von Sondergutachten ein Anheben der fachlichen Anforderungen an den Landschaftsplan durch die Genehmigungsbehörden. Umgekehrt muß allerdings auch die Frage erlaubt sein, welche Arbeit für die Planer bei welchen Honorarsätzen zu leisten ist. Die meisten werden spezialisierte Wissenschaftler heranziehen müssen, wenn fachlich basierte Aussagen möglich sein sollen.

Wie wichtig ein solider Landschaftsplan ist, unterstreicht GREBE (1988): Die Gemeinde kann im Rahmen ihrer Planungshoheit Maßnahmen auch von Fachbehörden mit starken Umwelteingriffen ganz ablehnen oder umweltgerechte Lösungen durchsetzen, denn jeder Bauleitplan (Flächennutzungs- wie Bebauungsplan) bindet zugleich auch alle Fachbehörden. Auf diese Weise kann der Landschafts- über den Flächennutzungsplan als Argumentationshilfe gegen die weitere Landschaftszerschneidung und Biotopisolierung dienen, wenn es etwa darum geht, bei der Talüberquerung durch eine Straße ein teureres Brückenbauwerk anstelle einer Dammschüttung durchzusetzen, breitere Randzonen zur Bepflanzung, Amphibienunterführungen, umfangreichere Ausgleichsmaßnahmen oder eine geänderte Trassenwahl, um beim Beispiel des Straßenbaus zu bleiben.

4.2.3 Bebauungs- bzw. Grünordnungsplanung

Die in die Bebauungsplanung integrierte Aufstellung von Grünordnungsplänen kann hier kurz abgehandelt werden, da für sie das im vorangegangenen Abschnitt zum Landschaftsplan Gesagte sinngemäß gilt. Auch ein Grünordnungsplan erlangt nur über den Beschluß des Bebauungsplanes Rechtsverbindlichkeit, er zwingt jedoch jeden einzelnen Bürger zur Einhaltung der Vorschriften. Dargestellt werden sollen nach BICHLMEIER (1984) Flächen und Maßnahmen, die

- eine Funktion für die Aufrechterhaltung eines ausgewogenen Naturhaushaltes besitzen und ausüben sollen,
- eine Funktion hinsichtlich der Schaffung typischer Orts- und Landschaftsbilder besitzen und ausüben sollen,
- Freizeitaktivitäten ermöglichen (sollen),
- eine Funktion zur Erhaltung und/oder zur Schaffung gesunder Umweltbedingungen besitzen.

Aus der Sicht des Naturschutzes erscheinen solche Festsetzungen am wichtigsten, die schutzwürdige Landschaftsbestandteile und Grüngebiete, Vorrangflächen für den Biotopschutz, Neuanlagen von Lebensräumen, Erweiterungen von bestehenden naturnahen Flächen und letztlich vor allem den Aufbau eines Biotopverbundes betreffen. Da der Grünordnungs- bzw. Bebauungsplan ganz konkrete und flächenscharfe Festsetzungen erlaubt, sind sehr differenzierte und exakte Vorschriften bzw. für Privatgrundstücke zumindest Empfehlungen möglich, etwa zur Fassaden- und Dachbegrünung, zur Pflanzung von Straßen- und Obstbäumen, zur Pflege von Grünanlagen, zur Renaturierung von Fließgewässern, zur Freihaltung von Frischluftbahnen zwischen freier und bebauter Landschaft usw.

Der Aufbau von Biotopverbundsystemen im besiedelten Bereich muß in einem noch großmaßstäblicheren Rahmen als in der freien Landschaft erfolgen. GREBE (1988) empfiehlt den Maßstab 1 : 1000. Aufgrund der exakten Aufnahmemöglichkeit auch von Einzelbäumen, Gärten abgestuften Naturschutzwertes, verschiedenen Zauntypen mit und ohne Sockel usw. bietet sich gerade bei der Neuausweisung von Baugebieten die Kombination mit den Grünordnungs- bzw. Bebauungsplänen an. Dennoch müssen solche Maßnahmen immer im Gesamtzusammenhang mit dem Siedlungs- und dem angrenzenden Landschaftsraum gesehen werden.

Städtebaulicher Rahmenplan

Dem Anliegen nach der Einbindung des innerhalb von Grünordnungs- bzw. Bebauungsplänen konzipierten Biotopverbunds, der zwangsläufig über den Tellerrand des eng begrenzten Planungsgebietes hinwegschauen muß, kommt eine weitere freiwillige und unverbindliche Planungsstufe entgegen, die sich seit den 70er Jahren vielerorts etablierte: der städtebauliche Rahmenplan bzw. Ortsteilentwicklungsplan. Er soll die Kluft in der zweistufigen Bauleitplanung schließen – zwischen dem vergleichsweise kleinmaßstäblichen und langfristigen Flächennutzungsplan und dem großmaßstäblichen, sehr kleinräumig relevanten Bebauungsplan (vgl. Überblick bei Vogt 1988).

Der Rahmenplan bietet eine Zusammenschau der planerischen Vorgaben und Vorhaben innerhalb eines in sich mehr oder weniger abgeschlossenen Gebietes, etwa einer Altstadt, eines Stadt- oder Ortsteils, eines Dorfes. Er soll jedoch die später einsetzende Bebauungsplanung nicht bevormunden. Rechtlich gesehen kann er dies auch überhaupt nicht, erhält er doch keinerlei Bindungskraft. Damit bleibt er zugleich leicht revidierbar.

Erfahrungen mit der Integration der Belange des Biotopverbunds in städtebauliche Rahmenpläne liegen bislang nicht vor. Ihre Unverbindlichkeit und die per Bebauungsplan vorzunehmende Umsetzung lassen sie zwar für ein Verbund-Rahmenplanung im bebauten Bereich geeignet erscheinen, eine Konkretisierung muß jedoch auf jeden Fall über die Grünordnungs- bzw. Bebauungspläne erfolgen.

Tab. 13. Stufen und Aufgaben der Agrarplanung in der Bundesrepublik Deutschland (aus Mrass & Zvolsky 1978, verändert)

Planungsebene	Aufgabe der Agrarplanung	Aufgabe der Landschaftsplanung	Maßstab
AVP* 1. Stufe	Rahmenplanung für das Gebiet eines Bundeslandes	Untersuchen der landschaftlichen Makrostrukturen	1:250000 bis 1:500000
AVP* 2. Stufe	Entscheidungshilfe zur Auswahl der Maßnahmen für eine Region oder deren Teile	Bestandsaufnahmen, Diagnosen, Bewertung, Aussagen zur Grünordnung, Problemlösungen	1:25000 bis 1:50000
AVP* 3. Stufe	Projektgebundene Entwicklungsplanung im Nahbereich	Detaillierung der Zielsetzungen der Landespflege wie Bodenschutz, Ausweisung von Schutzgebieten etc.	1:5000 bis 1:10000
Flurbereinigung	Maßnahmen zur Verbesserung der Produktions- und Arbeitsbedingungen für Land- und Forstwirtschaft, Förderung der allgemeinen Landeskultur	Konkrete Maßnahmen zur Grünordnung, Mikroklimasteuerung, Beseitigung von Landschaftsschäden, ingenieur-biologische u. a. Schutzmaßnahmen	1:500 bis 1:5000

* AVP = Agrarstrukturelle Vorplanung

4.3 Berücksichtigung innerhalb von Fachplanungen

4.3.1 Agrarstrukturelle Vorplanung und Flurbereinigung

Auch im Bereich der Agrarplanung findet sich eine vierzügige Gliederung (Tab. 13): Die erste und zweite Stufe der Agrarstrukturellen Vorplanung (AVP) sind auf der Länder- und Regionsebene angesiedelt, die dritte Stufe der AVP beinhaltet eine projektbezogene Planung, und auf unterster Ebene steht das Flurbereinigungsverfahren, welches auf den Naturschutz die unmittelbarsten Folgen zeigt.

Generell besteht das vorrangige Anliegen aller dieser Planungsstufen darin, die Produktions- und Arbeitsbedingungen der Land- und Forstwirtschaft zu verbessern (und ferner die allgemeine Landeskultur und Landentwicklung zu fördern) – und diese Verbesserung wird durch die Zusammenlegung von Flurstücken und damit eine Parzellenvergrößerung erreicht. Der Konflikt mit dem Naturschutz liegt auf der Hand, die Bilanzen vergangener Flurbereinigungen offenbaren gravierende Naturzerstörungen, die Ausräumung und Monotonisierung der Landschaft.

Aufgaben der Agrarstrukturellen Vorplanung

Die Agrarstrukturelle Vorplanung (AVP) stellt eine überörtliche Entwicklungsplanung dar, die auf die Ziele der Raumordnung und Landesplanung auszurichten ist; dabei sind die regionale Wirtschaftsstruktur, die Infrastruktur sowie die Landschaftsstruktur zu berücksichtigen und vorhandene Bauleitpläne zu beachten (Berens 1986). Im Rahmen der AVP sollen die agrarstrukturellen Verhältnisse des Planungsraumes gründlich analysiert, Vorschläge zur Verbesserung der Produktionsbedingungen erarbeitet, die voraussichtliche Entwicklung der Bodennutzung und Landeskultur abgeschätzt, die Notwendigkeit der Dorferneuerung geprüft und letztlich auch die Belange von Naturschutz, Landschaftspflege, Erholung, Freizeit und außerlandwirtschaftlicher Erwerbssituation aufgezeigt werden. Die AVP besitzt jedoch keine Rechtsverbindlichkeit – ihre Ergebnisse und Empfehlungen sollen vorrangig als Grundlage für Flurbereinigungsverfahren herangezogen werden. Eine flächendeckende Aufstellung von AVP wird in keinem Bundesland angestrebt (Berens 1986).

Landschaftsplanungen können durch die AVP nicht ersetzt werden, Ausführungen zu Naturschutz und Landschaftspflege – so Berens (1986) – sollen sich auf »die Sammlung und Erarbeitung von Grundlagen für spätere fachgesetzliche Verfahren beschränken«. Bezogen auf den Aufbau von Biotopverbundsystemen bedeutet dies, daß in die AVP keine besonderen Erwartungen gesetzt werden können. Hier kann und muß es allerdings schon zu einer allgemeinen Beschreibung der Ziele, Aufgaben und vor allem der Flächengrößen und Verbunddistanzen für den beplanten Landschaftsbereich kommen, um stärkeren Eingang in die folgenden Flurbereinigungen zu finden.

Ablauf der Flurbereinigung

Ein Verfahren zur Flurbereinigung – wegen seines negativen Beigeschmacks hinsichtlich der Naturzerstörung oft als Flurneuordnung oder Bodenordnung bezeichnet – wird im allgemeinen in solchen Fällen eingeleitet, wenn zersplittertes Grundeigentum aus betriebswirtschaftlichen Gründen zusammengelegt werden soll. Ein häufiger Auslöser solcher Verfahren ist heute der Bau neuer Straßen.

Das Flurbereinigungsgesetz regelt den Ablauf und die Inhalte eines solchen Verfahrens. Zunächst stellt die Flurbereinigungsbehörde – im Benehmen mit der landwirtschaftlichen Berufsvertretung, den beteiligten Behörden und Organisationen, auch der nach § 29 des Bundesnaturschutzgesetzes anerkannten

Naturschutzverbände – allgemeine Grundsätze für die zweckmäßige Neugestaltung des Flurbereinigungsgebietes auf. Ein Ziel soll die Schaffung gemeinschaftlicher Anlagen und solcher im öffentlichen Interesse sein, beispielsweise Wege und Straßen, Wind- und Klimaschutz, Immissions- und Emissionsschutz, Spiel- und Sportstätten, Naturschutz, Landschaftspflege und Erholung. Dazu kann »in verhältnismäßig geringem Umfange« Land bereitgestellt werden.

Zu diesem Zweck konzipiert die Flurbereinigungsbehörde im Benehmen mit der Teilnehmergemeinschaft einen Wege- und Gewässerplan mit Landschaftspflegerischem Begleitplan (LBP), der die »gemeinschaftlichen und öffentlichen Anlagen, insbesondere die Einbeziehung, Änderung oder Neuausweisung öffentlicher Wege und Straßen sowie die wasserwirtschaftlichen, bodenverbessernden und landschaftsgestaltenden Anlagen« darstellt. Der LBP bietet die Möglichkeit, eine umfassende Biotopverbund-Planung zu integrieren.

Um dem Naturschutz und der Landschaftspflege einen höheren Stellenwert in der Flurbereinigung zu verschaffen, erließen die Bundesländer zahlreiche Verwaltungsvorschriften, vor allem Hessen und Nordrhein-Westfalen (Überblick bei Borchert 1988). Entsprechende Richtlinien über die allgemeinen Grundlagen und Ziele des Biotopverbunds fehlen bislang, erscheinen aber sehr wünschenswert, da sie die lokale Durchsetzung der ökologischen Erfordernisse erleichtern könnten.

Umsetzung des Verbunds in der Flurbereinigung

Zumindest in der Theorie – die Unterstützung der Landwirtschaftsverwaltung, der Teilnehmergemeinschaft und aller anderen Beteiligten vorausgesetzt – stellt die Flurbereinigung das optimale planerische Mittel zur Umsetzung einer Biotopverbund-Planung in die Praxis dar. Im Gegensatz zum Landschaftsplan stehen im Rahmen der Flurbereinigung über den ohnehin erfolgenden Flächentausch die notwendigen Flächen und Randstreifen unmittelbar zur Verfügung.

Nach § 86 des Flurbereinigungsgesetzes ist auch aufgrund notwendiger Maßnahmen des Naturschutzes ein vereinfachtes Flurbereinigungs-Verfahren, nach § 93 ein beschleunigtes Zusammenlegungsverfahren oder nach § 103a ein freiwilliger Landtausch möglich. Hier sollte jedoch vor Einleitung des Verfahrens der Konsens zwischen allen Beteiligten – vor allem mit den Grundeigentümern – über die Ziele und den Umfang der geplanten Naturschutz-Maßnahmen unbedingt stattfinden, da alle Flurbereinigungen, auch solche aus Gründen des Naturschutzes, dem Interesse der betroffenen Grundeigentümer dienen müssen (vgl. Deixler 1984b).

Eine erste umfassende Analyse der Möglichkeiten, die die Flurbereinigung dem Biotopverbund bietet, liefert Frey (1988). Teils in Anlehnung an diese Ausführungen seien hier folgende Empfehlungen für die Umsetzung von Verbundsystemen mittels der Flurbereinigung gegeben:

(1) Unabdingbar ist der bereits angesprochene, möglichst breite Konsens zwischen den Beteiligten über den Sinn der Naturschutzmaßnahmen. Aufklärung über die zu erwartenden Subventionen für die Landwirte durch entsprechende Förderprogramme kann die Grundeinstellung positiv beeinflussen.

(2) Grundlage der Planung muß zunächst ein unabhängig erarbeitetes, umfangreiches ökologisches Gutachten darstellen, an welchem Wissenschaftler verschiedener Disziplinen zu beteiligen sind. Eine großmaßstäbliche, parzellenscharfe Biotopkartierung, die auch sämtliche Kleinstrukturen, Nutzungsformen und Isolationsfaktoren erfaßt, eine Bewertung der Situation im Vergleich zur zu erwartenden naturräumlichen Ausstattung sowie die Vorlage eines differenzierten und ebenfalls parzellenscharfen Konzeptes für ökologisch erforderliche Maßnahmen, um einen Biotopver-

bund wiederherzustellen, bilden die wichtigsten Inhalte des Gutachtens.

(3) Die Ökologen sind auch an allen weiteren Schritten des eigentlichen Flurbereinigungsverfahrens hin bis zu seiner Umsetzung und den folgenden Pflegemaßnahmen zu beteiligen. Dies gilt auch für die Naturschutzverbände mit oft sehr großer Sachkompetenz ihrer örtlichen Mitarbeiter.

(4) Vorhandene Biotopstrukturen sind unbedingt zu erhalten. Die Erhaltung ist der Neuanlage grundsätzlich vorzuziehen, da die Konstanz und das Alter von Lebensräumen und Populationen eine nicht zu unterschätzende Rolle im Artenschutz spielt.

(5) Der Bedarf an Flächen zum Biotopverbund läßt sich nur zu einem Teil aus dem »Abzug aus öffentlichem Interesse« nach § 40 des Flurbereinigungsgesetzes decken, der nur »in verhältnismäßig geringem Umfange« erfolgen kann; eine zusätzliche Belastung der zumeist ohnehin finanziell schlecht gestellten Landwirte sollte vermieden werden. Das Gros ist so oder so auf anderen Wegen zu beschaffen:

- durch entsprechende Verlegung von Flächen, die sich in öffentlichem Eigentum befinden (Bund, Kreis, Gemeinde und andere Körperschaften öffentlichen Rechts),
- durch gezielte Flächenkäufe durch die öffentliche Hand (vgl. § 52 des Flurbereinigungsgesetzes).

In diesem Zusammenhang ist es von Vorteil, wenn öffentliche Hand und ehrenamtlich tätiger Naturschutz bereits vor Einleitung des Flurbereinigungsverfahrens von der Möglichkeit Gebrauch machen, Flächen aufzukaufen. Dies können durchaus hochwertige Böden sein, an denen der Naturschutz auch zur Renaturierung keine besonderen Interessen hegt – im Rahmen der Flurbereinigung stehen sie dann zum Tausch zur Verfügung. Aus welchen Quellen die notwendigen finanziellen Mittel für Flächenkäufe kommen können, bedarf zumeist einer längerfristigen Vorabklärung; es sollten sich auf jeden Fall sowohl kommunale als auch staatliche Einrichtungen daran beteiligen. FREY (1988) fordert für das Bundesland Hessen für derartige Flächenkäufe die Bereitstellung von 2 Mio. Mark jährlich.

(6) Sowohl auf flächigen Biotopen (Trittsteine, unter Umständen auch großflächige Schutzgebiete) als auch auf linienförmigen Korridoren sind umfassende Maßnahmen zur Renaturierung vorzusehen, die parzellenscharf im Wege- und Gewässerplan mit Landschaftspflegerischem Begleitplan dargestellt werden müssen. Die notwendigen Arbeiten der Anlage sind so differenziert wie möglich zu beschreiben, ihre Ausführung durch die beteiligten qualifizierten Ökologen zu betreuen.

(7) Im Rahmen der Flurbereinigung ist die Isolation naturnaher Landschaftselemente auch durch die Entsiegelung von Flächen zu mindern. Dazu kommt vor allem die Rückführung asphaltierter Feldwege in naturnähere, nur leicht befestigte Verbindungen – nach Möglichkeit mit Grünstreifen zwischen den Fahrspuren – infrage.

(8) Bereits im Flurbereinigungsverfahren sind für die Naturschutzflächen Pflegekonzepte festzuschreiben, die längerfristig eine ökologisch notwendige Entwicklung bzw. Erhaltung garantieren. Mit der Ausführung sollten, soweit möglich, örtliche Landwirte über Pflegeverträge beauftragt werden, um deren Existenz zu unterstützen. Zur Finanzierung ist die öffentliche Hand heranzuziehen.

4.3.2 Dorferneuerung

Maßnahmen zur Dorferneuerung werden seit 1984 finanziell gefördert mit Bundesmitteln aus dem Rahmenplan der Gemeinschaftsaufgabe »Verbesserung der Agrarstruktur und des Küstenschutzes«; sie liegen jedoch im Hoheitsbereich der Bundesländer, die über die Aufnahme bestimmter Dörfer in das Programm beschließen. Maßnahmen im Rahmen der Dorferneuerung, so beschreiben es die Förderrichtlinien der Gemeinschaftsaufgabe, sollen die Produktions- und Arbeitsbedingungen in der Land- und Forstwirtschaft, die Lebensverhältnisse der in diesen Bereichen Tätigen und ihrer Familien verbessern, damit zur Erhaltung einer bäuerlichen Landwirtschaft beitragen und so für die gesamte Land- und Forstwirtschaft von Bedeutung sein.

Abb. 57: Exemplarischer Ablauf einer Dorferneuerungs-Planung, in die hier als eine Basis eine Kartierung der Dorfflora integriert wurde (aus PANEK 1987).

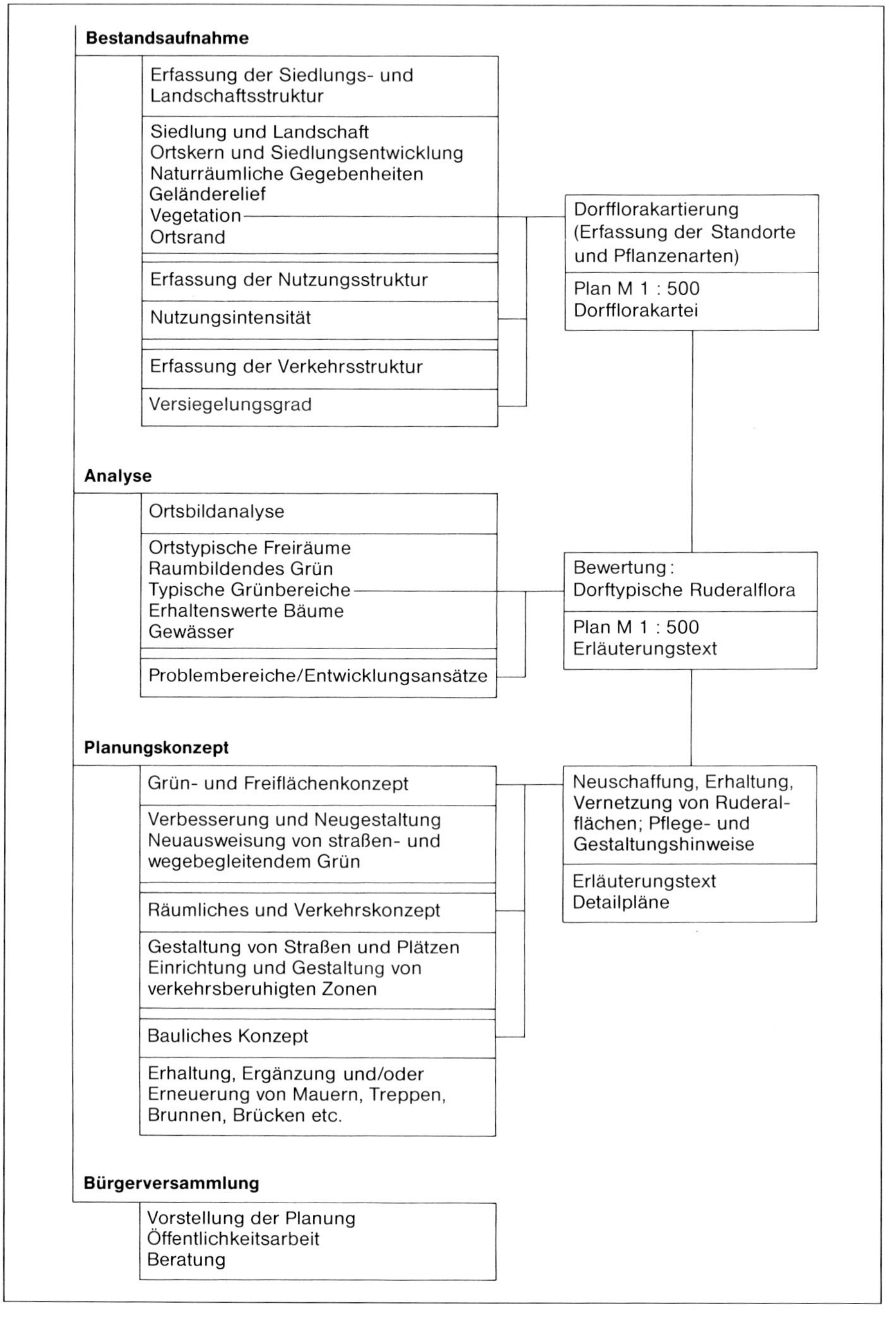

Gefördert werden vor allem die Planung und Verbesserung der innerörtlichen Verkehrsverhältnisse, Maßnahmen zur Abwehr von Hochwassergefahren im Ortsbereich, der Erhaltung und Gestaltung landwirtschaftlich geprägter Bausubstanz, der Anpassung der Wohn- und Arbeitsverhältnisse an moderne Erfordernisse (nachträglicher Einbau von Bädern usw.) sowie des Neu-, Aus- und Umbaus von land- und forstwirtschaftlichen Gemeinschaftsanlagen. Ein Ziel soll sein, die Identität der Gemeinden und Ortsteile als ländliche Siedlungen durch ortsbildprägende Erhaltungs- und Gestaltungsmaßnahmen zu stärken.

Im Rahmen der Dorferneuerung werden vielfach auch Naturschutz-Maßnahmen realisiert. Die hohe Bezuschussung und die Möglichkeit des ebenfalls großzügig geförderten Grunderwerbs durch die betroffenen Gemeinden lassen den Zeitpunkt günstig erscheinen, im Rahmen einer laufenden Dorferneuerungs-Planung auch einen Biotopverbund zwischen Siedlung und angrenzender Landschaft zu berücksichtigen. Über Naturschutz-Maßnahmen in der Dorferneuerung berichtet exemplarisch OSTERMANN (1991).

Die Abb. 57 verdeutlicht das Ablaufschema der Dorferneuerungs-Planung und die Einbindung einer Dorfflorakartierung, die Grundlage der Verbundplanung sein kann.

4.3.3 Forstliche Planungen

Ähnlich dem Agrarsektor existieren auch für den Bereich der Forsten eigene Fachplanungen auf unterschiedlichen Ebenen:

- Das **Landeswaldprogramm** dient für den Bereich eines gesamten Bundeslandes zur »Ordnung und Verbesserung der Waldstruktur« sowie zur »Sicherung der für die Entwicklung der Lebens- und Wirtschaftsverhältnisse des Landes notwendigen Funktionen des Waldes« (Hessisches Forstgesetz). Damit sind hier lediglich allgemeine Empfehlungen für den Biotopverbund zu formulieren. Als Fachplan sind jene Teile für die zuständigen Behörden verbindlich, die nicht über nachfolgende Pläne, sondern durch die Landesforstverwaltung unmittelbar umgesetzt werden (NIESSLEIN 1985).
- **Forstliche Rahmenpläne** (Waldfunktionspläne) werden durch die nach Landesrecht zuständigen Behörden für einzelne Waldgebiete, das gesamte Landesgebiet (dann entsprechen sie einem Landeswaldprogramm) oder Teile davon aufgestellt. Die Ziele entsprechen den oben genannten; dabei sind die Vorschriften der Raumordnung und Landesplanung zu beachten. Forstliche Rahmenpläne stehen nach REITHELSHÖFER (1982) gleichberechtigt neben der Agrarleit- und der Landschaftsrahmenplanung.
- Die **Forsteinrichtung** bezieht sich auf den Einzelbetrieb und beinhaltet eine zumeist auf zehn, seltener auf zwanzig Jahre angelegte forstwirtschaftliche Planung. Diese Betriebsplanung umfaßt eine Bestandsaufnahme (Holzvorratsinventur), eine Kontrolle der im abgelaufenen Forsteinrichtungszeitraum ausgeführten Maßnahmen sowie eine Planung aller den Forstbetrieb betreffenden Handlungen für die nächsten zehn Jahre. Im Vordergrund der Zukunftsplanung stehen dabei der Umfang des vorgesehenen Holzeinschlags, die Baumartenwahl bei Neuaufforstungen, Gestaltung und Umfang der Pflege von Jungbeständen und Durchforstungen, aber auch die Walderschließung durch Forstwege, Erholungseinrichtungen und der Naturschutz.
- **Forstliche Betriebspläne** gelten jeweils ein Jahr und legen auf der Grundlage der langfristigen Pläne zur Forsteinrichtung die im folgenden Jahr geplanten Maßnahmen fest. Sie bestehen zumeist aus Nutzungsplan, Kulturplan, Wegebauplan und Finanzplan.

Verbundplanung bei der Forsteinrichtung

Wenngleich allgemeine Zielvorgaben zur Realisierung von Biotopverbundsyste-

Tab. 14. Planungsschritte, Beiträge des Naturschutzes und Einspruchsmöglichkeiten im Straßenbau

lfd. Nr.	Planungsschritt	Naturschutz als eigener Planungsteil	einfließende Naturschutzpläne	Einspruchsmöglichkeiten
1	Bedarfsplan	Landschaftsprogramm	–	–
2	Voruntersuchung und Linienentwurf	eventuell Landschaftspflegerische Voruntersuchung	Landschaftsrahmenplanung	–
3	Linienbestimmungsverfahren	eventuell Umweltverträglichkeitsprüfung	–	ja, formlos einzureichen, aber keine gerichtliche Anfechtbarkeit
4	Festlegung von Planungsgebieten	–	–	ja, formloser Widerspruch und Anfechtungsklage vor dem Verwaltungsgericht möglich
5	Vorentwurf der Straßenplanung	Vorentwurf des Landschaftspflegerischen Begleitplans	Landschaftsplan der betreffenden Gemeinde(n)	–
6	Haushaltstechnisches Genehmigungsverfahren	–	–	–
7	Bauentwurf	Entwurf des Landschaftspflegerischen Begleitplans	–	–
8	Planfeststellungsverfahren			– während bzw. 2 Wochen nach der Auslegung im Rathaus per formlosem Einspruch bei Gemeinde oder Regierungspräsident – mündlich im öffentlichen Anhörungsverfahren (Erörterungstermin) – nach Planfeststellungsbeschluß innerhalb eines Monats Klage beim Verwaltungsgericht

Tab. 14. Planungsschritte, Beiträge des Naturschutzes und Einspruchsmöglichkeiten im Straßenbau

lfd. Nr.	Planungsschritt	Naturschutz als eigener Planungsteil	einfließende Naturschutzpläne	Einspruchsmöglichkeiten
9	Ausführungspläne	landschaftspflegerische Ausführungspläne	–	–
10	eventuell Enteignung nach rechtsgültigem Planfeststellungsbeschluß			umgehend, aber nur als betroffener Eigentümer möglich

men im Landeswaldprogramm und vor allem in den Forstlichen Rahmenplänen formuliert werden sollten, so erscheint doch nur die Forsteinrichtung als das geeignete Instrumentarium für die planerische Umsetzung konkreter Einzelmaßnahmen vor Ort. Hier ist zugleich eine Minimierung des Wegeaus- und -neubaus auf ein unbedingt notwendiges Maß anzustreben, um die Isolationseffekte innerhalb der Forsten nicht weiter zu erhöhen.

Die Komplexität möglicher Maßnahmen zum Aufbau von Biotopverbundsystemen innerhalb der Forsten und mangelnde Erfahrungen auf diesem Terrain machen im Vorfeld ein gesondertes umfangreiches Gutachten und Konzept notwendig, welches wiederum von qualifizierten Ökologen unterschiedlicher Disziplinen aufzustellen ist. Deren Aussagen sind dann mit praktischen Handlungsanleitungen in der Forsteinrichtung festzuschreiben; bei der Ausführung und eventuell notwendigen künftigen Pflegemaßnahmen, mit denen in aller Regel die Forstverwaltung beauftragt werden kann, müssen ebenfalls die Wissenschafter ebenso wie die örtlich aktiven Naturschutzverbänden beteiligt werden.

Die Umsetzung der in der Forsteinrichtung festgeschriebenen Verbundplanung obliegt dann den jährlichen Betriebsplänen. Handelt es sich um Waldungen in kommunalem Besitz, so müssen die Pläne – auch wenn die Bewirtschaftung staatlichen Forstämtern unterstellt ist – durch die Gemeindevertretung verabschiedet werden. Hier ergeben sich weitere Einflußmöglichkeiten durch Bevölkerung und ehrenamtlich tätigen Naturschutz, etwa wenn vorgesehene Konzepte nur schleppend in die Praxis umgesetzt werden.

4.3.4 Straßenplanungen

Die Planung und der Bau neuer Straßen bzw. ihr Ausbau stehen den Belangen des Naturschutzes diametral entgegen. Verkehrsadern, die die unerwünschten und gefährlichen Isolationseffekte zwangsläufig erhöhen, können daher kein Mittel sein, um Biotopverbundsysteme in der Landschaft zu etablieren, wie es manche Straßenplaner gerne darzustellen versuchen.

Sinnvoller Biotopverbund setzt daher das Agieren gegen jegliche Neu- und Ausbauplanungen voraus, soweit sie nicht allgemein als unvermeidbar angesehen werden müssen. Tab. 14 faßt den Ablauf der Straßenplanung mit den Beiträgen des Naturschutzes sowie die rechtlich gegebenen Möglichkeiten des Einspruchs zusammen. Notwendig ist die Beteiligung der behördlichen und privaten Stellen, die sich mit dem Biotopverbund bzw. dem Naturschutz allgemein befassen, bereits im frühesten Stadium der Voruntersuchung und des Linienentwurfs, spätestens aber im Rahmen des Verfahrens zur Linienbestimmung. Zu fordern ist hier eine auf fachlich fundierter Grundlage fußende Umweltverträglichkeitsprüfung. Zu prüfen sind generell nicht nur verschiedene Trassenvarianten, sondern auch die sogenannte Nullvariante. Dabei müssen Erkenntnisse der Tierökologie (Aktionsräume, Minimalareale, spezifische Biotopbindungen usw.), der Isolationseffekte und der Inselökologie verstärkt Berücksichtigung finden.

Erscheint ein Eingriff in den Naturhaushalt unabwendbar, so müssen tierökologische Informationen über Fachgutachten Eingang in den Landschaftspflegerischen Begleitplan und die folgenden Ausführungspläne finden. Auf diese Weise lassen sich zumindest manche negativen Zerschneidungsfolgen minimieren (s. Seite 217 ff.; vgl. MADER 1983b).

4.3.5 Planungen des Wasserbaus

Neben Flurbereinigung und Straßenbau haftet auch dem Wasserbau in Kreisen des Naturschutzes ein sehr negatives Image an. In der Vergangenheit waren wasserbauliche Planungen und auch als einfache Unterhaltungsmaßnahmen titulierte Eingriffe für massive Naturzerstörungen in Tallandschaften verantwortlich, die weit über das eigentliche Fließgewässer hinaus wirken. Heute werden in zunehmendem Umfang Renaturierungs-Planungen entwickelt und umgesetzt, die auch im Rahmen des Biotopverbunds von großem Interesse sind. Sie stellen eigenständige Fachplanungen dar, an denen die Träger öffentlicher Belange zu beteiligen sind. Eine auf Bayern bezogene Zusammenstellung der entsprechenden Rechtsvorschriften gibt KRAUS (1988).

Eine Fließgewässer-Renaturierung (vgl. z. B. SCHLÜTER 1992) setzt im allgemeinen den Grunderwerb von Flächen beiderseits des bisherigen Laufes voraus. Dafür müssen ebenso finanzielle Mittel zur Verfügung stehen wie für die Planung und die Ausführung des Rückbaus. Einige Bundesländer bieten dazu eigene Förderprogramme an.

Aber auch ohne eine Renaturierung muß der Grundeigentümer einer Fläche, die an ein Fließgewässer grenzt, nach den Bestimmungen des Wasserhaushaltsgesetzes die Bepflanzung des Ufers dulden, zumindest wenn dies zur Unterhaltung der Gewässer notwendig ist. Unterhaltspflichtig und somit für eine mögliche Bepflanzung zuständig ist für die schiffbaren Flüsse und Kanäle (Bundeswasserstraßen) die Wasser- und Schifffahrtsverwaltung des Bundes, für die sogenannten Gewässer 1. und 2. Ordnung die Wasserwirtschaftsverwaltung der Länder, für die Gewässer 3. Ordnung die Eigentümer, häufig also die Gemeinden.

Weitere Möglichkeiten, entlang der Ufer Verbundelemente zu schaffen, bieten Förderprogramme der Bundesländer zur Herausnahme von Uferstreifen aus der landwirtschaftlichen Nutzung, um den Dünger- und Schadstoffeintrag von den angrenzenden Kulturflächen zu verringern. Derartige Maßnahmen sind unabhängig von wasserwirtschaftlichen Planungen und Unterhaltungsarbeiten realisierbar.

4.4 Biotopverbund als eigenständige Planung

In den vorangehenden Abschnitten klang immer wieder an, daß konkrete Vorhaben zum Aufbau von Biotopverbundsystemen auch dann, wenn sie in Landschaftspläne, Flurbereinigungspläne oder andere Planungen integriert werden sollen, zunächst ein umfassendes ökologisches Gutachen erfordern. Insofern spricht im Grunde nichts dagegen, mit dem Ziel eines Biotopverbunds eine eigenständige und unverbindliche Planung etwa für einen bestimmten Gemarkungsausschnitt durchzuführen, wenn beispielsweise weder ein Flurbereinigungsverfahren noch die Aufstellung oder Fortschreibung des Landschaftsplanes anstehen.

Gleichwohl legt der gänzlich unbefriedigende Zustand der meisten Landschaftspläne deren baldmögliche Novellierung bzw. komplette Neuaufstellung nahe. Dabei müssen als zentrales Standbein zwingend die Erfordernisse des Biotopverbunds und ihre Umsetzung eingearbeitet werden. Allerdings sei klargestellt, daß eine Verbund-Planung keinesfalls einen Landschaftsplan ersetzen, sondern diesen nur ergänzen und ihm wichtige Zuarbeit leisten kann.

Die aktuelle Entwicklung gibt zu der Befürchtung Anlaß, daß in vielen Fällen pauschale Planungen ohne Absicherung zum Beispiel über Arterfassungen und ohne vernünftigen Bezug zum bearbeiteten Landschaftsraum erfolgen. Die Folge ist eine mehr oder minder zufällig der Landschaft übergestülpte Wunschnatur, die von Gemeinde zu Gemeinde austauschbar ist und mehr mit persönlichen Vorlieben der Planer als mit Erfordernissen tatsächlichen Naturschutzes zu tun hat. Solche gedankenlosen Vereinfachungen drohen das Biotopverbund-Konzept insgesamt seiner Wirksamkeit zu berauben.

Nachfolgend sind die generell notwendigen Schritte einer Biotopverbund-Planung auf lokaler Ebene zusammengestellt, die im Einzelfall weiter spezifiziert werden müssen (Jedicke 1992a):

1. Vorarbeiten
1.1 Klären der Aufgabenstellung und Abgrenzung des Planungsgebietes
1.2 Sichten vorhandener Unterlagen wie
- Landschafts- und Flächennutzungsplan
- Regionaler Raumordnungsplan
- Agrarstrukturelle Vorplanung
- sonstige Fachplanungen
- Gutachten und Pflegepläne für Naturschutzgebiete usw.

1.3 Beschaffen von Kartengrundlagen (aktuell und historisch) sowie Luftbildern
1.4 Bildung eines projektbegleitenden Arbeitskreises und Mitarbeit in diesem Gremium

2. Ermitteln der Planungsgrundlagen
2.1 Beschreiben der naturräumlichen Gliederung und Ausstattung:
- Naturraum
- Geologie
- Böden
- Lokalklima
- potentielle natürliche Vegetation

2.2 Zusammenfassende Beschreibung bestehender Planungen von anderer Seite
2.3 Aufstellen eines naturraumbezogenen Kartierungsschlüssels für Biotope, Nutzungen, Straßen- und Wegenetz
2.4 Flächendeckende und parzellenscharfe Kartierung der Biotope einschließlich menschlicher Nutzungen, Nutzungsintensitäten und Verkehrswege
2.5 Kartierung von Pflanzenarten und -gesellschaften, Beleg wichtiger Gesellschaften durch Vegetationsaufnahmen
2.6 Faunistische Kartierung ausgewählter Artengruppen: Vögel, Amphibien, Tagfalter und Heuschrecken, zusätzlich je nach Biotopausstattung und Finanzierungsmöglichkeiten auch Laufkäfer, Libellen, Säugetiere, Reptilien, Mollusken u. a.
2.7 Anlegen eines Biotopkatasters: stichwortartige Beschreibung der einzelnen Lebensräume (Parzellen, Biotopstrukturen, Flora, Vegetation, Fauna, Gefährdungen, Schutzempfehlungen)
2.8 Kartographische Darstellungen (in der Regel im Maßstab 1 : 5000): Bestand Biotope/Nutzungen, Isolationsfaktoren
2.9 Auswerten historischer Karten unter dem Gesichtspunkt früherer Landschaftsstrukturen
2.10 Zusammenfassung

3. Bewertung des Ist-Zustandes

3.1 Vorkommen und räumliche Verteilung gefährdeter Arten und Pflanzengesellschaften (Rote Listen, unter Umständen regionale Einordnung der Seltenheit)
3.2 Schutzwürdige Landschaftselemente und ihre räumliche Verteilung mit Einstufung ihrer Dringlichkeit (mit Karte)
3.3 Bisherige Naturschutz-Maßnahmen und Erfolge
3.4 Defizite in der aktuellen Biotopausstattung
3.5 Entwicklungsziele für künftigen Naturschutz: Vergleich des Ist-Zustandes mit historischen Angaben, Diskrepanz zwischen aktuellem Zustand der Lebensräume und ihren Entwicklungsmöglichkeiten
3.6 Zusammenfassung

4. Verbund-Konzept
4.1 Maßnahmenplan mit möglichst separaten Karten und allgemeinen Erläuterungen und Begründungen für die Hauptgruppen von Biotoptypen, zum Beispiel:
- Gehölzbiotope
- Feuchtbiotope
- Grünlandbiotope
- Trocken- und Brachland-Biotope
- in Forstgebieten differenziert nach Bodenfeuchte und/oder Trophiegrad

4.2 Flächenbilanz vorher – nachher
4.3 Parzellenscharfe und vollständige Erläuterung der einzelnen vorgeschlagenen Maßnahmen:
- Flächenschutz unter Nennung der sinnvollen Schutzkategorie
- Renaturierungs-Versuche zur Vergrößerung und Neuanlage von flächenhaften Lebensräumen
- Erhaltung und Neuanlage von Korridorbiotopen
- Extensivieren der Flächennutzung in Land- und Forstwirtschaft, Stillegung der Bewirtschaftung
- Pflegemaßnahmen zur Erhaltung und Verbesserung von Lebensräumen

4.4 Fragen der Minderung von Isolationsfaktoren (Verkehrslinien, Zäune, Intensivnutzung usw.)
4.5 Dringlichkeit der Maßnahmen
4.6 Konsequenzen für die kommunale Planung, insbesondere Flächennutzungs- und Landschaftsplan
4.7 Abschätzung des Finanzbedarfs und Hinweise auf mögliche Finanzierungshilfen
4.8 Zusammenfassung

5. Ausführungs-Planung
5.1 Abstimmung des Gesamtkonzepts mit den kommunalen Gremien, den Trägern öffentlicher Belange und lokalen Verbänden unter Einigung auf zeitliche Schritte der Umsetzung der Maßnahmen; Möglichkeiten der Integration des Konzepts in Planungsverfahren wie Flächennutzungs-/Landschaftsplanung und Flurbereinigung
5.2 Klären der Eigentumsverhältnisse beplanter Flächen
5.3 Detail- und Ausführungspläne für Einzelmaßnahmen der Renaturierung und Gestaltung als Vorgaben für die Ausführung, dabei konkrete Hinweise auch zur Auswahl von Pflanz- und Saatgut (soweit überhaupt erforderlich)
5.4 Hinweise auf notwendige Genehmigungs- und Planfeststellungsverfahren
5.5 Kostenbedarf der einmaligen Gestaltungsmaßnahmen und Hinweise auf mögliche Zuschüsse
5.6 vertiefende Untersuchungen zu Pflegebedarf und Pflegemaßnahmen (alle Aussagen parzellenscharf):
- Art der Pflege unter Abwägung ihrer Auswirkungen auf verschiedene Pflanzen- und Tiergruppen
- Vorschläge für den Einsatz von Maschinen und Weidetieren, infrage kommende Ausführende
- Zeitpunkte und Turnus der Pflege unter Berücksichtigung der lokal wirksamen klimatischen Bedingungen

- Finanzbedarf und mögliche Fördermittel für alle periodisch wiederkehrenden Pflegemaßnahmen

5.7 Gutachten und Anträge für die Ausweisung von Schutzgebieten
5.8 Abstimmen der Detailplanungen mit Auftraggeber und Betroffenen
5.9 Zusammenfassung

Detailkarten müssen die einzelnen Abschnitte der Kartierung, Bewertung und Planung erläutern und parzellenscharfe Festlegungen treffen. Die Ergebnisse der Biotopkartierung sind despriptiv in einer begleitenden Liste stichwortartig zu bewerten (s. Kapitel 5.5). Somit können die textlichen Erläuterungen relativ komprimiert ausfallen.

4.5 Fragen der Finanzierung

Naturschutz ist ein staatliches Anliegen, welches in die Planungshoheit der Länder fällt; der Bund besitzt nur eine Rahmengesetzgebungskompetenz (Beispiel Bundesnaturschutzgesetz), welche die Länder durch Ausführungsgesetze und/oder Verordnungen zu konkretisieren und umzusetzen haben. Wie in Kapitel 1 dargelegt wurde, konnten die bisherigen Maßnahmen des Naturschutzes das Artensterben nicht bremsen, nur ein flächendeckend realisierter, auch eine massive Nutzungsextensivierung umfassender Biotopverbund kann möglicherweise noch ein Abstoppen der gegenwärtigen Entwicklung bewirken. Dementsprechend sind vorrangig die Bundesländer zur Finanzierung von Programmen des Biotopverbunds heranzuziehen. Über die Etablierung einer Gemeinschaftsaufgabe Naturschutz sollte ihnen der Bund finanziell zur Seite stehen.

Notwendig sind langfristig angelegte Förderprogramme, um ökologisch qualifizierte Gutachter und Planer zur Aufstellung der Konzepte, um Flächenankäufe und Pflegemaßnahmen finanzieren zu können. Hinzu muß eine massive Aufstockung des Personalbestandes der Unteren Naturschutz- bzw. Landschaftspflegebehörden kommen, die mit der Begleitung und Umsetzung des Programms zu beauftragen sind. Zu ihren Aufgaben müssen auch die zeitraubenden Verhandlungen vor allem mit den Grundstückseigentümern zählen.

Verschiedene Bundesländer bieten inzwischen Naturschutz-Programme an, aus deren Mitteln u.a. lokale Verbundprojekte bezuschußt werden. So erhalten in Baden-Württemberg Kommunen auf der Basis der Landschaftspflegerichtlinie vom 18.12.1990 bei Beachtung der «Richtlinie für kommunale Biotopvernetzungen« Zuschüsse zu den Planungs- und Realisierungskosten. Das Land Hessen fördert im Rahmen des kommunalen Finanzausgleichs den Flächenerwerb, die Kosten projektbezogener Ausführungsplanung und Ausführungskosten einschließlich aller Materialkosten sowie Kosten der Fertigstellungspflege mit bis zu 75% der Gesamtkosten (Richtlinien vom 30.7.1992). Informationen über die in den Ländern jeweils aktuellen Förderprogramme, auch für Pflegemaßnahmen und extensive Wirtschaftsweisen, sind bei den für Landwirtschaft bzw. Naturschutz zuständigen Ministerien einzuholen.

Weitere Fördermöglichkeiten bestehen durch EG-Programme (Flächenstillegung, Aufforstungsprämien etc.) und in Ausnahmefällen durch den Bund (Modellprojekte, Gebiete gesamtstaatlich repräsentativer Bedeutung etc.). Beteiligungen an den Kosten sind auch möglich durch die Landkreise. Ansonsten sind die Gemeinden bei lokalen Projekten, deren Trägerschaft sie in der Regel haben, wesentlich verantwortlich.

Im Zuge der Eingriffs-Ausgleichs-Regelung nach dem Bundesnaturschutzgesetz ergeben sich neue Möglichkeiten, Verbundprojekte zu etablieren. Soweit Eingriffe in den Naturhaushalt nicht vermieden werden können, sind sie bei weitestmöglicher Minderung ihrer Folgen durch Ersatzmaßnahmen in räumlicher Nähe auszugleichen (wobei der Terminus »Ausgleich« in jurististischem Sinne gelten kann, ein ökologisch vollwertiger

Ausgleich aber kaum möglich sein wird). Wo sich auch keine Ersatzmaßnahmen realisieren lassen, ist eine Ausgleichsabgabe zu zahlen. Deren Höhe muß sich, so entschied der Hessische Verwaltungsgerichtshof Kassel im Falle der Trasse für eine Hochspannungsleitung, an den fiktiven Rückbaukosten orientieren – ein Urteil, welches sich in der Praxis noch durchsetzen muß. Bei Erhebung (in Hessen beispielsweise nach einer komplizierten und fragwürdigen Berechnungsmethode) und Verwendung solcher Ausgleichsabgaben liegen erst wenig Erfahrungen vor.

Biotopverbund-Projekte sind in diesem Zusammenhang auf zweierlei Wege realisierbar: Ortsgebunden in unmittelbarer Nachbarschaft des Eingriffsortes plant z. B. die Deutsche Bundesbahn bei Streckenneubauten lokalen Verbund. Nach Möglichkeit im selben Naturraum, in welchem der Eingriff stattfindet, sollen die als Ausgleichsabgabe erhobenen Gelder in den Naturschutz investiert werden – bei der Ortswahl herrschen somit größere Freiheiten. Im Zuge von Ausgleichsabgaben fallen zwar Mittel in Millionenhöhe an, doch muß die Eingriffs-Ausgleichs-Regelung insofern kritisch gesehen werden, als sie allein zur Reparatur von neu entstehenden Schäden am Naturhaushalt dienen soll – unter dem Strich kann sich somit keine Verbesserung der Situation des Naturschutzes ergeben.

Verbundmaßnahmen innerhalb der nicht in Privathand befindlichen Forsten müßten sich ohne größeren Finanzbedarf von außen verwirklichen lassen. Nutzungsausfälle, Aufwendungen für die Aufrechterhaltung historischer Nutzungsweise und andere Maßnahmen können im Einzelfall auch über den Vertragsnaturschutz abgefangen werden (vgl. Moog & Brabänder 1992).

Die gern gestellte Frage, ob Biotopverbund mit seinen Flächenforderungen überhaupt finanzierbar sei, beantworten Hampicke (1991) und Hampicke et al. (1991) eindeutig: In zwei Szenarien werden für die alte Bundesrepublik (vor dem 3.10.1990) 9,6 bzw. 13,6% der Gesamtfläche für den Arten- und Biotopschutz reserviert. Dazu sind pro Jahr rund eine Milliarde Mark an Geldern notwendig, das entspricht 0,045% des Bruttosozialprodukts. Die durch Umfragen in der Bevölkerung ermittelte Zahlungsbereitschaft beträgt dagegen hochgerechnet zwischen 3 und 7,5 Mrd. Mark pro Jahr. Dabei sieht Hampicke (1991) die ermittelten volkswirtschaftlichen Kosten zudem als überhöht an, da ihre Berechnung von den bestehenden Ineffizienzen (z. B. in der Landwirtschaft mit ihren widersinnigen Subventionen) ausging. Der Autor geht davon aus, daß die Szenarien in Land- und Forstwirtschaft zum Nulltarif zu realisieren seien. Bezüglich Möglichkeiten der Finanzierung flächendeckender Extensivierung sei auf Kapitel 8 verwiesen.

4.6 Zusammenfassung

Unter ökologischen Gesichtspunkten sollte sich die Planung von Biotopverbundsystemen auf die naturräumliche Gliederung beziehen. Dann müßte die Planung jedoch eigenständig erfolgen. In der Praxis erscheint daher die Einbindung in ein gesetzlich geregeltes Planungsverfahren realistischer.

Das Verfahren der Flurbereinigung bietet sich als optimales Instrument zur Umsetzung einer Biotopverbundplanung auf lokaler Ebene an. Gut geeignet sind daneben auch der Landschaftsplan im Rahmen der gemeindlichen Flächennutzungsplanung und die Forsteinrichtung. Die mangelhafte fachliche Grundlage vieler bestehenden Landschaftspläne erfordert deren umgehende Novellierung bzw. Ergänzung im Rahmen vertiefender Sondergutachten. Das Flurbereinigungsgesetz läßt auch vereinfachte oder beschleunigte Verfahren aus Gründen des Naturschutzes zu. Immer müssen Finanzmittel für Flächenkäufe zur Verfügung stehen, da die Erfordernisse des Biotopverbunds das Opfervermögen der beteiligten Grundeigentümer bei weitem übersteigen würde.

Allgemeine Leitlinien für die Erfordernisse des Biotopverbunds sind in den übergeordneten Planungsstufen festzuschreiben: in der Landschaftsrahmenplanung, in der Agrarstrukturellen Vorplanung und im Landeswaldprogramm bzw. Forstlichen Rahmenplan. Unabdingbar ist daneben der Erlaß von klärenden Verordnungen durch die Bundesländer sowie die Bereitstellung von Finanzmitteln vor allem für den Ankauf von Flächen, eine solide Planung der Verbundsysteme sowie Nutzungs- und Pflegeentschädigungen.

Integriert werden können Biotopverbundkonzepte auch in Bebauungs- und Grünordnungsplanungen, Dorferneuerung und wasserbauliche Planungen zur Gewässerrenaturierung. Straßenbauplanungen hingegen laufen den Naturschutzinteressen derart zuwider, daß die Verhinderung neuer Straßen die beste Maßnahme darstellt. Keinesfalls darf die verbundgerechte Gestaltung der Straßennebenflächen als verschönerndes Deckmäntelchen für den Straßenbau dienen. Ausführlicher wird mit einem Gliederungsschema der Ablauf einer eigenständig durchgeführten Biotopverbund-Planung auf lokaler Ebene beschrieben.

5 Kartieren des Ist-Zustandes – der erste Schritt

5.1 Methodik der Kartierung

Die notwendige Grundlage einer jeden Planung stellt die Bestandsaufnahme des augenblicklichen Ist-Zustandes dar. Seine Kartierung verschafft zunächst einen genauen Überblick über die noch vorhandenen Biotopelemente, die es vorrangig zu erhalten und miteinander zu verbinden gilt.

Vordergründig würde es genügen, selektiv alle aus Sicht des Naturschutzes positiven Ökosystemelemente im Planungsraum zu erfassen, also die verbliebenen Restlebensräume. Mit unterschiedlicher, zumeist recht grobmaschiger Genauigkeit erfolgte dies seit den 70er Jahren bis heute im Rahmen landesweiter Biotopkartierungen in allen Bundesländern. Abgesehen von ihrer inzwischen mangels Fortschreibung vielfach nicht mehr gegebenen Aktualität taugen sie wegen ihres überörtlichen Charakters zwar als eine Basis für die Planung von Schutzgebietssystemen, nicht jedoch für einen intensiven Biotopverbund auf lokaler Ebene. Die Daten der früheren landesweiten Biotopkartierungen können also nur einer von mehreren Ausgangspunkten einer neuen, an dem speziellen Ziel der Planung ausgerichteten Kartierung sein (s. Abschitt 5.2).

Hier stellt sich die methodische Frage, ob eine selektive Kartierung der erhaltenswerten und verbundgeeigneten Landschaftselemente ausreicht, wie sie traditionelle Biotopkartierungen darstellen. Bedenkt man die Bedeutung landschaftszerschneidender und die Restlebensräume isolierender Flächennutzungen bzw. -eigenschaften, so wird deutlich, daß eine sinnvolle Planung sowohl auf einer Biotop- als auch auf einer flächendeckenden Nutzungskartierung fußen muß. Neben den Lebensräumen – der Begriff Biotop bezieht sich nicht nur auf naturschützerisch wertvolle, sondern grundsätzlich auf alle Lebensräume – sind also detailliert auch die verschiedenen Qualitäten und Intensitäten der Flächennutzung zu erfassen. Dies erleichtert später in der eigentlichen Planungsphase die Entwicklung künftiger Verbundmaßnahmen.

Brockmann (1987) und Brockmann & Deeg (1987) arbeiten bei der Erfassung naturräumlicher Gegebenheiten und Flächennutzungen im gesamten Landkreis Gießen – also einer vergleichsweise großen Fläche – mit einer Rasterkartierung (s. Beispiel in Abb. 58). Dazu unterteilen sie die den Meßtischblättern im Maßstab 1 : 25 000 (bzw. deren Vergrößerungen auf 1 : 10 000) aufgedruckten 1 × 1 km-Raster des Gauß-Krüger-Netzes in vier 500 × 500 m messende Raster. Die Autoren verweisen zur Begründung darauf, daß eine Rasterkartierung gegenüber der flächenscharfen Wiedergabe bereits einen ersten Auswertungsschritt beinhalte: Bei der Darstellung erfolgt für die jeweilige Flächeneinheit bereits eine Wertung, etwa in Form des prozentualen Flächenanteils einer bestimmten Struktur (Hecken, Obstwiesen, Magerrasen etc.).

Vorteile der Rasterkartierung – wie sie bei überregionalen Artenerfassungen auf Länder-, Bundes- und auch europäischer Ebene breite Anwendung erfahren – sind nach Brockmann & Deeg (1987) eine größere Übersichtlichkeit, die bessere Möglichkeit zur elektronischen Datenverarbeitung durch beliebige Verknüpfbarkeit der Einzeldarstellungen

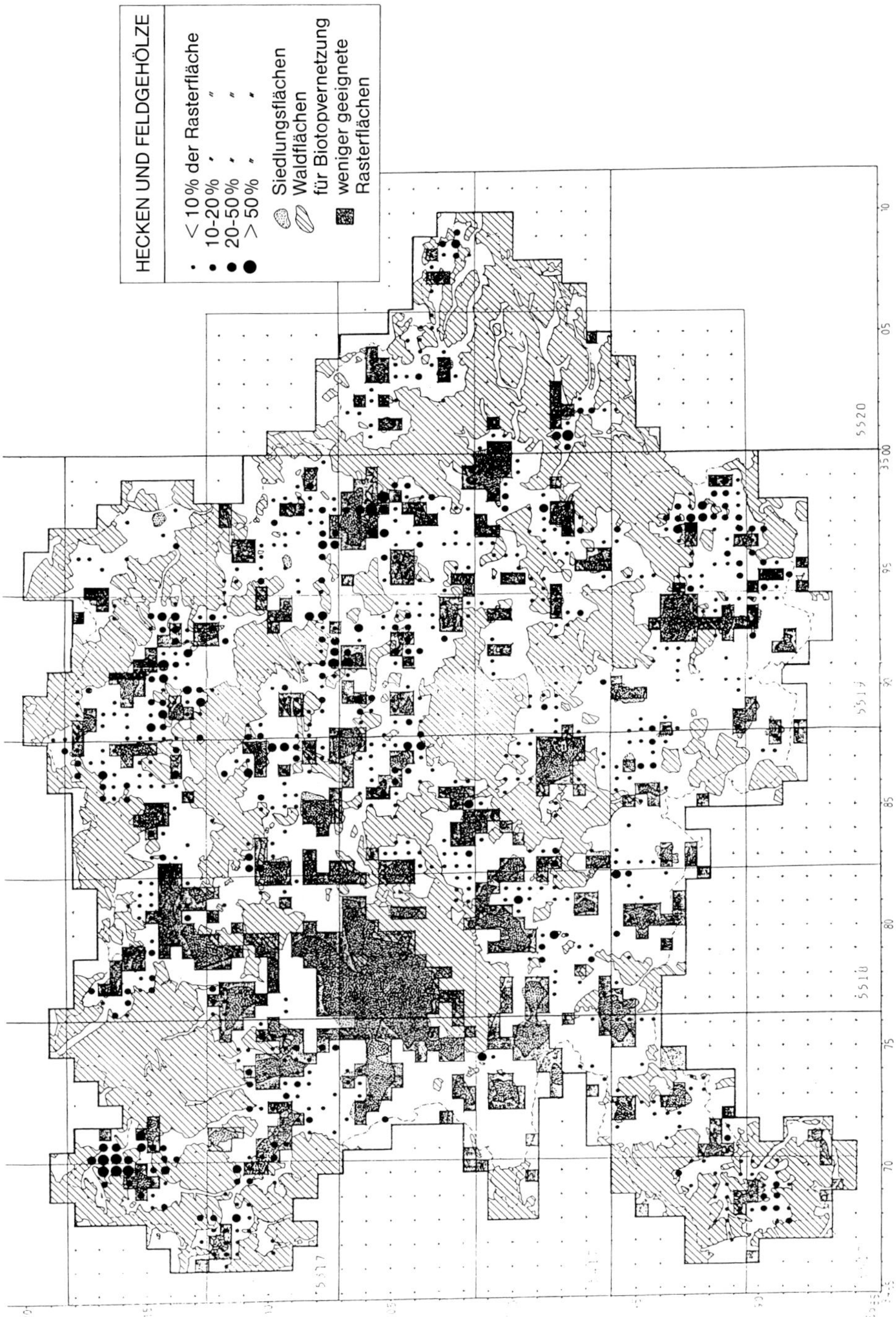

Abb. 58: Beispiel für die Darstellung einer Biotopkartierung auf Rastergrundlage, hier Verbreitung der Hecken und Feldgehölze (aus BROCKMANN & DEGG 1987).

und die Bewahrung einer gewissen Anonymität ökologischer Einzeldaten.

Das letztgenannte Argument bekommt bei den Vorkommen stark gefährdeter Arten – vor allem Pflanzen – großes Gewicht, um diese nicht durch Veröffentlichung publik zu machen und einer noch größeren Gefährdung durch Hobbygärtner und Fotografen auszusetzen. Die Rasterung bietet dennoch keinen sehr großen Schutz: Innerhalb eines 500 x 500 m großen Raumes fällt es nicht schwer, hinsichtlich der Biotopstruktur geeignete Standorte einzugrenzen und die Vorkommen zu entdecken. So lassen sich selbst auf Viertel-Meßtischblatt-Basis kartierte Orchideenvorkommen problemlos in der Natur wiederfinden.

Fehlende Flächenschärfe ist der schwerwiegende Nachteil der Rasterkartierung. Da eine größtmögliche Realitätsnähe das Umsetzen der Verbundplanung erleichtern soll, ist die flächenscharfe Kartierung sowohl der Biotope als auch der Nutzungstypen in jedem Falle vorzuziehen. Dies schließt nicht aus, im Rahmen der anschließenden Auswertung einzelne Ergebnisse zur Verdeutlichung der wechselnden Raumstruktur in Rasterform darzustellen. Letztlich muß jedoch die exakte Darstellung ein problemloses Auffinden jeder einzelnen Landschaftsstruktur in der Natur ermöglichen, um geforderte Schutz- und Entwicklungsmaßnahmen umzusetzen.

Die Biotop- und die Nutzungskartierung sind durch vegetationskundliche und besonders zoologische Artenerhebungen zu ergänzen. Während floristische Raritäten im Rahmen üblicher selektiver Biotopkartierungen zumeist relativ gut erfaßbar sind, kann der Tierartenschutz mit diesem Mittel nur unvollkommen realisiert werden, wie Haber (1983a) anhand sechs verschiedener Artengruppen unterstreicht:

1. Arten mit starker Biotopbindung (z. B. auf Hochmoore spezialisierte Libellenarten) werden mit der Biotopkartierung erfaßt und durch Biotopschutz gesichert.
2. Arten mit geringer Bindung an bestimmte Biotope (z. B. viele Kleinsäuger) werden nur mit einem Teil ihrer Population erfaßt und gesichert.
3. Arten mit regelmäßigem Ortswechsel (wandernde Arten), die ganz bestimmte Brut-, Nahrungs-, Rast- und Überwinterungsbiotope aufsuchen und beanspruchen (viele Vogel-, die meisten Amphibienarten), sind zumindest insoweit erfaßt und gesichert, als derartige Biotope kartiert werden.
4. Arten, die dauernd oder vorübergehend (z. B. in der Fortpflanzungszeit) Bewohner von ›Mikrostrukturen‹ sind, können mit der Biotopkartierung nicht oder nur indirekt erfaßt werden (z. B. Gelbbauchunke, *Bombina variegata*).
5. Arten, die dauernd oder vorübergehend in intensiv genutzten Landschaftsbereichen wie Städten, Äckern, in Abbau befindlichen Lehm-, Sand- oder Kiesgruben vorkommen, können nicht oder kaum in der selektiven Biotopkartierung berücksichtigt werden (z. B. Mauersegler, *Apus apus*; Feldlerche, *Alauda arvensis*; Kreuzkröte, *Bufo calamita*).
6. Arten mit großflächigen Biotopen oder Aktionsräumen profitieren höchstens indirekt von der Biotopkartierung. Ihr Lebensraum, der stets auch viele Nutzflächen umfaßt, wird, soweit möglich, durch eine Schraffur gekennzeichnet. Brutstätten (z. B. Horste von Greifvögeln) können dagegen in kartierten Biotopen enthalten sein.

Dieses Zitat illustriert die Notwendigkeit von flächendeckenden Biotopkartierungen, die durch zusätzliche detallierte Artkartierungen zu ergänzen sind – schließlich zielt der Biotopverbund auf die Erhaltung von Arten bzw. vollständigen Lebensgemeinschaften (Biozönosen), der räumliche Verbund von Biotopen soll nur als Mittel zum Zweck dienen. Genauer auf dieses Thema geht Abschnitt 5.4 ein.

5.2 Bereits vorhandene Daten nutzen

Aus jedem Raum liegen unterschiedlich gut brauchbare Daten und Angaben vor, die bereits im Vorfeld der eigenen Kartierungsarbeiten analysiert und zusammengestellt werden sollten, um das Vorgehen zu erleichtern. Als mögliche Quellen kommen in Betracht:

- frühere Biotop- und Artenkartierungen der Länder in der freien Landschaft, im Wald und in den Siedlungen;
- Kartierungen und Unterlagen der lokalen Naturschutzverbände;
- Landschaftspläne der Städte und Gemeinden, Unterlagen und Gutachten in Verfahren der Flurbereinigung und der Agrarstrukturellen Vorplanung;
- forstliche Fachplanungen;
- topographische und thematische Karten, etwa Meßtischblätter (TK 25), geologische, boden- und vegetationskundliche Karten, Standorteignungskarten usw.;
- historische Karten (die Konstanz eines Lebensraumes stellt ein wichtiges Bewertungskriterium für dessen Schutzwürdigkeit dar);
- Luftbilder in Maßstäben von 1 : 5000 bis 1 : 10000 (Verzeichnis mit Angaben zum Befliegungszeitraum und zu den Bezugsbedingungen beim zuständigen Landesvermessungsamt anfordern);
- Unterlagen bei den Naturschutzbehörden über die rechtlich gesicherten Naturschutzgebiete und andere Schutzobjekte (Gutachten, Beobachtungslisten, Pflegepläne usw.);
- vorhandene Fachliteratur, insbesondere Publikationen regionaler Naturschutzorganisationen, Institute, Planer und Wissenschaftler über Detailfragen in der betreffenden Planungsregion.

Ein gewisser Teil der Kartierungsarbeit kann – zumindest für die eigentliche Biotopkartierung – bereits im Vorfeld am Schreibtisch erfolgen: Die Luftbildinterpretation kann, aktuelles Bildmaterial, die notwendige Technik zur stereoskopischen Betrachtung und etwas Einarbeitungszeit bzw. Übung vorausgesetzt, bereits die wichtigsten Grundlagen liefern, die in das Kartenarbeitsmaterial mit Vorbehalt übertragen werden. Die Ergebnisse sind anschließend im Gelände zu überprüfen, zu verfeinern und zu ergänzen sowie durch Ausfüllen entsprechender Datenbögen fachlich zu untermauern (s. Abschnitt 5.3). Zu den Grundlagen der Luftbildinterpretation sei auf SCHNEIDER (1984) verwiesen.

Im Luftbild zumeist eindeutig erkenn- und identifizierbar sind beispielsweise Obstwiesen, Einzelbäume, Heckenzüge, Feldgehölze, Alleen, Kleingewäser ab einer gewissen Größe, Fließgewässer und Gräben, Quell- und stark bodennasse Bereiche, Abgrabungen usw. Erleichtert wird die Arbeit durch Verwendung von Infrarot-Luftbildern, in denen sich grüne Vegetation durch ein kräftigeres Rot von andersartiger Umgebung besonders gut abhebt. Wo sogenannte Falschfarben-Luftbilder nicht erhältlich sind, sollten eventuell – soweit finanzierbar – eigene Befliegungen vorgenommen werden.

Unbedingt notwendig ist bereits vor den Geländearbeiten auch ein enger Kontakt zu den Vertretern lokaler Naturschutzgruppen. Sie bergen oft eine Menge an wertvollen Detaillinformationen, die die eigene Arbeit erleichtern und verbessern können. Nicht erst die bei gesetzlich verankerten Planungsverfahren vorgeschriebene Beteiligung der nach § 29 des Bundesnaturschutzgesetzes anerkannten Verbände darf der Kontaktaufnahme dienen – denn dann fallen viele sinnvolle Änderungen und Ergänzungen leicht unter den Tisch.

5.3 Ablauf der Biotop- und Nutzungskartierung

5.3.1 Allgemeine Grundlagen

Ein flächengenaues und damit parzellenscharfes Kartieren erfordert möglichst genaues Kartenmaterial. In der Praxis hat sich die Deutsche Grundkarte, zumeist im Maßstab 1:5000, als am geeignetsten erwiesen. Lediglich innerhalb bebauter Gebiete kann eine noch stärkere Maßstabsvergrößerung bis 1:500 nötig werden. Informationen über die lieferbaren Karten und deren Preise sind den Kartenverzeichnissen der Landesvermessungsämter zu entnehmen bzw. beim örtlichen Katasteramt zu erfragen.

Als Anhaltspunkt kann von einem Preis von DM 10,– pro Grundkartenblatt ausgegangen werden, welches eine Fläche von etwa 2×2 km abdeckt. Der Bestellung ist eine Karte mit dem eingezeichneten Grenzverlauf des vorgesehenen Bearbeitungsgebietes beizufügen, um alle gewünschten Blätter zu bekommen. Sämtliche amtlichen Karten sind urheberrechtlich geschützt und dürfen daher ohne Genehmigung nicht vervielfältigt werden. Daher sollte beim zuständigen Landesvermessungsamt rechtzeitig ein formloser Antrag gestellt werden, im Rahmen des konkreten Vorhabens Kopien anfertigen zu dürfen. Damit geht man möglichen Komplikationen von vornherein aus dem Wege.

Aus Luftbildern, Karten und anderen Unterlagen gewonnene Vorab-Informationen können bereits zur Überprüfung und Konkretisierung in die Arbeitskarten übertragen werden. Als weitere Arbeitsunterlage sind zuvor Formblätter zu erstellen, deren Konzeption sich nach der in Tab. 15 gezeigten Gliederung richten kann.

Entsprechend der Ausstattung des untersuchten Raumes kann der Katalog der möglichen Biotoptypen selbstverständlich reduziert werden, in anderen Fällen empfiehlt sich eine noch feinere Differenzierung. Die in der Tabelle gezeigte Gliederung entspricht weitgehend einem zoologisch ausgerichteten Vorschlag von Heydemann & Nowak (1980). Andere Biotopgliederungen veröffentlichten Jedicke & Jedicke (1992) sowie – am feinsten differenziert – Riecken et al. (1993).

Aus botanischer Sicht fiele diese sicherlich etwas anders aus, da sich das botanische Klassifikationssystem der Pflanzengesellschaften nicht mit vergleichbaren Tiergemeinschaften deckt. Dennoch erscheint diese Systematisierung dem Zwecke der Kartierung mit dem Verbundziel sehr angemessen, zumal bei der Verbundplanung zoologische Aspekte im Vordergrund stehen.

Liegen Kartenmaterial und Erhebungsbogen vor, so kann mit der Geländearbeit begonnen werden. Als Zeitraum kommt die gesamte Vegetationsperiode infrage, während der der Untersuchungsraum mindestens einmal intensiv zu Fuß durchkämmt wird, um auch alle Kleinstrukturen zu erfassen. Aufgrund unterschiedlicher Blüte-, Fortpflanzungs- und Aktivitätszeiten im Jahreslauf erfordern die zur Bewertung von Biotopen unabdingbaren Artkartierungen von Pflanzen und Tieren in aller Regel ein mehrmaliges Begehen, um ein zwar noch nicht vollständiges, aber doch ausreichendes Bild zu erhalten. Hier spielt natürlich auch die persönliche Erfahrung des Kartierers eine Rolle.

Die geforderten Eintragungen im Kopf des Aufnahmebogens (vgl. Tab. 15) verstehen sich von selbst. Die Nummerierung erleichtert das Auffinden der Flächen auf der Karte bzw. in der Kartei. Als **Einzelbiotop** werden nach Kierchner & Wolff-Straub (1978) eindeutig abgrenzbare Biotope von einheitlicher Struktur verstanden (zum Beispiel Tümpel, Kalktrockenrasen, Bacherlenauwald), als **Biotopgruppe** ein ökologisch mehr oder weniger wertvolles Gebiet komplexer Struktur (zum Beispiel Moor- und Heidegebiet unterschiedlicher Bodenfeuchte und Nährstoffgehalts, Steinbruch mit Wasserfläche, größeres Waldgebiet mit verschiedenartigen, schwer

Tab. 15. Gliederung eines Kartierungsbogens für die Beschreibung von Einzelobjekten (Gliederung der Biotoptypen verändert nach Heydemann & Nowak 1980, der übrigen Angaben nach Kierchner & Wolff-Straub 1978)

Name des Biotops	Objektnummer
TK 25, Nr. + Name	Bearbeiter
Gemarkung	Aufnahmedatum
Besitzverhältnisse	

○ Einzelbiotop ○ Biotopgruppe

Klassifikation der Biotope (mehrere Kreuze möglich)

I. Biotopkomplex Meeresküste (Litoral)

- ○ Sandige Flachküstenbiotope
  - ○ Sublitoral (ständig von Wasser bedeckt, bis etwa 10 m Tiefe reichend)
    - ○ a) Seegraszone
    - ○ b) Algenzone
    - ○ c) unbewachsene Zone
  - ○ Eulitoral
    - ○ a) unbewachsenes Sandwatt
    - ○ b) Algenwatt
    - ○ c) Seegraswatt
  - ○ Supralitoral (mit unrhythmischen Überflutungen, über MThw-Linie)
- ○ Schlickige Flachküstenbiotope
  - ○ Sublitoral (ständig von Wasser bedeckt, bis etwa 10 m Tiefe reichend)
  - ○ Eulitoral
    - ○ a) Unbewachsenes Schlickwatt
    - ○ b) Algenwatt
    - ○ c) Quellerrasen
  - ○ Supralitoral
    - ○ Salzwiesen-Biotop
      - ○ a) Andelrasen-Biotop
      - ○ b) Rotschwingelrasen-Biotop
    - ○ Salzröhricht-Biotop (außerdem Brackwasser-Röhricht-Biotop)
  - ○ Weiche Steilküstenbiotope (Abbruchküsten) (aus diluvialem Lehm oder Sand, meist nicht Küsten im Gezeiten-Bereich)
    - ○ sublitoraler Strandbereich
    - ○ supralitoraler Strandbereich
      - ○ Geröllstrandbereich
      - ○ Sandstrand-Biotop (»Sand-Salzwiesen«)
- ○ Harte Steilküsten-Biotope (Felsküsten)
  - ○ felsiges Sublitoral (ständig mit Wasser bedeckt)
  - ○ felsiges Eulitoral (periodisch freifallend)
  - ○ felsiges Supralitoral (Spritzwasserzone)

  Hierher gehören auch hartverbaute Küstenstrecken an Flachküsten.

II. Biotopkomplex der stehenden Binnengewässer

- ○ Unterirdische Biotope
  - ○ Grundgewässer
  - ○ Höhlengewässer
- ○ Seen-Biotope
  - ○ Oligotropher See
  - ○ Mesotropher See

Tab. 15. Gliederung eines Kartierungsbogens für die Beschreibung von Einzelobjekten (Gliederung der Biotoptypen verändert nach Heydemann & Nowak 1980, der übrigen Angaben nach Kierchner & Wolff-Straub 1978)

- O Eutropher See
- O Dystropher See

O Weiher-Biotope
- O Mesotropher Weiher
- O Eutropher Weiher
- O Dystropher Weiher

O Temporäre Gewässer-Biotope
- O Schmelzwassertümpel
- O Regenwassertümpel
- O Überschwemmungstümpel

O Brackwasser-Biotope
- O Grundgewässer
- O Quellengewässer
- O Brackseen
- O Brackweiher
- O Brackteiche (Speicherbecken)
- O Temporäre Brackgewässer

O Künstliche Gewässer-Biotope
- O Stausee
- O Teich
- O Rieselfeld
- O Abgrabungsgewässer (Sand- und Kiesgruben usw.)

III. Biotopkomplex der fließenden Binnengewässer

O Quellen-Biotope
- O Sturzquellen
- O Sickerquellen
- O Sumpfquellen
- O Quelltöpfe

O Fluß- und Bachbiotope
- O Forellenregion (Bach)
- O Eschenregion (Bach)
- O Barbenregion (Fluß)
- O Brachsenregion (Strom)
- O Kaulbarsch-Flunderregion (Ästuar-Brackwasser)

O Sonder-Biotope
- O Wasserfälle

O Künstliche Gewässer-Biotope
- O Kanal
- O Flußstaustufe
- O Graben

IV. Biotopkomplex der Röhrichte, Riede, Hochstaudenfluren, Verlandungsfluren, Strandregionen (Grenzsysteme Süßwasser – Land)

O See- und Teichröhricht-Biotope
O Bachröhricht-Biotop
O Flußröhricht-Biotop
O Brackröhricht-Biotop
O Großseggenried-Biotop
O Kleinseggenried-Biotop

Tab. 15. Gliederung eines Kartierungsbogens für die Beschreibung von Einzelobjekten (Gliederung der Biotoptypen verändert nach HEYDEMANN & NOWAK 1980, der übrigen Angaben nach KIERCHNER & WOLFF-STRAUB 1978)

- ○ Hochstaudenfluren-Biotop
- ○ Biotop der niedrigwüchsigen Uferzonen
- ○ Biotop der vegetationslosen Sand-, Kies- und Schlammbänke

V. Biotopkomplex der Moore

- ○ Flachland-Hochmoor-Biotop
- ○ Hang-Hochmoor-Biotop
- ○ Flachmoor-Biotop
- ○ Abgetorfter Flachmoor-Biotop

VI. Biotopkomplex der Heiden

- ○ Zwergstrauchheiden-Biotop
  - ○ Trockenheiden
  - ○ Feuchtheiden
- ○ Felsenheiden-Biotop

VII. Biotopkomplex der Dünen und Trockenrasen

- ○ Binnendünen-Biotop
- ○ Trockenrasen-(Magerrasen-)Biotop
  - ○ Halbtrockenrasen-Biotop
  - ○ Sand-Trockenrasen-Biotop
  - ○ Wärme-Kalkrasen-Biotop
- ○ Meeresdünen-Biotop
  - ○ Vordünen-Biotop
  - ○ Weißdünen-Biotop
  - ○ Graudünen-Biotop
  - ○ Braundünen-(Heide-Düne-)Biotop

VIII. Biotopkomplex der Ruderalstellen, des Brachlandes, der Kiesgruben, der Wege, der Weg- und Straßenränder

- ○ Ruderalfluren-Biotop
- ○ Brachland-Biotop (unbewirtschaftete Äcker, Weiden und Wiesen), Kiesgruben
- ○ Sandweg-, Wegrand-, Straßenrand-, Vertrittfluren-Biotop
- ○ Steinschuttfluren-Biotop
- ○ Geröllflur-(Bachbett-Kiesflächen-)Biotop
- ○ Felsen-Biotop
- ○ Schneetälchen-Biotop
- ○ Gletscher-Biotop

IX. Biotopkomplex der Äcker und Feldfluren

- ○ Halmfrucht- und Ölfruchtacker (Biotope auf schwerem, bindigem Boden)
- ○ Halmfrucht- und Ölfruchtacker (auf leichtem, sandigem Boden)
- ○ Hackfruchtacker und Feldgemüse-Biotop (auf schwerem bindigem Boden)
- ○ Hackfruchtacker (auf leichtem, sandigem Boden)
- ○ Grünfutter-Anbauflächen (inkl. Mais)
- ○ Weinkulturen-Biotop
- ○ Baumschule
- ○ ackerartig genutzter Garten

Tab. 15. Gliederung eines Kartierungsbogens für die Beschreibung von Einzelobjekten (Gliederung der Biotoptypen verändert nach Heydemann & Nowak 1980, der übrigen Angaben nach Kierchner & Wolff-Straub 1978)

X. Biotopkomplex des Grünlandes

- O Wiesen- und Weiden-Biotop
  - O Frischwiesen- und Weiden-Biotop
  - O Feuchtwiesen-Biotop (bewirtschaftete Flachmoor-Wiese)
  - O Streuwiesen-Biotop
  - O Mädesüßstaudenflur-Biotop
  - O Schachblumenwiesen-Biotop
- O Grünlandfluren-Biotop der Straßen- und Wegränder
- O Grünlandfluren-Biotop der Deiche, Dämme und Wallanlagen
- O Borstgrasrasen-Biotop

XI. Biotopkomplex der Gebüsche, Feldgehölze und Hecken

- O Gebüsch-, Waldsaum-, Hecken-Biotop
- O Felsband-Gebüsch-Biotop
- O Brachliegender Weinberg-Biotop
- O Obstbaumgruppe (Streuobstwiese)
- O Allee, Baumreihe
- O Straßenrand-Gebüsch-Pflanzung

XII. Biotopkomplex der Wald-Typen

- O Laub- und Laubmischwald-Biotope (außerhalb der Flußauen und Moore)
- O Übrige Laubmischwälder außerhalb der Flußauen und Moore
- O Nadelwald- und nadelbaumbeherrschte Mischwald-Biotope (inkl. Forsten)
- O Gehölz-Biotope der Auen, Feucht- und Naßstandorte
- O Bruchwald-Biotope

Differenzierungen des Waldes innerhalb der Biotop-Typen:

- O a) Schonung
- O b) Jungwuchs
- O c) Mittelstadium
- O d) Altbestand
- O e) gemischte Altersstruktur
- O f) lichter Wald
- O g) großräumiger Wald
- O h) Kleinwälder
- O i) mit größerer Waldlichtung
- O j) mit Kahleinschlag
- O k) unbewirtschaftet (Flurwald)
- O l) extensiv bewirtschaftet
- O m) intensiv bewirtschaftet

XIII. Biotopkomplex der Gärten und Parks
(hier sind oft nur Biotop-Teile vorhanden)

- O Einzelbaum oder Baumgruppe im Siedlungsbereich
- O Hecke oder Gebüsche im Siedlungsbereich
- O Ziergärten und Zierpflanzen-Gärtnerei
- O Park, Friedhof
- O Grünfläche (Stadt- und Parkrasenfläche)

Tab. 15. Gliederung eines Kartierungsbogens für die Beschreibung von Einzelobjekten (Gliederung der Biotopen verändert nach HEYDEMANN & NOWAK 1980, der übrigen Angaben nach KIERCHNER & WOLFF-STRAUB 1978)

XIV. Biotopkomplex der Siedlungen und Bauten
(hier sind meist nur Biotop-Teile vorhanden; evtl. notwendige weitere Aufgliederung vgl. Tab. 16 und 17 sowie Arbeitsgruppe »Methodik der Biotopkartierung im besiedelten Bereich« 1986)

- ○ Einzelgehöft
- ○ Einzelbauten (Brücke, Steg, Turm, Masten, Stallung, Zaun, Mauer usw.)
- ○ Lockere Siedlung (wenig bebautes Land)
- ○ Dorf
- ○ Kleinstadt
- ○ Großstadtkern
- ○ Alte Bauwerke, Ruine
- ○ Industrieanlage
- ○ Straße, Eisenbahnlinie

Biotopbeschreibung (s. Erläuterungen im Text)

Arteninventar (bekannte Pflanzengesellschaften, Einzelarten aus Flora und Fauna mit Bestandsgrößen und/oder -dichten)

Beeinträchtigungen, Gefährdungen, Schäden (s. Erläuterungen im Text)

Schutz- und Pflegemaßnahmen (Empfehlungen; s. Erläuterungen im Text)

Bemerkungen, Literaturhinweise

gegeneinander angrenzbaren Waldbeständen, Parkanlagen mit Schloßgraben).

Die **Biotopbeschreibung** soll die Angaben zur Klassifikation der Biotope konkretisieren, damit sich auch ein fachlich versierter Bearbeiter ohne Ortskenntnis am Schreibtisch ein möglichst gutes Bild machen kann. Beispielsweise sind hier zu verzeichnen die Struktur des beschriebenen Waldes bzw. Gehölzes mit Angabe von Deckungsgraden der einzelnen Schichten, die Altersstruktur, das Vorhandensein von Totholz, die Ausbildung von Waldinnen- und -außenrändern, die Ausmaße, Struktur und der Pflegezustand von Hecken, das Vorhandensein oder Fehlen von Krautsäumen, Weideintensität und Ausmaß der Verbuschung auf Extensivweiden, die Tiefenstruktur und Naturnähe von Gewässern usw.

Unter dem Stichwort **Arteninventar** sind bei der Biotop- und Nutzungskartierung, soweit möglich, auch die Vorkommen von Pflanzen- und Tierarten zu verzeichnen und Pflanzengesellschaften anzusprechen. In welchem Umfang detaillierte Bestandsaufnahmen und Siedlungsdichteuntersuchungen möglich sind, entscheiden letztlich die zur Verfügung stehenden Finanzmittel (s. Abschnitt 5.4).

Beeinträchtigungen von Biotopen sind in den allermeisten Fällen gegeben und müssen unbedingt mit notiert werden, um später in der Planungsphase Wege zu deren künftigen Vermeidung aufzeigen zu können. Infrage kommen etwa Vegetationsschäden durch Tritt und Befahren, Freizeitaktivitäten und überhöhten Wildbestand, Eutrophierung aus unterschiedlichen Quellen, Erosionsschäden, menschliche Störungen und Lärmbelastung, Floren- und Faunenverfälschung durch nicht heimische Arten, die sich auf Kosten anderer stark ausbreiten, sowie eine ganze Reihe direkter anthropogener Eingriffe von Baumaßnahmen bis zu Entwässerungen.

Schutz- und Pflegemaßnahmen bilden in vielen, von einer extensiven Nutzung durch den Menschen abhängigen oder von der kulturbetonten Umgebung beeinflußten Gebieten die Voraussetzung für deren längerfristigen Erhalt. Bereits im Stadium der Biotopkartierung skizziert, finden sie frühzeitigen Eingang in die Verbundplanung.

Als Gesamtergebnis der Kartierung und vorheriger bzw. begleitender Untersuchungen sind im Normalfall folgende Karten als Bestandsanalyse des Ist-Zustandes zu erarbeiten, sie können durch weitere Karten ergänzt oder verfeinert werden:

Grundlagenkarten:
(1) naturräumliche Gliederung;
(2) Höhenkarte (Darstellung von Höhenlinien oder Höhenbereichen);
(3) Wald- bzw. Forstflächen-Verbreitung;
(4) System der Fließgewässer;
(5) Hauptnutzungsarten (Forst, Siedlung, Industrie und Gewerbe, Grünland, Acker, Brache usw.);
(6) Siedlungen und Hauptverkehrsachsen;
(7) Straßen- und Wegenetz (detailliert bis zur Breite und Oberflächengestalt der Feld- und Waldwege).

Detailkarten:
(8) Hecken, Feldgehölze, Waldränder, Einzelbäume, Alleen, Baumreihen, Obstwiesen und andere **Gehölzformationen**;
(9) Fließgewässer, Gräben, Quellen, stehende Kleingewässer, Feuchtwiesen, Flach- und Hochmoore, Bruch- und Auenwälder, feuchte Hochstaudenfluren und Uferstreifen, Röhrichtzonen und andere **Feuchtgebiete**;
(10) offene Brach- und Ruderalflächen, Wegraine, Hohlwege, Straßenränder, (Halb-)Trockenrasen, trockene Heiden, Steinbrüche, Felswände und andere mehr oder weniger **extensiv oder nicht bewirtschaftete Grünland- bzw. Trockenbiotope**;
(11) Wiesen, Weiden und Talauen mit dominierender, mehr oder weniger **intensiver Grünland-Nutzung**;
(12) naturnahe Waldformationen*;
(13) Verbreitungskarten bestimmter Pflanzen- und Tierarten bzw. -gruppen;
(14) schutzwürdige Gebiete mit Abstufung der notwendigen Schutzintensität bzw. -form.

Im Einzelfall müssen die Inhalte der Detailkarten – je nach Flächengröße des Arbeitsgebietes etwa im Maßstab 1:10000 – noch weiter differenziert werden. Dabei sollte man nicht vergessen, daß diese als Grundlage für ein späteres Verbundkonzept dienen und dann noch eine ausreichende Übersichtlichkeit behalten sollen. Die Signaturen sind so zu wählen, daß verschiedene Karten – auf Folie gezeichnet bzw. umkopiert –, auch übereinander gelegt und zur Deckung gebracht, lesbar bleiben.

Die vorstehenden Ausführungen wurden so allgemein wie möglich gehalten. Je nach Art des Kartiergebietes – ob in der agrarisch geprägten Landschaft, in Siedlungsgebieten oder im Wald bzw. Forst – können sich unterschiedliche Schwerpunkte ergeben, auf die in den folgenden Abschnitten verwiesen wird.

Abb. 59 zeigt einen beispielhaften Ausschnitt aus einer Detailkarte als Ergebnis einer selektiven Biotopkartierung in einer Agrarlandschaft. Dargestellt werden Gehölzstrukturen und Grassäume auf der Grundlage von Meßtischblatt-Vergrößerungen im Maßstab 1:10000. Die kartierten Biotopstrukturen wurden in der Karte mit fortlaufenden Nummern gekennzeichnet und in einer Liste näher beschrieben und zugleich bezüglich ihrer Wertigkeit für den Naturschutz in einer fünfteiligen Skala bewertet (Jedicke 1981).

---

* Unter Umständen können die thematischen Karten 8 bis 12 auch in einer zusammenfassenden Biotoptypenkarte dargestellt werden.

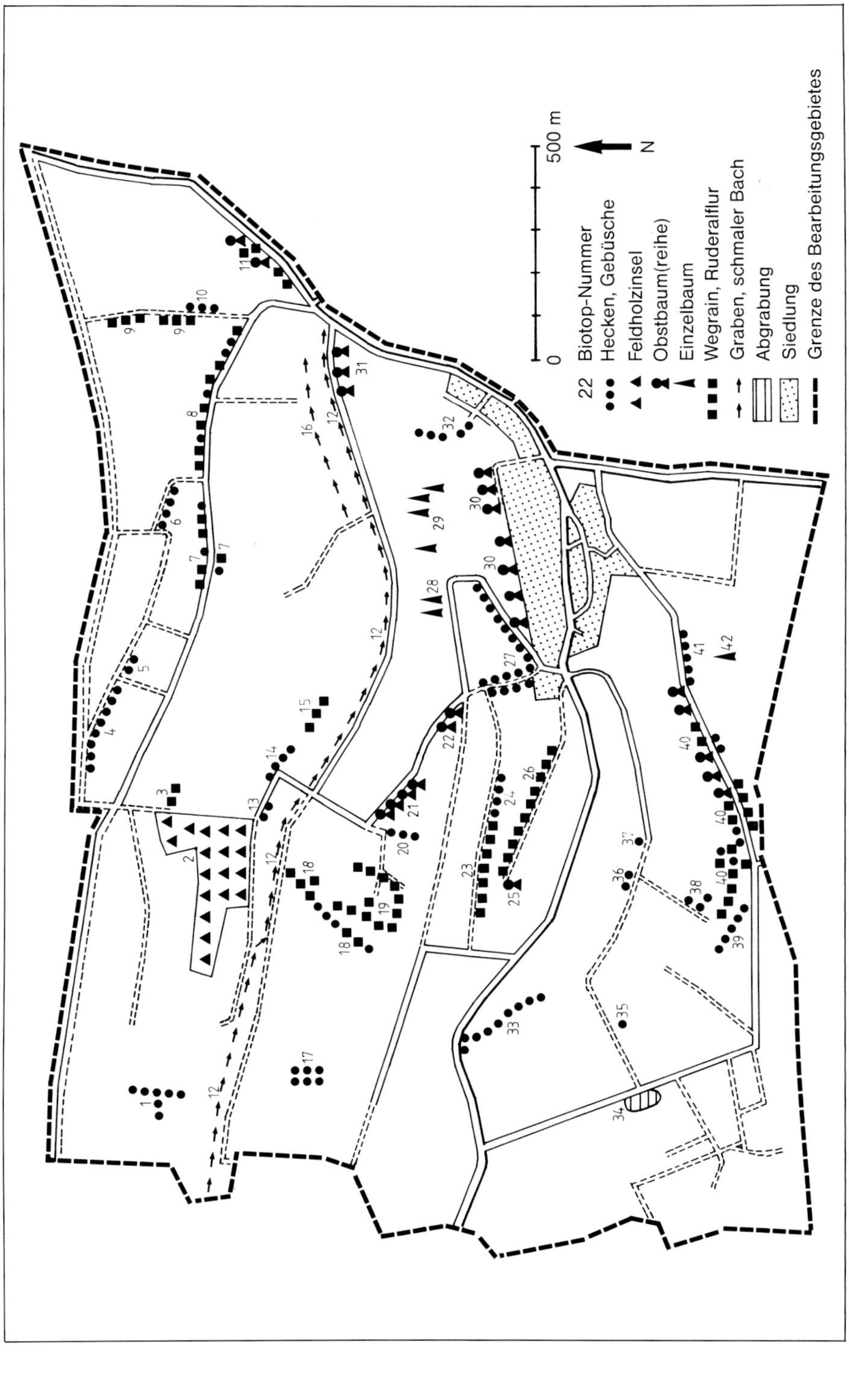

Abb. 59: Selektive Biotopkartierung in einer Agrarlandschaft (aus JEDICKE 1981).

5.3.2 Freie Landschaft

Für Kartierungen in der freien Landschaft reicht der in Tab. 15 dargestellte Katalog zur Biotopansprache und -beschreibung im allgemeinen aus. Viele Detailkartierungen etwa von Gehölzen oder Kleingewässern gehen hier tiefer in die Einzelheiten – verwiesen sei lediglich exemplarisch auf die Arbeiten von Auweck (1979), Botsch et al. (1983), Grothe et al. (1979), Grüger & Störkel (1988), Reschke (1987) sowie Spahl & Viehmann (1987). Abgesehen von der Tatsache, daß bei einer solchen thematischen Spezialisation naturgegeben eine größere Differenzierung in dem engeren Arbeitsbereich möglich ist, sollte generell die Kartierungsarbeit nicht durch zu umfangreiche Aufnahmebögen unnötig erschwert werden. Dies erhöht lediglich den Zeitaufwand, nicht aber zwangsläufig die Aussagekraft für den zu planenden Biotopverbund. Ein Beispiel einer flächendeckenden Nutzungs- und Biotopkartierung in der Agrarlandschaft – hier in einem Weinbaugebiet – vermittelt als Ausschnitt Abb. 60 (Botsch et al. 1983). In dieser oder ähnlicher Form durchgeführte Kartierungen bilden eine solide Basis für Verbundplanungen. Die notwendige Differenzierung der Signaturen ergibt sich aus den jeweils im Untersuchungsgebiet vorhandenen Biotopstrukturen.

5.3.3 Siedlungsgebiete

Das im Vergleich zur Agrarlandschaft und auch zu den Waldgebieten meist wesentlich feinere Mosaik unterschiedlicher Lebensräume in den Städten und Dörfern erfordert bei der Kartierung – wie bereits gesagt – einen größeren Maßstab. Damit wird zugleich die notwendige stärkere Aufgliederung der zu unterscheidenden Nutzungs- bzw. Biotoptypen (beide sind hier besonders eng miteinander verknüpft) möglich.

Die Arbeitsgruppe »Methodik der

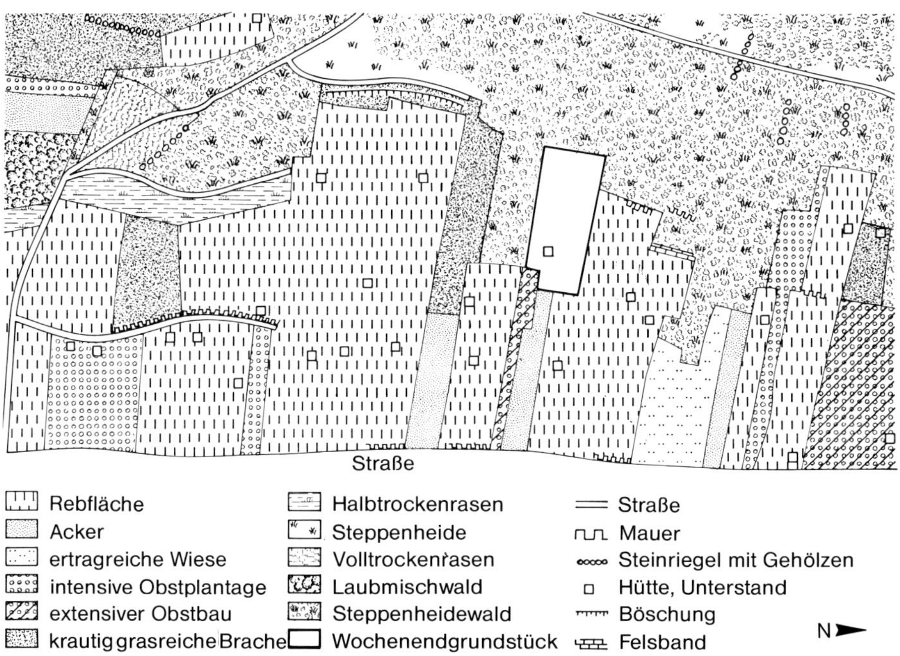

Abb. 60: Flächendeckende Biotop- und Nutzungskartierung in einem Weinbaugebiet (aus Botsch et al. 1983).

Tab. 16. Nutzungstypen in der Stadtbiotopkartierung (zusammengefaßt nach Angaben der Arbeitsgruppe »Methodik der Biotopkartierung im besiedelten Bereich« 1986)

Haupteinheit	Nebeneinheit
1. gemischte Bauflächen/Kerngebiete	Innenstadt (weitere Untergliederung, wenn notwendig, nach Alter, Geschoßhöhe, Vegetationsstruktur usw.); Altstadt; Brachflächen des Innenstadtbereichs
2. gemischte Bauflächen/Wohnbauflächen	Blockrand- oder Zeilenbebauung; Großformbebauung und Hochhäuser; Einzel- bzw. Reihenhausbebauung (eventuell weitere Untergliederung nach Alter, Geschoßhöhe, Vegetationsstruktur usw.); Brachflächen der Wohnbauflächen
3. gemischte Bauflächen/Dorfgebiete	Kernbereiche der Dörfer; landwirtschaftliche Hof- und Gebäudeflächen; Übergangsformen; verstäderte Dorfgebiete; Brachflächen der Dorfgebiete
4. gewerbliche Bauflächen/Flächen für Ver- und Entsorgungsanlagen	Industrieflächen und stark versiegelte technische Ver- und Entsorgungsanlagen; Gewerbegebiete; gering versiegelte Ver- und Entsorgungsanlagen; Rieselfelder; Brachflächen der unterschiedlichen gewerblichen Bauflächen
5. Grünflächen	Öffentliche Grün- und Parkanlagen, gering versiegelte Sport- und Erholungsanlagen (weitere Untergliederung, wenn notwendig, nach Größe, Alter, Vegetationsstruktur usw.); stark versiegelte Sport- und Erholungsanlagen; Friedhöfe (evtl. Untergliederung in alte und Parkfriedhöfe, jüngere und Zierfriedhöfe, Waldfriedhöfe, Soldatenfriedhöfe usw.); Kleingartenanlagen; zoologische und botanische Gärten; Brachflächen der verschiedenen Grünflächentypen
6. Gewässer	Flüsse und Ströme (ohne Uferzonen); Bachläufe und feuchte Gräben (mit Uferzonen); Quellbereiche; Seen und Talsperren (ohne Uferzonen); Teiche, Tümpel, Weiher usw. (mit Uferzonen)
7. Verkehrsanlagen/Verkehrsflächen	Bahnanlagen; Straßenverkehrsflächen (evtl. weitere Untergliederung z. B. nach der Vegetationsstruktur); Flug- und Landeplätze; Kanäle und Hafenanlagen; sonstige Verkehrsanlagen; Brachflächen der unterschiedlichen Verkehrsanlagentypen
8. landwirtschaftlich genutzte Flächen	Ackerflächen; Grünflächen; landwirtschaftliche Sondernutzungen; kleinräumiger Nutzungswechsel (kartographisch nicht mehr darstellbar); stark versiegelte landwirtschaftliche Nutzflächen (Gewächshausflächen); Flächen des Erwerbsgartenbaus; Brachflächen der verschiedenen landwirtschaftlichen Nutzungstypen
9. Wälder und Forsten, Gebüsche und Hecken	Laubgehölz/-forst; Mischgehölz/-forst; Nadelgehölz/-forst; Schonungen; aufgeforstete Halden; naturnahe Wälder (evtl. weitere Untergliederung z. B. nach hydrologischen Verhältnissen); landschaftsprägende Kleinsstrukturen (weitere Untergliederung z. B. in Feldgehölze, Hecken)

Tab. 16. Nutzungstypen in der Stadtbiotopkartierung (zusammengefaßt nach Angaben der Arbeitsgruppe »Methodik der Biotopkartierung im besiedelten Bereich« 1986)

Haupteinheit	Nebeneinheit
10. Abgrabungs- und Aufschüttungsflächen	derzeit genutzte, größtenteils unbewachsene Flächen; Brachflächen in Form aufgelassener Kiesgruben, Steinbrüche, Halden, Erddeponien usw. mit Vegetation
11. lokale Besonderheiten und Naturrelikte	Uferzonen besonderer Bedeutung und Ausdehnung; Hohlwege; Moore; Heiden; Dünen; Felsstandorte; Hochwasserdämme, Deiche; Stadtmauern, Wälle bzw. Reste alter Befestigungsanlagen; Großbaustellen; nicht untersuchbare militärische Anlagen

Biotopkartierung im besiedelten Bereich«, gegründet durch die Bundesforschungsanstalt für Naturschutz und Landschaftsökologie sowie die Landesanstalten und -ämter für Naturschutz und Landschaftspflege, legte 1986 unter Leitung von SUKOPP ein umfassendes Grundprogramm für die flächendeckende Biotopkartierung in den Städten und Dörfern einschließlich ihrer Randzonen vor. Sie empfiehlt dazu folgendes Vorgehen:

(1) **Flächendeckende Kartierung der Nutzungstypen** als Grundlage aller weiteren Untersuchungen (Kartierschlüssel s. Tab. 16): Erhebung durch Luftbildinterpretation, Karteninterpretation und umfangreiche Geländekontrollen. Als Ergebnis wird eine Karte der Nutzungstypen im Maßstab von 1 : 5000 (Arbeitskarte) bzw. 1 : 10000 (Endprodukt) vorgelegt, die maßstäblich mit Biotopkartierungen aus dem unbesiedelten Bereich kompatibel sein sollten.

(2) **Kartierung potentiell biologisch reichhaltiger bzw. schutzwürdiger Gebiete**, wobei der Begriff »potentiell« im Sinne notwendiger weiterer Untersuchungen zu verstehen ist. Diese Karte entsteht im gleichen Arbeitsschritt wie die Erarbeitung der Nutzungstypen. In ihr werden all jene Flächen verzeichnet, die aufgrund ihrer Oberflächenbeschaffenheit oder Vegetationsstruktur auffallen und später noch genauer kartiert werden müssen. Schwer darstellbare Einzelstandorte wie farnbewachsene Mauern, artenreiche Säume und schmale Hecken sind durch Linien- oder Punktsignaturen aufzunehmen. Das Hervorheben potentiell schutzwürdiger Gebiete kennzeichnet Standorte, die bevorzugt zu untersuchen sind.

(3) **Kartierung der Biotoptypenkomplexe** durch detailliertes Überprüfen der in Karte 1 erhobenen Nutzungstypen-Einheiten mit dem Ziel einer flächendeckenden Ermittlung von Komplexen unterschiedlicher Biotoptypen, wie sie in Tab. 17 zusammengestellt sind (vgl. Beispiel in Abb. 61). Da eine gründliche flächendeckende Kartierung von Städten aus zeitlichen und finanziellen Gründen schwierig ist, empfiehlt sich die genauere Untersuchung von zehn ausgewählten Beispielflächen eines jeden Nutzungstyps, mit deren Hilfe sich ein recht hoher Anteil der Gesamtflora und -fauna eines Stadtgebietes erfassen läßt.

Die Karte der Biotoptypenkomplexe sollte endgültig erst nach floristisch/vegetationskundlichen und faunistisch/zoozönologischen Kartierungen der Beispielflächen vorgelegt werden, da diese unter Umständen weitere Untergliederungen oder Änderungen erfordern.

(4) **Kartierung der Flora und Vegetation** (Gefäßpflanzen)

(5) **Kartierung von Tiergruppen**

Beide Kartierungen werden in Kapitel 5.4 behandelt, auf das hier verwiesen sei.

Als Endergebnis muß auch eine Karte der schutzwürdigen Gebiete mit Vorschlägen für deren rechtliche Sicherung

Tab. 17. Liste der Biotoptypen zur flächendeckenden Gliederung des besiedelten Bereichs, insbesondere der Kleinstädte und Dörfer (aus Arbeitsgruppe »Methodik der Biotopkartierung im besiedelten Bereich« 1986, geringfügig verändert)

Nr.	Einheit
1	*Biotoptypen der Kerngebiete*
1.1	Biotoptypen der modernen Innenstadt (weitere Untergliederung an Örtlichkeit orientiert: Alter, Geschoßhöhe, Versiegelungsgrad, Vegetationsstruktur usw.)
1.2	Biotoptypen der Altstadt
1.B	Brachflächen-Biotoptypen der Kerngebiete
2	*Biotoptypen der gemischten Bauflächen/Wohnbauflächen*
2.1	Biotoptypen der Blockrand- und Zeilenbebauung (weitere Untergliederung z. B. wie unter 1.1)
2.1.B	Brachflächen-Biotoptypen der Blockrand- und Zeilenbebauung
2.2	Biotoptypen der Großform- und Hochhausbebauung (weiter Untergliederung z. B. wie unter 1.1)
2.2.B	Brachflächen-Biotoptypen der Großformbebauung und Hochhäuser
2.3	Biotoptypen der Einzel- bzw. Reihenhausbebauung (weitere Untergliederung an Örtlichkeit orientiert: Alter/Neubaugebiete/Ferienhäuser, Versiegelungsgrad, Vegetationsstruktur/Struktur der Gärten/Waldsiedlung usw.)
2.3.B	Brachflächen-Biotoptypen der Einzel- bzw. Reihenhausbebauung
3	*Biotoptypen der gemischten Bauflächen/Dorfgebiete*
3.1	Biotoptypen der Dorf-Kernbereiche
3.1.1	alter Dorfkern
3.1.2	moderner, verstädteter Dorfkern
3.1.3	Dorfplätze usw.
3.2	Biotoptypen der landwirtschaftichen Hof- und Gebäudeflächen
3.2.1	alte Bauernhöfe
3.2.2	kleine Hofstellen, meist Nebenerwerbsbetriebe
3.2.3	modernisierte Gehöfte/Aussiedlerhöfe
	Signaturen für 3.2:
	– Biotoptypen der Mauern
	– Biotoptypen der Zäune mit Saumgesellschaften
	– Biotoptypen der Gebäudeeinfassungen (mit Kletterpflanzen)
	– Kirchtürme, alt (mit Einflugmöglichkeit)
	– Wohngebäude, alt (mit Einflugmöglichkeit)
	– Stallungen und Scheunen, alt (mit Einflugmöglichkeit)
	– Fachwerkhäuser
	– Biotoptypen der Dächer usw. (Schieferdächer, Natursteindächer, Reetdächer, begrünte Flächdächer)
3.3	Biotoptypen mäßig verstädteter Dorfgebiete
3.4	Biotoptypen verstädterter Dorfgebiete
3.5	Biotoptypen der Gärten
3.5.1	Bauerngärten
3.5.2	Obstgartenwiesen
3.5.3	Gemüse-/Kräutergärten
3.5.4	Nutzgärten; diverse Nutzungen, alt

Tab. 17. Liste der Biotoptypen zur flächendeckenden Gliederung des besiedelten Bereichs, insbesondere der Kleinstädte und Dörfer (aus Arbeitsgruppe »Methodik der Biotopkartierung im besiedelten Bereich« 1986, geringfügig verändert)

Nr.	Einheit
3.5.5	moderne Ziergärten
3.5.6	Naturgärten usw.
3.B	Brachflächen-Biotoptypen der Dorfgebiete
3.1.B	brachliegende Gebäudeflächen
3.2.B	brachliegende Gartenbereiche (Obstgartenbrachen, sonstige Gartenbrachen usw.)
3.3.B	dörfliche Ruderalsäume usw.
4	*Biotoptypen der gewerblichen Bauflächen/Flächen für Ver- und Entsorgungsanlagen*
4.1	Biotoptypen der Industrieflächen und stark versiegelter Ver- und Entsorgungsanlagen
4.1.B	Brachflächen-Biotoptypen der Industrie (Trümmerschutt-Brache usw.)
4.2	Biotoptypen der Gewerbegebiete
4.2.B	Brachflächen-Biotoptypen der Gewerbegebiete
4.3	Biotoptypen der technischen Ver- und Entsorgungsanlagen
4.3.B	Brachflächen-Biotoptypen der technischen Ver- und Entsogungsanlagen
4.4	Biotoptypen der Rieselfelder
5	*Biotoptypen der Grünflächen*
5.1	Biotoptypen der öffentlichen Grün- und Parkanlagen und gering versiegelter Sport- und Erholungsanlagen, inkl. Kinderspielplätze
5.1.1	sehr alter großer, strukturreicher Stadtpark oder Schloß-/Burgpark mit vielen alten Bäumen und wenigen, kleinen Rasen-/Wiesen-Inseln
5.1.2	Stadtpark mit einfacherem Aufbau, meist kleiner oder jünger
5.1.3	große Stadtwiesen
5.1.4	große Rasenflächern (ca. 1 ha und mehr) bis zu Golfplätzen
5.1.B	Brachflächen-Biotoptypen der öffentlichen, gering versiegelten Grünflächen
5.2	Biotoptypen der stärker/stark versiegelten Sport- und Erholungsanlagen mit Gebäudeflächenanteilen
5.2.1	Sportanlagen wie Schwimmbäder mit beachtlichem Rasenanteil; Reitplätze; Schießplätze, Fußballplätze usw.
5.2.2	Sportanlagen/-hallen wie Tennis- und Squashcentren mit geringem Grünanteil
5.2.B	Brachflächen-Biotoptypen der Sport- und Erholungsanlagen
5.3	Biotoptypen der Friedhöfe
5.3.1	alte Friedhöfe mit Baumbestand, Parkfriedhöfe
5.3.2	jüngere Friedhöfe, Zentralfriedhöfe, Neuanlagen
5.3.3	Waldfriedhöfe
5.3.4	Soldatenfriedhöfe
5.3.B	verwilderte Friedhofsanlagen und Grabanlagen
5.4	Biotoptypen der Kleingartenanlagen (weitere Untergliederung an Örtlichkeit orientiert: Alter, Vegetationsstruktur usw.)
5.4.B	Brachflächen-Biotoptypen der Kleingartenanlagen
5.5	Biotoptypen botanischer und zoologischer Gärten
5.6	Biotoptypen der kommerziellen Freizeit- und Vergnügungsparkanlagen

Tab. 17. Liste der Biotoptypen zur flächendeckenden Gliederung des besiedelten Bereichs, insbesondere der Kleinstädte und Dörfer (aus Arbeitsgruppe »Methodik der Biotopkartierung im besiedelten Bereich« 1986, geringfügig verändert)

Nr.	Einheit
6	*Biotoptypen der Gewässer und Küstenregionen*
6.1	Biotoptypen der Flüsse und Ströme (ohne Uferzonen)
6.2	Biotoptypen der Strom- und Flußuferzonen (weitere Untergliederung an Örtlichkeit orientiert: Vegetationsstruktur [Signatur z. B. Ausbauzustand naturnah, mäßig ausgebaut, stark ausgebaut/teils verrohrt] usw.)
6.3	Bioptoptypen der Bäche (inkl. Uferzonen) (weitere Untergliederung an Örtlichkeit orientiert: s. 6.2)
6.4	Biotoptypen der feuchten Gräben
6.5	Biotoptypen der Quellbereiche
6.6	Biotoptypen der Seen, Altwasser und Talsperren (ohne Uferzonen)
6.7	Biotoptypen der Uferzonen von Seen, Altwässern und Talsperren (weitere Untergliederung an Örtlichkeit orientiert: Vegetationsstruktur, Ausbauzustand usw.)
6.8	Biotoptypen der Teiche, Weiher etc. (inkl. Uferzonen) (weitere Untergliederung s. 6.2)
6.9	Biotoptypen der Küstenregionen
6.9.1	Watt- und Schlickflächen
6.9.2	Felswatt, Mischwatt
6.9.3	Sandstrände, Sandbänke
6.9.4	Küstendünen und Sandwälle
6.9.5	Fels- und Steilküsten (einschl. Hangfuß und Böschungsbauten)
7	*Biotoptypen der Verkehrsanlagen/Verkehrsflächen*
7.1	Biotoptypen der Bahnanlagen
7.1.1	Bahnhöfe, Wirtschaftsgebäude, Schuppen, inkl. Ziergrünflächen
7.1.2	Güterbahnhöfe (Gebäude- und Gleisflächen)
7.1.3	Gleisanlagen, Bahndämme
7.1.B	Brachflächen-Biotoptypen der Bahnanlagen
7.2	Biotoptypen der Straßenverkehrsflächen
7.2.1	alte Landstraßen mit Bäumen (Untergliederung in alte Landstraßen mit Obstbäumen, unversiegelte Ackerwege)
7.2.2	moderne Straßen mit Verkehrsgrün (Untergliederung in mit Asphalt versiegelte Ackerwege usw.)
7.2.B	Brachflächen-Biotoptypen der Straßenverkehrsanlagen
7.3	Biotoptypen der Flug- und Landeplätze
7.3.B	Brachflächen-Biotoptypen der Flug- und Landeplätze
7.4	Biotoptypen der Kanäle und Hafenanlagen
7.4.B	Brachflächen-Biotoptypen der Kanäle und Hafenanlagen
7.5	Biotoptypen der sonstigen Verkehrsanlagen (Hoch-, Schwebe-, Seilbahnen, Lifte usw.)
7.5.B	Brachflächen-Biotoptypen der sonstigen Verkehrsanlagen
8	*Biotoptypen landwirtschaftlich genutzter Flächen*
8.1	Biotoptypen der Ackerflächen

Tab. 17. Liste der Biotoptypen zur flächendeckenden Gliederung des besiedelten Bereichs, insbesondere der Kleinstädte und Dörfer (aus Arbeitsgruppe »Methodik der Biotopkartierung im besiedelten Bereich« 1986, geringfügig verändert)

Nr.	Einheit
8.1.1	Getreideäcker
8.1.2	Hackfruchtäcker Signaturen: auf basischen Böden (»Kalkäcker«), auf Lößböden, auf mäßig basichen bis mäßig sauren Böden (»Lehmäcker« usw.), auf sauren Böden (»Sandäcker«), auf Torfböden, ackerwildkrautreiche Äcker bzw. Ackerränder, Lesesteinwälle usw.
8.1.3	Wildäcker
8.1.B	Biotoptypen der Ackerbrachen
8.2	Biotoptypen der Grünlandflächen
8.2.1	extensives Grünland (Untergliederung in Kalk-Trockenrasen, Sand-Trockenrasen, Borstgrasrasen, Streuwiesen, Feuchtwiesen, Naßwiesen usw.)
8.2.2	intensives Grünland (Untergliederung in Dauerweiden mit Koppel- und Standweiden, in Mähweiden, Gänseanger usw. Signaturen: mäßig trocken, mäßig frisch, frisch, feucht, Kalk, Sand, Torf
8.2.B	Biotoptypen der Grünlandbrachen (Untergliederung in junge und alte Grünlandbrachen)
8.3	Biotoptypen landwirtschaftlicher Sondernutzungen
8.3.1	Obstkulturen (Untergliederung in Hochstammkulturen mit Unterkultur Wiese [Streuobstwiesen], Hochstammkulturen mit Unterkultur Beerenobst, Mittel- und Niederstammkulturen, Busch-Spindelbuschkulturen)
8.3.2	Gemüsekulturen Signaturen: Intensiv-Kulturen, biologischer Anbau
8.3.3	Weinberge (Untergliederung in flurbereinigt und nicht flurbereinigt)
8.3.B	Brachflächen-Biotoptypen der landwirtschaftlichen Sondernutzungen (Untergliederung in Obstkulturen, Gemüsekulturen, Weinberge, Trockenmauern)
8.4	Biotoptypen bei kleinräumigem(r) landwirtschaftlichem Nutzungswechsel/-vielfalt/-Mosaik (kartographisch nicht mehr gesondert darstellbar)
8.4.B	Brachflächen-Biotoptypen bei kleinräumigem landwirtschaftlichem Nutzungswechsel (= überwiegender Brachflächenanteil)
8.5	Biotoptypen stark versiegelter landwirtschaftlicher Nutzflächen (Gewächshäuser, 80–100% versiegelt!)
8.6	Biotoptypen des Erwerbsgartenbaus (Gärtnereien; Baumschulen samt Gebäude)
8.6.B	Brachflächen-Biotoptypen des Erwerbsgartenbaus
9	*Biotoptypen der Wälder, Forsten, Gebüsche und Hecken*
9.1	Biotoptypen der Laubholz-Forsten
9.2	Biotoptypen der Mischgehölz-Forsten
9.3	Biotoptypen der Nadelgehölz-Forsten (Untergliederung in Fichtenforsten, Kiefernforsten, Lärchen-/Douglastannenforsten u. a.)
9.4	Biotoptypen der Schonungen (Untergliederung in Laubholz-, Mischgehölz-, Nadelgehölz-Schonungen, Weihnachtsbaumkulturen, Kahlschläge)

Tab. 17. Liste der Biotoptypen zur flächendeckenden Gliederung des besiedelten Bereichs, insbesondere der Kleinstädte und Dörfer (aus Arbeitsgruppe »Methodik der Biotopkartierung im besiedelten Bereich« 1986, geringfügig verändert)

Nr.	Einheit
9.5	Biotoptypen aufgeforsteter Heiden bzw. Rekultivierungsflächen
9.6	Biotoptypen naturnaher Wälder (Untergliederung in Auenwald, Weidenwald, Erlen-Eschen-Wald, Erlenwald, Eichen-Hainbuchen-Wald, Schluchtwald/Bach-Schlucht-Wald, Buchenwald, Birkenwald, Fichtenwald, Kiefernwald, Steppenheide-Wald auf flachgründigen Kalkböden, andere einheimische Laubwaldtypen) Signaturen: Niederwald, Mittelwald, Altholzbestand, durchweideter Wald
9.7	Biotoptypen landschaftsprägender Kleinstrukturen
9.7.1	(inselartige) Feldgehölze
9.7.2	Hecken (weitere Untergliederung in Feldhecken, Wallhecken, Windschutzhecken, Böschungsgebüsch) Signatur: Kopfbäume
10	*Biotoptypen der Abgrabungs- und Aufschüttungsflächen*
10.1	Biotoptypen der Abgrabungsflächen
10.1.1	Kiesgruben/Sandgruben
10.1.2	Steinbrüche
10.1.3	Lehm-/Tongruben, Ziegeleilehmgruben
10.1.4	Torfstiche usw.
10.1.B	Brachflächen-Biotoptypen der Abgrabungsflächen
10.2	Biotoptypen der Aufschüttungsflächen (Untergliederung in Bauschutt-, Müll-, Sondermülldeponie)
10.2.B	Brachflächen-Biotoptypen der Deponieflächen Signatur: wilde Müllkippen, kleinflächig
11	*Biotoptypen lokaler Besonderheiten und Naturrelikte*
11.1	Biotoptypen der Hohlwege (Untergliederung in Löß- und Sandhohlwege) Signatur: ruderalisiert
11.2	Biotoptypen der Moore (Untergliederung in Nieder- und Hochmoor)
11.3	Biotoptypen der Heiden (Untergliederung in Calluna-Heiden/Besenginster-Heiden, Wacholderheiden, Steppenheiden)
11.4	Biotoptypen der Dünen
11.5	Biotoptypen der Felsstandorte (Untergliederung in natürliche Felsen, Schutthalden) Signaturen: Höhlen, Stollen
11.6	Biotoptypen der Stadtmauern und Reste alter Befestigungsanlagen
11.7	Biotoptypen der Baustellen
11.8	Biotoptypen der nicht untersuchbaren militärischen Anlagen
11.9	Biotoptypen der Dolinen

Abb. 61: Idealtypischer Dorfbereich, an dem die Ergebnisse einer Kartierung der Nutzungs- bzw. Biotoptypen nach dem vorgeschlagenen Kartierschema verdeutlicht werden (aus Arbeitsgruppe »Methodik der Biotopkartierung im besiedelten Bereich« 1986).

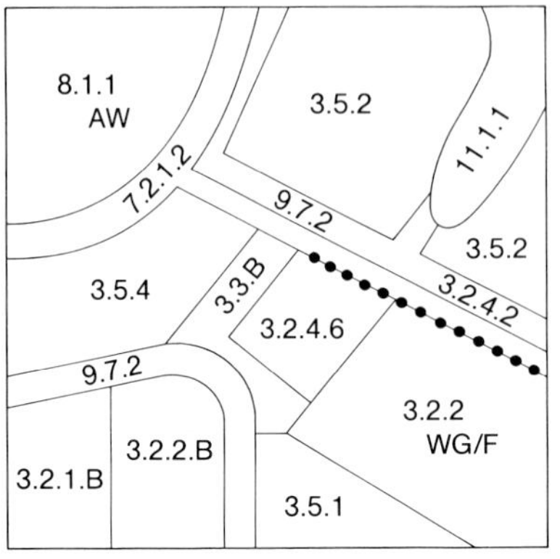

Strukturtypen:

3.2.2	kleine Hofstellen (Wohngebäude/Fachwerk), meist Nebenerwerbsbetriebe
3.2.1.B	Obstgartenbrachen
3.2.2.B	Nutzgartenbrachen
3.3.B	dörfliche Ruderalsäume
3.2.4.2	Zäune mit Saumgesellschaften
3.2.4.6	Stallungen u. Scheunen, alt (mit Einflugmöglichkeit)
3.5.1	Bauerngärten
3.5.2	Obstgartenwiesen
3.5.4	Nutzgärten, diverse Nutzungen, alt
7.2.1.2	Ackerwege, unversiegelt
8.1.1	Getreideäcker, ackerwildkrautreich
9.7.2	Hecken
11.1.1	Lößhohlwege

Punktsignatur: Farnmauern

Abb. 62: Kartierung der für den Naturschutz relevanten Kleinstrukturen in Bonn-Bad Godesberg (aus SCHULTE 1988).

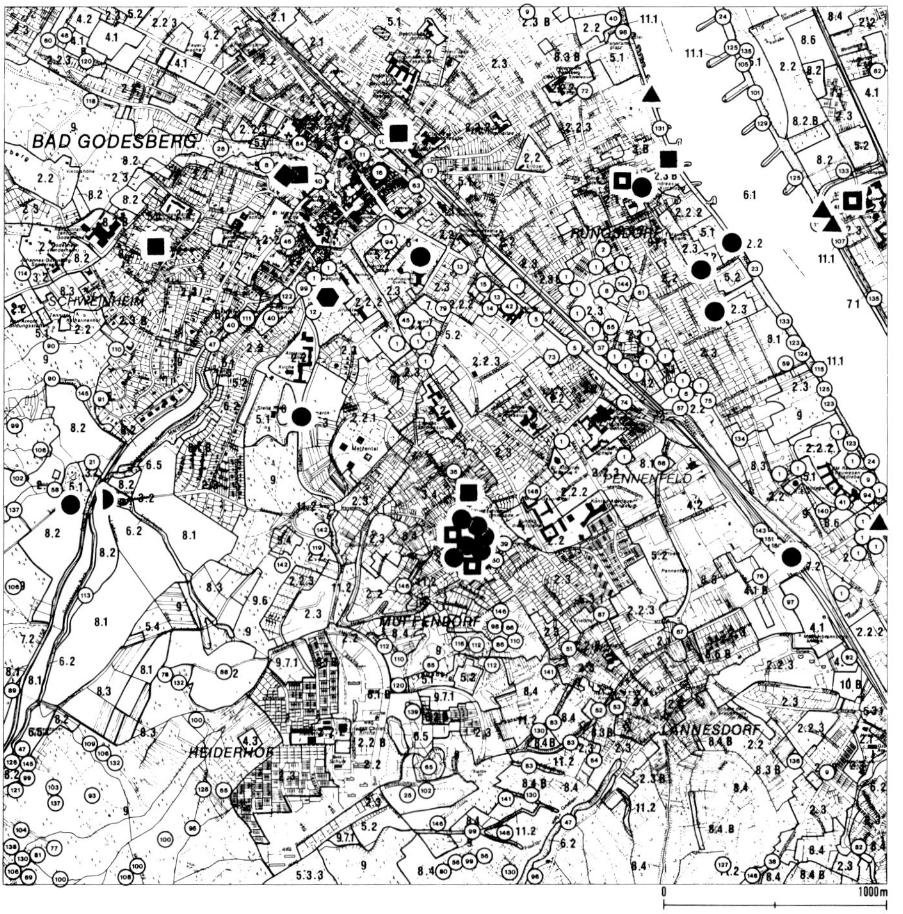

entstehen. Alle vorzulegenden Karten sollten im jeweils einheitlich zu wahrenden Maßstab (1 : 5000 bis) 1 : 10000 erarbeitet werden.

Die Abgrenzung des Bearbeitungsgebietes sollte sich nach den örtlichen Erfordernissen richten, auf keinen Fall darf es direkt mit der Bebauungsgrenze abschließen. Die Arbeitsgruppe empfiehlt im Mittel die Berücksichtigung eines 1000 m breiten Randbereichs rings um die bebaute Ortslage, welcher geplante oder mögliche Erweiterungen der Siedlungsfläche und ortsnahe Naherholungsgebiete mit berücksichtigt. Dies gewinnt gerade im Hinblick auf den interökosystemaren Biotopverbund zwischen Lebensräumen inner- und außerhalb der menschlichen Siedlungen an Bedeutung.

Dörfer und Kleinstädte erfordern nach Ansicht der Arbeitsgruppe »Methodik der Biotopkartierung im besiedelten Bereich« (1986) vielfach ein noch stärker modifiziertes Vorgehen, wobei die flächendeckende Nutzungstypen-Kartierung zugunsten der Erfassung der Biotoptypen zurücktritt, wie sie in Tab. 17 dargestellt sind. Unter Umständen ist eine weitere Differenzierung und Ergänzung dieses Schlüssels notwendig. Ansonsten sollte er jedoch generell möglichst unverändert übernommen werden, um die Vergleichbarkeit verschiedener Kartierungen und darauf aufbauender Verbundplanungen zu gewährleisten.

Neben der Publikation der Arbeitsgruppe (1986) sei bezüglich bisheriger Dorf- und Stadtbiotopkartierungen exemplarisch verwiesen auf KUNICK et al. (1983), MÜLLER (1982), MÜLLER & WALDERT (1981, 1984), PEINTINGER (1988), SCHULTE (1988), SCHULTE & VOGGENREITER (1986) sowie SUKOPP & WEILER (1986). Mit Stand der Veröffentlichung von SUKOPP & WEILER liefen in der Bundesrepublik 80 verschiedene Stadtbiotopkartierungen, inzwischen dürften es wesentlich mehr sein.

Einen Eindruck von einer Kartierung naturschutzrelevanter Kleinstrukturen im Stadtgebiet von Bonn-Bad Godesberg vermittelt Abb. 62. Die eingekreisten Ordnungsnummern kennzeichnen Kleinstrukturen, die in einer begleitenden Erläuterungstabelle näher gekennzeichnet werden. Die übrigen Zahlen symbolisieren die städtischen Nutzungs- bzw. Biotoptypen (vgl. Tab. 16 und 17).

5.3.4 Wald- bzw. Forstgebiete

In den bewaldeten bzw. von Forsten bestandenen Gebieten kann der Biotopschlüssel aus Tab. 15 im allgemeinen unverändert bzw. teilweise verfeinert übernommen werden. Die in vielen Bundesländern erfolgten Waldbiotopkartierungen erfüllen als sehr selektive Bestandserfassungen nicht die Erfordernisse für eine Biotopverbundplanung, können also nicht als Grundlage, sondern nur als erster Informationsträger Verwendung finden.

Notwendig ist auch hier eine flächendeckende Kartierung. Methodische Hinweise dazu finden sich unter anderem bei AMMER & UTSCHICK (1982) und VOLK (1988). Zu erfassen sind sowohl die forstlichen Bestände, Verkehrswege u.ä. Flächennutzungen als auch alle Kleinstrukturen sowie floristisch/vegetationskundliche und zoologisch/zoozönologische Vorkommen.

5.4 Artenkartierungen als notwendige Ergänzung

Eine flächendeckende Kartierung von Pflanzenarten und -gesellschaften sowie Tierarten, so wünschenswert sie im Einzelfall auch sein mag, ist nahezu unmöglich. In der Konsequenz ganz auf Artenerhebungen zu verzichten und sich bei der Biotopverbundplanung allein auf die Kartierung der Biotope zu verlassen, bedeutet jedoch eine grobe Vereinfachung, die dem Anspruch einer soliden Planungsgrundlage nicht gerecht wird.

Während sich Pflanzenvorkommen (Einzelarten bzw. Gesellschaften) durch ihre ortsgebundene Lebensweise noch relativ gut in die »Schubladen« der kartierten Biotoptypen einordnen lassen, wechseln die mobilen Tiere häufig ihren Aufenthaltsort und erschweren dadurch vielfach die Zuordnung zu bestimmten Biotoptypen. Da die Pflanzengesellschaften und die Tierarten bzw. Zoozönosen nicht in ein einheitliches, gemeinsames System zu pressen sind, werden die Artkartierungen ein von Fall zu Fall unterschiedliches weiteres Modifizieren des bei der Biotopkartierung verwendeten Biotopschlüssels mit sich bringen.

Die wichtigste Aufgabe der Artenkartierung liegt darin, die Grundlage für eine Bewertung der Biotopkartierung zu liefern, insbesondere was den Stellenwert der einzelnen Flächen bzw. Landschaftselemente im Biotopverbundsystem betrifft, wie und mit welchen Mitteln diese miteinander verbunden werden müssen, welche rechtlichen Schutzformen zu ihrer Sicherung zu nutzen sind usw. Zugleich liegen damit brauchbare Basisdaten für Antrags- und Genehmigungsverfahren vor, wenn ein verbindlicher Flächen- bzw. Objektschutz angestrebt wird.

Da eigene Erhebungen viel Zeit und eine umfassende Sachkenntnis benötigen, die der einzelne Planer selten in einer Person mitbringt, sollte von vornherein der Kontakt zu allen am Ort arbeitenden Biologen, Geographen und anderen Spezialisten aufgenommen werden, die bereits vorhandene Daten liefern und/oder per Gutachten neue erarbeiten können. Anhaltspunkte vermitteln auch die mehr oder weniger vollständigen und für Planungszwecke zur Verfügung stehenden botanischen und zoologischen Artenerhebungen der einzelnen Bundesländer und auf Bundesebene, die die Bundesforschungsanstalt für Naturschutz und Landschaftsökologie (1983) zusammenstellte. Obgleich dieses Verzeichnis inzwischen an Aktualität verloren hat, so liefert es doch einen Überblick über gelaufene Untersuchungen, die als mögliche Datenquellen infrage

Abb. 63: Ausschnitt aus einer Artenliste als Grundlage floristischer Kartierungen, in denen die nachgewiesenen Arten durch die gezeigten Markierungen gekennzeichnet werden (aus Arbeitsgruppe »Methodik der Biotopkartierung im besiedelten Bereich« 1986).

Acer camp	Calys sepi		Dryop cart	
Acer negu	Campa pers		~~Dryop dila~~	Art gefunden
Acer plat	Campa rapo		Dryop fili	
Acer pspl	Campa rapu		(Ecloa crus)	Gattung unsicher
Achil mill	Campa rotu		Enops spha	
Achil ptar	Campa trac		Echiu vulg	
Actae spic	Canna sati		~~Epilo~~ (aden)	Art unsicher
Adoxa mosc	Capse burs		Epilo angu	
Aegop poda	Carda hirs	▲	~~Epilo hirs~~	kultiviert
Aescu hipp	Carda impa		Epilo lanc	
Aethu cyna	Carda prat		Epilo mont	
Agrim eupa	Cardr drab		Epilo parv	
Agrop repe	Cardu acan		Epilo rose	
Agros cani	Cardu cris		Epilo tetr	
Agros giga	Cardu nuta	1	~~Epipa hele~~	1 = 1—10 Individuen = selten
Agros stol	Carex acut		Equis arve	
Agros tenu	Carex hirt		Equis palu	
Ailan alti	Carex muri	2	~~Equis telm~~	2 = 11—100 Indviduen = spärlich
Ajuga rept	Carex pend		Eragr poae	
Alism plan	Carex remo	3	~~Erant hiem~~	3 = > 100 Individuen = häufig
Allia peti	Carex sylv		Erica tetr	
Alliu scho	Carli vulg		Erige acri	
Alnus glut	Carpi betu	bl.	~~Erige annu~~	blühend
Alnus inca	Casta sati		Erodi cicu	
Alope aequ	Centa cyan		Eruca nast	
Alope geni	Centa jace	•	~~Euony euro~~	fruchtend
Alope myos	Centa mont		Eupat cann	
Alope prat	Centa scab		Eupho cypa	
Amara hybr	Centm minu		Eupho esul	
Amara retr	Centm pulc		Eupho heli	
Anaga arve	Ceras font		Eupho pepl	
Anemo nemo	Ceras tome	K.J.B	~~Fagus sylv~~	Keimling, Jungpflanze, Baum
Aneth grav	Chaen minu	←	~~Fallo conv~~	kriechend
Angel arch	Chaer bulb	↑	~~Fallo dume~~	kletternd
Angel sylv	Chaer temu		Festu alti	
Anthe arve	Cheli maju		Festu arun	

kommen. Sich allein darauf zu verlassen, genügt jedoch kaum – vielfach macht sie schon die mangelnde Punktschärfe der Erhebungen und damit die fehlende Zuordnung zu einer Fläche für die eigenen Zwecke unbrauchbar.

Botanische Erhebungen

Flora und Vegetation sind mit mindestens zwei parallel laufenden Methoden zu erfassen: durch »Anstreichen« auf einer vorgefertigten Artenliste mit den Abkürzungen der Pflanzennamen (s. Abb. 63) und durch detaillierte Vegetationsaufnahmen auf möglichst repräsentativen Aufnahmeflächen (s. Abb. 64). In der Strichliste werden gefundene Arten durchgestrichen, unsichere Art- und Gattungsnamen durch Umkreisen gekennzeichnet sowie die Häufigkeit anhand einer dreistufigen Skala vermerkt (Arbeitsgruppe »Biotopkartierung im besiedelten Bereich« 1986):

1 = selten (1–10 Individuen pro Untersuchungseinheit),
2 = spärlich (11–100 Individuen pro Untersuchungseinheit),
3 = häufig (> 100 Individuen pro Untersuchungseinheit).

Die Vegetationsaufnahmen nach BRAUN-BLANQUET oder ähnlichen Verfahren (vgl. zum Beispiel KREEB 1983) erlauben die Ansprache von Pflanzengesellschaften. Wo dies nicht möglich ist, sollten zumindest Aussagen auf der Ebene des Verbandes oder anhand willkürlich gebildeter »Vegetationsformen« wie zum Beispiel Robinien-Wäldchen, Salweiden-Birken-Gebüsch, Weißdornhecke, Rohrkolben-Röhricht, Brennessel-Hochstaudenflur usw. getroffen werden (Arbeitsgruppe »Biotopkartierung ...« 1986).

Die botanischen Erhebungen müssen genauso wie die zoologischen auf ausgewählte Flächen beschränkt bleiben. Diese können innerhalb der Städte und Dörfer entweder die bei der flächendeckenden Nutzungstypenkartierung erhobenen potentiell biologisch reichhaltigen bzw. schutzwürdigen Gebiete oder die zur Überprüfung der Nutzungstypenkartierung ausgewählten repräsentativen Beispielflächen für alle flächenrelevanten städtischen Nutzungen darstellen (vgl. Kapitel 5.3.3).

Zumindest innerhalb der besiedelten Gebiete sollte schließlich noch eine Gehölzkartierung erfolgen, weil der vielfach stark exotisch geprägte Gehölzbestand die Lebensbedingungen vieler Tiere direkt oder indirekt maßgeblich beeinflußt, weil Gehölze das Stadt- bzw. Dorfbild entscheidend prägen, und weil sie auch im Biotopverbund eine sehr wesentliche Rolle spielen. Die Arbeiten könnten koordiniert werden im Zusam-

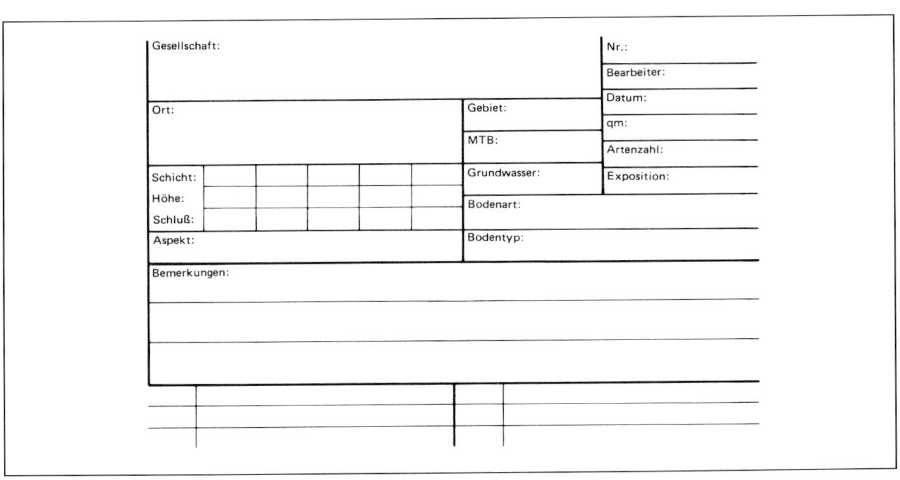
Gesellschaft:
Nr.:
Bearbeiter:
Datum:
qm:
Artenzahl:
Exposition:
Ort:
Gebiet:
MTB:
Grundwasser:
Schicht:
Höhe:
Schluß:
Bodenart:
Aspekt:
Bodentyp:
Bemerkungen:

Abb. 64: Kopf eines Erhebungsbogens für die vegetationskundliche Kartierung (aus Arbeitsgruppe »Methodik der Biotopkartierung im besiedelten Bereich« 1986).

menhang mit der Aufstellung eines Baumkatasters. Zu erfassen sind folgende Angaben (vgl. Arbeitsgruppe »Biotopkartierung ...« 1986):

- Flächenanteile der Baum-, Strauch-, Bodendecker- und Krautschicht getrennt in Prozent;
- dominante Arten in den einzelnen Schichten;
- Anteile von einheimischen/standortgerechten Arten und Exoten in der Baum-, Strauch- und Bodendeckerschicht, dabei Unterteilung in sommer- und immergrüne Laub- sowie Nadelgehölze;
- in der Baumschicht Anteile von Obstbäumen und Alter (jung, mittel, alt), Vorhandensein oder Fehlen von Totholz;
- in der Krautschicht Anteile von Rasenflächen und angepflanzter Vegetation.

Faunistische Erhebungen

Untersuchungen zum faunistischen Inventar müssen sich – mit Ausnahme der Vögel, der Amphibien und vielleicht der Fledermäuse – nicht nur auf ausgewählte Probeflächen, sondern wegen der unüberschaubaren Artenfülle auch auf Artengruppen beschränken, die relativ leicht bestimmbar sind und denen eine gewisse Indikatorfunktion zugeschrieben wird. Je nach im konkreten Einzelfall vorhandenem Sachverstand handelt es sich zumeist um einen Teil der folgenden Gruppen: Vögel, Säugetiere (Kleinsäuger, Fledermäuse, Wild), Amphibien, Reptilien, Libellen, Heuschrecken, Laufkäfer (Carabiden), Tagfalter und Weichtiere (Mollusken).

In Abb. 65 werden in einem Auswerteschritt die im Rahmen der Biotopkartierung als schutzwürdig eingestuften Flächen mit kartierten Amphibien- und Wiesenbrüter-Vorkommen (insbesondere Bruten von Großem Brachvogel und Rotschenkel) überlagert (Panzer & Plachter 1983). Bei Selektion der schutzwürdigen Feuchtbiotope (in diesem Beispiel) bzw. anderer einander ähnlicher Biotoptypen können solche kombinierten Kartendarstellungen biotopbezogene Grundlageninformationen für die Verbundplanung liefern.

Wenngleich bei zoologischen Kartierungen häufig nur quantitative Angaben gesammelt werden können, so sollten doch weitestmöglich auch quantitative

Abb. 65: Überlagerung der kartierten Amphibien-Laichgewässer und der Lebensräume wiesenbrütender Vogelarten mit den bei der bayerischen Biotopkartierung erfaßten wertvollen Biotopen – ein Beispiel für die Auswertung von Kartierungen, hier mit Hilfe graphischer Datenverarbeitung (aus Panzer & Plachter 1983).

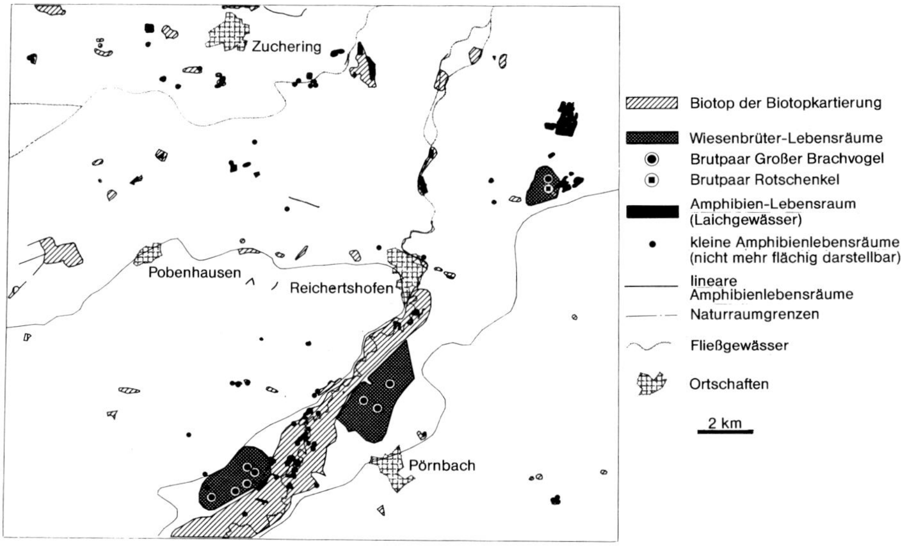

Daten zu Populationsgrößen oder Siedlungsdichten mit verzeichnet werden. Auf die je nach Tiergruppe sehr unterschiedlichen Erfassungsmethoden soll hier nicht näher eingegangen werden, entsprechende Anleitungen finden sich in der einschlägigen Fachliteratur und in speziell für Planungszwecke gegebenen Empfehlungen bei FINCK et al. (1992), RECK (1992), REINKE (1993), RIECKEN (1992a) und TRAUTNER (1992). Tab. 18 faßt für verschiedene Ökosystemtypen die zur Erfassung im Rahmen von Planungen empfohlenen Artengruppen zusammen. Genauere biotoptypenbezogene Hinweise finden sich besonders ausführlich bei RIECKEN (1992).

SCHLUMPRECHT & VÖLKL (1992) wiesen anhand der Lebensräume für Vögel, Reptilien, Wildbienen und Heuschrekken nach, daß die botanische und die zoologische Bedeutung eines Lebensraumes in der Mehrzahl der Fälle nicht übereinstimmen. Insbesondere die Lebensräume hochgradig gefährdeter Tierarten lagen in ihrem Untersuchungsgebiet überproportional häufig nicht in den als vegetationskundlich wertvoll ermittelten Flächen. Sie zeigten damit, daß eine botanische Erhebung allein für die faunistische Beurteilung eines Lebensraumes und für die Beurteilung funktioneller Zusammenhänge nicht ausreicht – die Kartierung möglichst vieler Tiergruppen mit unterschiedlichen Ansprüchen bleibt unverzichtbar.

5.5 Kartierergebnisse und ihre Bewertung

Im Einzelfall werden als Ergebnisse der Nutzungs-, Biotop- und Artenkartierung unterschiedliche Karten entstehen, aber auch verschiedene Statistiken der Flächenverteilungen. Ohne hier ins Detail gehen zu können, seien als Anregung folgende Beispiele genannt:

- Verbreitung und Flächenanteile der einzelnen Biotop- bzw. Nutzungstypen;
- Verbreitungskarten und Häufigkeit ausgewählter Tier- und Pflanzenarten, Artengruppen und/oder Pflanzengesellschaften;
- Vergleich mit der Karte der potentiellen natürlichen Vegetation des betreffenden Raumes unter Herausarbeitung heute bestehender naturnaher Biotope;
- bedeutsame Biotope für die ökologische Stabilität bzw. das Landschaftsbild, jedoch u. U. ohne Rote-Liste-Arten bzw. ohne große Artenvielfalt;
- für den Artenschutz bedeutsame Biotope mit einer großen Artenvielfalt und/oder Rote Liste-Arten;
- Naturschutz-»Wertkarten« mit Bereichen abgestufter Intensität der Schutzwürdigkeit;
- Abgrenzung von Defizitbereichen, in denen Maßnahmen des Naturschutzes zur Neuanlage von Lebensräumen besonders dringlich erscheinen;
- Kennzeichnung von Flächen und Linien, die zum Aufbau eines Biotopverbundsystems in Frage kommen.

Exemplarisch zeigt Abb. 66 als Auswertung der Biotopkartierung in dem auf Seite 150 dargestellten Landschaftsausschnitt die abgestufte Schutzwürdigkeit der Flächen (BOTSCH et al. 1983).

Die Aussagen zur Bedeutung und zum Wert kartierter Landschaftselemente lassen sich auch anhand standardisierter Bewertungskriterien in Zahlen kleiden – beispielhaft sei hier auf die Arbeiten von AMANN & TAXIS (1987; Landschaftselemente allgemein), PATZNER et al. (1985; Fließgewässer), PEINTINGER (1988; städtische Baulücken und Grünanlagen), RESCHKE (1987; Landschaftselemente allgemein), SCHULTE & MARKS (1985; städtische Grünflächen) sowie WITTIG & SCHREIBER (1983; städtische Freiflächen) verwiesen; Bewertungsverfahren für Hecken skizzieren beispielsweise AWECK (1982), EIGNER (1982), SCHULZE & REIF (1982) sowie ZWÖLFER (1982). Da alle diese Verfahren zusätzliche Arbeitskraft und damit finanzielle Mittel binden, für die Biotopverbund-Planung jedoch nicht unbedingt erforderlich sind, muß die

Entscheidung über die Durchführung einer zahlenmäßigen Bewertung den jeweiligen Projektbeteiligten überlassen bleiben.

Als recht universell anwendbares Bewertungsverfahren wird in Tab. 19 der Vorschlag von AMANN & TAXIS (1987) wiedergegeben, welcher in baden-württembergischen Flurbereinigungsverfahren entwickelt und in der Praxis verbessert wurde. In eine Bewertungsliste (Tab. 20) eingetragen, hält sich der not-

Tab. 18. Auswahl von Biodeskriptoren für planerische Untersuchungszwecke in verschiedenen Ökosystemtypen (aus RECK 1992).

Grobklassen der Ökosystemtypen / Zu untersuchende ›Taxa‹ oder jeweils ein entsprechender ökologischer Anspruchstyp	Binnengewässer ohne Quellen + Grenzsysteme Binnengewässer/Land	Äcker (und ähnlich bewirtschaftete Biotope)	Biotope des sonstigen Offenlandes (< 5% Deckungsgrad durch Gehölze), Grenzsysteme Offenland/gehölzdominierte Lebensräume	Gehölzdominierte Lebensräume (> 95% Deckungsgrad durch Gehölze)	Biotope von Gebäuden + Höhlen*	(Unterirdische Gewässer)*	Quellen*
Standardauswahl							
Gefäßpflanzen	•	•	•	•	•	–	•
Vögel	•	•	•	•	○	–	–
Kriechtiere	•	–	•	–	–	–	–
Lurche	Immer, wenn Laichgewässer vorhanden sind						
Laufkäfer	– •	•	•	•	–	–	–
Tagfalter + Widderchen	–	–	•	–	–	–	–
Heuschrecken	–	–	•	–	–	–	–
Libellen	•	–	–	–	–	–	•
Wild (Befragung von Ortskennern)	• –	•	•	•	–	–	–
Ergänzend, Sonderfälle							
Algen, spez. Arten	○ –	–	–	–	–	–	○
Pilze	–	–	–	○	–	–	–
Flechten	–	–	○[1]	○[1]	–	–	–
Fledermäuse	–	–	○	○	•	–	–
Sonstige Kleinsäuger	○	–	○	○	○	–	–
Fische	○ –	–	–	–	–	–	–
Schnecken + Muscheln	○	–	○[2]	○	–	○	•
Krebse	○ –	–	–	–	–	○	○
Holzkäfer	–	–	○[3]	○[3]	–	–	–
Stechimmen (ohne Ameisen)	–	–	○[4]	–	○	–	–
Ameisen	–	–	○[5]	○[5]	–	–	–
Nachtschmetterlinge	–	–	○[6]	○[6]	–	–	–
›Aquatische Insekten‹	○ –	–	–	–	–	–	○
Strudelwürmer	○ –	–	–	–	–	–	○
Spinnen	– ○	○	○	○	○	–	–

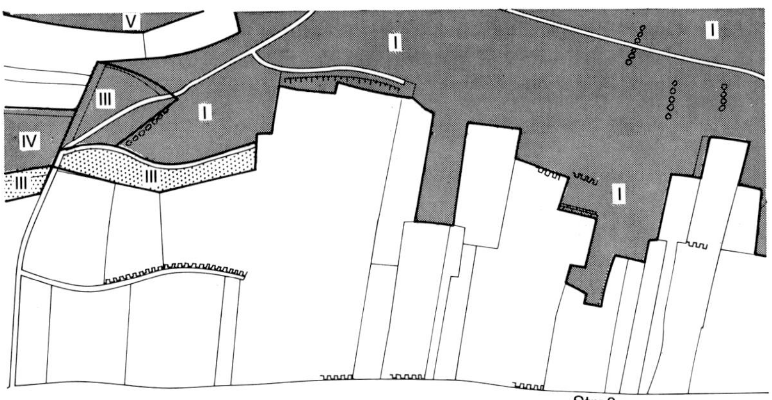

Abb. 66: Karte der erhaltenswerten Landschaftsbestandteile als Ergebnis der in Abb. 60 gezeigten flächendeckenden Biotopkartierung in einem Weinbaugebiet (aus BOTSCH et al. 1983).

wendige Arbeitsaufwand noch in recht engen Grenzen. Es liegt in der Natur der Sache, daß die Kriterien sehr allgemein gehalten sind und sicherlich nicht mehr als einen groben Anhaltspunkt für die Wertigkeit geben können. Je nach Ausstattung des untersuchten Raumes müssen manche Kriterien oder Elementgruppen anders gegliedert oder stärker differenziert werden.

Ein ebenfalls einfaches Bewertungsverfahren für Baulücken und innerstädtische Grünflächen konzipiert PEINTINGER (1988). Es wurde für recht kleinflächige Areale entwickelt, wie sie Einzelgrundstücke im allgemeinen bilden – für größere Flächen und außerhalb der Städte läßt es sich kaum anwenden. Besser geeignet, da universeller einsetzbar, erscheint das System von SCHULTE & MARKS (1985), welches in Tab. 21 zusammengefaßt ist.

Die Einteilung der Flächengrößen ist relativ zu sehen und den jeweiligen Gegebenheiten anzupassen. PEINTINGER (1988), der Grundstücke als Bewertungseinheiten wählte, ohne damit gleichzeitig Aussagen für das gesamte untersuchte

---

- • Standard zur jeweiligen Beurteilung (umfangreiche, auf vollständige Erfassung ausgerichtete Bestandserhebungen)
- ○ Empfohlen zur ergänzenden Beurteilung; bei Verdacht auf besondere Vorkommen ggf. weitere Artengruppen
- 1 Besonders auf Felsstandorten, Mauern und in speziellen Fällen zur differenzierten Beurteilung dendrologisch intakter Wälder.
- 2 Schnecken: Besonders in Trockenrasen, Halbtrockenrasen, Felsstandorten
- 3 Insbesondere zur Beurteilung der Ersetzbarkeit von Baumbeständen
- 4 Besonders in Heiden, Dünen und Biotopen mit vegetationsarmen Stellen
- 5 Besonders in trockenen Flächen und gegebenenfalls Mauern
- 6 Besonders in Mooren, Rieden und Naßwiesen, Auwäldern
- * In den Praxistests nicht untersucht

Zu Wild: Unter dem Begriff ›Wild‹ werden verschiedenen Wirbeltaxa zusammengefaßt, soweit sie im Jagdgesetz aufgeführt sind. Insbesondere zu den nicht ganzjährig geschonten Arten können über die örtlichen Jäger auswertbare Informationen zum Bestand und zu ›Tierwanderwegen‹ bereitgestellt werden. Diese Informationen sind zur Berücksichtigung der Belange der Jagd und gegebenenfalls zur Unfallvermeidung erforderlich und können Aussagen zu gefährdeten Arten liefern. Funktionale Beziehungen zwischen Landschaftsteilen (häufig frequentierte Wildwechsel) können zum Teil darauf aufbauend dargestellt werden.

Tab. 19 Bewertungsbogen für Landschaftselemente im Rahmen des Flurbereinigungsverfahrens (aus AMANN & TAXIS 1987)

Bewertungsrahmen

Elementgruppe / Kriterium	Punkte	Gehölzstreifen Hecke H	Gehölzgruppe Feldgehölz G	Einzelbaum, Baumgruppe, Baumreihe, Allee B	Waldnutzung in freier Feldflur W	Waldrand Wr	Flächen mit besonderer Gras- und Krautvegetation bV	stehendes Gewässer (einschließlich Uferbereich) sG	fließendes Gewässer (einschließlich Uferbereich) fG	Hohlweg Ho	Böschung Bö	sonstige Landschaftselemente sE	Punkte
Vegetation	1	1–2 Gehölzarten		nicht standortgemäß	nicht standortgemäß		keine naturnahe Gras- und Krautvegetation	nicht standorttypisch		keine naturnahe Gras- und Krautvegetation und/oder Gehölze			1
	2												2
	3	5 Gehölzarten			standortgemäße Gehölze, artenarm								3
	4												4
	5	> 8 Gehölzarten		standortgemäß	standortgemäße Gehölze, artenreich		naturnahe Gras- und Krautvegetation, hoher Deckungsgrad	naturnah, gewässerbezogen		naturnahe Gras- und Krautvegetation und/oder Gehölze			5
Zustand	1	geschädigt, entwertet						Bett und Ufer ausschließlich technisch verbaut und Uferbereich zerstört		unbenützt/ mit Abfall belastet	stark		1
	2												2
	3	entwicklungsfähig; beeinträchtigt aber Sanierung möglich						Gewässer ausgebaut		benutzbar	beeinträchtigt durch Umgebung		3
	4							Gewässer landschaftsgerecht ausgebaut		voll für landw. Verkehr brauchbar			4
	5	wüchsig, gesund, hohe Lebenserwartung, keine Beeinträchtigung						naturnahes Gewässer, Uferbereich intakt			unbedeutend		5
Dimension	1	< 2 m breit	Einzelsträucher	jung, geringer Kronenumfang	500 m²	schlecht ausgebildeter Waldmantel	< 250 m²		bis 0,5 m breit	< 1 m tief, < 5 m breit	< 1 m hoch bzw. 1,5 m breit		1
	2		bis 150 m²						bis 1,0 m breit				2
	3	4 m breit		mittelalt	2500 m²			bis 100 m²	bis 2,0 m breit	1–2 m tief, 5–8 m breit	2 m hoch bzw. 3 m breit		3
	4		> 500 m²	alt (ausgewachsen) großer Kronenumfang		stufiger, vielreihiger Waldmantel m. -saum			bis 5,0 m breit				4
	5	> 6 m breit			bis 5000 m²		> 1000 m²	> 500 m²	üb. 5,0 m breit	> 3 m tief > 8 m breit	> 3 m hoch bzw. 4,5 m breit		5
Spezielle Funktion für den Naturhaushalt	1	keine					geringe						1
	2												2
	3			differenzierte Standortbedingungen;				Bedeutung für Fauna/Artenschutz/Biotopvernetzung					3
	4												4
	5	stark					hohe						5
Nutzungsbegleitende Funktionen	1	geringer											1
	2												2
	3			nutzungsbegleitender Wert (Wind-, Erosions-, Immissionsschutz/Wasserrückhaltung, -ableitung; sonstige landeskulturelle Auswirkungen)									3
	4												4
	5	hoher											5
Raumwirksamkeit/landschaftsprägender Wert/Gliederungseffekt	1	ohne oder unerwünschte											1
	2												2
	3			Raumwirksamkeit durch Dimension oder Betonung der Topographie/gestalterische Eigenwirkung									3
	4												4
	5	hohe											5

Wertskala

6 7 8 9 10 · 11 12 13 · 14 15 16 17 18 19 20 21 · 22 23 24 · 25 26 27 28 29 30

III – geringer Gesamtwert; II – durchschnittlicher Gesamtwert; I – hoher Gesamtwert

Wertigkeit
- I Landschaftselement mit hohem ökologischem und/oder landschaftsgestalterischem Gesamtwert.
- II Landschaftselement mit durchschnittl. ökologischem und/oder landschaftsgestalterischem Gesamtwert
- III Landschaftselement mit geringem ökologischem und/oder landschaftsgestalterischem Gesamtwert

Zusätzliche Kennzeichnung
- \+ gesetzlich geschützt oder besonders wertvoll aufgrund eines Einzelkriteriums
- – landschaftsverunstaltendes, störendes Element

Landesamt f. Flurb. u. Siedlg. Baden-Württemberg

Tab. 20. Zusammenfassende Bewertungsliste zur ökologischen Bedeutung von Landschaftselementen in baden-württembergischen Flurbereinigungen (aus AMANN & TAXIS 1987)

Ökologische Bewertung von Landschaftselementen in der Flurbereinigung

Bearbeiter: ....
Datum: ....

Flurbereinigung: ....
Zusammenlegung: ....
Kreis: ....
Feldkarte Nr.: ....

Bewertungsliste

Element Nr.:	Nähere Bezeichnung des Elements		Größe des Elements			Kriterien (Punkte)						Summe	Wertgruppe (I, II, III)	zus. Kennzeichnung +/–	Bemerkungen/Planungshinweise:
	Element-gruppe (Kennbuch-stabe)	Standort (Gelände-aspekt)	Länge (m)	Breite (m)	Fläche (m^2)	Vegetation	Zustand	Dimension	spez. Funktion f. Naturhaushalt	nutzungsbegl. Funktion	Raum-wirksamkeit				
1	2	3	4	5	6	7	8	9	10	11	12	13	14	15	16

Stadtgebiet machen zu wollen, verwendet eine viel feinere und kleinflächigere Gliederung:

< 0,05 ha	1 Punkt
0,06–0,20 ha	2 Punkte
0,21–0,40 ha	3 Punkte
0,41–0,60 ha	4 Punkte
0,61–0,80 ha	5 Punkte
0,81–1,00 ha	6 Punkte
> 1,00 ha	7 Punkte

WITTIG & SCHREIBER (1983) dagegen bewerten innerstädtische Freiflächen nach einer ganz anderen, aus inselbiogeographischer und tierökologischer Sicht sicherlich realistischeren Skala:

< 0,1 ha	0 Punkte
0,1–< 1 ha	1 Punkt
1–< 5 ha	2 Punkte
5–< 10 ha	3 Punkte
10–< 25 ha	4 Punkte
25–< 50 ha	5 Punkte
50–< 100 ha	6 Punkte
100–< 200 ha	7 Punkte
≥ 200 ha	8 Punkte

Auch bei der Isolation legen WITTIG & SCHREIBER (1983) feiner abgestufte Maßstäbe an, indem sie die Seltenheit städtischer Biotope bewerten, dabei allerdings umgekehrte Prioritäten setzen: Sie beurteilen die Bedeutung für den Naturschutz um so höher, je seltener (isolierter) der jeweilige Biotoptyp vorkommt, während SCHULTE & MARKS (1985) – wie aus Tab. 21 deutlich wird – einen gegebenen Biotopverbund am besten, eine hohe Isolation (Seltenheit) dagegen am geringsten bepunkten. Die Einteilung von WITTIG & SCHREIBER (1983) geht von folgenden Bedingungen aus:

- 0 Punkte: viele ähnliche Biotope im bebauten Stadtgebiet, der nächste entsprechende Typ weniger als 500 m entfernt;
- 1 Punkt: einige ähnliche Biotope im bebauten Stadtgebiet, der nächste entsprechende Typ 500–1000 m entfernt;
- 2 Punkte: einige ähnliche Biotope im bebauten Stadtgebiet, der nächste entsprechende Typ 1000–2000 m entfernt;
- 3 Punkte: der nächste entsprechende Biotop über 2 km entfernt, oder nur 5–10 entsprechende Biotope im gesamten bebauten Stadtgebiet;
- 4 Punkte: nur 1–4 entsprechende Biotope im gesamten bebauten Stadtgebiet;
- 5 Punkte: keine entsprechenden Biotope im gesamten bebauten Stadtgebiet, jedoch innerhalb der übrigen Stadtgemarkung oder den benachbarten Gemeinden (bis etwa 5 km außerhalb der Stadtgrenzen);
- 6 Punkte: keine entsprechenden Bio-

Tab. 21. Bewertungsschlüssel bei der Biotopkartierung (aus SCHULTE & MARKS 1985, verändert)

Kriterium	Kategorie	Punktzahl
*Flächengröße**	klein: < 1 ha Fläche	1
	mittelgroß: 1–10 ha Fläche	2
	groß: > 10 ha Fläche	3
Isolation	isoliert – Entfernung (zwischen den Flächen) 20–100 m bei lebensfeindlicher Umgebung und Abriegelung durch Barrieren (z. B. hohe Gebäude) – Entfernung 150–200 m bei lebensfeindlicher Umgebung – Entfernung 500–1 000 m bei nicht versiegelten Böden, aber grundlegend anderen Standortbedingungen	1
	nicht isoliert: – Entfernung 50–100 m bei lebensfeindlicher Umgebung – Entfernung 150–500 m bei nicht versiegelten Böden, aber grundlegend anderen Standortbedingungen – Entfernung 500–1 000 m, wenn in dem Zwischenbereich kleinräumig ähnliche Standortbestimmungen vorhanden sind	2
	verbunden: – Entfernung 0–20 m bei lebensfeindlicher Umgebung – Entfernung 20–100 m, wenn in dem Zwischenbereich kleinräumig ähnliche Standortbedingungen vorkommen	3
*Artenreichtum***	gering: unter 30 Arten/ha	1
	mittel: 30–70 Arten/ha	2
	gut: über 70 Arten/ha	3
*Singularität**** (Seltenheit)	gering: keine seltenen Arten	1
	mittel: 1–10 seltene Arten	2
	hoch: über 10 seltene Arten	3
Schichtung	schlecht: Moos- und Krautschicht vorhanden	1
	mittel: Moos-, Kraut- und Strauchschicht vorhanden	2
	hoch: Moos-, Kraut-, Strauch- und Baumschicht vorhanden	3

* Die Abgrenzung der drei Größenkategorien muß sich den örtlichen Gegebenheiten anpassen (vgl. Text).
** nur auf Pflanzenarten bezogen
*** Als Kriterien für die »Seltenheit« kann die Rote Liste zu Rate gezogen werden; sie muß jedoch durch lokalspezifisch gefährdete Arten ergänzt werden.

tope im gesamten Stadtgebiet und dessen Umgebung (s. o.), aber einige (mehr als 5) im gesamten Verwaltungsgebiet (Stadtkreis);
– 7 Punkte: nicht mehr als 5 entsprechende Biotope in der gesamten Stadtregion.

Der Artenreichtum in Tab. 21 bezieht sich nur auf die Pflanzenwelt. Wo faunistische Untersuchungen vorliegen, können diese natürlich zusätzlich Eingang in eine modifizierte Skala finden. WITTIG & SCHREIBER (1983) dagegen verzichten auf Artenerhebungen ganz und bewerten die Vielfalt anhand des Vorhandenseins einer mehr oder weniger großen Zahl unterschiedlicher Biotoptypen.

Der Gesamtwert eines untersuchten Biotops nach dem Schema in Tab. 21

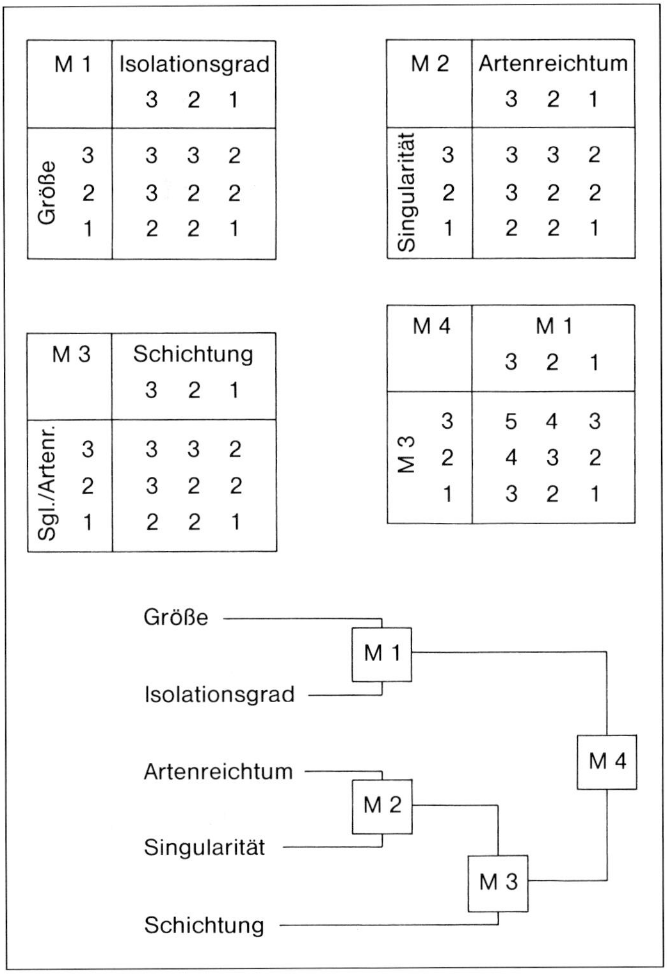

Abb. 67: Ökologische Verflechtungsmatrizen M 1 bis M 4 (oben) und Schema des Bewertungsganges unter Verwendung dieser Matrizen (aus SCHULTE & MARKS 1985).
Wertstufen: 5 = sehr gut, 4 = gut, 3 = mittel, 2 = gering, 1 = sehr gering.
Die Ziffern bei *Matrix 1 bis 3* bedeuten:
1 = gering/schlecht,
2 = mittel,
3 = gut/hoch.
In *Matrix 4* – der Endmatrix – werden die Ziffern wie folgt vergeben:
1 = sehr gering,
2 = gering, 3 = mittel,
4 = gut, 5 = sehr gut.

wird mit Hilfe sogenannter ökologischer Verflechtungsmatritzen berechnet (Abb. 67), um einen starren Wertmaßstab zu vermeiden und den Bewertungsvorgang nachvollziehbar zu halten – eine Fläche beispielsweise mit artenarmer Vegetation, aber mehreren sehr seltenen Arten erhält somit dennoch eine gute Bewertung (SCHULTE & MARKS 1985).

Deskriptive Bewertungsverfahren

Freilich bleiben solche numerischen Bewertungsversuche stets ein fragwürdiges Unterfangen, weil sich die komplexen natürlichen Faktoren, auch wenn nur Arten und Biotope bewertet werden, nicht in wenige Zahlen pressen lassen. Verschiedene Autoren bevorzugen daher beschreibende (deskriptive) Bewertungen: Die schutzbedürftigen bzw. erhaltenswerten Lebensräume, in einer Übersichtskarte vermerkt, werden mit Hilfe einer detaillierten Erläuterungstabelle charakterisiert. Dies geschieht durch Nennung von vorkommenden Arten, Lebensgemeinschaften und/oder Gesellschaften, Hinweise auf lokale Besonderheiten sowie Bemerkungen zu Gefährdung, Schutz oder Förderung (SCHULTE 1989). Die Auswahl der berücksichtigten Kriterien und Fakten kann flexibler gehandhabt werden, es erfolgt nicht wie bei numerischen Bewertungsverfahren eine von vornherein starre, unflexible Einengung mit oft subjektiven Schwellenwerten.

SCHULTE (1989) gibt folgende Empfehlungen für die Durchführung deskriptiver Bewertungen:

- Eine möglichst geringe Zahl unterschiedlicher Schutzkategorien erleichtert das Verfahren. Denkbar sind z.B. schutzwürdige Gebiete/Kleinstrukturen, solche in Umwandlung/Umgestaltung sowie Flächen für den Biotopverbund.
- Die Einstufung sollte in enger Kooperation zwischen Ökologen und Planern erfolgen, um die jeweils vorhandenen genauen Kenntnisse von Gelände, Arten, örtlichen Besonderheiten, Gefährdungen, Empfindlichkeiten und Entwicklungspotentialen zu nutzen.
- Große Bedeutung kommt den Entwicklungspotentialen von Flächen und Kleinstrukturen für den Biotopverbund zu.

5.6 EDV-Einsatz und Geographische Informationssysteme

Alle Kartierungen führen zu einer großen Datenmenge, die sehr bald nur noch mit erheblichem Aufwand zu bearbeiten und nur schwer zu überblicken ist. Die elektronische Datenverarbeitung (EDV) erreichte inzwischen einen Stand, der ihren Einsatz auch in der Landschafts- und Biotopverbund-Planung sinnvoll und als Arbeitserleichterung auch finanziell möglich macht. Notwendig sind nicht mehr teure und schwierige Großrechenanlagen, die gängigen Systeme laufen auf gewöhnlichen PC. Hard- und Software sind heute geeignet, sowohl räumliche Strukturen in einer geometrisch-geographischen Datenbank als auch die sie beschreibenden Attribute in einer Sachdatenbank zu erfassen und gegenseitig auszutauschen. Solche Geographischen Informationssysteme (GIS) gewährleisten nach Einarbeitung durchaus auch für Naturschutzbehörden und Planungsbüros bei überschaubaren Investitionen eine wirksame Arbeitserleichterung.

Die einmal eingegebenen Daten lassen sich unter verschiedenen Kriterien miteinander verknüpfen und auswerten sowie über einen Plotter im Form von Karten ausdrucken. Das betrifft auch Planungen künftiger Entwicklungen. Aus der Fülle der zu diesem Themenkomplex erschienenen Arbeiten sei exemplarisch auf DU BOIS & OTTO-ZIMMERMANN (1992), KLOOS (1990) und besonders JESORSKY (1991) verwiesen.
Bislang ungelöst ist nach JESORSKY (1991) jedoch die Aufgabe, die vielfältig auf Papier vorliegenden Kartenunterlagen weitgehend automatisch zu digitalisieren und so für die Bearbeitung am PC verfügbar zu machen. Die Autorin verweist ansonsten auf die vielfältige Anwendungssoftware für raumbezogene Problemstellungen, die die noch vor wenigen Jahren notwendige eigene Programmerstellung oder -modifikation ersetze. Eine benutzerfreundliche Oberfläche lasse nach einer Eingewöhnung die Bedienung auch für Nicht-Informatiker zu.

5.7 Zusammenfassung

Eine fundierte Kartierung der Biotope und der Nutzungstypen muß jeder Biotopverbund-Planung vorausgehen. Dabei ist eine flächenscharfe, aus den Unterlagen auch nachträglich jederzeit im Gelände rekonstruierbare Erfassung einer Rasterkartierung vorzuziehen. Als praktikable Arbeitsgrundlage erwies sich die Deutsche Grundkarte, die meist im Maßstab 1 : 5000 vorliegt; die zu erarbeitenden Kartendarstellungen erhalten meist den Maßstab 1 : 10000. Im Vorfeld der Geländearbeit sind vorhandene Karten und Unterlagen auszuwerten, Luftbilder (möglichst Infrarotfotos) zu analysieren und anhand hier vorgelegter Vorschläge ein Kartierbogen zu entwerfen.

Biotop- und Nutzungstypenkartierung sind zu ergänzen durch mehr oder weniger umfangreiche Bestandserfassungen vorkommender Pflanzen- und Tierarten. Sie erleichtern die Bewertung der einzelnen Biotope und die Eingliederung in das zu planende Verbundsystem. Es werden Vorschläge für die Inhalte thematischer Karten unterbreitet, um die Kartierergebnisse darzustellen. Anregungen für Bewertungsschlüssel sollen Hinweise auf mögliche Verfeinerungen der Arbeit vermitteln, soweit dies der zeitliche und finanzielle Rahmen erlaubt.

6 Schutzgebiete: Grundpfeiler des Konzepts

6.1 Die Schutzgebietstypen im Vergleich

Flächenschutz gilt als eines der wichtigsten Anliegen und Instrumentarien des Biotopverbunds: Hinreichend großflächige Schutzgebiete in räumlich möglichst geringem Abstand zueinander sollen als Knotenpunkte des Lebensraum-Netzes genügend großen Pflanzen- und Tierpopulationen das langfristige Überleben ermöglichen. Hier kommt als wichtigstes Rechtsinstrument die Ausweisung von Naturschutzgebieten infrage, ergänzt durch Nationalparks und strenger als üblich gefaßte, sogenannte »ökologische« Landschaftsschutzgebiete. Zur rechtlichen Sicherung der kleinflächigeren Trittstein- und Korridor-Biotope stehen mit Naturdenkmal und Geschütztem Landschaftsbestandteil – genau genommen als Objekt- im Gegensatz zum Flächenschutz – Mittel und Wege zur Verfügung.

Das Bundesnaturschutzgesetz und die darauf aufbauenden Ländergesetze nennen sechs verschiedene Schutzkategorien, die im Folgenden besprochen werden: Naturschutzgebiete, Nationalparke, Landschaftsschutzgebiete, Naturparks, Naturdenkmale und Geschützte Landschaftsbestandteile; das Biosphärenreservat ist bisland erst in einzelnen Ländern gesetzlich verankert (vgl. Tab. 22). Hinzu kommen weitere Instrumentarien, die zum Teil von Bundesland zu Bundesland differieren. Als wichtigstes sind die Naturwaldzellen bzw. Bann- und Schonwälder zu nennen.

Naturschutzgebiet

Ziel der Ausweisung von Naturschutzgebieten ist die Erhaltung der Natur in ihrer Gesamtheit – also beispielsweise eines Moor- oder See-Ökosystems – oder einzelner Teile, etwa botanischer oder zoologischer Seltenheiten. Laut Gesetz soll damit Erfordernissen zur Erhaltung von Lebensgemeinschaften oder Lebensstätten bestimmter wildwachsender Pflanzen- oder wildlebender Tierarten entsprochen werden. Stattdessen können auch wissenschaftliche, naturgeschichtliche oder landeskundliche Begründungen oder aber die Seltenheit, besondere Eigenart oder Schönheit des betreffenden Landschaftsausschnittes als Kriterien zur Ausweisung von Naturschutzgebieten herangezogen werden.

Auf Zustand und Effizienz der Naturschutzgebiete sowie die Erfordernisse bei deren Abgrenzung wird in Kapitel 6.2 ausführlich eingegangen.

Nationalpark

Bei der gesetzlichen Begriffsdefinition des Nationalparks stehen Großräumigkeit und besondere Eigenart an erster Stelle. Ferner soll er im überwiegenden Teil des Gebietes die Voraussetzungen eines Naturschutzgebietes erfüllen, sich in einem vom Menschen nicht oder wenig beeinflußten Zustand befinden sowie vornehmlich der Erhaltung eines möglichst artenreichen heimischen Pflanzen- und Tierbestandes dienen. Die Kriterien der International Union for Conservation of Nature (IUCN) sprechen von 10000 ha (100 km^2) als Mindestgröße eines Nationalparks.

In der Bundesrepublik existieren gegenwärtig zehn Gebiete mit diesem Schutzstatus, die international wegen Nichterfüllung grundlegender Kriterien wie starker anthropogener Einflüsse nicht alle anerkannt werden:

Tab. 22. Rechtliche Schutzformen und ihre Anwendbarkeit zur Sicherung von Biotopverbundsystemen

Schutzform	Schutz-intensität	Größen-ordnung der Fläche	zuständige Behörde	Eignung innerhalb von Biotopverbundsystemen
Natur-schutz-gebiet	hoch	zu ⅔ < 50 ha	Regierungs-präsident bzw. Land	ja, für Schutzgebietssystem sehr hoch, soweit großräumige Abgrenzung und Ausschaltung konkurrierender Nutzungsansprüche
National-park	sehr hoch	> 10000 ha	Bundes-regierung	ja, für überregionale Schutzgebietssysteme sehr hoch, jedoch Ausweisungen politisch schwer durchsetzbar
Biosphären-reservat	sehr hoch	groß-flächig	Land	wie Nationalpark
Land-schafts-schutz-gebiet	gering bis hoch	ca. 1300 ha im Mittel	Regierungs-präsident	ja, sehr hoch zur Abpufferung und Ergänzung von Naturschutzgebieten innerhalb von Schutzgebietssystemen; notwendig ist i. a. nutzungsbeschränkende, restriktive Schutzverordnung
Naturpark	nahe Null	860 km^2 im Mittel	Landkreis	nein, da vorrangig im Sinne einer Erholungsnutzung
Natur-denkmal	hoch	maximal 5 ha	Landkreis	ja, zur Sicherung des Biotopverbunds auf lokaler Ebene
Geschützter Landschafts-bestandteil	mittel bis hoch		Landkreis	ja, zur Sicherung des Biotopverbunds auf lokaler Ebene

- Bayerischer Wald (Bayern, Flächengröße 130 km^2, ausgewiesen 1970);
- Berchtesgaden (Bayern, 210 km^2, 1979);
- Hamburgisches Wattenmeer (Hamburg, 117 km^2, 1990);
- Hochharz (Sachsen-Anhalt, 59 km^2, 1990);
- Jasmund (Mecklenburg-Vorpommern, 30 km^2, 1990);
- Müritz (Mecklenburg-Vorpommern, 308 km^2, 1990);
- Niedersächsisches Wattenmeer (Niedersachsen, 2.400 km^2, 1986);
- Sächsische Schweiz (Sachsen, 93 km^2, 1990);
- Schleswig-Holsteinisches Wattenmeer (Schleswig-Holstein, 2850 km^2, 1985);
- Vorpommersche Boddenlandschaft (Mecklenburg-Vorpommern, 805 km^2, 1990).

Die Ausweisung weiterer Nationalparks wird diskutiert für den Harz (Vergrößerung des bestehenden Nationalparks Hochharz bis auf niedersächsisches Gebiet), die untere Oder (Brandenburg), den Elberaum im Grenzgebiet zwischen

Brandenburg, Mecklenburg-Vorpommern, Niedersachsen, Sachsen-Anhalt und Schleswig-Holstein (Kombination von Nationalpark und Biosphärenreservat) sowie – mit derzeit geringeren Erfolgschancen – für den Kellerwald in Hessen als Buchenwaldgebiet und den Nordschwarzwald (Baden-Württemberg).

Erfordernisse wie Natürlichkeit – die in dem geplanten Buchen-Nationalpark nur bedingt gegeben wäre – und Großräumigkeit unterscheiden Nationalparks grundlegend von den Naturschutzgebieten, während sich die übrigen Auswahlkriterien im Grundsatz weitestgehend entsprechen.

Hinzu kommen als Nebenzweck die stärkere Betonung der Erziehungs- und Erholungsfunktion (ökologische Freilandlabors und zugleich – nicht unproblematisch – Anziehungspunkte für den Fremdenverkehr), die besondere Unterstreichung des Arten- und Biotopschutzes, die Berücksichtigung vor allem traditioneller Nutzung, die relative Betonung eines Managements zur Entwicklung und Wiederherstellung von Biotopen, die Nutzung für wissenschaftliche Grundlagenuntersuchungen (vgl. Arbeitsgemeinschaft beruflicher und ehrenamtlicher Naturschutz 1985, ERZ 1985, KOLODZIEJCOK 1985, MALMBERG 1985).

Gerade die Großflächigkeit und die internationale Relevanz dieser Schutzform machen die Ausweisung von Nationalparken zumindest in der Theorie zu einer gewichtigen Grundlage von Biotopverbundsystemen, entspricht doch diese Großflächigkeit den Flächenansprüchen auch der anspruchsvollsten Spitzarten und Ökosysteme (vgl. Seite 188 f.).

In der Praxis stehen, wie das Beispiel des nordhessischen Buchen-Nationalparks zeigt, die Ausweisung weiterer Flächen in dem räumlichen engen Gebiet der Bundesrepublik zahlreiche Widerstände entgegen. Hinzu kommt die in den IUCN-Kriterien geforderte Natürlichkeit der fraglichen Regionen, die wohl kaum gegeben ist.

Biosphärenreservat

Die UNESCO verleiht durch Anerkennung den Schutzstatus des Biosphärenreservats. Diese sollen Bestandteile eines weltweit angelegten Netzes von Schutzgebieten im Rahmen des UNESCO-Programms »Man and the Biosphere« (Mensch und Biosphäre) bilden. Im Vordergrund steht hier der Schutz von Kulturlandschaften, indem sie den arbeitenden Menschen mit seiner Wirkung auf die Biosphäre mit einbeziehen. Während ein Nationalpark in drei Schutzzonen gegliedert sein kann, sind für das Biosphärenreservat vier Schutzzonen vorgesehen (REICHHOFF & BÖHNERT 1991): Zone I (Kernzone) und II (Pflege- und Entwicklungszone) entsprechen sich inhaltlich bei Nationalpark und Biosphärenreservat. Zone III ist im Nationalpark als Erholungszone vorgesehen, im Biosphärenreservat als (flächendominante) »Zone der harmonischen Kulturlandschaft«. Hinzu kommt im letzteren Fall als (nicht zwingend in jedem Reservat vorhandene) Zone IV eine Regenerierungszone, in der beispielhafte Maßnahmen zur »Ökologisierung« der Landnutzung und zur Revitalisierung der Landschaft erfolgen sollen. ERDMANN & NAUBER (1990) gliedern Biosphärenreservate in Kern-, Puffer- und Übergangszone.

Landschaftsschutzgebiet

Eher in den Hintergrund tritt der Arten- und Biotopschutz in den Landschaftsschutzgebieten: Nach der Definition des Gesetzes sollen diese Natur und Landschaft besonders schützen

- zur Erhaltung oder Wiederherstellung der Leistungsfähigkeit des Naturhaushaltes oder der Nutzungsfähigkeit der Naturgüter,
- wegen der Vielfalt, Eigenart oder Schönheit des Landschaftsbildes,
- wegen ihrer besonderen Bedeutung für die Erholung.

Damit ist eine wirtschaftliche Nutzung innerhalb der Grenzen von Landschaftsschutzgebieten nicht ausgeschlossen, ja es muß als Regel angesehen werden, daß

Landwirtschaft, Erholung und Fremdenverkehr in Landschaftsschutzgebieten nahezu ungehindert wirken, und auch gegen Straßenbauten erweist sich der Status oft als zu schwach.

Mit Stand von 1983 – eine jüngere Statistik ist nicht verfügbar – bestehen in Westdeutschland rund 5000 Landschaftsschutzgebiete mit 66814 km² Gesamtfläche, die 27% des Bundesgebietes ausmachen (Haarmann & Pretscher 1988). Als durchschnittliche Flächengröße ergeben sich 13,4 km² (1340 ha). Allein die aktuelle Situation des Naturschutzes beweist, daß das Instrument des Landschaftsschutzgebietes, welches ja über ein Viertel des Bundesgebietes betrifft, bislang wenig zum Arten- und Biotopschutz beitrug. Dies macht es für die Ziele des Biotopverbunds jedoch noch nicht unbrauchbar: In jüngerer Zeit entstanden auch Landschaftsschutzgebiete mit verschärften Verordnungstexten, die auch die anthropogenen Nutzungen steuern – Stichmann (1985) z. B. unterscheidet »ökologische« und »reguläre« LSG.

Für eine verstärkte Nutzung dieser Schutzgebietsform auch für die engeren Naturschutzzwecke und für den Aufbau von Schutzgebietssystemen plädiert Rosenstock (1981, 1983). Er differenziert zwischen neun unterschiedlichen LSG-Typen (Tab. 23). Eine derart nuancierte Betrachtung zeigt, daß auch das LSG beim Aufbau von Biotopverbundsystemen eine wichtige Rolle spielen kann – auf die präzise Gestaltung des Verordnungstextes kommt es an. Da die Durchsetzung von Naturschutzgebiets-Ausweisungen zumeist mehrere Jahre in Anspruch nimmt und vielfach zahlreiche Widerstände in der Öffentlichkeit überwinden muß, kann das LSG sogar eine attraktive, weil schneller und leichter durchsetzbare Alternative darstellen.

Sehr wichtig erscheint das Umschließen eines oder mehrerer Naturschutzgebiete durch Landschaftsschutzgebiete, da sich so die Gebiete voneinander isolierende Nutzungen zumindest mildern lassen und Austauschprozesse zwischen den strengeren NSG erleichtern.

Naturpark

Als in der Praxis für den Naturschutz wirkungslose Schutzform dienen Naturparke aufgrund der »Kommerzialisierung einer Idee« (Fritz 1986) in erster Linie wirtschaftlichen Interessen im Zusammenhang mit Erholung und Fremdenverkehr. Das Gesetz fordert Großräumigkeit, als überwiegende Bestandteile Landschafts- oder Naturschutzgebiete, eine besondere Erholungseignung und eine raumordnerische bzw. landesplanerische Festschreibung für Fremdenverkehr und Erholung. Diese Regelungen kollidieren mit den Naturschutz-Interessen, so daß sich eine weitergehende Behandlung erübrigt. Schmidt (1981) fordert mit Recht ein neues Konzept für die bestehenden Naturparke, um »Tabuzonen« für die Erholung zugunsten des Naturschutzes auszuklammern und gleichzeitig eine schonende Erholung in der Natur zu ermöglichen. Ausführlich skizziert Job (1993a und b) Thesen zur notwendigen Erneuerung des deutschen Naturparksystems, um zu einem Instrument wirksamen Naturschutzes zu werden.

In Westdeutschland existierten am 31. 1. 1991 unverändert gegenüber den

Abb. 68: Schäden von Rowdytum und Müllablagerungen bis hin zu massivsten Eingriffen etwa durch den Straßenbau gehören in den meisten Landschaftsschutzgebieten zur Tagesordnung. Als »ökologisches« Landschaftsschutzgebiet mit einem schärfer als gewöhnlich gefaßten Verordnungstext hingegen kommt das LSG auch als Rechtsinstrument beim Aufbau von Biotopverbundsystemen infrage.

Tab. 23. Taxonomie verschiedener Typen des Landschaftschutzgebietes (LSG) (aus Rosenstock 1981; 1983; geringfügig verändert)

Typ	Schutzzweck	Beispiele	Maßnahmen
Ökologisch bestimmter LSG-Typ	Naturhaushalt, landschaftsökologische Sicherung	Auensysteme, Wattenmeer, Almen	Verbot der Nutzungsänderung, absolute und relative Verbote
LSG-Schutzgebiets-system	Vernetzungssysteme, Punkt-Rasterstruktur von Landnutzungsformen	Extensivflächen, Sukzessionsgebiete, alte Kulturformen	Beschränkung von Nutzungformen (Wein- oder Maisanbau), Pflege- und Nutzungsverbote, Zustandssicherung, Nutzungsgebote
	Arealschutz	Florenreservate, Biotopinseln in Vernetzung, Wildschutzgebiete als LSG	Bestandssicherung, Abwehr von Einwirkungen, Flächenschutz
NSG-LSG-System	Hauptnutzung NSG, Flächenpuffer LSG, Abwehr von Randschäden	Vegetationstypen (Trockenrasen), mehrere NSG in LSG-Verbund, Sicherung der für den Erhalt des NSG notwendigen Randnutzung, Sicherung von Klimaxstadien, Abwehr von sich ausschließenden Nutzungen (NSG – Erholung)	Zentrum absolutes Nutzungsverbot, Flächensicherung mit relativen Verboten, Umbruchverbot, Verbot der Änderung des Wasserhaushalts, Abwehr von Wirkstoffen, Anbauver- und -gebote, Grenzsicherung des NSG
Pflege-LSG	Durchführung landesplanerischer Zielsetzungen, Regenerationsplan	Verbund Innerorts-Außenbereichs-Grün, Ausgleichsflächen-Sicherung, Klimaschutz, Regeneration von Landschaftsschäden, Schutz- und Bannwaldsysteme	Schutz des Verbunds von Landschaftsbestandteilen, Pflegesatzungen und -anordnungen, Verbot nicht situationsgebundener Nutzungen, Ausgleichsmaßnahmen, Schutz des Waldes
Artenschutz-LSG	Biotopschutz, Jagdhege	Sicherung der Nutzungsart in Landschaften mit reichhaltiger Biozönose, Altholzinselsysteme, Heckenzüge, Hauberge als Birkwild-Lebensraum, Auerwild-Schutz	Nutzungsbedingungen, großräumige Biotopsicherung, Schutz von Eingriffen, Lenkung des Erholungsverkehrs durch Planung, Betretungsverbote, Einzelanordnungen

Tab. 23. Taxonomie verschiedener Typen des Landschaftschutzgebietes (LSG) (aus Rosenstock 1981; 1983; geringfügig verändert)

Typ	Schutzzweck	Beispiele	Maßnahmen
Dokumentations-LSG	Beispiel-/Vorbildlandschaften, markante Flächennutzungen, Arealschutz (Sukzession), Flur-/Kulturdenkmalsicherung, Schutz historischer Landschaften	Mittelgebirgslandschaften, Niederungsareale als Dauergrünland, Mittel- und Niederwald, Hutungen und Streuwiesen, römischer Limes u. a. Kultur- und Flurdenkmale	Abwehr von Eingriffen, Umwandlungsgebote, Baumschutz, Düngeverbote, Objekt- und Umgebungsschutzbestimmungen auf großer Fläche, Pflegemaßnahmen
Naturpark-LSG	Landschaftsschutz, Erholung, Ruheraumschutz	Landschaftsteile im Raum, Eigenart und Schönheit, Entwicklung der Landschaft (Vorbildslandschaft), Erholungsplanung	Öffentlichkeitsarbeit, Landschaftsrahmenplanung mit besonderer Zielrichtung, Schutz unzerschnittener Räume, Erholungseinrichtungen, Besucherlenkung, Schutz vor Eingriffen
Ressourcensicherungs-LSG-Typ	Schutz der Naturgüter, Erhaltung der natürlichen Hilfsquellen	Rohstoffsicherung, Bodenschutz, Wasser- und Retentionsraumschutz, Einzugsgebietsschutz, Sicherung von Speicherräumen, Lagerstättenschutz	Festlegung von Nutzungsprioritäten, Abwehr von unerwünschter Inanspruchnahme, Vorbereitung der Regeneration von Abbaueingriffen, Besucherlenkung, Nutzungsbindungen für Land- und Forstwirtschaft, z. B. Kahlschlagverbot
Aggregations-LSG	Erhaltung der Auen und Retentionsräume, Zugang zu Gewässern, Sicherung von Grünzügen, Sicherung von Land- und Forstwirtschaft und Schutz des Landschaftsbildes bzw. Abwehr anderer Nutzungen, Sicherung innerstädtischer Grünzüge und Landschaftsschutz aufgrund besonderer Naturnähe	Interessenidentität mit der Wasserwirtschaft, Abwehr der Zersiedelung in Flußauen Interessenidentität primärer Sektor mit Naturschutz Interessenidentität Bauleitplanung mit Naturschutz	erweiterte Schutzmaßnahmen aus anderen Rechtsgebieten, Sicherung der vorherrschenden Bodennutzung, Ergänzung der Sanktionen des Forstrechts, Regelung ordnungsgemäßer Landwirtschaft im Sinne des Naturschutzes, Abwehr der Bodenspekulation durch absolute Verbote

Vorjahren 64 Naturparke mit einer Gesamtfläche von 55000 km^2, das entspricht 22% der Fläche der alten Bundesländer (Merian 1991). In Ostdeutschland sind voerst drei Naturparke rechtskräftig ausgewiesen, zwölf weitere sind einstweilig sichergestellt (Reichhoff & Böhnert 1991). Unter Berücksichtigung verschiedener in Planung befindlicher Projekte rechnet Job (1993b) mittelfristig mit 85 bis 90 Naturparken in der Bundesrepublik, deren Anteil um 20% liegen wird. Dabei stellt die neue Naturpark-Definition im Osten Deutschlands den Naturschutz stärker in den Vordergrund.

Naturdenkmal

In der Schutzintensität mit der des Naturschutzgebietes vergleichbar sind die Naturdenkmale, deren wesentliches Unterscheidungsmerkmal die Flächengröße darstellen soll: Es handelt sich um kleinflächige Einzelschöpfungen der Natur, die aus wissenschaftlichen, naturgeschichtlichen oder landeskundlichen Gründen oder aber wegen ihrer Seltenheit, Eigenart oder Schönheit geschützt werden sollen. Es sind überwiegend alte Bäume, Felsen und geologische Aufschlüsse, wobei auch die Umgebung insoweit mit einbezogen werden kann, als sie für den Schutz des Naturdenkmals notwendig ist (Haarmann & Pretscher 1988).

Daneben spricht man aber auch von »flächenhaften Naturdenkmalen«, die durchschnittlich 2 bis 5 ha messen. Hier handelt es sich etwa um ein isoliertes Kleingewässer, kleine Trockenrasen- oder Heidegebiete usw. In der Praxis erfolgt die Bewertung der Schutzwürdigkeit nach ähnlichen Kriterien wie bei einem Naturschutzgebiet; die Grenze zwischen beiden wird in der Regel bei 5 ha gezogen.

Nach vorsichtigen Schätzungen – es existieren nur wenige und lückenhafte regionale Zusammenstellungen – sind in den alten Bundesländern rund 40000 Objekte als Naturdenkmale ausgewiesen; in Hessen sind es gut 3000. Für die Sicherung von kleinflächigen Einzelelementen innerhalb von Biotopverbundsystemen sind sie durchaus geeignet, da sie stärkeres Gewicht als die Geschützten Landschaftsbestandteile besitzen.

Geschützter Landschaftsbestandteil

Nur verhalten wird das Instrument der Geschützten Landschaftsbestandteile (GLB) genutzt. Es dient laut Gesetz

- zur Sicherstellung der Leistungsfähigkeit des Naturhaushalts,
- zur Belebung, Gliederung oder Pflege des Orts- und Landschaftsbildes,
- zur Abwehr schädlicher Einwirkungen.

Ihr Vorteil liegt darin, daß sich der Schutz auch auf den gesamten Bestand an Bäumen, Hecken oder anderen Landschaftsbestandteilen einer Gemarkung beziehen kann, so daß sich der Verwaltungsaufwand gegenüber der Ausweisung vieler Naturdenkmale innerhalb einer Gemeinde deutlich reduziert. Kaule (1991) sieht die Bedeutung der GLB vor allem für kleinräumige Biotope innerhalb einer intensiv genutzten Agrarlandschaft und in Siedlungsgebieten – jedoch auch nur in solchen Fällen, wenn die Einbeziehung der umgebenden Nutzungen in das Schutzkonzept nicht notwendig erscheint. Innerhalb von Biotopverbundsystemen können GLB zur rechtlichen Sicherung vor allem von linearen Korridoren (Saumbiotope, Hecken, Gräben usw.) sowie von kleinsten Trittsteinen dienen.

Waldschutzgebiete

Nicht im Bundesnaturschutzgesetz, sondern in den Waldgesetzen der Bundesländer (zumindest der westdeutschen Flächenstaaten) ist die Ausweisung von Waldschutzgebieten geregelt: Die Bezeichnungen Naturwaldreservat, Naturwaldzelle und Bannwald können hier als weitgehend identisch angesehen werden. Gleichberechtigt neben dem Schutz naturnaher Waldgesellschaften steht dabei ihre Erforschung durch langfristig angelegte Untersuchungsprogramme. Die wichtigsten Kriterien für die Ausweisung dieser Totalreservate sind nach Bohn & Wolf (1989)

- hoher Natürlichkeitsgrad, d.h. weitgehende Annäherung an die potentielle natürliche Vegetation;
- Mindestgröße von 5 ha bei einheitlichen Standortbedingungen und geringer Randbeeinflussung, anzustreben sind jedoch Flächengrößen von wenigstens 50 bis 100 ha;
- dauerhafte Sicherung vor menschlichen Eingriffen.

In Baden-Württemberg existieren nach dem Landeswaldgesetz neben den hier als Bannwälder bezeichneten Naturwaldreservaten die sogenannten Schonwälder. Diese sollen der Erhaltung einer bestimmten Pflanzengesellschaft oder eines typischen Bestandsaufbaus dienen, um Waldgesellschaften der klassischen Kulturlandschaft zu erhalten. Lenkende forstliche Maßnahmen sind möglich bzw. nötig (Dieterich 1981).

In hessischen Staatsforst besteht ein Altholzinsel-Programm, welches kleinflächige Buchen-Altbestände mit Höhlenbäumen des Schwarzspechtes *(Dryocopus martius)* für die ihm folgenden Höhlenbrüter wie Holtaube *(Columba oenas)*, Rauhfußkauz *(Aegolius funereus)* und die Baumfledermäuse über das normale Umtriebsalter um wenige Jahrzehnte hinaus erhalten soll. Ihr Wert für den Naturschutz ist jedoch begrenzt (s. u.).

Aufgrund ihrer hohen Bedeutung für den Flächenschutz werden Waldschutzgebiete ausführlicher in Kapitel 6.3 behandelt.

Wild- und Artenschutzgebiete

Weitgehend bedeutungslos für den Naturschutz sind hingegen die Wildschutzgebiete, wie sie in Hessen und Niedersachsen durch Verordnungen bestehen – sie sollen die Jagd und Fischerei sowie das Betreten und Befahren bestimmter Gebiete einschränken. Die Relevanz solcher teils zweifelhaft gehandhabten Bestimmungen ist gering.

Per Landesverordnung wurde 1982 in Schleswig-Holstein die Bezeichnung des Artenschutzgebietes eingeführt, die Maßnahmen zu Schutz, Pflege und Entwicklung der Lebens- und Zufluchtstätten besonders gefährdeter Arten ermöglichen soll (Haarmann & Pretscher 1988).

Wasserschutzgebiete

Das Wasserhaushaltsgesetz regelt die Vorschriften zur Ausweisung von Wasserschutzgebieten, welche vorrangig der Sicherung des Trinkwassers dienen. In den Geltungsbereichen von vier Schutzzonen abgestufter Schutzintensität sind Einschränkungen der Landnutzung – vor allem bezüglich der Ausbringung von Düngemitteln und Pestiziden – möglich. Insofern können Wasserschutzgebiete in Einzelfällen eventuell auch die Funktion von Pufferzonen um Naturschutzgebiete und Naturdenkmale übernehmen. Jedoch sind immer die Folgen der Trinkwassergewinnung dahingehend zu überprüfen, inwieweit sie den Belangen des Arten- und Biotopschutzes zuwiderlaufen. Im westdeutschen Durchschnitt sind 6,4% der Gesamtfläche als Wasserschutzgebiete ausgewiesen, für weitere 6,2% befinden sich entsprechende Regelungen in Planung (Spitzer & Köster 1987).

Internationale Schutzgebietstypen

Im internationalen Rahmen existiert eine Reihe verschiedener Konventionen und daraus resultierender Schutzkategorien, die vielfach Naturschutzgebiete einschließen bzw. mit ihnen identisch sind. Sie seien hier nur der Vollständigkeit halber erwähnt. Näheres ist beispielsweise bei Haarmann & Pretscher (1988) zu finden, die auch die betroffenen bundesdeutschen Gebiete auflisten.

(1) Nationalpark: verankert im Bundesnaturschutzgesetz und in einer Definition der IUCN, zehn Gebiete in der Bundesrepublik (s. Seite 172 ff.);

(2) Feuchtgebiete internationaler Bedeutung: verankert in einem Übereinkommen über Feuchtgebiete von internationaler Bedeutung, insbesondere als

Lebensraum für Wat- und Wasservögel, 18 Gebiete in der Bundesrepublik;
(3) Vogelschutzgebiet internationaler Bedeutung: verankert in Richtlinien über die wildlebenden Vogelarten der Europäischen Gemeinschaft, vorläufige Liste mit 166 vorgeschlagenen Gebieten in der Bundesrepublik;
(4) Welt-Naturerbegebiet: verankert im Übereinkommen zum Schutze des Kultur- und Naturerbes der Welt; bisher vier Gebiete von der Bundesrepublik gemeldet, weitere 48 Gebiete vorgeschlagen;
(5) Biosphärenreservat: verankert im UNESCO-Programm »Man and the Biosphere« (MAB), bisher zehn Gebiete in Deutschland;
(6) Biogenetisches Reservat: verankert im Schutzgebietsprogramm des Europarats, bisher in der BRD nur Vorüberlegungen zu in Frage kommenden Gebieten;
(7) Moor internationaler Bedeutung: verankert im Projekt TELMA der Internationalen Gesellschaft für Moor- und Torfkunde, elf Gebiete in der Bundesrepublik;
(8) Gewässer internationaler Bedeutung: verankert im Projekt AQUA der Internationalen Limnologischen Gesellschaft, 20 Gewässer in der Bundesrepublik;
(9) Europareservat: vom Internationalen Rat für Vogelschutz verliehenes Prädikat, 17 Gebiete in der Bundesrepublik;
(10) Europadiplom-Gebiet: vom Europarat verliehenes Prädikat, sechs Gebiete in der Bundesrepublik.

Tab. 24. Anzahl und Flächengröße der Naturschutzgebiete in der Bundesrepublik Deutschland, Stand: 1.1.1993 (aus Jedicke 1993).

Bundesland	Anzahl der NSG	Fläche ha	Gesamtfläche des Bundeslandes ha	Anteil an der Gesamtfläche des Landes %
Baden-Württemberg	720	48087	3575139	1,35
Bayern	453	133568[1]	7055393	1,89
Berlin	17	317	88341	0,36
Brandenburg	208	57937	2906040	1,99
Bremen	14	1282	40423	3,17
Hamburg	22	3239	75530	4,29
Hessen	522	24700	2111416	1,17
Mecklenburg-Vorpommern	199[2]	49340	2383511	2,07
Niedersachsen[3]	616	99517	4734871	2,10
Nordrhein-Westfalen	1003	65020	3406831	1,91
Rheinland-Pfalz	429	25743	1984880	1,30
Saarland	70	2166	257017	0,84
Sachsen	156	13724	1833769	0,75
Sachsen-Anhalt	133	26233	2044397	1,28
Schleswig-Holstein	149	33227[4]	1573046	2,11[4]
Thüringen	172	17828	1625140	1,10
Bundesrepublik Deutschland	4883	601928	35695744	1,69

[1] Ohne die Nationalparke
[2] Nach Inkrafttreten des Staatsvertrages mit Niedersachsen werden es nur noch 191 sein.
[3] ohne Lüneburger Heide: Die alte NSG-Verordnung wurde für rechtsunwirksam erklärt, ein neues NSG mit 21700 ha Fläche ist einstweilig sichergestellt.
[4] nur Festlands- und Inselflächen, ohne Wattenmeer; Binnenseen und Flüsse zählen dagegen statistisch zur Landfläche.

6.2 Naturschutzgebiete

6.2.1 Statistik der deutschen NSG

In der Bundesrepublik gab es mit Stand vom 1. 1. 1993 genau 4883 NSG mit einer Gesamtfläche von 601928 ha, das entspricht einem Anteil am Bundesgebiet von 1,69% (vgl. Tab. 24). Der Flächenanteil reicht in den einzelnen Bundesländern von 0,36% (Berlin) bis 4,29% (Hamburg).

Aus diesen Zahlen eine mittlere Flächengröße zu errechnen, täuschte infolge einiger untypisch großer NSG ein zu positives Bild vor. Zumindest läßt sich ablesen, daß in Ostdeutschland die NSG größer als im Westen sind (mittlere NSG-Größe 203 gegenüber 107 ha). Tatsache ist, daß in Westdeutschland zwei Drittel aller NSG weniger als 50 ha (½ km²) einnehmen (vgl. Tab. 25) und somit für den Erhalt überlebensfähiger Populationen der allermeisten Arten viel zu klein sind.

Pro Jahr nimmt der Flächenanteil nur um wenige Promille zu – von 1992 bis 1993 beispielsweise um gerade 0,03%. Bei dieser Geschwindigkeit werden schätzungsweise zwischen zwei und vier Jahrhunderte nötig sein, bis die notwendigen 10 bis 15% (vgl. S. 109 ff.) zur Verfügung stehen.

In krassem Gegensatz dazu stehen teils vollmundige Zielformulierungen zu den angestrebten Flächenanteilen von NSG an der Landesfläche (Abb. 69).

6.2.2 Zustand und Effizienz vorhandener NSG

Zahlreiche Einzeluntersuchungen und Diskussionsbeiträge in der Literatur beklagen selbst innerhalb der Naturschutzgebiete (NSG) eine mangelhafte Wirksamkeit des Schutzes (vgl. zum Beispiel

Tab. 25. Gliederung der Naturschutzgebiete in Westdeutschland nach Größenklassen, Stand: 1. 1. 1987 (aus Haarmann & Pretscher 1988)

Bundesland	Größe (ha) inkl. Wasserflächen											
	bis 0,9	1–4,9	5–9,9	10–19,9	20–49,9	50–99,9	100–199,9	200–499,9	500–999,9	1000–4999,9	5000–9999,9	10000 u. mehr	Gesamt
Baden-Württemb.	13	80	98	100	108	57	26	14	11	5	–	–	512
Bayern	2	19	39	68	94	37	37	18	7	11	1	2	335
Berlin	1	2	4	4	2	1	–	–	–	–	–	–	14
Bremen	–	4	–	–	2	–	–	1	–	–	–	–	7
Hamburg	–	–	1	4	3	5	3	1	3	–	1	–	21
Hessen	–	26	71	76	93	46	22	7	2	1	–	–	344
Niedersachsen	–	48	61	79	92	61	55	47	22	9	1	1	476
Nordrhein-Westf	13	108	88	79	81	45	29	21	3	2	–	–	469
Rheinland-Pfalz	4	30	41	48	73	33	18	14	4	1	–	–	266
Saarland	3	10	1	7	9	1	1	–	–	–	–	–	32
Schleswig-Holstein	–	7	7	17	23	20	15	16	8	3	1	–	117
Westdeutschland	36	334	411	482	580	306	206	139	60	32	4	3	2593
%-Anteil	1,4	12,9	15,9	18,6	22,4	11,8	7,9	5,4	2,3	1,2	0,2	0,1	

Abb. 69: Diskrepanz zwischen den Flächenanteilen ausgewiesener Naturschutzgebiete (schwarze Balken) und – soweit bekannt – politischen Willensbekundungen für angestrebte Anteile (weiße Balken), angegeben in Prozent der Gesamtfläche des jeweiligen Bundeslandes (aus JEDICKE 1993).

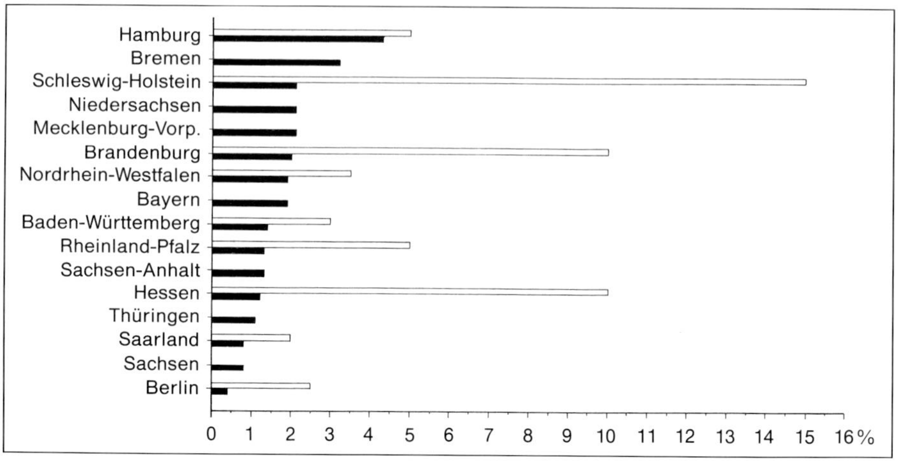

BERTHOLD et al. 1988, BRAHMS et al. 1986, HAARMANN 1983, HAARMANN & PRETSCHER 1981, 1988 und 1993, JEDICKE 1992b, PLACHTER 1985 und 1991, SCHUBERT 1988). Sie belegen, daß der Naturschutz im selbst bei seinem über Jahrzehnte vordringlich verfolgten Ziel der Schutzgebiets-Ausweisung vielfach nur Scheinerfolge erringen konnte. Vier Beispiele sollen dies illustrieren:

a) Die Untersuchung der Vegetation in 30 Mooren und oligotrophen Gewässern in Naturschutzgebieten der westfälischen Bucht (WITTIG 1980) ergibt gegenüber dem Stand bei der Unterschutzstellung der Gebiete

- den Rückgang der durchschnittlichen Zahl der Rote Liste-Arten von neun auf sechs je Gebiet,
- die Abnahme der Summe aller Vorkommen von Rote Liste-Arten von 100 auf 71%,
- die Ausbreitung von typischen Störungszeigern unter den Pflanzenarten.

b) Ein botanischer Vergleich der Naturschutzgebiete Westfalens und des Regierungsbezirks Osnabrück in 20jährigem Abstand (RUNGE 1978) beweist einschneidende Veränderungen in vier Fünfteln aller NSG, die überwiegend negativ zu beurteilen sind. Sie beruhen vor allem auf anthropogenen Eingriffen und auf Vegetationsänderungen zum Beispiel infolge fehlender Extensivnutzung.

c) Innerhalb von 50 Jahren verschwanden aus dem NSG »Barrelpäule« im Kreis Gütersloh 24 von ehemals 32 Pflanzenarten der Roten Liste (LIENENBECKER 1983).

d) Im 1594 ha großen, 1942 ausgewiesenen NSG »Stadtwald Augsburg« wurden in den Jahren 1982 bis 1990 im Vergleich zu 1946 bis 1955 rund 30% des damaligen Tagfalterarten nicht mehr gefunden, 21% zeigten eine deutliche Abnahme (PFEUFFER 1991, zitiert nach HAARMANN & PRETSCHER 1993).

Aus vier übergeordneten Gründen bieten NSG im allgemeinen nur einen unvollkommenen Schutz:

(1) Ihre Größe ist zu gering, so daß mangels abschirmender Pufferzonen von außen einwirkende Störungen bis in die Kernzone des Gebietes hineinreichen können – die zum längerfristigen Überleben vieler Tierarten erforderliche Minimalfläche wird weit unterschritten.

(2) Die in NSG repräsentierten Habitate bzw. Ökosysteme oder deren Fragmente sind derart stark verinselt, daß allein die Isolation ausreicht, um Populationen immer weiterer Arten verschwinden zu lassen. Stattdessen steigt der Artendurchsatz (Turnover) durch habitatfremde Arten rapide an.

(3) Anthropogene Nutzungen innerhalb der NSG-Fläche verursachen weitere Störungen, die dem Schutzziel diametral entgegen stehen: allen voran die Land-

Abb. 70: Das Naturschutzgebiet als für Autofahrer ausgeschilderte Touristenattraktion – ein Beispiel für konkurrierende Nutzungen und die mangelnde Effektivität des Schutzes in NSG.

und Forstwirtschaft, Jagd und Fischerei sowie der Erholungsbetrieb. So sind in vielen NSG die Umwandlung bislang ungenutzter Flächen in Grün- oder Ackerland, wilde Bebauungen wie Holzhäuser und Bootsschuppen, militärische Übungen, der Abbau von Sand und Kies, Entwässerung und Abtorfung, Nadelholz-Aufforstungen, Abfall- und Erdablagerung, die Beweidung sensibler Bereiche, Abwasser-Einleitungen sowie Belastungen durch Wassersport, Reiter und Jogger an der Tagesordnung. Abb. 72 kennzeichnet die Hauptverursacher dieser Belastungen sowie den allgemeinen Erhaltungszustand der NSG.

(4) Das Ziel vieler NSG liegt in dem Erhalt alter Nutzungsformen (zum Beispiel Magerrasen und Heiden), die für die heutige Landwirtschaft nicht mehr lohnen. Fehlende Eingriffe etwa durch extensive Schafbeweidung bewirken eine Sukzession, welche die schützenwerte Vegetation und Zoozönose rasch verdrängt. Notwendig sind in solche Fällen gezielte Pflegemaßnahmen (s. Kapitel 6.4.5).

6.2.3 Forderungen an künftige NSG-Ausweisungen

Aus diesen Gründen gibt die NSG-Statistik allein noch nicht genügend Informationen über den Stand des Flächenschutzes. Notwendig erscheint seitens der einzelnen Bundesländer eine kritische Nabelschau. Ziel muß sein, von der bisher zum Teil konzeptionslos betriebenen Ausweisung neuer NSG – nach dem verständlichen Motto: »retten, was noch zu retten ist...« – zur Planung eines integrierten Schutzgebietssystems zu gelangen.

Als Leitbild schlug der Deutsche Rat für Landespflege (1983a) folgende Definition vor: »Ein ›integriertes Schutzgebietssystem‹ ist ein zu entwickelndes Netz von Schutzgebieten, das aus allen naturraumspezifischen Biotopen in ausreichender Größe und in ökologisch funktionaler Verteilung im Raum besteht, unterschiedliche Schutzgebietskategorien umfaßt und in dem die Schutz-

Abb. 71: In dem Gros der bundesdeutschen Naturschutzgebiete mit sensiblen Bereichen, beispielsweise mit Lebensräumen der sehr störungsempfindlichen Wasservögel, bleibt die »ordnungsgemäße« Jagd erlaubt, obwohl sie den Zwecken des Naturschutzes in aller Regel zuwiderläuft.

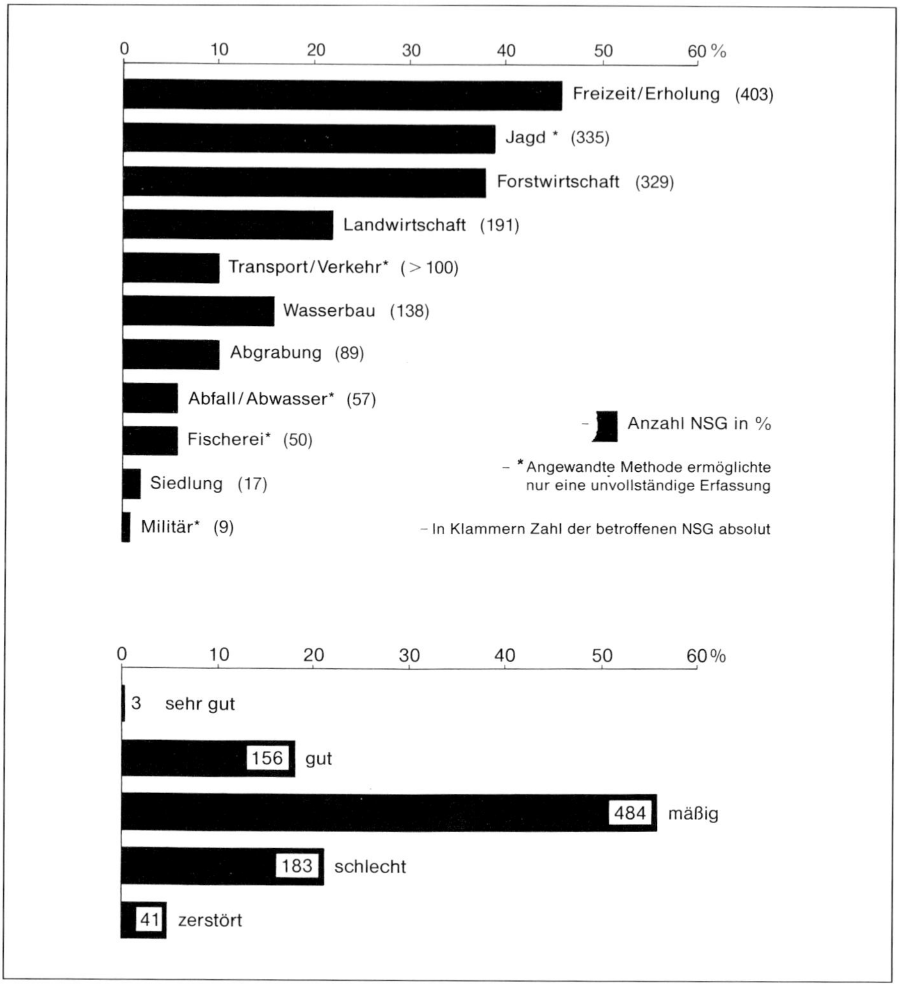

Abb. 72: Belastungen von 867 Naturschutzgebieten (= 100%) durch fünf verschiedene Schadgruppen in der südlichen Bundesrepublik (oben) sowie der allgemeine Erhaltungszustand dieser Naturschutzgebiete im Rahmen von fünf Zustandsstufen (unten) (aus Haarmann & Pretscher 1993).

gebiete über spezifische naturnahe Landschaftsstrukturen miteinander verbunden sind.« Diese Begriffsbestimmung entspricht – mit Ausnahme einer flächendeckend extensiveren Landnutzung – weitgehend den Zielen des Biotopverbunds.

Im Hinblick auf die Sicherung von NSG sind drei Stichworte besonders wichtig:

- Repräsentanz der typischen Biotope im Naturraum,
- ausreichende Flächengröße,
- ökologisch funktionale Verteilung, sprich ein funktionierender Verbund.

Die Erfüllung der Forderungen ist bislang keineswegs gewährleistet, wie Erz (1990) nachweist. Er beleuchtet die Repräsentanz von Großbiotoptypen bzw. Schutzinhalte – untergliedert in Wald, Moor, Heide, Magerrasen, Feuchtwiesen, Gewässer, Vogelwelt, geologische Schutzinhalte und komplexe Schutzinhalte – in den naturräumlichen Haupteinheitengruppen für Westdeutschland. Mangelnde Datengrundlage läßt dabei weder eine feinere Einteilung der naturräumlichen Einheiten noch der Biotoptypen zu. Dennoch sind zwei Ergebnisse bezüglich der Repräsentanz sehr deutlich (Erz 1990):

- Die »Repräsentanz des Typischen« in verschiedenen Naturräumen – zum Beispiel dominierende Wald-NSG in ausgeprägten Waldlandschaften oder Moor-NSG in den von Mooren am stärksten geprägten Naturräumen – ist ebenso wenig zu erkennen wie die »Repräsentanz schutzbedürftiger Besonderheiten«, die in einem Naturraum nicht häufig und insgesamt prägend sind.
- Eine quantitativ ausgewogene Repräsentanz der Biotoptypen ist im westdeutschen Vergleich nicht gegeben, es überwiegen Besonderheiten gegenüber dem Typischen. So zeigen Moor- und Wald-NSG die gleichen Anteile an den westdeutschen NSG, obwohl sie an der Gesamtfläche ganz unterschiedlich stark mit 1,9% (Moore) und 30% (Wälder) beteiligt sind.

Tiefergehende, länder- und naturraumbezogene Analysen sind unbedingt erforderlich, um künftig den Aufbau fundiert begründeter Schutzgebietssysteme in Angriff nehmen zu können. Daher sind durch die einzelnen Bundesländer zunächst zur Aufnahme des Ist-Zustandes durch wissenschaftlich angelegte Untersuchungen folgende Fragestellungen zu bearbeiten (Jedicke 1992b):

(1) Welche Habitattypen sind in den bestehenden NSG mit welchen Flächenanteilen vertreten?

(2) Welchen Flächenanteil erreichen NSG in den einzelnen Haupteinheiten der Naturräume? Welches sind dort die naturraumtypischen Habitattypen, sind diese unter den NSG ausreichend vertreten? Welches sind die Besonderheiten des Naturraumes, und sind diese ausreichend repräsentiert?

(3) In welchem Erhaltungszustand befinden sich die NSG? Welche Belastungs- und Gefährdungsfaktoren wirken in jedem einzelnen NSG, inwieweit sind Pufferzonen vorhanden? Welche Verbesserungen sind notwendig?

(4) Liegen aktuelle Erhebungen über Vorkommen von Pflanzen- und Tierarten sowie Pflanzengesellschaften vor, um zu beurteilen, ob die NSG die ihnen zugedachten Funktionen für Erhaltung der biotoptypischen Lebensgemeinschaften weitgehend/teilweise/ansatzweise/überhaupt nicht erfüllen?

(5) Für welche NSG liegt eine Pflegeplanung vor, wenn ja, in welcher Qualität?

Eine wesentliche Grundlage für die Auswertungen, insbesondere zu Fragenkomplex (2), liefern die landesweiten Biotopkartierungen. Um die Untersuchungen im Gelände möglichst frei von subjektiven Wertungen der Bearbeiter zu halten, muß zuvor ein detaillierter Erhebungsbogen entworfen werden. Notwendig ist eine enge Zusammenarbeit der Naturschutzbehörden auf allen Ebenen, die mit der Datenerhebung im Gelände aufgrund begrenzter Arbeitskapazitäten vermutlich freie Gutachterbüros beauftragen müssen.

Aus diesen Ergebnissen haben die Landesnaturschutz-Ministerien eine detaillierte Konzeption für ein landesweites Schutzgebietssystem vorzulegen, welches

- 10% eines jeden Naturraumes als Minimum für die Erhaltung und Neuausweisung von NSG vorsieht,
- neben der Sicherung aller erhaltenswerten naturnahen Landschaftsteile auch Ziele für die flächige Renaturierung von Lebensräumen beschreibt,
- dem Schutz von Großflächen von 200 ha an aufwärts besondere Beachtung schenkt,
- das NSG-System in ein Netz anderer Schutzgebietstypen einbezieht (vor allem Landschaftsschutzgebiete, Nationalparks und Biosphärenreservate),
- die oben beschriebenen Kriterien zur Repräsentanz erfüllt und Erfordernisse des Biotopverbunds beachtet.

Gleichfalls sollte durch politische Entscheidungen auch ein zeitlicher Rahmen für die Realisierung des Schutzgebietssystems vorgegeben werden. Die Naturschutzbehörden müssen, um den wachsenden Aufgaben allein durch die Ausweisungsverfahren gerecht werden zu können, personell drastisch aufgestockt werden. Ganz wichtig erscheint schließlich eine laufende Erfolgskontrolle aller im Zusammenhang mit Ausweisung, Pflege und Entwicklung von NSG stehenden Maßnahmen (vergleiche das Berliner Programm von BÖCKER et al. 1991).

6.3 Waldschutzgebiete

6.3.1 Status quo

Wald bzw. Forst bedecken 21,9% des Bundesgebietes. In einzelnen Bundesländern liegt der Anteil deutlich höher – Hessen ist mit 41% Waldanteil das waldreichste Land. Dieser hohe Anteil spiegelt sich in den Bemühungen des Naturschutzes allgemein und des Flächenschutzes im speziellen nicht wider – Naturschutz im Wald ist eine vernachlässigte Aufgabe.

In der Untersuchung von 867 süddeutschen NSG durch HAARMANN & PRETSCHER (1993) waren 164 Wald-NSG (18,9%) mit 5,8% Flächenanteil der gesamten untersuchten NSG-Fläche vertreten; am gesamten Wald-/Forst-Bestand des Untersuchungsgebietes nahmen sie gerade 0,15% der Fläche ein. Allerdings differieren die Anteile in den einzelnen Bundesländern stark: In Baden-Württemberg nehmen Wald-NSG von ihrer Anzahl her 35,9% der gesamten NSG ein. Unter den Verursachern von Belastungen fungiert in 45% der Wald-NSG Süddeutschlands die Forstwirtschaft gleichrangig neben dem Verkehr an erster Stelle (HAARMANN & PRETSCHER 1993).

Naturwaldreservate bilden eine sinnvolle Alternative zu NSG-Ausweisungen im Wald. Hier handelt es sich per Definition um Totalreservate, in denen langfristig keine Eingriffe des Menschen vorgesehen sind, die somit natürliche Sukzessionsabläufe zeigen können. Die bisherige Flächenbilanz mit Stand des Jahres 1989 ist jedoch mager (BOHN & WOLF 1989): In Westdeutschland bestehen insgesamt 420 Naturwaldreservate mit 10727 ha Gesamtfläche, das entspricht gerade 1,46‰ (d. h. 0,146%) der Waldfläche. Über die Hälfte der Reservate ist kleiner als 20 ha.

Somit können die in Kapitel 6.2.2 für NSG ausgeführten Einschränkungen ih-

Abb. 73 und 74: Naturwaldzellen (links) existieren nicht einmal in allen Bundesländern. Ihre Zahl muß um ein Mehrfaches erhöht, ihre meist geringe Fläche drastisch vergrößert werden, sollen sie eine wichtige Rolle im Rahmen des Biotopverbunds spielen. Altholzinseln im hessischen Staatsforst (rechts) zielen vor allem auf gefährdete Höhlenbrüter ab. Durch Hinauszögern der Endnutzung vor allem der über 140 Jahre alten Buchenstämme ist kein völliger Nutzungsausfall der Gebiete für die Forstwirtschaft verbunden. Altholzinseln können damit zwar einen wichtigen, jedoch nur einen Teilbereich unter vielen des Forstbiotopverbunds abdecken.

rer Effizienz vor allem in bezug auf zu geringe Flächengröße, zu geringe Anzahl und folglich zu starke Verinselung ebenso auf Naturwaldreservate übertragen werden.

In jüngster Zeit zeichnet sich indes eine beginnende positivere Entwicklung ab. Nordrhein-Westfalen wies elf großflächige Reservate mit 17200 ha Gesamtfläche aus, die im Mittel 1600 ha groß sind. Größere Reservate entstanden zudem in den neuen Bundesländern, wenngleich noch mit ungewisser Zukunft.

Altholzinseln sind ein Sonderfall im hessischen Wald: Per Erlaß der Landesforstverwaltung 1977 wurden rund 880 Buchenbestände mit einer durchschnittlichen Größe von weniger als 2 ha ausgewiesen (Keil 1981, Stein 1981, 1987). Ihre Umtriebszeit wird verlängert, d. h. eine Nutzungsaufgabe ist auf diesen Kleinstflächen nicht zwingend vorgesehen. Somit profitieren Totholz-Bewohner kaum von diesem für Großhöhlenbrüter konzipierten Programm.

Zudem ergab eine Untersuchung nordhessischer Altholzinseln, daß nur weniger als ein Viertel von Schwarzspecht und/oder Hohltaube als Zielarten des Programms genutzt werden, und daß es sich teilweise um forstlich unbedeutende, dem Grenzertrag nahe Waldbestände handelt, die ohnehin zum Höhlenbau durch den Schwarzspecht ungeeignet sind.

6.3.2 Ziele künftiger Ausweisungen

Kernpunkte künftiger Schutzgebiets-Ausweisungen im Wald betreffen Flächenanteil, Flächengröße und Repräsentativität. Bei der Realisierung der nachfolgenden Forderungen sollte die öffentliche Hand als Waldbesitzer mit gutem Beispiel vorangehen.

Flächenanteil

Die Bundesforschungsanstalt fordert in ihren Leitlinien zum Naturschutz, mindestens 5% der Waldfläche unter Totalschutz zu stellen (Bohn et al. 1989). Ebenfalls 5% fordert Heinrich (1993) für Hessen; umgerechnet auf den hessischen Staatsforst wären dies 12,8%. Plachter (1991) spricht von 10% der im Besitz der öffentlichen Hand befindlichen Waldflächen, das entspricht 1,6% der Bundesfläche oder 5,5% der Waldfläche insgesamt.

5% dürfen jedoch nur ein Etappenziel sein; auch im Wald ist ebenso wie in der freien Landschaft ein Flächenanteil von 10% als Minimum für Totalreservate zu fordern (Jedicke 1991b). Weitere 5 bis 10% müssen für kleinere Trittsteine, Korridorbiotope und auf Pflegemaßnahmen angewiesene historische Waldtypen zur Verfügung stehen. Hier ist im Gegensatz zu den Totalreservaten eine Nutzung möglich, sie muß sich jedoch den Naturschutzzielen unterordnen.

Flächengröße

Totalreservate müssen großflächig sein, damit die natürliche Waldentwicklung ungestört und möglichst vollständig ablaufen kann. Denn es genügt nicht, allein Altholzbestände zu erhalten – wie das Mosaik-Zyklus-Konzept (s. Kapitel 2.6) verdeutlicht, bricht ein Altholzbestand eines Tages zusammen, um sich über verschiedene Stadien kleinflächig und phasenverschoben zu erneuern. Alle Sukzessionsphasen einschließlich eines jungen Pionierwaldes sind folglich gleichermaßen schutzwürdig. Damit alle Stadien gleichzeitig nebeneinander vorhanden sind, erscheinen Totalreservate in Größenordnungen von über 1000 ha notwendig zu sein; Plachter (1991) spricht sogar von mindestens 100 km^2 (10000 ha).

Generelle Mindestgrößen werden angegeben mit 50 ha (Bohn et al. 1989, Dorda 1992), 50 bis 100 ha (Bohn & Wolf 1989), 100 ha (Späth 1992) oder 100 bis 200 ha (Jedicke 1991b). Letztgenannter Wert ist nach Miotk (1983) zum Beispiel notwendig, um die typische Bodenfauna von Laubwaldökosystemen zu erhalten. Weitere Informationen zu Minimalarealen als Grundlage für die Abschätzung notwendiger Flächengrößen sind in Kapitel 6.4.1 zusammengestellt.

Um sowohl Großflächigkeit als auch räumliche Nähe der Naturwaldreservate zueinander zu verwirklichen, favorisieren als Kompromiß sowohl HEINRICH (1993) für Hessen als auch SPÄTH (1992) für Baden-Württemberg ein abgestuftes Schutzgebiets-Konzept. Sie fordern

- einen Waldnationalpark mit einer 8000 bis 10000 ha großen Kernzone (Buchenwald-Nationalpark in Nordhessen, etwa im Kellerwald) bzw. mit 16000 ha Fläche (Bergmischwälder, Peitschenmoos-Fichtenwälder und Moorwälder im Nordschwarzwald);
- vier NSG von je 2000 ha Fläche plus zehn NSG von je 1000 ha Fläche in Hessen, zwei bis drei Bannwälder zu je 3000 ha in Baden-Württemberg;
- 30 bis 50 mittelgroße NSG von mindestens 200 bis 500 ha Größe in Hessen, 100 bis 150 mindestens 100 ha große Bannwälder in Baden-Württemberg.

Repräsentativität

Ebenso wie bei den NSG ist bei der Auswahl der Waldschutzgebiete anzustreben, die typischen Lebensräume zu repräsentieren. Die natürlichen Waldgesellschaften sollten entsprechend ihrem potentiellen Flächenanteil vertreten sein. Ihre Verteilung muß möglichst gleichmäßig über die naturräumlichen Haupteinheiten bzw. forstlichen Wuchsgebiete erfolgen (BOHN & WOLF 1989). Der Status quo zeigt jedoch, daß die in weiten Teilen Deutschlands vorherrschende potentielle natürliche Vegetation, nämlich Buchen(misch)wälder, weit unterrepräsentiert ist. Ebenso sind nach BOHN & WOLF (1989) bodensaure Eichenmischwälder anteilig zu wenig vertreten, während kleinräumig verbreitete Waldtypen auf Sonderstandorten (Moor- und Bruchwälder, natürliche Fichtenwälder) eher überrepräsentiert sind. Auch hier gilt es also, das Typische und nicht nur das Besondere zu schützen.

6.4 Planung und Abgrenzung von Schutzgebieten

6.4.1 Minimalareale und Schutzgebiets-Mindestgrößen

Die Größe von Biotopen spielt für die Überlebensmöglichkeit sehr vieler Arten eine entscheidende Rolle. Bereits das einzelne Individuum beansprucht einen je nach Art sehr unterschiedlich großen Lebensraum (Tab. 26). Im allgemeinen nimmt dessen Flächengröße – der Minimalraum-Anspruch – mit der höheren Stellung der Art in der Nahrungspyramide zu (HEYDEMANN 1981).

Die unmittelbare Aussagekraft der Flächengröße des Indivuduallebensraumes für den Naturschutz ist jedoch nicht sehr hoch: Soll eine Population dauerhaft über viele Generationen erhalten bleiben, so muß sie einen bestimmten Mindestbestand an Individuen – und damit eine gewisse genetische Vielfalt – aufweisen. Andernfalls besteht die Gefahr, daß sich durch Effekte der Inzucht nachteilige Gene manifestieren und damit die Überlebensfähigkeit der Population herabsetzen (vgl. zum Beispiel PLACHTER 1985). Hinzu kommt, daß äußere Einflüsse kleine Populationen sehr viel leichter auslöschen können als größere.

Es stellt sich also zunächst die Frage, wie individuenstark eine Population sein muß, um ihren langfristigen Fortbestand zu gewährleisten. Grundlegende Überlegungen stellten dazu SOULÉ & WILCOX (1980) an, die für Wirbeltiere als Maß eine Inzuchtrate von unter 1% postulieren. Würden alle Individuen gleich- und regelmäßig am Fortpflanzungsgeschehen teilnehmen, so bedeute dies ein Minimum von 50 Individuen. Dennoch sei auch hier nach 20 bis 30 Generationen der Verlust von bis zu einem Viertel der genetischen Information zu verzeichnen. Vor allem da sich nicht alle Individuen gleichmäßig fortpflanzen, sollte bei Wirbeltieren ein Mindestbestand von 150 bis

Tab. 26. Größe des durchschnittlichen Lebensraumes eines Brutpaares bzw. Einzelindividuums ausgewählter mitteleuropäischer Tierarten

Art(en)	Lebensraum	Flächengröße	Quelle(n)
Steinadler *(Aquila chrysaetos)*	alpine Biotope an der oberen Waldgrenze	10000–14000 ha	BRÜLL nach HEYDEMANN (1981)
Luchs *(Lynx lynx)*	Waldbiotope	5000–15000 ha	FESTETICS nach HEYDEMANN (1981)
Seeadler *(Haliaeetus albicilla)*	große Wald- und Seen-biotop-Komplexe	6000–10000 ha	BRÜLL nach HEYDEMANN (1981)
Uhu *(Bubo bubo)*	große Laub- und Nadelwaldkomplexe	6000–8000 ha	BRÜLL nach HEYDEMANN (1981)
Wanderfalke *(Falco prergrinus)*	lichte Waldbiotope, vernetzt mit Felsbiotopen	4000–5000 ha	BRÜLL nach HEYDEMANN (1981)
Habicht *(Accipiter gentilis)*	Nadel- und Laubwaldbiotope, vernetzt mit offenen Biotopen	3000–5000 ha	BRÜLL nach HEYDEMANN (1981)
Rohrweihe *(Circus aeruginosus)*	Sumpf- und Moorbiotope, Röhrichtzonen	1500–3000 ha	BRÜLL nach HEYDEMANN (1981)
Baumfalke *(Falco subbuteo)*	offene Landschaft, vernetzt mit alten Laubwald-Biotopen	1000–2000 ha	BRÜLL nach HEYDEMANN (1981)
Sperber *(Accipiter nisus)*	offene Biotopen, vernetzt mit Gehölzbeständen	700–1000 ha	BRÜLL nach HEYDEMANN (1981)
Wiesenweihe *(Circus pygargus)*	Feuchtwiesen, Sumpfbiotope	500–700 ha	BRÜLL nach HEYDEMANN (1981)
Mäusebussard *(Buteo buteo)*	Laub- und Mischwaldbiotope, vernetzt mit baumarmen Biotopen	400–800 ha	BRÜLL nach HEYDEMANN (1981)
Schwarzspecht *(Dryocopus martius)*	Waldgebiete rings um Buchen-Altholzbestand	> 200 ha, i. a. 400–800 ha	BLUME nach RUGE & BRETZENDORFER (1981)
Waldkauz *(Strix aluco)*	lichte Laubwald-, Park- und Siedlungsbiotope	200–400 ha	BRÜLL nach HEYDEMANN (1981)
Waldohreule *(Asio otus)*	Nadelwaldbiotope	200–400 ha	BRÜLL nach HEYDEMANN (1981)
Sumpfohreule *(Asio flammeus)*	Moor-, Sumpf-, Feuchtwiesen-Biotope	100–400 ha	BRÜLL nach HEYDEMANN (1981)
Schleiereule *(Tyto alba)*	offene Biotope in Siedlungsnähe	100–400 ha	BRÜLL nach HEYDEMANN (1981)
Turmfalke *(Falco tinnuculus)*	a) offene Biotope in Siedlungsnähe b) baumarme Biotope, vernetzt mit Gehölzgruppen	100–400 ha 100–200 ha	BRÜLL nach HEYDEMANN (1981)

Tab. 26. Größe des durchschnittlichen Lebensraumes eines Brutpaares bzw. Einzelindividuums ausgewählter mitteleuropäischer Tierarten

Art(en)	Lebensraum	Flächengröße	Quelle(n)
Rothirsch (*Cervus elaphus*)	Waldbiotope	200 ha	REMMERT (1982)
Weißstorch (*Ciconia ciconia*)	Wiesenbiotope	200 ha	RIESS (1986)
Rotfuchs (*Vulpes vulpes*)	deckungsreiche Biotope	10–225 ha	HEIDEMANN & NIETHAMMER nach HEYDEMANN (1981)
Haselhuhn (*Tetrastes bonasia*)	unterholzreiche Waldbiotope	10–80 ha	RIESS (1986)
Großer Brachvogel (*Numenius arquata*)	Feuchtgrünland	25 ha	RIESS (1986)
Rebhuhn (*Perdix perdix*)	reich gegliederte Feldfluren	10–30 ha	RIESS (1986)
Reh (*Capreolus capreolus*)	Gebüschbiotope und unterholzreiche Wälder	7–15 ha (–200 ha)	HEYDEMANN (1981)
Wildkaninchen (*Oryctolagus cuniculus*)	Kulturbiotope	30 ha	HEYDEMANN (1981)
Größere Laufkäfer-Arten (*Carabus* spec.)	Wald- und Offenbiotope	6 ha	HEYDEMANN (1981)
Schlingnatter (*Coronella austriaca*)	Trockenbiotope	4 ha	RIESS (1986)
Waldspitzmaus (*Sorex araneus*)	feuchte Wald- und Offenbiotope, daneben fast alle terrestrischen Biotope	4 ha	KRUMBIEGEL nach HEYDEMANN (1981)
Hermelin (*Mustela erminea*)	offene Kulturbiotope	3 ha	NIETHAMMER nach HEYDEMANN (1981)
Bekassine (*Gallinago gallinago*)	Feuchtgrünland	1 ha	RIESS (1986)
Ahlenläufer (*Bembidion lampros*) (Laufkäfer)	Kultur- und Waldbiotope	0,25 ha	HEYDEMANN (1981)
Waldmaus (*Apodemus sylvaticus*)	Wald-, Hecken- und Ackerbiotope	0,15 ha (1500 m^2)	SCHWERDTFEGER nach HEYDEMANN (1981)
Wühlmäuse (*Microtus* spec.)	offene und bewaldete Biotope	0,01 ha (100 m^2)	NIETHAMMER nach HEYDEMANN (1981)
Feldgrille (*Gryllus campestris*)	trockene Grünlandbiotope	> 0,5 m^2	REMMERT (1982)

200 Individuen nicht unterschritten werden, wie auch PLACHTER (1985) betont. RIESS (1986) nennt für einige Arten folgende minimale Populationsgrenzen:

Amphibien: 100 Individuen
Fischotter (*Lutra lutra*): je 5 erwachsene Männchen und Weibchen mit insgesamt 6 Jungtieren
Großer Brachvogel (*Numenius arquata*): 10 Brutpaare, dabei Kontakt zu kleineren Nebenzentren notwendig
Weißstorch (*Ciconia ciconia*): 30 Horstpaare mit Horstabständen unter 10 km
Bekassine (*Gallinago gallinago*): 10 Brutpaare
Birkhuhn (*Lyrurus tetrix*): 50 Brutpaare
Auerwild (*Tetrao urogallus*): 50 Individuen
Heckenvögel: 10 Brutpaare

Wirbellose erfordern ganz andere Größenordnungen, wie REMMERT (1982) exemplarisch an der Feldgrille (*Gryllus campestris*) zeigt, die vor allem trockene Wiesen, Hänge und Feldraine bewohnt. Die Größe der von ihm untersuchten Population schwankte sehr stark – in Abhängigkeit von der sommerlichen Witterung – zwischen 600 und 60000 Individuen. In günstigen Sommern, wie sie durchschnittlich alle zehn Jahre auftreten, zeigen sie eine Massenvermehrung, normale Sommer reichen zur Erhaltung der Populationsgröße nicht aus. REMMERT zieht das Fazit, daß bei einem ½ m^2 großen Individuallebensraum – eine optimale Biotopstruktur vorausgesetzt – ein Minimalareal von 3 ha notwendig ist, um eine Grillenpopulation zu erhalten; kleinere Populationen unterliegen dem recht hohen Risiko, zu Zeiten des witterungsbedingten Bestandsminimums auszusterben.

In Tab. 27 sind Literaturangaben zu dem Flächenbedarf ausgewählter Arten bzw. Faunengruppen zusammengestellt, die als Anhaltspunkte für den Artenschutz dienen können. Biotopverbund strebt hingegen den Schutz von Lebensgemeinschaften bzw. Ökosystemen an: Ein Schutzgebietssystem muß die notwendigen Größen der Einzelflächen berücksichtigen, um einen langfristigen Populationserhalt zu ermöglichen. Entsprechend muß sich die Bemessung der Schutzgebietsgrößen an den ökosystemaren Minimalansprüchen orientieren.

SCHWERDTFEGER (1978) definiert das (ökosystemare) Minimalareal als eine Fläche, die mindestens so groß ist, daß sie die kennzeichnende Artenverbindung, d. h. alle Arten, enthält, die eine Frequenz von wenigstens 60–70% aufweisen. Eine ähnliche Abgrenzung unternehmen HEYDEMANN (1981) – er fordert das Auftreten der Mehrzahl der typischen Arten eines Ökosystem-Typs innerhalb des Minimalareals – und MADER (1981), der die Schwelle bei einem Ähnlichkeitsquotienten von ≥ 60% setzt, wenn er das Arteninventar verschiedener Flächen vergleicht.

Logischerweise setzt sich das Minimalareal eines Ökosystems aus den Minimalareal-Ansprüchen seiner charakteristischen Arten zusammen; dabei spielen zwei Faktoren-Komplexe, wie HEYDEMANN (1981) unterstreicht, eine entscheidende Rolle:
a) der Minimalraum-Anspruch der Artengruppe des Ökosystems mit dem größten Aktionsraum, meist Arten der Megafauna wie Großfische, Großvögel und Großsäuger;
b) der kleinste Raum, in dem die charakteristische Habitatausstattung des Ökosystems (vgl. HEYDEMANN 1980) noch vorkommt bzw. vorkommen kann.

Bei der Diskussion sind die verschiedenen Typen ökologischer Vernetzung (s. Seite 26ff.) zu berücksichtigen; erinnert sei nur beispielshaft an enge, hochgradig spezialisierte Tier-Pflanze-Beziehungen und an saisonal wechselnde Habitatansprüche bestimmter Arten. Besonders bei euryöken Arten reicht das Minimalareal vielfach weit über die Biotopgrenzen hinaus (HEYDEMANN 1981), etwa indem manche Großlibellen teils kilometerweite Jagdflüge von Gewässern aus in die angrenzenden Biotope unternehmen.

Ökosystemare Minimalareale müssen sich nicht nur nach Flächengrößen, sondern auch nach den möglichen Durch-

Tab. 27. Artspezifische Minimalareale der Populationen ausgewählter Arten nach Literaturangaben

Art(engruppen) und ihr Lebensraum	Flächengröße	Quelle(n)
Wolf *(Canus lupus)*, großräumige Waldbiotope	60000 ha ($600\,km^2$)	Remmert (1982)
Fischotter *(Lutra lutra)*, Gewässerbiotope	14000 bis 20000 ha Wasserfläche oder 50–75 km Uferlänge	Heidemann nach Heydemann (1981)
Auerwild *(Tetrao urogallus)*, Waldbiotope	5000 bis 10000 ha	Riess (1986)
Großvögel und Großsäuger allgemein	100–10000 ha	Heydemann (1981)
Birkhuhn *(Lyrurus tetrix)*, Moor- und Heidebiotope bzw. Waldgrenze im Gebirge	2500 ha	Riess (1986)
Reptilien, besonders Kreuzotter *(Vipera berus)*	1000 bis 2000 ha	Riess (1986)
Erdkröte *(Bufo bufo)*, Laichgewässer und gehölzreiche Biotope im Verbund	1520 ha	Blab (1979a, 1986)
mittelgroße Vogelarten	1000 ha	Riess (1986)
Brutvögel Mitteleuropas im allgemeinen	80–1000 ha	Reichholf (1987a u. b)
Springfrosch *(Rana dalmatina)*, Sumpfwiesen und Wälder	380 ha	Blab (1979, 1986)
Großer Brachvogel *(Numenius arquata)*, Feuchtgrünland	250 ha	Riess (1986)
Grasfrosch *(Rana temporaria)*, feuchte Biotope	200 ha	Blab (1979a, 1986)
Watvögel im allgemeinen, Feuchtbiotope	200 ha	Woike (1983)
typische Bodenfauna von Laubwaldökosystemen	100 ha	Miotk (1983)
flugfähige Arten der größeren Makrofauna (10–50 mm Körperlänge)	50–100 ha	Heydemann (1981)
Knoblauchkröte *(Pelobatus fuscus)*, Sandböden	50 ha	Blab (1979a, 1986)
Fadenmolch, Bergmolch, Teichmolch *(Triturus helveticus, T. alpestris, T. vulgaris)* in ± gehölzreichen, feuchten Biotopen	50 ha	Blab (1979a, 1986)
Reptilien, Kleinsäuger, Kleinvögel allgemein	20–100 ha	Heydemann (1981)
Laubfrosch *(Hyla arborea)*, gehölz- und röhrichtreiche Umgebung von Weihern u. ä.	28 ha	Blab (1979a, 1986)
Spinnen in Waldbiotopen allgemein	20 ha	Mader (1981)
Kleinsäuger allgemein	10–20 ha	Heydemann (1981)
lauffähige Arten der größeren Makrofauna (10–50 mm Körperlänge)	10–20 ha	Heydemann (1981)
Bekassine *(Gallinago gallinago)*, Feuchtgrünland	10 ha	Riess (1986)
bodenjagende Spinnen in Eichen-Hainbuchen-Wäldern	10 ha (2,5–20 ha)	Mader (1981, 1983c)
Heckenvögel in Feldgehölzen	5–10 ha	Riess (1986)

Tab. 27. Artspezifische Minimalareale der Populationen ausgewählter Arten nach Literaturangaben

Art(engruppen) und ihr Lebensraum	Flächengröße	Quelle(n)
kleinere Makrofauna (1–10 mm Körperlänge), sessile Arten der größeren Makrofauna (10–50 mm Körperlänge)	5–10 ha	HEYDEMANN (1981)
Feldgrille *(Gryllus campestris)*, trockene Grünlandbiotope	3 ha	REMMERT (1982)
Mesofauna des Bodens (Körpergröße 0,3–1 mm)	1–5 ha	HEYDEMANN (1981)
Laufkäfer in Eichen-Hainbuchen-Wäldern	2–3 ha	MADER (1981, 1983c)
Schmetterlinge, Heuschrecken	1 ha	RIESS (1986)
Wiesenschaumzikade *(Philaenus spumarius)*	1 ha	RIESS (1986)
Mikrofauna des Bodens (Körpergröße <0,3 mm)	< 1 ha	HEYDEMANN (1981)
Breitblättriges Knabenkraut *(Orchis latifolia)*, feuchte Wiesen- und Flachmoorbiotope	0,5 ha	WOIKE (1983), FOERSTER & WOLFF-STRAUB (1982)
Geburtshelferkröte *(Alytes obstetricans)* in vielfältigen gewässernahen Biotopen	0,1 ha	BLAB (1979a, 1986)
Heckenvögel allgemein bei 5–10 m Heckenbreite einschließlich Saum	10 km Heckenlänge	RIESS (1986)

messern von Aktionsstrecken einzelner Arten richten (HEYDEMANN 1983a): etwa den Flugstrecken schnellfliegender Insekten oder den Laufstrecken von Gliederfüßern. Im Gegensatz zu Säugetieren und Vögeln besitzen diese in der Regel ein sehr begrenztes Heimfinde-Vermögen, welches in kleinflächigen Ökosystem-Beständen als Folge der hohen Verlustrate sehr schnell zu einem Erlöschen der Population führen kann. SMOLIS & GERKEN (1987) ermittelten beispielsweise für eine Widderchen-Population (*Zygaenidae*) einen Aktionsraum von 12 bis 16 ha, einen durchschnittlichen individuellen Aktionsradius von 200 m und ein Maximum von 790 m. LÜTTMANN (1987) bestimmte bei Widderchen-Arten noch geringere Aktionsradien: Markierte Individuen wurden in < 100 m Entfernung 143mal wiedergefangen, in 100–150 m Distanz 28mal sowie in 150–200 m und in < 200 m Entfernung je viermal.

Je enger Ökosystembestände miteinander vernetzt sind, desto kleiner fällt das jeweilige Minimalareal aus, da der angrenzende Nachbarbestand desselben bzw. eines ähnlichen Biotoptyps das Minimalareal des ersten Bestandes ergänzen kann (HEYDEMANN 1981) – wenigstens die flugfähigen Arten können relativ leicht den Nachbarbestand erreichen. Mindestens in 8 bis 10 km Entfernung, so ein Leitwert HEYDEMANNS, muß jedoch ein ähnlicher Ökosystem-Bestand zu finden sein, sollen nicht selbst sehr großflächige, über 500 ha große Gebiete in eine ökologisch-genetische Isolation geraten (vgl. Seite 205 ff.).

Der Deutsche Rat für Landespflege (1983a) und HEYDEMANN (1981, 1983a) definieren unterschiedliche Größenordnungen als Minimalareale mitteleuropäischer Ökosystem-Typen, die in Tab. 28 zusammengestellt sind. Einige Angaben des Deutschen Rates für Landespflege scheinen jedoch, wenn man sie mit den

Tab. 28. Angaben zu den erforderlichen Minimalarealen mitteleuropäischer Ökosystem-Typen

Flächenbedarf	Ökosystemtyp	Minimalareal, Quelle
groß	baumarme Flächenbiotope wie subatlantische Flach- und Hochmoore, subatlantische Heiden, Küsten-Salzwiesen usw.	500–1 200 ha**
	durchschnittliche Flächenbiotope wie Trockenrasen, Waldbiotope, Heiden, Hoch- und Niedermoore	200–800 ha**
	oligotrophe Seen, Wälder, Moore	100 ha*
	Heiden, Fließgewässer-Oberläufe	50 ha*
mittel	Magerrasen, Feuchtwiesen, Salzstellen im Binnenland	10 ha*
	Binnendünen, Auenwälder, Hochstaudenfluren	5 ha*
	Trockenrasen, Sand- und Felsfluren	3 ha***
kleinflächig	Teiche, Tümpel, Quelltöpfe, Hohlwege, Hangaufschlüsse	1 ha*
	Kleinbiotope wie Tümpel, Weiher, Quellen, Wasserfälle, Wildpfade, Salzstellen usw.	10–100 m^2**, ***
	Saumbiotope wie Waldränder, Uferstreifen, Röhrichte, Bäche usw.	5–10 km Längenausdehnung**

* Deutscher Rat für Landespflege (1983 a)
** Heydemann (1881, 1983 a)
*** Riess (1986)

Minimalansprüchen einzelner Arten vergleicht, etwas zu knapp bemessen zu sein. Reichholf (1984, 1987b) fordert 80 ha als Mindestgröße von Schutzgebieten für mitteleuropäische Brutvogelarten.

Diese Richtwerte vermitteln einen groben Rahmen für die Forderungen für Flächenbiotope, die künftig an alle Naturschutzgebiete zu stellen sind, sollen diese ihren im Bundesnaturschutzgesetz definierten Aufgaben gerecht werden können. In den meisten Fällen reichen dazu die in der intensiv genutzten Kulturlandschaft verbliebenen Restflächen nicht aus, so daß die Realisierung eines umfassenden Schutzgebietssystems mit der gezielten Renaturierung von angrenzenden Flächen verknüpft ist.

Die obigen Flächenforderungen lassen nicht den Umkehrschluß zu, daß kleinere Gebiete nur von geringem Naturschutzwert sind und damit bei den Schutzbemühungen vernachlässigt werden dürften. Ganz im Gegenteil kommt es darauf an, **alle** in der Kulturlandschaft verbliebenen Restflächen, die als Lebensräume für Arten bzw. auch nur gegenüber dem Idealzustand »unvollständigen« Biozönosen in Frage kommen, zu erhalten und durch Renaturierungs-Maßnahmen im Rahmen des Möglichen zu erweitern. Die 3 ha große Altholzinsel als Brutplatz von Schwarzspecht und Hohltaube ist dabei genauso zu berücksichtigen wie die isolierte Einzelhecke oder der 0,5 ha große Trockenrasen. Soweit sie nicht Bestandteil eines überre-

Tab. 29. Wichtige Parameter des Flächenbedarfs von Tierpopulationen für ausgewählte Einzelarten (aus Hovestadt et al. 1992)

Tierart	Aktionsraumgröße	Dichten	Verbreitungsdistanz	Flächenbedarf für ca. 100 Paare	Besonderheiten
	Unterschiede in Altersklassen, Geschlecht, sozial. Status, saisonale Schwankungen, Habitatqualität	Habitatqualität; Insellage; Räubereinfluß	Abhängig von Zeitdauer, Altersklassen Extremwerte/ Durchschnitt (Wahrscheinlichkeitsaussagen)	Ne (effektive Populationsgröße), soziale Gruppen; Größe von überlebensfähigen Populationen?	
Kleiber	1–4 ha	1–6 T/10 ha	? bis 100 km	= 1000 ha	Habitatqualität
Mittelspecht	10 ha	0,2–1,8 P/10 ha	< 10 km	= 2000 ha	besonders geringes Dispersal
Elster	5–10 ha			10000–50000 ha	dichteabhängig von Rabenkrähe und Habicht
Sperber	10–3500 ha	40–80 P/100 km^2	1–265 km	= 20000 ha	Temperatur und Regen im April, DDT
Steinkauz	10–3500 ha	0,5–1 P/100 km^2	(∅ bis 30 km)	= 20000–30000 ha	
Uhu	1200–2000 ha	1 P/80–110 km^2	? 40 km	= 1000000 ha	
Graugans		1–2 P/100 ha		= 10000 ha	Kombination verschiedener Habitate, Fortpflanzung störanfällig
Gemsen	100–300 ha		große Dispersion	> 6000 ha (20 R)	demographisch Stochastizität
Rotfuchs	400–1600 ha	0,2–2 Fam./km^2	3–100 km	= 20000 ha	Tollwut + Bekämpfung – > 60% Verlust
Hermelin	2–250 ha	3–10 T/100 ha	schnelle Dispersion	= 5000 ha	große Dichteschwankungen verursacht durch Beute
Mauereidechse	5–60 m^2	1 T/3–40 m^2	< 0,1 km	2–5 ha	alle Populationen räumlich isoliert
Segelfalter	100–200 ha	2 T/ha	2–3 km	50–600 ha	

Großschutzgebiete in der Bundesrepublik Deutschland

Kartengrundlage: ROB 1991

Quelle: BFANL, Bonn; BMU-Außenstelle, Berlin;
SRASDAS-Umfrage, Stand: 01.10.1992; ROB 1991; UBA 1992

Entwurf: H. Job '92
Zeichnung: H. Denkscherz

gionalen Schutzgebietssystems werden, so übernehmen sie doch wichtige Funktionen als Trittsteine und vernetzende Elemente (s. Seite 205 ff.).

Im Rahmen eines Forschungsvorhabens versuchten HOVESTADT et al. (1992), den Flächenbedarf von Tierpopulationen herzuleiten. Mit großen Einschränkungen stellten sie für ausgewählte Einzelarten Aktionsraumgröße, Dichte, Verbreitungsdistanz und den Flächenbedarf für etwa 100 Paare zusammen (Tab. 29). Dabei blieben, so die Autoren, Unsicherheiten bezüglich der getroffenen Wahrscheinlichkeitsaussagen schwerpunktmäßig aus folgenden Gründen:

- Die Habitatqualität (Ressourcenangebot) varriiert örtlich und zeitlich – daran passen sich die von den Ressourcen abhängigen Tieren mit ihren Aktionsräumen und Populationsdichten an.
- Angaben über die Verbreitungsdistanz erfordern eine Definition des gemessenen Zeitrahmens. Vergleicht man nur die Distanzen, über die sich Jungtiere von den Eltern entfernt ansiedeln, oder auch Wiederfunde adulter Tiere im Laufe ihres Lebens? Tragen wiedergefundene Individuen auch zum genetischen Austausch zwischen Teilpopulationen bei?
- Eine verbindliche Antwort auf die zentrale Frage, für welche Individuenzahl der Flächenbedarf errechnet werden soll, kann nicht im voraus und nicht verbindlich beantwortet werden.

Diese Einschränkungen gelten für sämtliche zuvor genannten Zahlenangaben. In konkreten Planungsvorhaben diese Angaben als Absolutwerte zu benutzen, ohne die örtliche Situation mit einzubeziehen, ist nicht legitim.

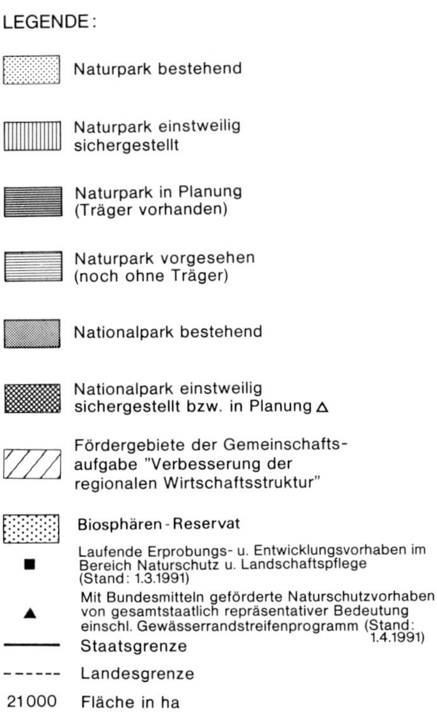

Abb. 75: Lage, Bezeichnung und Flächengröße in Hektar von Großschutzgebieten in Deutschland (aus JOB 1993b). Neben Nationalparken, Biosphärenreservaten, Erprobungs- und Entwicklungsvorhaben und Naturschutzvorhaben gesamtstaatlich repräsentativer Bedeutung sind auch Naturparke eingezeichnet, deren Bedeutung für den Naturschutz bislang zu vernachlässigen ist – sie erfordern dringend eine Reform.

6.4.2 Großschutzgebiete

Sowohl die Inseltheorie als auch das Mosaik-Zyklus-Konzept unterstreichen die Notwendigkeit von Großschutzgebieten in der Größenordnung von mehreren hundert bis mehreren tausend Hektar (vgl. Kapitel 2.2, 2.3 und 2.6). Ebenso unterstützen die im vorangegangenen Abschnitt beschriebenen Beispiele für Minimalareal-Ansprüche solche Forderungen.

Vorhandene Großschutzgebiete in Deutschland zeigt Abb. 75: Nationalparke, Biosphärenreservate und Naturparke. Die letztgenannte, häufigste Kategorie bedarf allerdings einer grundlegenden Neubelebung, soll sie dem Naturschutz tatsächlich im Sinne von Großschutzgebieten dienlich sein – JOB (1993b) formuliert dazu einige Anregungen.

Daneben kommen Naturschutzgebiete als Rechtsform infrage (s. Kapitel 6.2). Starke Förderungsmöglichkeiten bedeuten Erprobungs- und Entwicklungsvorhaben im Bereich Naturschutz und Landschaftspflege sowie Vorhaben von gesamtstaatlich-repräsentativer Bedeutung als vom Bund finanzierte Projekte, die ebenfalls in Abb. 75 eingezeichnet sind (vgl. BLAB et al. 1992 und weitere Beiträge in jenem Heft).

6.4.3 Verbunddistanzen

Je enger gleichartige bzw. ähnliche Ökosysteme beieinander liegen, desto besser kann ein Verbund zwischen ihnen funktionieren, d. h. desto eher findet ein intensiver Individuenaustausch statt. Ebenso wie bei den Minimalarealen differieren die Antworten auf die Frage nach den überwindbaren Entfernungen von Art zu Art sehr stark. Die wissenschaftlich begründeten Erkenntnisse dazu sind eher noch geringer. Unabhängig davon steht jedoch fest, daß im Rahmen eines Schutzgebietssystems (Kapitel 6.5) das Netz von Schutzgebieten so stark wie möglich verdichtet werden muß.

In Tab. 30 sind Beispiele für kritische Verbunddistanzen aus der Literatur zusammengestellt. Dabei kann es sich nur um grobe Anhaltswerte handeln, zumal die überwindbaren Entfernungen sehr stark von den dabei zu durchquerenden Lebensräumen abhängen. So meiden wandernde Amphibien wie Grasfrosch *(Rana temporaria)* und Erdkröte *(Bufo bufo)* strukturarme Flächen wie Felder weitgehend, sie orientieren sich an Gehölzstrukturen, Feldrainen und Gräben mit meist vergleichsweise feucht-kühlem Mikroklima und nehmen dabei auch Umwege in Kauf (vgl. z. B. JEDICKE 1992d). Für den Grasfrosch wiesen REH (1991) sowie REH & SEITZ (1990, 1993) nach, daß diese Art Gräben als Leitlinien für Kurzstreckenwanderungen nutzt, größere Ortswechsel jedoch querfeldein bewerkstelligt. Dabei nutzt er keine Äcker, sondern vorzugsweise feuchtes Grünland. Gräben, so zeigten Untersuchungen des Lokomotionsverhaltens, werden in 44% der Zeit aufgesucht, obwohl sie nur 3% des Untersuchungsgebietes abdecken. Insbesondere bei solcher Durchdringung des Grünlandes mit feuchten Gräben wurde ein Individuenaustausch über Distanzen zwischen 2 und 7 km nachgewiesen.

REICHHOLF (1984) zeigte bei Wasservögeln eine Beziehung zwischen Brutbestandsgröße und der Distanz zu den nächsten Brutvorkommen einer Art auf: je größer die Entfernung, je isolierter der Bestand, desto kleiner (und somit vom Erlöschen bedrohter) ist er (Abb. 76).

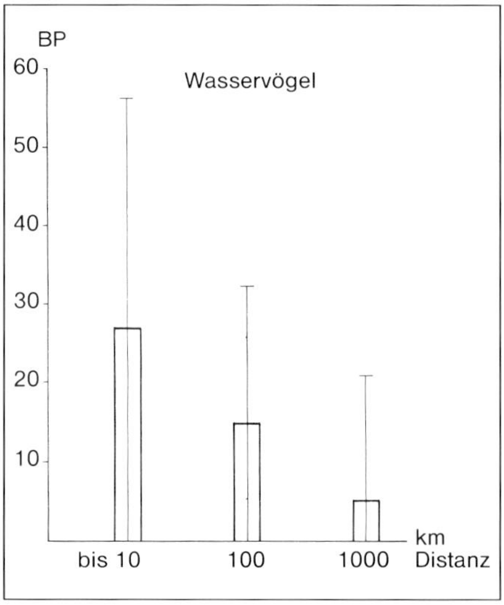

Abb. 76: Beziehung zwischen Brutbestandsgröße und Distanz zu den nächsten Brutvorkommen bei Wasservögeln (aus REICHHOLF 1984). Als Bezugspunkt dienen die Wasservogelbrutgebiete am Unteren Inn. Dargestellt sind die Zahl der Brutpaare (BP; Säulen) sowie die Standardabweichung.

Tab. 30. Kritische Verbunddistanzen zwischen punktuellen Verbundelementen in Form von kleinflächigen Trittsteinen und/oder großflächigen Schutzgebieten. Die Entfernungsangaben beschreiben die räumliche Entfernung, bei der maximal eine Rekolonisation zu erwarten ist

Art(engruppen)/Lebensraum	Maximaldistanz	Quelle(n)
Wasservögel (am besten flugfähige Vogelgruppe)	100 km	Reichholf (1984, 1987b)
Fischotter *(Lutra lutra)*	30–50 km	Riess (1986)
Watvögel der > 200 ha großen Feuchtgebiete	30 km	Woike (1983)
Kleinvögel (mittlere Ansiedlungsentfernung)	10–25 km	Berthold et al. (1988)
Birkhuhn *(Lyrurus tetrix)*	10–20 km	Riess (1986)
Auerhuhn *(Tetrao urogallus)*	10–15 km	Riess (1986)
Großer Brachvogel *(Numenius arquata)*, Bekassine *(Gallinago gallinago)*	10 km	Riess (1986)
mittelgroße Vogelarten	5–10 km	Riess (1986)
Vögel der Hecken und Feldgehölze	5–10 km	Riess (1986)
Tiere der Uferstreifen am selben Fließgewässer	5 km	Riess (1986)
Faunengruppen der Moorbiotope	5 km	Moore nach Mader (1981)
Reptilien, besonders Kreuzotter *(Vipera berus)*	1–5 km	Riess (1986)
Gelbbauchunke *(Bombina variegata)*	2,4 km**	Loske (1984)
Erdkröte *(Bufo bufo)*	2,2 km*	Blab (1979a, 1986)
Trockenrasen, Sand- und Felsfluren – Richtwert für Feldgrille *(Gryllus campestris)*, Hummeln und zahlreiche Schmetterlingsarten	1–3 km	Riess (1986)
Heuschrecken *(Saltatoria)*	1–2 km	Riess (1986)
Springfrosch *(Rana dalmatina)*	1,1 km*	Blab (1979a, 1986)
Widderchen *(Zygaenidae)* der trockenen Offenbiotope	> 1 km***	Smolis & Gerken (1987)
solitäre Bienen, Falten- und Grabwespen *(Hymenoptera)*	1 km	Riess (1986)
Grasfrosch *(Rana temporaria)*	0,8/0,9 km*	Blab (1979a, 1986), Loske (1984)
Faunengruppen der Waldbiotope	0,8 km	Hooper nach Mader (1981)
epigäische Arthropoden (Gliederfüßler) von Fichten-Waldgebieten	0,5 km	Mader & Mühlenberg (1981)
Laubfrosch *(Hyla arborea)*	0,4 km*	Blab (1979a, 1986)
Knoblauchkröte *(Pelobates fuscus)*, Berg-, Faden- und Teichmolch *(Triturus alpestris, T. helviticus, T. vulgaris)*	0,3 km*	Blab (1979a, 1986)

* Dimension des artspezifischen Jahreslebensraumes, nicht Verbunddistanz im engeren Sinne; da die Amphibien jedoch im allgemeinen ihrem Laichgewässer zeitlebens treu bleiben, erscheint die vereinfachende Aufnahme dieser Werte in die Tabelle angebracht.

** Nachweis zweier Neubesiedlungen von Steinbrüchen in 1,9 bzw. 2,4 km Entfernung von einem stabilen Vorkommen.

*** Strecken bis zu 1 km können bei günstigen Flugbedingungen ohne weiteres zurückgelegt werden.

Als generellen Richtwert empfiehlt HEYDEMANN (1981), daß in maximal 8 bis 10 km Entfernung ein ähnlicher Ökosystem-Bestand zu finden sein sollte. Erinnert sei in diesem Zusammenhang an die schon angesprochene Abhängigkeit von Minimalareal-Größe und Verbunddistanz: Die einzelne Schutzgebietsfläche kann umso geringer ausfallen, je näher ein vergleichbarer Bestand desselben Biotop bzw. Ökosystemtyps liegt. Dieser kann dann nämlich Teilfunktionen mit übernehmen, wenn ein regelmäßiger Individuenaustausch stattfindet – mehrere Teilpolpulationen bilden eine Metapopulation (vgl. Seite 65 ff.).

6.4.4 Berücksichtigung von Pufferzonen

Verschiedentlich klang bereits an, daß mannigfaltige Randeinflüsse von außen in Schutzgebiete hineinwirken; die ungestörte Kernzone schrumpft mit kleiner werdender Gesamtfläche im Verhältnis zur beeinflußten Randzone überproportional (Abb. 77). Ein Beispiel für vielfältige anthropogene Randeinflüsse in einem Übergangsmoor als Folge fehlender Pufferzonen gibt Abb. 78.

In dieser Hinsicht spiegeln also selbst die ärmlichen Statistiken der Naturschutzgebietsflächen (vgl. Tab. 24) einen geschönten Zustand wider: Von der Schutzgebietsfläche müßten neben den durch anderweitige Nutzungen zweckentfremdeten Anteilen auch die gestörten Randzonen abgezogen werden. MADER (1983c) spricht deshalb von der funktionalen Flächengröße.

Die Grenze vieler Naturschutzgebiete wird vielfach gekennzeichnet durch einen abrupten Übergang der naturnahen Zonen innerhalb und zu beispielsweise intensiv ackerbaulich genutzten, stark lebensfeindlichen Zonen außerhalb der Gebiete. Hier »sanfte« Übergänge in Form von Ökotonen (s. Seite 107 ff.) wiederherzustellen, muß ein Ziel des Biotopverbunds sein. Diese Funktion

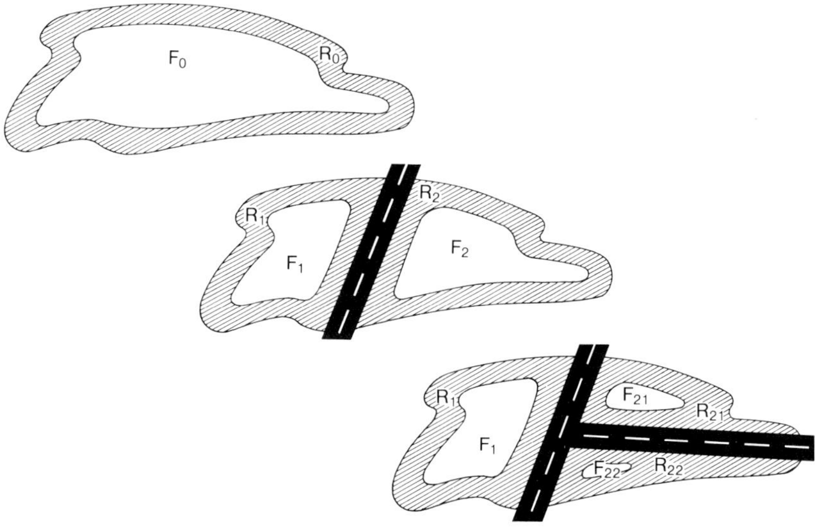

$$F_0 > F_1 + F_2 > F_1 + F_{21} + F_{22}$$
$$R_0 < R_1 + R_2 < R_1 + R_{21} + R_{22}$$
$$\frac{F_0}{R_0} \gg \frac{(F_1+F_2)}{(R_1+R_2)} \gg \frac{(F_1+F_{21}+F_{22})}{(R_1+R_{21}+R_{22})}$$

Abb. 77: Verhältnis zwischen Kern- und Randzone einer Habitatinsel, dargestellt am theoretischen Beispiel zunehmender Flächenzerschneidung durch den Straßenbau (aus MADER 1983c). Je kleiner die Habitatfläche insgesamt ist, desto ungleich größer ist der Anteil der gestörten Randzonen an der Gesamtfläche. Die Kernzone schrumpft dabei überproportional.

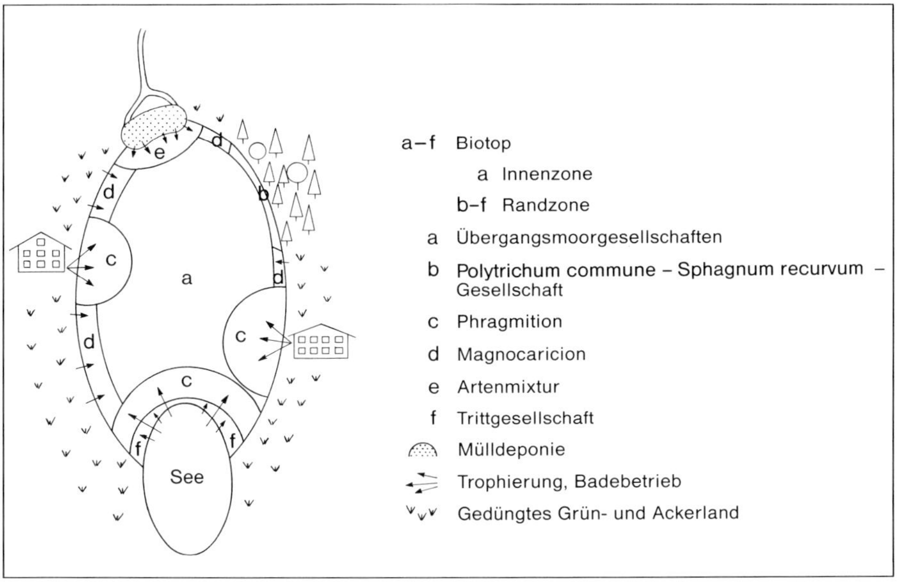

Abb. 78: Anthropogene Randeinwirkungen in einem Übergangsmoor im Alpenvorland als Beispiel für die vielfältigen Störeinflüsse in den Randzonen von Habitatinseln (aus RINGLER 1981). Der von einer Nutzungssphäre gestörte Randbereich des Moores engt die naturschützerisch wirksame Schutzfläche – die Nettohabitatsfläche – stark ein.

können die Pufferzonen erfüllen, die künftig alle großzügig abgegrenzten eigentlichen Schutzbereiche außen umgeben sollten, und zwar noch als Bestandteil des Schutzgebietes.

Das theoretische Idealbild eines optimal abgegrenzten Naturschutzgebietes vermittelt Abb. 79: Die eigentliche Kernzone, die ausschließlich der Erfüllung des Schutzzieles gilt, ist durch drei weitere Schutzzonen abnehmender Intensität umgeben – einer Pufferzone zum Abschirmen vor negativen Umwelteinflüssen, dann einer Randzone, die Freizeit- und Erholungsaktivitäten ausfiltern soll, und schließlich einer Filterzone zum Abfangen der von Siedlungen, Industrie und Verkehr ausgehenden Belastungen (DILLENBURGER 1979). Kern- und Pufferzone sind Bestandteile des Naturschutzgebietes, während Rand- und Filterzone eventuell in Form eines abpuffernden

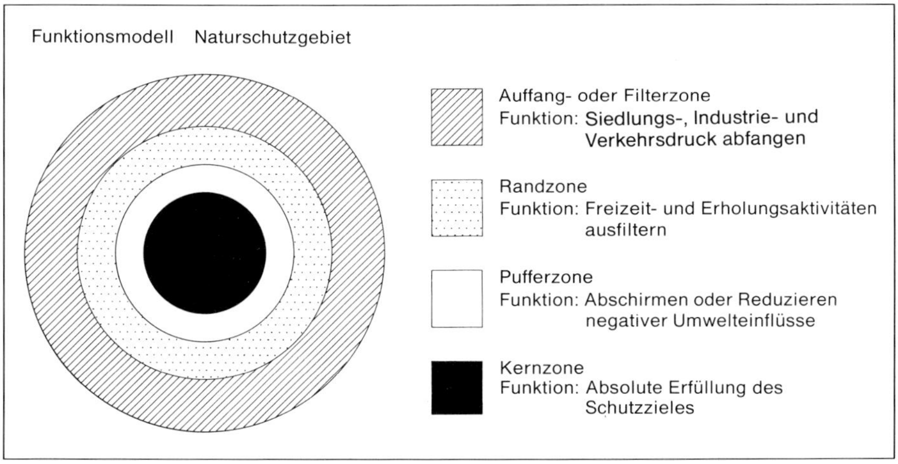

Abb. 79: Idealtypisches Funktionsmodell eines Naturschutzgebietes mit ungestörter Kern- sowie abschirmenden Puffer-, Rand- und Auffangzone (aus DILLENBURGER 1979).

und mehrere NSG verbindenden »ökologischen« Landschaftsschutzgebietes in das Konzept einbezogen werden könnten. Dennoch wird dieses Konzept in der Praxis graue Theorie bleiben - es ist im Widerstreit mit konkurrierenden Interessen schon viel erreicht, wenn wenigstens eine ausreichend breite Pufferzone gesichert wird.

Die notwendige Breite und Gestalt solcher Pufferzonen richtet sich nach ihrer vordringlichen Aufgabe, mithin nach Ökosystemtyp und vorrangiger Funktion des Schutzgebietes. Besonders breit müssen diese ausfallen, wenn Wasservögel geschützt werden sollen, da diese über Fluchtdistanzen von 300 bis 400 m, teils sogar von über 500 m verfügen (vgl. zum Beispiel PUTZER 1983, RANFTL 1988). Gezielte Pflanzungen abschirmender Gehölze können an ungünstigen Stellen die Störeffekte mindern (JEDICKE & STAIBER 1988). Auch vom Grundwasser abhängige Feuchtgebiete beanspruchen breite Pufferzonen, die im Einzelfall vom Grundwasserhaushalt, von Bodenart und Gestein abhängen. Hinweise zu einigen Richtwerten gibt Tab. 31.

Saumbiotope besitzen, wie HEYDEMANN (1983a) ausführt, von Natur aus die Charakteristik von Pufferzonen – sie vertragen im allgemeinen stärkere Randeinwirkungen, benötigen also nicht ihrerseits einen abpuffernden Peripheriebereich.

Gerade bei Feuchtgebieten, aber auch bei Trockenrasen, Heiden und anderen Ökosystem-Typen, liegt eine der wichtigsten Aufgaben dieser Pufferzonen darin, eutrophierende Einflüsse durch angrenzende Landnutzung zu minimieren. Soweit es sich nicht um erhaltens-

Tab. 31. Erforderliche Breite der Pufferzonen für Schutzgebiete

Ökosystemtyp(en)	Breite (m)	Quelle
Feuchtgebiete:		
Röhrichte und Großseggenriede	> 5	PFADENHAUER (1988)
Kleinseggenriede	> 10	PFADENHAUER (1988)
tiefes Hochmoor	30–80	EGGELSMANN (1985)
flaches Hochmoor über Feinsand, tiefes Niedermoor	120–150	EGGELSMANN (1985)
flaches Niedermoor über Sand, Gley und Moorgley aus Sand	200–350	EGGELSMANN (1985)
Quellmoor, Bruchwaldmoor	> 350	EGGELSMANN (1985)
Sonstige Ökosysteme:		
Waldrand als wichtiges Ökoton und Jagdgebiete für Greifvögel:		
– Abstand zu Wirtschaftswegen	100	KOSTRZEWA (1988)
– zu Freizeit- und Sportzentren	500	KOSTRZEWA (1988)
– zu Parkplätzen und Sportplätzen mit hohem Störpegel	1000	KOSTRZEWA (1988)
allgemeiner Abstand von Modellflugplätzen	400	KEIL (1988)
generell bei Kleinbiotopen	> 20–30	HEYDEMANN (1983)
generell bei größeren Flächenbiotopen	> 100–200, teils bis 500	HEYDEMANN (1983)

wertes Offenland wie Feuchtwiesenbiotope handelt, in denen etwa freie Sicht beanspruchende Watvogelarten leben, besitzen Gehölzformationen eine gute Pufferwirkung. Allgemein müssen die Pufferzonen umso breiter sein, je größer die ökologischen Differenzen zwischen dem zu schützenden Biotop und der umgebenden Fläche sind (HEYDEMANN 1983a).

6.4.5 Pflege- und Entwicklungsplanung (Biotopmanagement)

Der mangelhafte Zustand vieler Schutzgebiete (vgl. Seite 181 ff.) liegt zu einem Teil auch im Fehlen fundierter Pflege- und Entwicklungskonzepte begründet. Das trifft auf solche Biotoptypen zu, deren Entstehung auf menschliche Tätigkeit zurückgeht, und die in ihrem Fortbestand auf das regelmäßige Eingreifen angewiesen sind. Auf ehemals extensiv beweideten Halbtrockenrasen führt die Nutzungsaufgabe zu Verbuschung und Bewaldung, so daß mit der zunehmenden Beschattung durch Sträucher und Bäume die gebietstypische Flora und Fauna verschwindet – der ursprüngliche Schutzgrund entfällt vielfach.

Gerade die Kleinflächigkeit der Gebiete begründet häufig die Notwendigkeit lenkender Maßnahmen, weil die Randeinwirkungen weite Teile bzw. die gesamte Fläche negativ beeinflussen. In anderen Fällen muß Ersatz für traditionelle Nutzungsformen gefunden werden, oder aber frühere anthropogene Eingriffe – etwa durch Abtorfungen in Moorökosystemen – sind durch Versuche zur Renaturierung abzumildern. Viele Watvogelarten beanspruchen als Rast- und Nahrungsbiotope vegetationsfreie Schlammflächen am Gewässerufer – bewußt manipulierte Wasserstandsänderungen in Staugewässern (JEDICKE & STAIBER 1988) können zu den Hauptzugzeiten der Limikolen die natürliche Dynamik in Flußauen wenigstens ansatzweise imitieren.

Diese wenigen Beispiele mögen hier genügen, um auf notwendige Eingriffe auch in Schutzgebieten hinzuweisen. Sie sind allerdings erst auf der Grundlage intensiver vegetationskundlicher und zoologischer Untersuchungen und Analysen zu planen, an denen Wissenschaftler unterschiedlicher Disziplinen zu beteiligen sind. Differenzen etwa über Pflegezeitpunkte oder Art und Umfang von Maßnahmen ergeben sich dabei zwangsläufig und müssen im konkreten Einzelfall gegeneinander abgewogen werden.
Generell ist in der Biotopmanagement-Planung zu unterscheiden zwischen zwei unterschiedlichen Plantypen:

- **Pflegepläne** werden für Gebiete aufgestellt, um schützenswerte Biotope durch geeignete Maßnahmen langfristig in der bestehenden Form zu erhalten;
- **Entwicklungs- oder Managementpläne** beschreiben vorgesehene Strategien zur Umwandlung bzw. Rückführung von Biotoptypen in solche, die aus Arten- oder Biotopschutzgründen für wertvoller erachtet werden (zum Beispiel Renaturierungsversuche in Moorabbaugebieten).

Innerhalb beider Planungstypen – die nicht unbedingt immer voneinander zu trennen sind – schlägt WIRZ (1983) detaillierte Gliederungspunkte als Grundgerüst der Bearbeitung vor. Verallgemeinerbar sind aber auch die Empfehlungen, die BLAB et al. (1992) für den naturschutzfachlichen Rahmen der Erstellung eines Pflege- und Entwicklungsplans – dort im Rahmen von Naturschutzgroßprojekten des Bundes – geben. Sie schlagen folgende Grobgliederung vor:

1. Einleitung (Planungsanlaß, Aufgabenstellung)
2. Rahmenbedingungen (Lage und Größe des Gebietes, rechtliche Situation, naturräumliche Faktoren, heutige potentielle natürliche Vegetation, Nutzungsgeschichte, bestehende Planungsgrundlagen, Eigentumsverhältnisse)

3. Zustandserfassung und naturschutzfachliche Auswertung
3.1 Kartierung der aktuellen Nutzung, der Biotop- und Vegetationstypen (parzellenscharf; Differenzierung der Biotoptypen anhand Naturnähe, Struktur, Feuchtestufen, Trophie, Nutzungsgrad etc.)
3.2 Floristische und spezielle vegetationskundliche Erhebungen und Auswertungen (Fundort- und Verbreitungskarten, pflanzensoziologische Dokumentation der verschiedenen Vegetationstypen, eventuell auch Erfassungen mittels Transekten und auf Detailflächen; vgl. auch KOHL et al. 1992)
3.3 Tierökologische Erhebungen und Auswertungen (gruppenspezifische Erfassungen je nach Biotoptypen, vgl. auch Kapitel 5.4 sowie FINCK et al. 1992 und RECK 1992)
3.4 Sonstige Erhebungen (beispielsweise zu hydrologischen oder bodenkundlichen Aspekten)
4. Gefährdungen und Beeinträchtigungen (Analyse konkurrierender Nutzungen, auch künftig geplante oder mögliche Beeinträchtigungen, dabei flächenscharfe Auswertung von Ursachen und Verursachern sowie ihrer Auswirkungen)
5. Gesamtökologische Bewertung (flächen- und biotoptypenbezogen, u.a. anhand Biotopausprägung, Biotopverbund, Vollständigkeit der Biozönose, Repräsentanz, Seltenheit, Entwicklungsstadium und -möglichkeit)
6. Leitbilder und Ziele des Naturschutzes im Projektgebiet (Analyse, Diskussion und Abwägung konkurrierender Naturschutzziele, Prioritätensetzung; flächen- und biotoptypenbezogene Zielformulierungen)
7. Maßnahmenplanung (Grunderwerb, Nutzungsregelungen, biotopersteinrichtende und -lenkende Maßnahmen, Biotoppflege, Verbesserung der rechtlichen Situation usw.)
8. Zeitrahmen, Ablaufschema und Kosten
9. Zukünftige Aufgaben
9.1 Dauerhafte Folgepflege
9.2 Naturschutzfachliche Effizienzkontrollen (Überprüfung der angestrebten Ziele und Maßnahmen, bei Pflegemaßnahmen unter Einbeziehung von »Null-Flächen« ohne Pflege)
9.3 Fortschreibung des Pflege- und Entwicklungsplanes (Angabe eines Zeitrahmens und Empfehlungen für die Fortschreibung)
10. Anhang
10.1 Karten: Rahmenbedingungen, Eigentumsverhältnisse, aktuelle Nutzung, Lage der Untersuchungsflächen und Transekte, Fundort- und Verbreitungskarten, Transekte und Detailflächen, Gefährdungen und Beeinträchtigungen, Bewertung, Zielkarten, Maßnahmen
10.2 Literaturverzeichnis

Wichtig ist eine detaillierte Beschreibung der Methoden und der Lage untersuchter Probeflächen (möglichst dauerhaft im Gelände markieren), um längerfristig zu wiederholende Folgeuntersuchungen zur Erfolgskontrolle durchzuführen. Nahezu alle bisherigen Planungen zu Pflege- und Entwicklungsmaßnahmen kranken am Fehlen einer Kontrolle ihrer Auswirkungen. Diese sollte künftig verbindlich bei allen Pflege- und Entwicklungsplanungen vorgeschrieben werden – nicht nur aus fachlichen Gründen, sondern auch, weil Biotoppflege in stark wachsendem Umfang Steuergelder kosten wird.

Zusammenfassende Darstellungen von Pflege- und Entwicklungs-Maßnahmen in den verschiedenen Biotoptypen liefern BLAB (1993) mit faunistischem Hintergrund, JEDICKE et al. (1993), hier einschließlich der maschinentechnischen Aspekte zur Durchführung von Landschaftspflege-Maßnahmen, sowie WEGENER (1991).

Bezüglich modellhafter Darstellungen von Pflege- und Managementkonzepten für einzelne Biotoptypen sei exemplarisch verwiesen auf die Arbeiten von BRIEMLE et al. (1987, 1991 – Brachflächen und Grünland), CLAUSNITZER

(1983 – Teiche), von HAAREN (1988 – Maare), JOREK (1979 – großflächige Feuchtgebiete), KAPFER & PFADENHAUER (1986 – Streuwiesen), KIRCH & SCHMIDT (1991 – Feuchtwiesen), MÜLLER & STEINWARZ (1988, 1990 – städtische Grünflächen), NICKEL (1992 – Magerrasen), NITSCHE (1988 – Brachen und Magerrasen), OPPERMANN (1987 – Feuchtwiesen), PFADENHAUER (1988a – Moore), QUINGER et al. (1991 – Kalkmagerrasen), SCHIEFER (1981 – Brachflächen), SCHMIDT (1984 – Fischgewässer), WOIKE (1983 – Feuchtwiesen) sowie ZIMMERMANN & WOIKE (1982 – Schafe in der Landschaftspflege).

Ganz allgemein sei jedoch eindringlich vor der Gefahr gewarnt, durch übertriebenes Management eine unnötige Abhängigkeit der Natur vom regelmäßigen Eingreifen des Menschen herzustellen. Mündet ein Auftrag zur Erstellung eines Pflegeplanes in Maßnahmen, die nur durchgeführt werden, damit der Planer zu sichtbaren Ergebnissen kommt oder damit vorhandene Gelder ausgegeben werden, die sonst verfallen würden, so ist die Grenze zum blinden Aktionismus bereits überschritten. Das Abwägen der Notwendigkeit einzelner Maßnahmen wird leicht zu einer Gratwanderung – im Zweifel sollte man der Natur Vorrang einräumen.

So muß es vordringliches Ziel des Naturschutzes sein, langfristig der Sukzession überlassene, nicht durch menschliches Eingreifen gestörte Totalreservate zu schaffen. Nur dort, wo extensive Kulturlandschaften bzw. deren Biotope als (Halb-)Kulturformationen erhalten werden sollen, ist eine Pflege sinnvoll und notwendig.

6.5 Aufbau eines Schutzgebietssystems

Bereits seit über einem Jahrzehnt wird über den Aufbau von Schutzgebietssystemen diskutiert (vgl. zum Beispiel AUHAGEN & SUKOPP 1983, Deutscher Rat für Landespflege 1983a, HEYDEMANN 1981, LÜDERWALDT 1980, 1983; SCHMIDT 1984, SCHNEIDER & SUKOPP 1978, SUKOPP 1983). Als Ziel steht die funktionale Vernetzung groß- und kleinräumiger Schutzgebiete im Vordergrund, um die Isolation der einzelnen Gebiete zu vermindern. Ein Schutzgebietssystem soll den groben Rahmen auf regionaler und höherer Ebene abstecken, während lokale Maßnahmen des Biotopverbunds die kleinräumige Vernetzung vorantreiben sollen.

Der weitaus überwiegende Teil des vom Naturschutz als Minimum zu seiner Verfügung geforderten Flächenanteils von 10 bzw. 20% des Bundesgebietes muß durch Schutzgebiete innerhalb eines solchen Systems rechtlich gesichert und den jeweiligen Erfordernissen entsprechend untersucht und gepflegt werden; hinzu kommen dann noch die kleinflächigen und linearen Verbundelemente auf lokaler Ebene.

SUKOPP (1983) stellt zwei zentrale Forderungen an Schutzgebietssysteme:

- Die Gesamtheit der Schutzgebiete soll die wildwachsenden Pflanzen und wildlebenden Tiere repräsentativ erfassen.
- Die räumlichen Verhältnisse, d. h. Größe und Abstand der Schutzgebiete, sollen so bemessen sein, daß die Erhaltung lebensfähiger Populationen auf Dauer gewährleistet wird – es muß also ein genetischer Austausch möglich sein, wie SCHMIDT (1984) ergänzt.

Großflächige Schutzgebiete können, wie die Ausführungen zum Minimalareal bereits zeigten, die Ziele besser erfüllen als kleinflächige. Trifft man bei der theoretischen Entscheidung die Wahl zugunsten mehrerer kleiner Schutzgebiete, so sollten diese zu einer optimalen Erfüllung ihrer Funktion in räumlicher Nähe zueinander angelegt und durch den Verbund mit Hilfe von Korridoren aufgewertet werden.

SCHMIDT (1984) unterscheidet drei Planungsebenen, in denen Schutzgebietssysteme zu installieren sind (Abb. 80):

(1) **Überregionale Schutzgebietssysteme** umfassen die großräumige Sicherung al-

Abb. 80: Hierarchische Ordnung groß- und kleinräumiger Schutzgebietssysteme als Grundlage eines Biotopverbundsystems (aus SCHMIDT 1984). gepunktete Linien = beliebige Distanzen gestrichelte Linien = kritische Distanzen bzw. Minimaldistanzen durchgezogene Linien = durchgehende Verbindungen

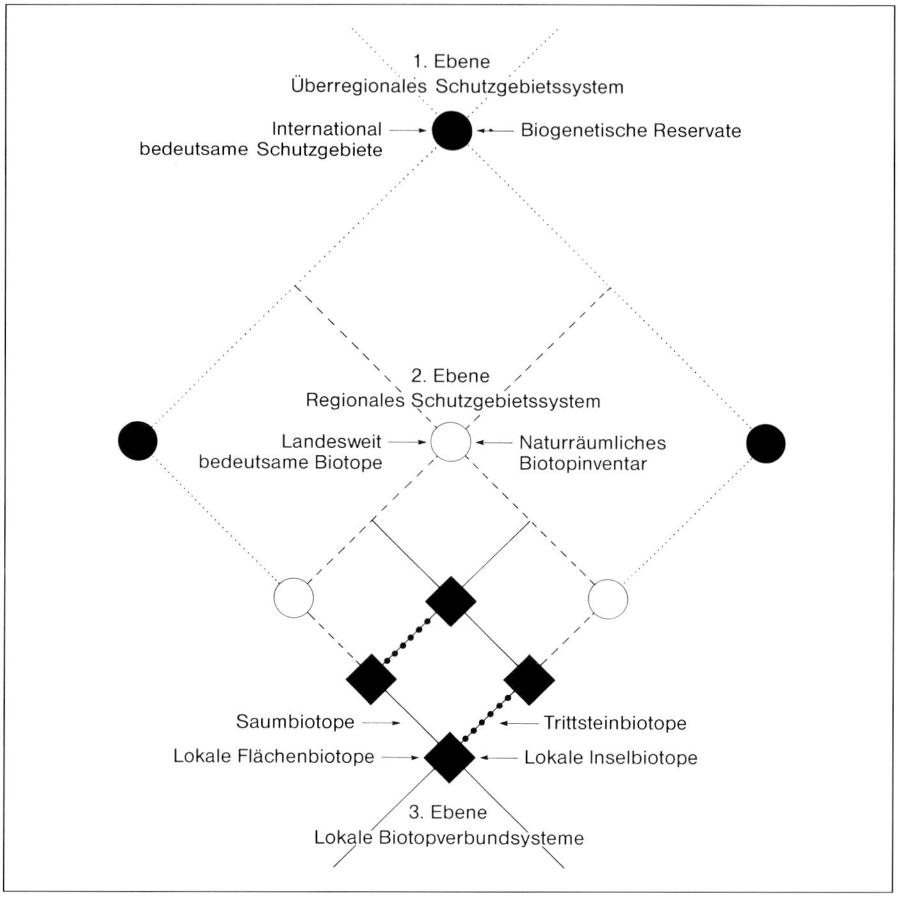

ler Lebensräume von internationaler und nationaler Bedeutung. Dazu zählen endemische – also natürlicherweise nur in einem eng begrenzten Gebiet vorkommende – Ökosysteme wie das Wattenmeer und die Hochgebirgs-Ökosysteme der Alpen, die letzten Vorkommen national und international vom Aussterben bedrohter Arten, ebenso bedeutsame Rast- und Überwinterungsplätze von Wat- und Wasservögeln sowie die biogenetischen Reservate im Rahmen des vom Europarat initiierten Programms.

(2) **Regionale Schutzgebietssysteme** sollen alle für die geographische Region (landesweit und/oder naturräumlich) kennzeichnenden Ökosysteme berücksichtigen: geographisch bedeutsame Ökosysteme wie Sandbiotope, Moore und Kalkmagerrasen, Artvorkommen mit großflächigen Habitatansprüchen (zum Beispiel Feuchtwiesenkomplexe als Watvogel-Brutgebiete), die Vorkommen hochgradig gefährdeter Arten sowie die Biotope mit individuenstarken Populationen aller landesweit gefährdeten Arten. Im Gegensatz zu (inter)nationalen Schutzgebietssystemen sind die Flächen im Rahmen des regionalen Systems räumlich und funktional miteinander zu verknüpfen. Zu berücksichtigen sind neben einer ausreichenden Flächengröße die kritischen Verbunddistanzen (s. Kapitel 6.4.3).

Die regionale Ebene kann und sollte sogar noch einmal zweigeteilt werden: landesweit und naturraumspezifisch. Die naturräumlichen Einheiten sind einer umfassenden Analyse zu unterziehen, um tatsächlich die gesamte Bandbreite dort vorkommender Biotoptypen zu erfassen. Dabei sollte auch die natürliche Seltenheit bestimmter Ökosystemtypen berücksichtigt werden, um in etwa ausgewogene Anteile ehemals seltener und häufigerer Biotope zu erhalten. Dies bedeutet, daß nicht allein die Seltenheit, sondern auch bzw. stattdessen allein die Repräsentanz von Ökosystemtypen als Begründung für Schutzgebiets-Ausweisungen argumentatives Gewicht besitzt.

(3) **Lokale Biotopverbund-Systeme** als unterste Ebene besitzen die Aufgabe, die Elemente der übergeordneten – vor allem der naturräumlichen – Schutzgebietssysteme möglichst lückenarm und engmaschig miteinander zu verzahnen.

Umfassende Überlegungen und Konzepte für ein landesweites Schutzgebietssystem in Niedersachsen dokumentieren der Deutsche Rat für Landespflege (1983a) sowie LÜDERWALDT (1980, 1983). Sie können als Anregung für andere Bundesländer dienen, ebenso die Arbeiten von SUKOPP (1983) in Berlin.

Als rechtliche Instrumente zur langfristigen Sicherung der Bestandteile von Schutzgebietssystemen kommen die in Kapitel 6.1 dargestellten Schutzgebietstypen infrage. Sollen die Behörden die bei der Umsetzung der Planungen auftretende Antragsflut bewältigen können, so ist zunächst ein umfassendes Aufstokken des Personalbestandes erforderlich. Ebenso müssen die notwendigen Finanzmittel für Planung und Umsetzung der Maßnahmen bis hin zu Flächenkäufen oder -anpachtungen durch die öffentliche Hand und längerfristigen Pflegekonzepten bereitgestellt werden. Je nach politischer Ebene ergeben sich ganz unterschiedliche Schwerpunkte, die hier nicht vertieft werden können.

6.6 Zusammenfassung

Unter den rechtlichen Instrumentarien zur Flächensicherung erscheinen Naturschutzgebiete (NSG) im Rahmen von Biotopverbundsystemen am besten geeignet zu sein. Dafür spricht vor allem die Schutzintensität und die mögliche Großflächigkeit. Nationalparke und Biosphärenreservate sind für einzelne Großschutzgebiete sinnvoll, doch kommen hier auch NSG und Naturwaldreservate infrage. Sogenannte »ökologische« Landschaftsschutzgebiete mit ausreichend scharf und konkret formulierten Verordnungstexten können im Gegensatz zu den regulären LSG durchaus ein Mittel des Biotopverbunds sein, vor allem zur Abpufferung und Verbindung von Naturschutzgebieten. In den Naturparken steht bislang die Erholungsnutzung zu stark im Vordergrund. Bei der Sicherung lokaler Verbundelemente sind Naturdenkmale und Geschützte Landschaftsbestandteile von Bedeutung. Naturwaldreservate bilden neben NSG die Standbeine des Flächenschutzes im Wald.

Die vorhandenen Naturschutzgebiete gewährleisten zum überwiegenden Teil nur einen unvollständigen Schutz:

- infolge zu geringer Größe (fast 83% der westdeutschen NSG sind kleiner als 100 ha oder 1 km^2),
- aufgrund zu starker Verinselung bzw. Isolation,
- durch wirtschaftliche Nutzung großer NSG-Flächen,
- angesichts mangelnder Pflege als Folge des Fortfalls früherer extensiver Nutzung.

Die Bemessung eines ausreichend großflächigen Schutzgebietes muß sich nach den Ansprüchen aller dort vorkommenden Einzelarten richten, wobei zum einen die Minimalareal-Anforderungen der Artengruppen mit dem größten Aktionsraum eingehen, zum anderen der kleinste Raum, in dem die charakteristische Habitatausstattung eines Ökosystems noch vorhanden ist. Erste Richtwerte schwanken je nach Ökosystemtyp zwischen einigen bis über 1000 ha; die Entfernung bis zum nächsten entsprechend großen Gebiet sollte 8 bis 10 km nicht überschreiten.

Die eigentliche Kernzone ist von ausreichend breiten Pufferzonen zu umgeben, die bei Feuchtgebieten zwischen 5 und 350 m einnehmen sollten. Viele Vogelarten fordern infolge großer Fluchtdistanzen 100 bis 500 m breite störungsarme Pufferzonen.

Fachlich fundierte Pflegepläne für die Schutzgebiete müssen auf umfassenden wissenschaftlichen Erhebungen fußen, den Pflegeaufwand jedoch so gering wie möglich halten. Die Planung von Schutzgebieten im Rahmen des Biotopverbunds sollte überregional über den Aufbau von Schutzgebietssystemen koordiniert werden.

Pflege- und Entwicklungsmaßnahmen sollten sich auf das notwendige Minimum beschränken; das Vorgehen ihrer Planung wird beschrieben. Priorität sollten mit Ausnahme von (Halb-)Kulturformationen jedoch (großflächige) Totalreservate erhalten, die ganz der natürlichen Sukzession überlassen werden.

7 Ein Netz knüpfen: Trittsteinbiotope und linienhafte Korridore

7.1 Typen der Trittsteine und Verbindungen

Trittsteinbiotope sollen nach der in Kapitel 3 gegebenen Definition im Gegensatz zu den großflächigen Schutzgebieten nicht vollständigen Populationen das dauerhafte Überleben garantieren, sondern nur eine zeitweise Besiedlung erlauben. Sie übernehmen damit die Funktion von Zwischenstationen und erleichtern so Austauschvorgänge, wobei auch die Reproduktionsmöglichkeit in den Trittsteinbiotopen gegeben sein sollte.

Diese Begriffsbestimmung macht deutlich, daß an die Flächengröße von Trittsteinbiotopen nicht die strengen Maßstäbe angelegt werden müssen, wie dies für die großflächigen Schutzgebiete im vorangegangenen Kapitel skizziert wurde. Stattdessen fordert das Verbundkonzept eine engere Benachbarung der Trittsteinbiotope zueinander, um tatsächlich als Orte des Zwischenaufenthalts bei der Wanderung von einem zum anderen Schutzgebiet zu dienen. Noch enger muß schließlich das Netz der linienhaften Korridore sein, die wiederum die Trittsteinbiotope untereinander verbinden und als bevorzugte Wanderlinien den Individuenaustausch fördern sollen, dabei indes auch als Dauer- und/oder Zwischenlebensraum für viele Organismen fungieren.

Die punktuellen Trittsteinbiotope sind in aller Regel zum größten Teil Komponenten des Schutzgebietssystems auf unterster, der lokalen Ebene. Entsprechend gelten auch die in Kapitel 6 gegebenen Hinweise zu den Möglichkeiten der rechtlichen Sicherung, zur Berücksichtigung von Pufferzonen, zur Pflegeplanung usw., so daß hier auf die Trittsteinbiotope nicht mehr sehr ausführlich eingegangen zu werden braucht.

Eine allgemeingültige Typologie der Trittstein- und Korridorbiotope und ihrer Vernetzbarkeit aufzustellen, erscheint als nicht praktikabel – zu unterschiedlich sind die jeweilige naturräumliche Ausstattung, die Struktur und in der Vergangenheit erfolgte Ausräumung der betreffenden Landschaft. So kommt es doch sehr auf den Einzelfall an, auf der Grundlage der Biotopkartierung und eventuell vorhandener bzw. geplanter Schutzgebiete einen intensiven lokalen Verbund zu entwerfen. Dabei können und müssen sehr unterschiedliche Lebensraumtypen im Vordergrund stehen.

Generell sollen vorrangig gleiche bzw. ökologisch nahe verwandte Biotope miteinander vernetzt werden. Bezüglich der Verwandtschaft sei erinnert an die unterschiedlichen ökosystemaren Vernetzungen nach der Gliederung von HEYDEMANN (s. Seite 26ff.). Eine große Rolle spielt auch die Renaturier- bzw. Wiederherstellbarkeit von Biotopen, die sehr unterschiedlich ist.

Quellbiotope etwa lassen sich überhaupt nicht neu schaffen, Naturschutzmaßnahmen beschränken sich folglich auf die Freilegung und Renaturierung gefaßter und anderweitig in ihrem Wert geminderter Quellen. Als Pufferzonen sind dabei ausreichend große, mindestens 20 bis 50 m breite Randbereiche aus jeglicher Nutzung auszuklammern. Die Herstellung eines Verbunds muß sich anderer Feuchtbiotope bedienen: Je nach Umgebung und zu setzenden Prioritäten kommen hier Feuchtwälder, ste-

Abb. 81: Auch lineare Verbundelemente, die sogenannten Korridorbiotope, benötigen teilweise pflegende Eingriffe: Schneiden einer Kopfweidenreihe als Lebensraum höhlen- und halbhöhlenbrütender Vögel sowie Totholz-Bewohnern.

hende Kleingewässer (jedoch grundsätzlich keine Teichanlagen unmittelbar in den sensiblen Quellbereichen!), Bach- und Grabenbereiche, Seggenriede und Feuchtwiesen in Betracht.

Entsprechend sollen Mager- und Trockenbiotope wie Zwergstrauch- und Felsenheiden-Biotope, Borstgrasrasen, Magerrasen, Felsen- und Mauerbiotope untereinander vernetzt werden. Eine wichtige Rolle können dabei unter Umständen sonnenexponierte Bahndämme und Straßenränder spielen, genauso nicht rekultivierte Steinbrüche, Sand- und Kiesgruben. Bereits beim Bau von Straßen berücksichtigte ökologische Erfordernisse können den (dennoch weiterhin verheerenden) Umfang des Eingriffs etwas mindern und das Straßenbegleitgrün wirkungsvoller für den Biotopverbund nutzbar machen.

Abb. 82: Alleen und Einzelbäume am Straßenrand beleben das Landschaftsbild – auch ihr Erhalt und entsprechende Neupflanzungen leisten einen kleinen Beitrag zum Biotopverbund.

Eine weitere Gruppe bilden die von Gehölzen beherrschten Biotope im weiteren Sinne: Gebüsche und Hecken, Waldsäume, Obstbaumbestände, Solitärbäume, Alleen und Baumreihen. Die vergleichsweise leichte Wiederherstellung von Gehölzformationen durch Anpflanzungen – wobei die Bedeutung des Alters bzw. der Beständigkeit des Lebensraumes vielfach nicht gesehen oder unterbewertet wird – begründet in vielen Fällen die einseitige Beschränkung von Maßnahmen des Biotopverbunds auf das Thema Hecken. Dabei darf man nicht vergessen, daß auf diese Weise nur einem stark eingeengten Artenspektrum unter den Pflanzen und Tieren geholfen wird.

Im folgenden Abschnitt werden – soweit überhaupt verfügbar – Angaben zum Umfang und Abstand von Korridorbiotopen zusammengestellt. Im Anschluß sollen sechs Beispiele die Praxis des lokalen Biotopverbunds näher beleuchten: der Verbund durch Fließgewässer und angrenzende Uferstreifen, durch Ackerrandstreifen, durch Straßen- und Wegränder, durch Waldrandbiotope, durch Obstbaumbestände sowie durch das Habitatelement Totholz.

7.2 Anforderungen an Umfang und Abstände

Es fällt schwer, allgemeingültige Richtwerte für den Umfang und die Abstände der Korridore im Rahmen eines Biotopverbundsystems zu formulieren. Die Ansprüche einzelner Arten an ihren Lebensraum bzw. ihr Wanderungs- und Ausbreitungsvermögen sind nur bruchstückhaft bekannt und variieren derart stark, daß es nicht sinnvoll erscheint, hier näher ins Detail vorzudringen. So schreibt auch KAULE (1985): »Bei einigen 10000 Arten kann nicht für jede Art ihr ›Anspruchsmuster‹ erarbeitet werden und daraus als Mittel eine ideale Landschaft konstruiert werden.« Bisherige Untersuchungen zu diesem Thema konzentrieren sich auf Heckenbiotope.

KAULE (1985) formuliert für Hecken und Feldraine folgende Schwellenwerte:

- 0,5 bis 1 m Breite: Zwischen Intensiväckern leben nur Ubiquisten, die ehemals in Äckern vorkamen; zwischen dreischürigem Grünland können auch Magerrasenarten überleben.
- 1 bis 3 m Breite: Vorkommen von Hochstauden und eutrophen Säumen; im Grünland dagegen halbtrockenrasenartige Bestände.
- 4 bis 6 m Breite: Auch zwischen Äckern ist der Erhalt von Arten mittleren Nährstoffanspruchs möglich; die Bedeutung nimmt mit dem Alter der Kleinstruktur zu.
- 50 bis 75 m Abstand: Selbst »Spitzenarten« wie Grasmücken (*Sylvia* spec.) und Würger (*Lanius* spec.) kommen in großer Artenvielfalt vor. Als Ursache tritt zu der hohen Dichte auch die meist

Abb. 83: Fragmentarisches Rainfarn-Beifuß-Gestrüpp an einem Wegrain, welches derart schmal zumeist nur Ubiquisten Lebensraum bietet. Durch Verbreiterung auf mindestens 4 m und Vernetzung mit anderen Ruderalfluren und Brachflächen läßt sich dessen Bedeutung im Rahmen des Biotopverbunds deutlich erhöhen.

extensive Nutzung der vergleichsweise kleinen Zwischenräume hinzu.
• bis 150 m Abstand: Es können noch bedrohte, in ihrem Bestand allgemein zurückgehende Arten vorkommen.
• bis 300 m Abstand: Das Artenspektrum ist stark verarmt, nur noch wenige Arten wie die Elster (*Pica pica*) überleben.
• über 300 m Abstand: Strukturabhängige Arten finden kaum noch geeignete Lebensbedingungen.

Sollen Heckenstreifen zugleich Schutz vor Wasser- und Winderosion bieten, so erfordert dies stärker auf die konkreten standörtlichen Bedingungen zugeschnittene Empfehlungen, vor allem bezüglich Hangneigung, Bodenarten und vorherrschender Windrichtung. KAULE (1980) spricht für den Windschutz von 300 mal 600 m messenden Parzellen und einem daraus folgenden Flächenanspruch von 2 bis 3%, für den Schutz vor Wassererosion von 2 bis 3% im Minimum und bis 35% der Fläche in extremen Lagen (Sandlöß im Kaiserstuhl). Erosionsmindernd wirkt sich daneben vor allen auch die Form der Bodennutzung (Fruchtfolge, Wahl der Kulturpflanzen) aus.

Die von SCHEMEL & ENGLMAIER (1982) zugrundegelegten mittleren Abstände naturnaher Kleinstrukturen von 250 m in der Agrarlandschaft – die nach ihren Aussagen keine ökonomische Benachteiligung der meisten Landwirte bedeuten würde, da eine durchschnittliche Schlaggröße von 6,25 ha bestehen bleibe – muß unter ökologischen Gesichtspunkten als zu weitmaschig angesehen werden. Man darf nicht vergessen, daß beispielsweise ein eng geknüpfter Heckenverbund den Artengemeinschaften der feuchten Uferzonen keinerlei Vorteile verschafft – unter Beachtung der naturräumlichen Gegebenheiten sollten wie gesagt möglichst vielgestaltige Biotoptypen Berücksichtigung finden.

Eine linear mit der Heckenlänge und Heckenfläche (Länge mal Breite) wachsende Artenzahl wiesen MADER & MÜLLER (1984) am Beispiel der Laufkäfer (*Carabidae*) nach; Angaben über die Optimallänge erlauben ihre Ergebnisse noch nicht. Die Heckenbreite ist maßgeblich für das Artenspektrum: Als Lebensraum und somit als wirkungsvolles Verbundelement für Waldarten sollten sie mindestens 5, besser 8 m breit sein (MADER & MÜLLER 1984, SPREIER 1984). Beide Untersuchungen münden in die Forderung nach einer Maximaldistanz von 200 m zur nächsten Hecke – allerdings auf der Grundlage der noch relativ mobilen Laufkäfer.

Aus ornithologischer Sicht sehen PFISTER & NAEF-DAENZER (1987) eine Heckendichte von 4000 m/km^2 Fläche als optimal an, eine gute Heckenqualität – vor allem bezüglich Breite, Alter und Struktur – vorausgesetzt. Dies entspricht einem theoretischen Abstand von 250 m. Bei einer durchschnittlichen Heckenbreite von 9,2 m werden dafür 4% der Gesamtfläche benötigt. Als empfindliche Zeigerarten interpretieren sie Neuntöter (*Lanius collurio*), Dorngrasmücke (*Sylvia communis*) und Goldammer (*Emberiza citrinella*). Im Mittel ist eine dieser drei Arten bei einer Heckenlänge von 600 m/km^2 zu erwarten, zwei bei 2800 m/km^2.

Ein Beispiel lokalen Verbunds vor allem durch Hecken und Feldraine liefert Abb. 84, der auf der zuvor gezeigten selektiven Biotopkartierung (s. Seite 149) aufbaut.

Die hier genannten Zahlenangaben dürfen indes nicht darüber hinwegtäuschen, daß die zugrunde liegende Theorie zur Funktion der Korridorbiotope als Brücken für den Arten- und Individuenaustausch zwar grundsätzlich nicht angezweifelt wird, daß jedoch im Detail immer noch große Fragezeichen zu setzen sind. So wirken Feldwege, die Korridor-Verbindungen zerschneiden, für bestimmte Tierarten isolierend, wenn man beispielsweise an die Populationen kleinerer Landschneckenarten denkt, während sie Vögel und andere mobilere Arten ungehindert zu überwinden vermögen. Bedenken betreffen gerade auch die stenöken Tierarten mit eng gefaßten,

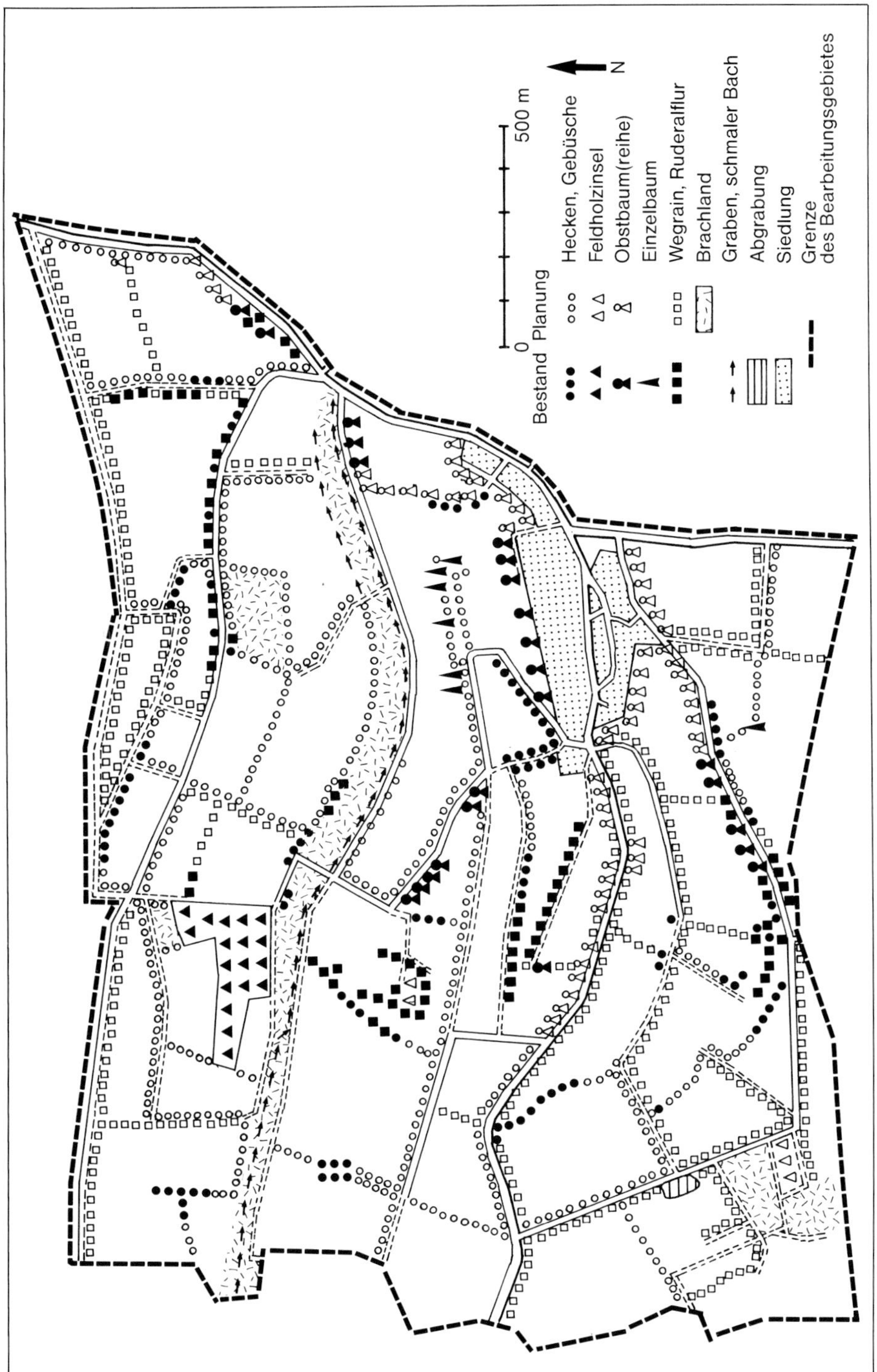

Abb. 84: Ausschnitt aus einer Karte zum Aufbau eines lokalen Biotopverbunds, der vor allem auf Gehölzen und Feldrainen beruht. Nicht eingezeichnet sind die Vorschläge für ungespritzte Ackerraine, welche sich nach Möglichkeit an alle Feldraine und Hecken anschließen sollten.

spezialisierten Biotopansprüchen. Hier müssen noch eingehende Forschungen zur Funktionsweise der Korridorbiotope ansetzen.

Trotz allem kann und muß der Planer wohl vom Funktionieren der Korridore zumindest für einen großen Teil der heimischen Flora und Fauna ausgehen. Zu hohe Erwartungen dürfen in sie aber zumindest solange nicht gesetzt werden, als an schmale Korridore angrenzende landwirtschaftliche Nutzflächen uneingeschränkt begiftet und beackert werden.

7.3 Beispiele aus der Praxis

7.3.1 Fließgewässer und Uferstreifen

Fließgewässer aller Größenordnungen sind von Natur aus netzartig verbreitet. Sie bieten sich in besonderer Weise zur Realisierung eines Biotopverbunds an, erfordern jedoch in aller Regel umfassende Maßnahmen zur Renaturierung des eigentlichen Gewässerbettes wie der angrenzenden Uferstreifen. Zusammenfassend sollen dazu folgende Hinweise gegeben werden (vgl. Bohl 1986, Gäbler 1985, Kohler 1980, Kraus 1984, Krause 1988, Kufeld 1988, Linke 1988, Ministerium für Umwelt, Raumordnung und Landwirtschaft Nordrhein-Westfalen 1988a, Olschowy 1984, Plachter 1986, Rolli & Konold 1985, Schlüter 1992):

(1) Das Gewässer soll eine vielgestaltige und geschwungene Linienführung mit Prall- und Gleithängen, Steilabbrüchen, überhängenden Grassoden, Sand- und Kiesbänken, kleinräumig wechselnden Fließgeschwindigkeiten, Wassertiefen und Bodensubstraten aufweisen. Technisch verbaute, begradigte und verrohrte Fließgewässer sind entsprechend zu renaturieren. Vorgaben von gleichmäßigen Regelbreiten und Böschungsneigungen sind grundsätzlich zu vermeiden.

(2) Ein vorgezeichnetes Niedrigwasserbett, welches auch bei minimalem Wasserstand noch eine sichtbare Wasserführung gewährleistet, bewahrt auch bei kleinsten Fließgewässern deren typischen Charakter.

(3) Die Wasserqualität ist systematisch zu verbessern, als Minimalziel ist die Gewässergüteklasse II anzustreben, viele Arten beanspruchen jedoch Güteklasse I bzw. I bis II (beispielsweise Clausnitzer 1980 für Libellen, Jungbluth 1980 für Muscheln, Paulus 1980 für Käfer). Notwendige Maßnahmen sind vielfach der Neubau bzw. die Modernisierung von Kläranlagen, der lückenlose Anschluß aller Einleiter an die Abwasserentsorgung, das Aufspüren illegaler Einleiter, eine Minderung der Düngungs- und Erosionsintensität angrenzender Nutzflächen sowie die Anlage von ungenutzten Uferrandstreifen (s. unten).

(4) Befinden sich ausreichend breite Geländestreifen beiderseits in öffentlichem Besitz, so sollte der Fließgewässerdynamik völlig freier Raum gelassen werden. Erfordern die Bedingungen in Einzelfällen eine Uferbefestigung, so ist ausschließlich auf Methoden des Lebendverbaus zurückzugreifen, um eine hohe Strukturvielfalt zu erzielen. Steinschüttungen sind weitestmöglich zu umgehen – wo dies nicht möglich ist, dürfen sie nicht mit humosem Material abgedeckt und eingesät werden.

(5) Allgemein soll der Bach bei Hochwasser einen möglichst großflächigen Bereich der Talaue als Retentionsraum zur Verfügung haben, um unter anderem die Grundwasservorräte auffrischen und eventuelle Altarmbereiche in seine Dynamik mit einbeziehen zu können. Letztere müssen aus der Nutzung herausgenommen und in das Biotopverbundsystem integriert werden.

(6) Wenngleich die Schwarzerle (*Alnus glutinosa*) an den Bachläufen im allgemeinen die am besten geeignete, die Ufer optimal festigende Baumart ist, sollten nicht alle Bachabschnitte gleichmäßig bepflanzt werden. Zwar wirkt sich die Beschattung ökologisch positiv aus und drängt technisch unerwünschten Krautwuchs zurück (vgl. beispielsweise Böttger 1986), so fordern doch etwa einige Libellenarten auch sonnige Ab-

schnitte (CLAUSNITZER 1980). Wünschenswert erscheinen neben Bachauenwäldern, die am Oberlauf neben der Erle von der Esche (*Fraxinus excelsior*) gebildet werden, auch Fließgewässerröhrichte mit Rohrglanzgras (*Phalaris arundinacea*) und Wasserschwaden (*Glyceria maxima*), Stillwasserröhrichte in kaum bewegten Bereichen mit Schilf (*Phragmites communis*) und Igelkolben (*Sparganium* spec.) und Hochstaudenfluren in etwas trockeneren Bereichen, in denen Mädesüß (*Filipendula ulmaria*), Blutweiderich (*Lythrum salicaria*) und Gilbweiderich (*Lysimachia vulgaris*) dominieren. Hinzu kommen Pestwurzfluren (*Petasites hybridus*) an schnellfließenden Abschnitten und Seggenwiesen (*Carex* spec.) in staunassen Uferbereichen.

Im allgemeinen sollten solche Pflanzen jedoch nicht, wie OLSCHOWY (1984) empfiehlt, angepflanzt werden, sondern die Uferstreifen allein der natürlichen Sukzession überlassen bleiben – eventuell unterstützt durch gezielte, eng begrenzte Einzelpflanzungen. Zur Beurteilung der Notwendigkeit von Pflanzungen sind die Vorkommen entsprechender Bestände in der näheren Umgebung heranzuziehen. Nur wenn solche fehlen, erscheint eine Initialbepflanzung angebracht.

(7) Standortfremde Gehölze, vor allem Pappeln (*Populus* spec.), sollten nach und nach herausgenommen und durch geeignete Ersatzpflanzungen ausgetauscht werden.

(8) Ein (ab Böschungsoberkante) mindestens 5 m, besser aber 10 bis 15 m breiter Uferstreifen beiderseits des Gewässers ist von jeglicher land- bzw. forstwirtschaftlicher Nutzung freizuhalten, Gebäudeneubauten sollten nur in mindestens 50 m Entfernung zugelassen werden. Außerhalb des Waldes sind diese Streifen – soweit nicht durch Gehölze (Bachauenwald bzw. Strauchgürtel) bestanden – als Kraut- bzw. Grasstreifen zu belassen. Krautfreie Uferböschungen bilden beispielsweise bevorzugte Lebensräume für Landschnecken, die hier sehr hohe Besiedlungsdichten erreichen können (MARTIN 1987). Jegliche Anwendung von Düngemitteln und Pestiziden muß auf diesen Uferstreifen unterbleiben. Solche Maßnahmen besitzen zugleich positive Effekte für den Schutz der Fließgewässer, des Grundwassers und der Meere, indem sie negative Stoffeinträge deutlich reduzieren.

Findet auf angrenzenden Flächen eine Weidenutzung statt, so muß der Uferstreifen – unabhängig von seiner Breite – generell abgezäunt werden, möglichst durch einen Holzzaun. Um das Aufkommen von Gehölzaufwuchs zu verhindern, genügt einmaliges Mähen im Herbst in fünfjährigem Abstand. Zur Schonung von in toten Pflanzenstengeln überwinternden Arten sollten solche Eingriffe jedoch alternierend in einem möglichst kleinflächigen Mosaik erfolgen.

(9) Die Umwandlung von Ackerflächen in den Talauen in Gründland ist zu fördern, der Umbruch von Wiesen nach Möglichkeit vollständig zu unterbinden.

(10) Gefährdete Fischarten können, geeignete Habitatsstrukturen und umfassenden Sachverstand bei den Beteiligten vorausgesetzt, auch gezielt wiederangesiedelt werden. Einen beispielhaften Versuch mit Groppen (*Cottus gobio*) beschreiben SPÄTH & BEISENHERZ (1986).

(11) Fischteiche in Talauen dürfen nicht mehr genehmigt werden, da sie zu einer Erwärmung, eutrophierenden Belastung und weiteren negativen Folgen für den unterhalb liegenden Bachabschnitt führen (vgl. BAUER & DISTER 1980, FEY 1988). Bestehende, nicht genehmigte Anlagen sind zu beseitigen. Entsprechendes gilt auch für mit gutem Willen angelegte Naturschutzteiche. Tolerabel kann in Ausnahmefällen das Anzapfen von Fließgewässern sein, wenn das Stillgewässer nicht durchflossen wird, sondern der Zufluß nur die verdunstende Wassermenge ersetzt. Auch zu extremen Niedrigwasserzeiten muß dabei jedoch der Fließwassercharakter des Baches erhalten bleiben.

(12) Quellen als Lebensräume einer hochspezialisierten Fauna sollten nicht mehr gefaßt, sondern möglichst naturbe-

lassen erhalten werden. Bei einer Nutzung zur Trinkwassergewinnung ist zu gewährleisten, daß zu allen Zeiten eine beständige Wasserschüttung in den anschließenden Quellbach garantiert wird.

(13) Ein wichtiges Element eines Fließgewässer-Verbunds stellen auch die ursprünglich zur Entwässerung angelegten Gräben dar. Deren Neuanlage ist zwar ökologisch kaum zu vertreten, zumal inzwischen auch finanzielle Mittel für die Ertragsminderung durch extensive Nutzung von Feuchtwiesen zur Verfügung stehen. Die bestehenden Grabenparzellen hingegen lassen sich durch eine gezielte Umgestaltung in ihren Auswirkungen mildern und verbessern, und zwar durch folgende Maßnahmen (JEDIKKE 1988, STÖRKEL 1986):

- Entfernen von naturfremden Sohlbefestigungen,
- Abgrenzen eines möglichst breiten, ungenutzten Pufferstreifens beiderseits des Grabens,
- stellenweise Verbreitern auf 1 bis 2 m unter Gestaltung einer vielfältigen Uferlinie, Schaffen von Flachwasserzonen, Einbau von Sohlschwellen, um das Gefälle zu reduzieren, und um tiefere Wasserzonen bzw. eine möglichst lange Wasserführung auch in Trockenzeiten zu bewirken,
- Bepflanzung von Teilabschnitten mit Gehölzen, um eine Beschattung zu erreichen und so ein zu starkes Verkrauten zu verhindern.

Solche Teichgräben erhalten allerdings eher den Charakter stehender Kleingewässer, zu denen sie ein Bindeglied darstellen können. Generell bieten sich die ufernahen Randstreifen entlang der Fließgewässer zur Anlage periodisch trockenfallender Tümpel an, die durch gelegentliche Überflutungen und die Niederschläge mit Wasser versorgt werden.

7.3.2 Ackerrandstreifen

Aus der Erkenntnis, daß sich gefährdete Ackerwildkräuter durch eine Nutzungsextensivierung der Feldränder auf schmalen Randstreifen erhalten lassen (SCHUMACHER 1980, 1984), entstanden zahlreiche private und staatliche Initiativen (vgl. JEDICKE 1985, STERN 1987). Ein Netz von Ackerrandstreifen kann durchaus auch ein wichtiges Element eines Biotopverbundsystems darstellen, insbesondere durch Benachbarung zu Feld- und Wegrainen und anderen offenen Kraut- bzw. Grasgesellschaften. Davon profitiert nicht nur die Ackerwildkrautflora, sondern innerhalb gewisser Grenzen auch eine ehemals typische Fauna der Äcker, die ebenfalls keine Intensivbewirtschaftung verträgt.

Ackerrandstreifen sollen eine Breite von 2 bis 6 m aufweisen, auf denen jegliche Herbizid- und im Interesse des Faunenschutzes allgemein jede Pestizidanwendung tabu ist. Dies gilt auch für das Ausbringen von Gülle und Klärschlamm, während die Stickstoffdüngung – wenn nicht ganz unterbunden – zumindest insoweit eingeschränkt wird, daß eine N-Startdüngung unterbleibt; als Richtwert kann von 60 bis 80 kg Stickstoff pro Jahr und Hektar als Maximum ausgegangen werden (Ministerium für Umwelt, Raumordnung und Landwirtschaft Nordrhein-Westfalen 1988b).

Aus botanischer Sicht hat Wintergetreide den höchsten Wert, während Blattfrüchte (Rüben, Kartoffeln, Raps, Leguminosen) und Mais weitgehend wertlos sind. Sie können im Interesse des Ackerrandstreifen-Schutzes jedoch, wie es die Förderrichtlinien in Nordrhein-Westfalen vorsehen, bei entsprechenden Nutzungsbeschränkungen mit Rändern umgeben werden, die mit einer Sommerhalmfrucht wie Gerste oder Hafer bestellt werden.

Ein wichtiger Grund für den Rückgang von Ackerwildkräutern und der typischen Ackerfauna liegt in der Nutzungsaufgabe von Extensiväckern, insbesondere von flachgründigen Kalkäkkern (MEISEL 1985) und auf basenarmen Sandböden (RODI 1986). Daher müssen im Rahmen des Biotopverbunds Ackerrandstreifen auch mit solchen Extensiväckern vernetzt werden, die auf ihrer gesamten Fläche nach Maßgabe des Naturschutzes bewirtschaftet werden. In Einzelfällen kann dazu auch die Einrichtung von Feldflorareservaten beitragen, wie sie etwa RODI (1986) beschreibt, zum Beispiel innerhalb von Freilichtmuseen.

7.3.3 Straßen- und Wegränder

Die hohe Dichte von überörtlichen Verkehrstrassen und Wirtschaftswegen – die unbefestigten noch nicht einmal mitgerechnet (s. Seite 33 ff.) – legt die Einbeziehung der Straßen- und Wegränder in ein Biotopverbundkonzept nahe. Gerade die Straßenbauverwaltungen propagieren neuerdings ihre Randstreifen und Verkehrsnebenflächen als verbindende Linien mit angeblich hohem Naturschutzwert, um ihr negatives Image in der Öffentlichkeit aufzupolieren.

Grundsätzlich und klar nimmt dazu MADER (1987a) Stellung: Die möglichen positiven Auswirkungen der Randstreifen und Nebenflächen rechtfertigen in keinem Fall Straßenneubauten, sie dürfen auch nicht in Doppelfunktion zu Naturschutzflächen hochstilisiert werden.

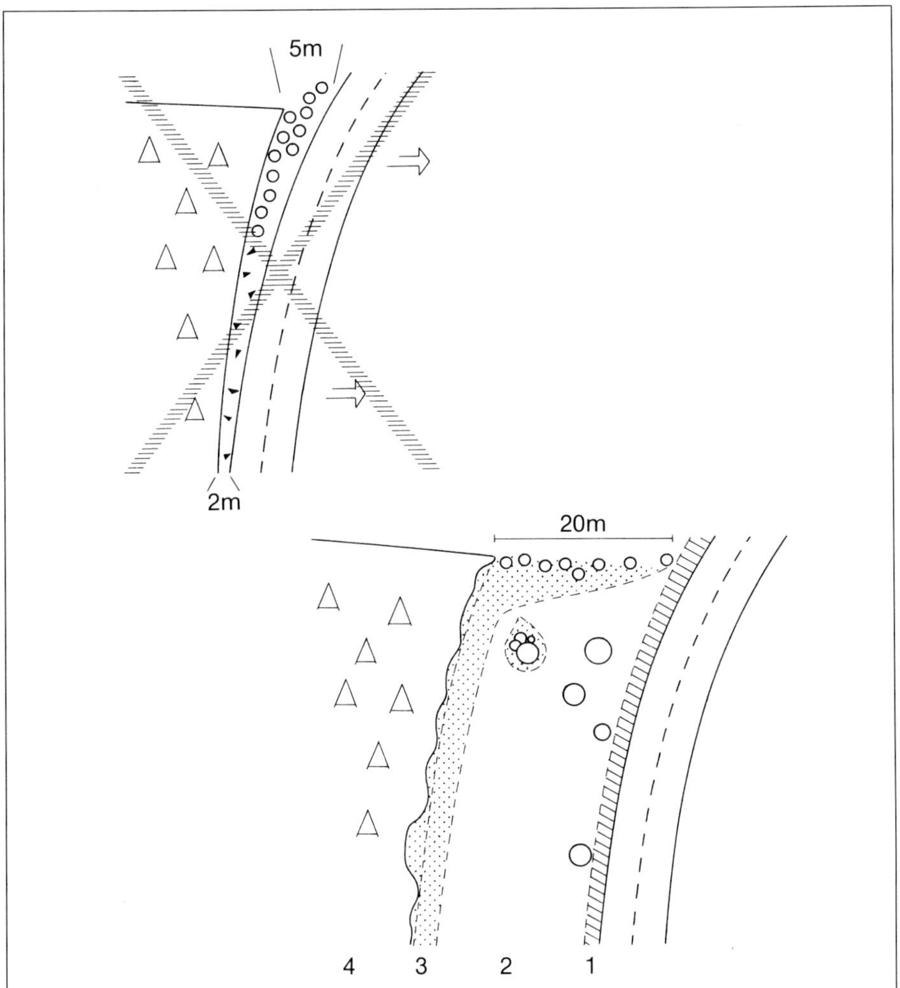

Abb. 85: Beispiel einer ökologisch ungünstigen und einer schonenden Trassenplanung von Straßen (aus PLACHTER 1986).
Durch ein Abrücken der Trasse vom Waldrand konnte die dazwischen liegende Fläche gezielt für den Naturschutz gestaltet werden:
1 = Bankett, intensiv gepflegt;
2 = Rasenfläche, möglichst nährstoffarm, einmal jährlich gemäht, mit einzelnen Hochstamm-Obstbäumen;
3 = Sukzessionsfläche mit dem Ziel des Aufbaus eines gestuften Waldmantels;
4 = Wald mit gegliedertem Waldrand.

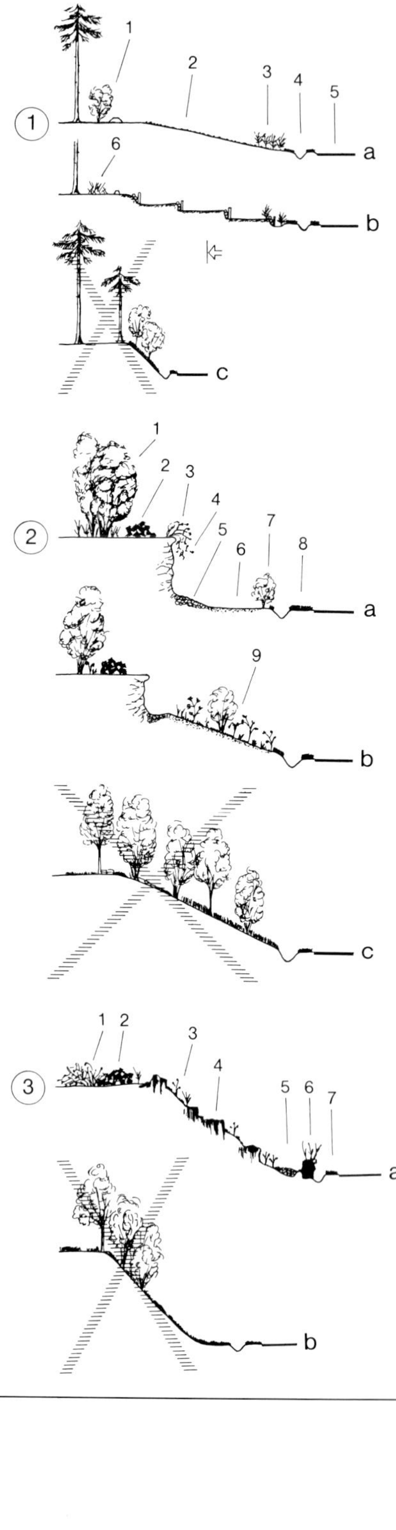

Abb. 86: Positiv- und Negativ-Beispiele für eine ökologisch sinnvolle Gestaltung des Straßenrandes (aus PLACHTER 1986).

1. *Sanduntergrund*:
a) und b) tierökologisch günstige Lösung; c) ungünstig infolge vollständiger Humisierung, Rasenansaat und relativ dichter Gehölzpflanzung im oberen Teil; zwischen Waldrand und Straße bleibt zu wenig Raum für die Entwicklung standorttypischer Biotopelemente.
1 = gegliederter, gebuchteter Waldrand,
2 = Sandmagerrasen,
3 = niedrigwüchsige Sträucher,
4 = Rasenfläche auf Bankett,
5 = asphaltierte Straße,
6 = Gruppen von Wurzelstöcken.

2. *mittelharter Untergrund* (Ton, Löß, Kies, weicherer Sandstein usw.):
a) optimale und vielfältig strukturierte Variante mit Steilwand; b) Berücksichtigung kleinerer Steilstufen in Verbindung mit Magerrasenstreifen; c) kaum Strukturen bietend, gefördert werden überwiegend Ubiquisten.
1 = mehrstufige Hecke mit vorgelagertem Krautsaum,
2 = Lesesteinriegel,
3 = Brombeer-Pflanzung,
4 = Steilwand,
5 = Steinschutthalde,
6 = Rohboden-Standort,
7 = niedrigwüchsige Gebüschreihe,
8 = Rasenfläche auf Bankett,
9 = Magerrasen.

3. *harte Substrate* (Kalkstein, Urgestein usw.):
a) weitestmögliche Beibehaltung des durch das Gestein geprägten Reliefs mit geringmächtiger bis fehlender Bodenauflage; b) ungünstige Lösung mit Nivellierung bzw. Abdeckung des Felsuntergrundes mit Bodenmaterial, kaum spezialisierten Arten Lebensraum bietend.
1 = Brombeer- und Himbeer-Pflanzung,
2 = Lesesteinriegel,
3 = Magerrasen,
4 = anstehender Fels,
5 = aufliegende Steine,
6 = Hochstaudenflur,
7 = Rasenfläche auf Bankett.

Aus grundsätzlichen Überlegungen heraus muß jeglicher Straßenneubau abgelehnt werden, Ausnahmen sind nur dann ökologisch vertretbar, wenn in mindestens gleichem Umfang alte Straßen entfernt werden, und wenn dadurch insgesamt eine Verbesserung der ökologischen Gesamtsituation erreichbar erscheint. Während in extensiv genutzten und naturnahen Lebensräumen ein breites Straßenbegleitgrün die Trenneffekte der Straße sogar noch verstärken kann, so Mader, besitzt es in intensiv genutzten, an Strukturen armen Agrarlandschaften durchaus Verbindungs- und Refugialfunktionen, so daß hier eine breite, großzügige Anlage sinnvoll sein kann.

Grundsätzlich können folgende Empfehlungen für Gestaltung und Pflege der Begleitflächen an Straßen und Wegen im Rahmen des Biotopverbunds gegeben werden (vgl. Arbeitskreis Waldbau und Naturschutz 1988, Fingerle 1985, Henn 1988, Institut für Naturschutz und Tierökologie 1977, Juchler & Sticher 1984, Kelcey 1975, Krebs 1990, Mader 1987a, Mader et al. 1988, Moore 1983, Plachter 1986, Schall 1988, Ullmann et al. 1988, Wasner & Wolff-Straub 1987):

(1) Straßen- und Wegtrassen sollen so weit wie möglich von punktuellen und vor allem linearen Biotopelementen wie Waldrändern, Fließgewässern und alten Heckenzügen abgerückt werden, um diese so wenig wie möglich zu beeinträchtigen (s. Abb. 85). Die dazwischen liegenden »Verschnittflächen« können sich zu hochwertigen Lebensräumen entwickeln.

(2) Böschungen müssen nicht völlig einförmig gestaltet werden – anzustreben ist eine möglichst hohe Strukturvielfalt, etwa durch kleine Steilabbrüche oder den Erhalt unregelmäßiger Abschnitte fester Substrate, durch Habitatelemente wie Lesesteinhaufen, Felswände, Bruch- und Ziegelsteinmauern mit Hohlräumen, alte Holzzäune und Totholz (vgl. Abb. 86).

(3) Das Aufbringen einer humosen Mutterbodenschicht ist nicht erwünscht, weil sie Nährstoffreichtum mit sich bringt, der unter den Pflanzen zumeist häufige Ubiquisten fördert. Stattdessen sollten gezielt Magerstandorte entwikkelt werden, insbesondere in sonnenexponierten Lagen (vgl. besonders Fuchs 1984, Rogl 1984, Schuster 1984, Ullmann 1984). Allgemein ist möglichst auf Einsaaten zu verzichten, andernfalls genügt eine einfache Rasenmischung ohne krautige Arten, die sich von selbst zumeist in artenreichere Bestände umwandeln.

(4) Die vielfach üblichen eintönigen und großflächigen Gehölzpflanzungen – häufig unter Verwendung standortfremder Arten – sollten der Vergangenheit angehören. In Abhängigkeit von den jeweiligen Standortbedingungen sollten stattdessen einzelne Kleingruppen in verschiedener Artenzusammensetzung angepflanzt werden, wobei der Wert von Magerrasen vielfach höher anzusehen ist. Innerhalb dieser stören jedoch auch einzelne, von selbst angesamte Gehölze noch nicht, sondern erhöhen eher die Biotopvielfalt.

(5) Anzustreben ist eine gestufte Abnahme der Pflegeintensität mit wachsender Entfernung vom Straßenrand, die Häufigkeit der Eingriffe ist möglichst gering zu halten. Wasner & Wolff-Straub (1987) schlagen drei Zonen vor:

a) Im »**Intensivbereich**«, dem maximal 1 m breiten Bankett, erfolgt meist dreimalige Mahd im Jahr, wobei zuerst die Ränder der stark befahrenen und später der weniger frequentierten Straßen zu mähen sind. Damit werden die Folgen des aus ökologischer Sicht zu frühen Mahdtermins zumindest etwas gemindert.

b) In der **Wiesenzone** wird ein- bis zweimal jährlich gemäht, das erste Mal nicht vor Mitte Juni bis Mitte August (im Bergland zwei bis drei Wochen später), das zweite Mal nicht vor Mitte September. Bei einmaliger Mahd sind die Monate Juli und August als Zeitpunkt zu empfehlen.

c) Im Bereich der **Ruderal- und Hochstaudenfluren bzw. Gehölzsäume** kann das Mähen nur alle zwei bis drei Jahre nötig werden, teils noch seltener. Der richtige Zeitpunkt liegt im Herbst, etwa ab Mitte Septemer.

KELCEY (1975) unterscheidet bei im Optimum beiderseits der Straße je 30 bis 100 m breiten Grünstreifen sechs verschiedene Zonen von dem Bankett (zwei bis drei Schnitte) über mittelhohes Grasland (ein Schnitt), hohes Grasland (Schnitt alle zwei bis drei Jahre), Gebüschzone, niedrigwüchsiger Bäume mit einzelnen Sträuchern bis zur Zone der vorherrschenden Waldbäume. Von einer generellen Gehölzbepflanzung auf langen Strecken sollte jedoch wie gesagt Abstand genommen werden.

Ein vorrangiges Ziel sollte eine große Habitatvielfalt sein; dazu gehört ganz wesentlich ein möglichst kleinflächiges Mosaik der Mahdzeitpunkte. Das Mähgut sollte erst nach ein bis drei Tagen entfernt werden, damit ein größerer Teil der Tiere aus dem verdorrenden Material fliehen und damit überleben kann und zugleich den Pflanzen eine gewisse Möglichkeit zum Aussamen gegeben wird. Die Schnitthöhe soll mindestens 10 cm über der Bodenoberfläche liegen. Verschiedene entomologische Untersuchungen beweisen, daß die Verwendung von Balkenmähern die geringsten Folgen auf die Insekten zeigt, während Saugmäher – auch solche mit neuartiger Technik – und Mulchgeräte katastrophale Störungen bedeuten (GROSSKOPF 1988, HEMMANN et al. 1987, MÜLLER & STEINWARZ 1988; WASNER 1984, 1987; WASNER & WOLFF-STRAUB 1987).

(6) Stark befahrene Straßen erfordern wegen der hohen Giftbelastung eine eigene Kanalisation, um eine direkte Ableitung des besonders verschmutzten Oberflächenwassers in die nächste Kläranlage zu gewährleisten. Eine 5 m breite Pufferzone am Straßenrand, die über eine Drainage an die Kanalisation angeschlossen ist, wird in solchen Fällen von wenigen salzresistenten Gräsern bewachsen.

(7) Fließgewässer, die durch eine Straßentrasse gequert werden, sind nicht per Verrohrung, sondern durch Brükkenbauwerke fortzuführen. Um Tierwanderungen nicht völlig zu unterbinden, sollte über der Mittelwasserlinie eine mindestens 40 cm breite Kiesschüttung angelegt werden.

Abb. 87: Letzte Reste früheren Wegbegleitgrüns wie Altgrasstreifen, Obstbäume und Strauchgruppen sollten durch Neupflanzungen ergänzt, nicht unbedingt gebotene Bodenversiegelung durch befestigte Wege aufgehoben werden.

(8) Ländliche Wege – in der bisherigen Praxis genehmigungsfrei und somit vielfach vom Naturschutz nur schwer beeinflußbar (FINGERLE 1985) – sollten, wenn ihr Neubau unvermeidbar erscheint, möglichst nicht befestigt werden, da so ihre Trennwirkung am geringsten ist (MADER et al. 1988). Vermieden werden sollte möglichst eine gitterartige Wegeverknüpfung, verträglicher sind Stichwege, von denen geringere Störungen ausgehen. Das Bankett sollte mit autochthonem Material gestaltet, nicht mit Mutterboden abgedeckt und auch nicht eingesät werden. Eine Asphaltierung sollte seltene Ausnahme bleiben, verträglicher erscheint die Befestigung nur der Fahrspuren durch Rasengittersteine. Gezielte Rückbaumaßnahmen sind zur Verringerung der Netzdichte geteerter Feld- und Waldwege in Erwägung zu ziehen. Bei Neuanlagen und Ausbaumaßnahmen sind sensible Landschaftsbereiche weiträumig zu umgehen.

FINGERLE (1985) empfiehlt als Ziel eine weitgehende Erhaltung und Neuschaffung von wegbegleitenden Hecken und Rainen in möglichst 5 bis 6 m Breite. Feld- und Wiesenraine sollten nicht schmaler als 3 bis 5 m sein. Ein Mähen ist nur dann einmal jährlich im Herbst nötig, wenn einer Verbuschung entgegengewirkt werden soll. Auch hier gilt also, die Häufigkeit der Eingriffe so gering wie möglich zu halten. Bei Gehölzpflanzungen wird eventuell etwas Mutterboden notwendig; das Pflanzgut sollte aus autochthonen Beständen kommen.

Im Falle von Waldwegen sollten nach SCHALL (1988) enge, schattige Bereiche mit etwa 15 m breiten Wegprofilen abwechseln, um einerseits die Zerschneidungswirkung relativ gering zu halten und andererseits Raum für lichtliebende und artenreiche Lebensgemeinschaften zu schaffen.

(9) Auch zum Hochwasserschutz und aus anderen Gründen angelegte Dämme können im Verbund mit Weg- und Straßenrändern sowie Magerrasen wertvolle Funktionen übernehmen. Auch hier ist die Mahdhäufigkeit möglichst gering zu halten und ein später Eingriffszeitpunkt zu wählen. Dämme stellen wichtige Refugien etwa für bodenlebende Stechimmen (*Hymenoptera*) und Orchideen (*Orchidaceae*) dar, wie BRECHTEL (1987) und WESTRICH (1982) nachwiesen. Jedoch gilt auch hier, daß die Neuanlage von Hochwasserschutzdämmen kein Argument sein kann, um einer weiteren Verringerung der Retentionsräume in Auenbereichen Vorschub zu leisten.

(10) Höchste Schutzwürdigkeit kommt den Hohlwegen in Lößgebieten zu, die unter allen Umständen zu erhalten und

Abb. 88: Auch Wege an sich als wertvolle Lebensräume können erhaltenswert sein und müssen in Verbundsysteme integriert werden – ganz besonders die Hohlwege in Lößlandschaften.

in ein Biotopverbundsystem einzubinden sind (zur Bedeutung vgl. FISCHER 1982, KRAUSE 1979, LOHMEYER & PRETSCHER 1982).

7.3.4 Waldränder

Ein mehrstufiger Waldrand bietet als ein Beispiel par excellence für Ökotone einer sehr großen Arten- und Individuenzahl von Pflanzen und Tieren Lebensraum (vgl. BERNHARDT 1985, BERNHARDT & SCHREIBER 1988, HEUBLEIN 1982, JEDICKE 1989b, MÜLLER 1987, REIF & GÖHLE 1988, SCHWABE-BRAUN & WILMANNS 1982). Im Idealfall zeigt die Vegetation von der offenen Landschaft aus folgende Abfolge: Saumgesellschaft – Vormantelgesellschaft – Mantelgesellschaft – Traufwaldgesellschaft – Waldgesellschaft (MÜLLER 1987).

Der krautige Saum läßt sich nicht anlegen, es genügt, einen mindestens 1 bis 3 m breiten Streifen von jeglicher Nutzung freizulassen. Den Vormantel bilden

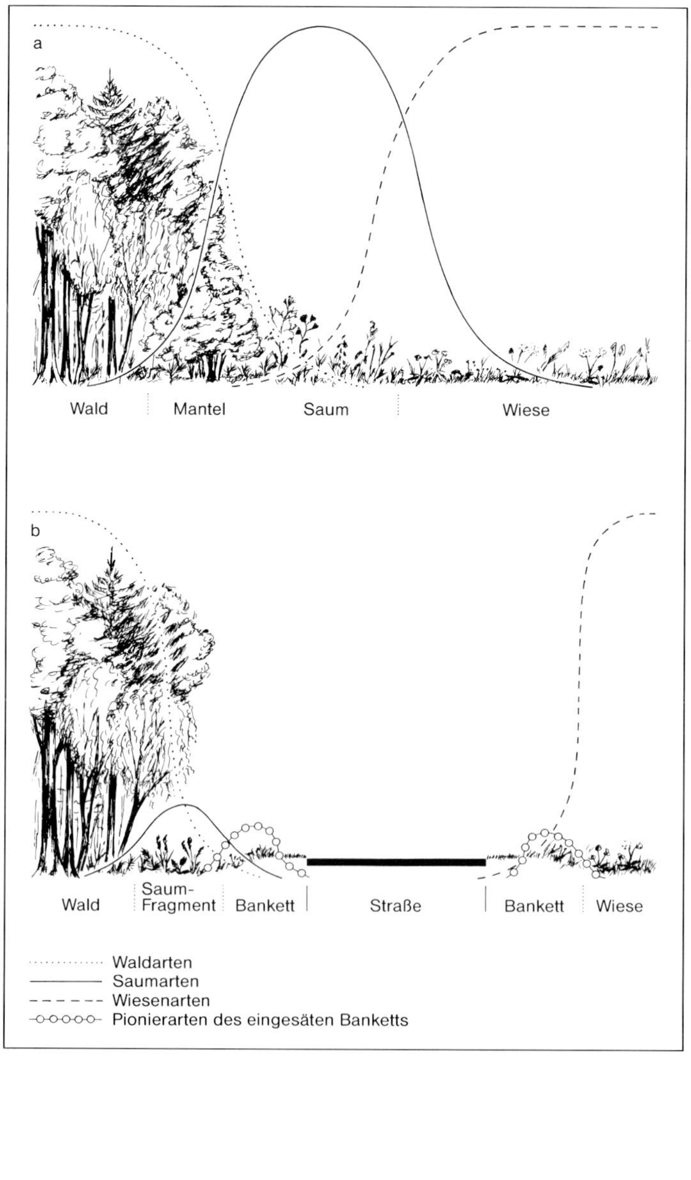

Abb. 89: Störung des Saumbiotops Waldrand durch ungünstige Trassenwahl für eine Straße, demonstriert anhand der Häufigkeitsverteilung der spezifischen Artengruppen (aus WOLFF-STRAUB 1984).

niedrige Sträucher, den eigentlichen Mantel typische Heckensträucher mit einzelnen Bäumen. Im Traufwald, den Müller (1987) pflanzensoziologisch erstmals als Übergangszone beschreibt, finden sich generell bereits bekannte und andernorts auch großflächig auftretende Pflanzengesellschaften.

Da die Hecken in der Kulturlandschaft im Grunde verselbständigte Mantelgesellschaften des Waldes darstellen (Müller 1987, Schwabe-Braun & Wilmanns 1982), bietet sich der Biotopverbund zwischen Heckenbiotopen und reichhaltigen, abgestuften Waldrändern geradezu an. Für den Naturschutz besitzen die Waldsäume besonderen Wert, da sie nach Reif & Göhle (1988) im Vergleich zu Hecken weniger stark eutrophiert und auf basenhaltigen Standorten aufgrund des zusätzlichen Vorkommens von Waldarten artenreicher sind. Hinzu kommt, daß sie auch solche Standorte besiedeln, in denen Hecken aufgrund intensivster Landwirtschaft fehlen.

In sonnenexponierter Südost-, Süd- und Südwestexposition sollte ein 30 bis 40 m breiter Streifen zum Aufbau solcher Waldaußenränder zur Verfügung stehen, ansonsten genügen 15 m (Bauer 1987, Hessische Landesforstverwaltung 1985, Müller 1988). Als Leitbild der Gestaltung nennen die Hessische Landesforstverwaltung (1985) und die Landesanstalt für Ökologie (1988) folgende Funktionen, die der Waldrand erfüllen soll:

- Schutz des Waldes wie ein Mantel gegen Einflüsse von außen (Sturm- und Windschäden, Besonnung und Aushagerung, Waldbrände, lokale Immissionen),
- Lebensraum und Zufluchtsort für eine artenreiche Tier- und Pflanzenwelt,
- positive Einflußnahme auf das Landschaftsbild,
- Erhöhung des Erholungswertes der betreffenden Landschaft.

Im Einzelfall spielen bei der Gestaltung vor allem die Standortbedingungen, die Art und Struktur der angrenzenden Flächen und der zur Verfügung stehende Raum eine Rolle. Gepflanzt werden sollten nur einheimische und standortgerechte Arten autochthonen Ursprungs, dabei sollten über die natürliche Sukzession entstandene Vorkommen etwa von Ebereschen (*Sorbus aucuparia*), Birken (*Betula pendula*), Schwarzdorn (*Prunus spinosa*) usw. erhalten und mit in die Planung eingebunden werden. Konkrete Anregungen zur optimalen Waldrandgestaltung liefert häufig das Studium vergleichbarer Strukturen in der Umgebung.

Fehlt bei bestehenden Waldbeständen der notwendige Raum, etwa infolge direkt an den Hochwald angrenzenden Privatbesitzes, so muß versucht werden, durch eine behutsame Auflichtung des Randbereichs durch Herausnehmen einzelner Bäume eine bessere Belichtung und somit eine Förderung des Strauch- und Krautwuchses zu erzielen. Vorhandene Traufbäume – das sind Randbäume mit tief herabreichenden Ästen – sollen jedoch insbesondere bei wind- und sonnenexponierten Waldaußenrändern auf jeden Fall erhalten bleiben (Landesanstalt für Ökologie 1988).

Differenziert betrachtet werden müssen die Waldinneränder, vor allem entlang der Waldwege. Hier muß im konkreten Einzelfall zwischen den Nachteilen durch die Zerschneidungswirkung und Isolationseffekte durch einschließlich Randzonen breit angelegte Wandwege und den positiven Effekten etwa als Lebensraum von Schlagpflanzen und einer reichen Insektenfauna abgewogen werden (Schall 1988, Schwabe-Braun & Wilmanns 1982).

Im Bundesland Hessen weisen die Waldränder eine Gesamtlänge von rund 25000 km auf. Bei einer durchschnittlichen Breite zu schaffender Waldsäume von 20 m ergibt sich eine Fläche von 50000 ha, die im Rahmen einer naturnahen Umgestaltung für den Naturschutz zu sichern wären. Im Rahmen eines zunächst auf die Staatsforste beschränkten Programms sollen vorerst 25000 ha Waldrandflächen optimiert werden

(BAUER 1987, MÜLLER 1988). Diese Zahlen verdeutlichen, welche Bedeutung die naturnahe Waldrandgestaltung für den Biotopverbund besitzt.

Eine dem Programm vorgeschaltete Kartierung in Hessen differenzierte zwischen erhaltenswerten und verbesserungswürdigen Waldrändern, wobei letztere noch einmal zweigeteilt werden: in Waldränder von Kulturen, Jungwüchsen und Dickungen, die innerhalb einer Fünfjahresfrist ohne Gefahren für die dahinterliegenden Waldbestände verbesserungsfähig erscheinen, und in Waldränder von Stangen- und Baumhölzern, deren Umbau langfristig anzustreben ist, wo gestaltende Eingriffe zur Zeit aber aus Sicherheitsgründen nicht möglich sind (MÜLLER 1988).

7.3.5 Obstbaumbestände

In vielen bäuerlichen Kulturlandschaften zählen extensiv bewirtschaftete Streuobstwiesen und Obstbaumreihen entlang der Wege zum ursprünglichen Bild. Teils per Rodungsprämien durch die Europäische Gemeinschaft unterstützt, verschwanden die Bestände jedoch im Zuge der allgemeinen Nutzungsintensivierung der Agrarlandschaft vielfach vollständig. Im Bundesland Hessen etwa ging der Bestand an Obstbaum-Hochstämmen innerhalb von 22 Jahren von 1965 bis 1987 um 83% zurück (PAURITSCH & HARBOTH 1988). Da in den letzten drei Jahrzehnten kaum mehr junge Bäume nachgepflanzt wurden, droht allein durch Überalterung in den nächsten Jahrzehnten in Hessen der weitere Verlust der Hälfte des heutigen Bestandes.

Als unentbehrliche Lebensräume für bedrohte Vogelarten wie Steinkauz (*Athene noctua*), Wendehals (*Jynx torquilla*), Wiedehopf (*Upupa epops*), Neuntöter (*Lanius collurio*), Grauwürger (*L. excubitor*) und Rotkopfwürger (*L. senator*), aber genauso auch für eine reiche Insektenfauna und andere Tiergruppen, sollte versucht werden, im Rahmen des Biotopverbunds in den Agrarlandschaften durch umfangreiche Neupflanzungen ein engmaschiges Netz von Streuobstwiesen und Obstbaumreihen zu etablieren, die sich bis zu den Hofbäumen in die Dörfer hineinziehen sollten. Die in manchen Gebieten verbreiteten Obstplantagen mit Niedrigstämmen und hohem Chemieeinsatz können, wie MADER (1982, 1984d) nachwies, keinen Ersatz darstellen.

Abb. 90 und 91: Moderne Obstplantagen mit ihren intensiv begifteten Niedrigstämmen (links) bieten für heimische Tier- und Pflanzenarten kaum einen geeigneten Lebensraum – für alte Obstwiesen können sie niemals einen hinreichenden Ersatz bieten. Hochstämmige Obstbäume (rechts) hingegen können als Einzelbäume, Baumreihen und flächige Obstwiesen im Rahmen des Biotopverbunds auch eine Verbindung der freien Landschaft mit den Siedlungsgebieten herstellen.

Zu pflanzen sind grundsätzlich nur Hochstämme starkwüchsiger Obstarten und -sorten, die nach einem Erziehungsschnitt (fünf bis acht Jahre nach der Pflanzung) keine nennenswerte Pflege benötigen, nur sporadisch kann im Ertragsstadium ein Auslichen der Krone notwendig werden. Dies trifft für folgende Obstarten zu (LUCKE 1985):

- Apfel, Mostbirne, Pflaume, Zwetschge: für alle Standorte bis zu etwa 1000 m üb. NN in den jeweils geeignet erscheinenden Sorten im entsprechenden Klimabereich;
- Brennkirsche: möglichst in spätfrostsicheren Lagen bis zu etwa 600 m üb. NN;
- Walnuß: nur in warmem Klima bis etwa 500 m üb. NN, in spätfrostgeschützten Lagen;
- Speierling (kalkreiche Böden), Eßkastanien (saure Böden) und Maulbeeren: in Einzelexemplaren in warmen Gebieten;
- Vogelkirsche: in Höhengebieten.

Lohnende, wenn auch meist aufwendige Recherchenarbeit erfordert es, will man alte Lokalsorten der verschiedenen Obstarten anpflanzen, die sich in aller Regel als besonders wuchsstark und krankheitsresistent erwiesen haben. Der Pflanzabstand zwischen den Bäumen sollte mindestens 10 m betragen, jedoch deutlich variieren, um keine Monotonie entstehen zu lassen. Um eine langfristige Pflege zu gewährleisten, bietet sich die Übernahme von Patenschaften durch örtliche Vereine des Obst- und Gartenbaus wie des Naturschutzes an. Initiativen können auch von der Gemeinde ausgehen, etwa zum alljährlichen »Tag des Baumes«.

Über die notwendige Verbunddichte lassen sich noch keine Aussagen machen. Die Habitatvielfalt kann durch eine unterschiedlich häufige Mahd des Grünlandes in einem möglichst kleinräumigen Mosaik erhöht werden, durch Lesesteinhaufen und Bruchsteinmauern sowie Totholzhaufen und – solange die Obstbäume noch keine abgestorbenen und morschen Äste aufweisen – von Zaunpfählen (s. Abschnitt 7.3.6). Sinnvoll kann, allerdings lediglich als Übergangslösung, auch das Aufhängen von Nisthilfen für Steinkauz, Wendehals, Wiedehopf und unter den Insekten für die Wildbienen sein, um bei noch fehlendem natürlichem Höhlenangebot infolge zu geringen Alters der Bäume eine Reproduktion und damit das Überleben der Arten zu ermöglichen.

7.3.6 Zaunpfähle: Totholz als Habitatelement

Die intensive Nutzung der gesamten Landschaft brachte das zunehmende Verschwinden von Totholz jeglicher Art mit sich – im Wald genauso wie in der offenen Agrarlandschaft und den menschlichen Siedlungen. Damit wurde auch eine auf dieses Habitatelement angewiesene, teils hochspezialisierte Fauna ihrer Existenzgrundlage beraubt. Am Beispiel hölzerner Zaunpfähle soll hier gezeigt werden, daß diese eine gewisse Ersatzfunktion übernehmen können und damit auch im Rahmen lokaler Biotopverbundsysteme Berücksichtigung finden sollten.

Abb. 92: Höhlen und Totholz bilden wertvolle Habitatelemente in alten Obsthochstämmen. In ihrer Umgebung muß jedoch rechtzeitig für junge Nachpflanzungen gesorgt werden, um den Bestand des Lebensraumes längerfristig zu garantieren.

Für solitär lebende Stechimmen (*Hymenoptera aculeata*) – Bienen und Wespen – übernehmen hölzerne Zaun- und Wegpfähle mit ihren Käferbohrlöchern eine wichtige Ersatzfunktion als Brutplatz (Haeseler 1979, Preuss 1980): In einer Landschaft bei Oldenburg wurden 54 verschiedene Arten festgestellt, die die Zaunpfähle als Nistgelegenheit, Aufenthaltsort zum Sonnen, als Windschutz, zur Übernachtung und/oder Überwinterung nutzen. Daneben suchen auch die Männchen sonst bodenbrütender Stechimmen die Bohrlöcher und Gänge der Pfähle als Unterschlupf während der Nacht und bei ungünstiger Witterung auf. Den Faltenwespen (*Vespidae*) liefern die Zaunpfähle ferner das unentbehrliche Holzmaterial für ihre Papiernester.

Gerne besiedelt wird das zugleich dauerhafteste Holz von Eichen und Buchen, das 30 Jahre und länger als feste Weidepfähle dienen kann. Geeignet sind jedoch auch Kiefer, Fichte und andere Hölzer. Wichtig ist die Lage der Zaunpfähle unmittelbar an Feldrainen, Gehölzen und ähnlichen Strukturen, die ausreichende Nahrungsgrundlagen für die Larven und die Alttiere bieten. Die Pfähle können mit verschiedenen großen Bohrlöchern versehen werden, um ihre Attraktivität zu erhöhen. Als wichtige Pflanzenbestäuber kommt gerade den Stechimmen auch eine hohe landschafts- und pflanzenökologische Bedeutung zu.

Das zunehmende Verschwinden von hölzernen Weidepfählen zugunsten von Elektrozäunen bleibt auch für höhere Tiere nicht ohne Folgen. So stellen die Zaunpfähle ein sehr wichtiges Habitatmerkmal für das Braunkehlchen (*Saxicola rubetra*) als Singwarte und Ansitz zur Insektenjagd dar: Wie Bastian (1987) analysierte, fordert der Singvogel mindestens 30 cm über die Umgebung herausragende Vertikalstrukturen. Sind diese in Form von Zaunpfählen und/oder einzelnen hoch wachsenden Pflanzen in Kombination mit Grabenböschungen als Neststandort vorhanden, so erreicht das Braunkehlchen maximale Siedlungsdichten. Insofern stellt gerade in Tallandschaften der Erhalt und die Neuanlage von Weidepfählen eine wirkungsvolle Naturschutzmaßnahme dar, von der ganz verschiedene Artengruppen profitieren. Dies soll nur als ein Beispiel dafür dienen, wie stark lokale Maßnahmen des Biotopverbunds ins Detail gehen sollten.

7.4 Modellgemeinde Lich: Umfang und Kosten lokalen Biotopverbunds

Um abschließend einen konkreten Eindruck über die Kosten der geforderten Biotopverbundkonzepte auf lokaler Ebene zu vermitteln, sei an dieser Stelle die von der Naturlandstiftung Hessen (1988) vorgelegte Planung für die mittelhessische Gemeinde Lich im Landkreis Gießen vorgestellt. Sie beruht im wesentlichen auf Trittstein- und Korridorbiotopen, da der Großflächenschutz Aufgabe gemeindeübergreifender, in diesem Fall nicht berücksichtigter Konzepte bleibt.

Tab. 32 faßt zunächst die Flächenbilanz der 7764,44 ha großen Gemarkung Lich zusammen: Als Ergebnis einer Biotopkartierung wurden 220,07 ha vorhandener Refugialräume erfaßt, das entspricht 2,8% der Gesamtfläche. Die Planung weist über Maßnahmen der Nutzungsextensivierung, gezielte Biotoppflege und Anpachtung zu renaturierender Schutzflächen auf 564,16 ha aus. Zusammengenommen ergeben sich folglich 10,1% der Gemarkung als Vorranggebiete für den Naturschutz. Das ist eine Größenordnung, die am unteren Ende der Forderungen namhafter Ökologen liegt.

Die Summe von rund 666000 Mark jährlich aufzubringenden Kosten (s. Tab. 32) erschreckt sicherlich auf den ersten Blick. Im vorliegenden Fall der Planung Lich sollen sie vollständig über den sogenannten Vertragsnaturschutz finanziert werden, indem die beteiligten

Tab. 32. Modellgemeinde Lich (Landkreis Gießen) – Umfang und Kostenkalkulation der lokalen Biotopverbundplanung (Quelle: Naturlandstiftung Hessen 1988)

1. Flächenbilanz der Planung

Gemarkungsfläche (gesamt)	7764,44 ha
vorhandene Refugialräume:	
– Feldgehölze, Hecken, Waldränder	11,06 ha
– Feuchtwiesen	46,20 ha
– Streuobstwiesen, Extensivgrünland	162,81 ha
Summe Ist-Bestand	220,07 ha
geplante Lebensräume zwecks Biotopverbund:	
– Acker- und Wanderbrachen	80,50 ha
– Ackerrandstreifen	8,38 ha
– Altgrasflächen	23,54 ha
– Feldgehölze, Hecken, Waldränder	8,14 ha
– Feuchtwiesen	324,25 ha
– Streuobstwiesen, Extensivgrünland	92,75 ha
– Uferschonstreifen	26,60 ha
Summe Planung	564,16 ha

Naturschutzflächen insgesamt (Ziel): 784,23 ha = 10,1% der Gemarkungsfläche

2. Kostenkalkulation

2.1. Verträge zu Einschränkung der Nutzungsintensität (jährlich wiederkehrende Ausgaben)

– Acker- und Wanderbrache (80,50 ha à 1300 DM)	104650,— DM
– Ackerrandstreifen (8,38 ha à 1300 DM)	10894,— DM
– Grünlandextensivierung (26,60 ha à 1300 DM)	34580,— DM
– Umwandlung von Acker in Grünland (15,60 ha à 1100 DM)	17160,— DM
Summe Ausfallentschädigung	167284,— DM

2.2 Verträge zur Aufrechterhaltung der Nutzung auf Extremstandorten (jährlich wiederkehrende Ausgaben)

– Magerrasen (11,50 ha à 400 DM)	4600,— DM
– Feuchtwiesen (370,445 ha à 400 DM)	148178,— DM
– Streuobst (255,56 ha à 400 DM)	102224,— DM
Summe Aufwandentschädigung	255002,— DM

2.3 Verträge zur Pflege und Betreuung von Schutzflächen (jährlich wiederkehrende Ausgaben)

– Obstwiesen (255,56 ha à 500 DM)	127780,— DM
– Hecken und Feldgehölze (19,195 ha à 5000 DM)	95975,— DM
– Altgrasflächen (23,535 ha à 300 DM)	7060,50 DM
Summe Pflegehonorar	230815,50 DM

2.4 Verträge zur Anpachtung ökologisch bedeutsamer Grundstücke (jährlich wiederkehrende Ausgaben)

– Trittsteinbiotope (16.75 ha à 350 DM)	5862,50 DM
– Teilparzellen für Korridore (23,535 ha à 300 DM)	7060,50 DM
Summe Pachtzahlung	12923,— DM

Tab. 32. Modellgemeinde Lich (Landkreis Gießen) – Umfang und Kostenkalkulation der lokalen Biotopverbundplanung (Quelle: Naturlandstiftung Hessen 1988)

2.5 Verträge zur Durchführung von Investitionsmaßnahmen (einmalige Ausgaben)	
– Pflanzarbeiten zur Anlage von Gehölzen (8,135 ha à 25000 DM)	203375,—DM
– Erdarbeiten zur Anlage von Gewässern (85 Stunden à 150 DM)	12750,—DM
– sonstige Gestaltungsmaßnahmen (Nutzungsumwandlung, Entbuschung) (6,5 ha à 600 DM)	3900,—DM
Summe Honorarzahlungen	220025,—DM
Gesamtkosten einmalig	220025,—DM
laufende Kosten per anno	666024,50 DM

Grundeigentümer – zumeist Landwirte – aus vom Land Hessen bereitgestellten Mitteln entschädigt werden, und zwar für Extensivierung und andere Einschränkungen der Nutzung (Ackerrandstreifen- und »Ökowiesen«-Programm), für Flächenstillegungen und Rotationsbrache, für die Nutzungsaufgabe an Uferrandstreifen usw. Ähnliche Möglichkeiten, die allerdings allesamt auf der Freiwilligkeit der beteiligten Landwirte fußen, bestehen auch in den übrigen Bundesländern, teils gefördert durch Programme der Europäischen Gemeinschaft.

Der Kostenkalkulation wurden die üblichen Entschädigungssätze zugrunde gelegt, wie sie innerhalb der Förderprogramme für Naturschutz bzw. Landwirtschaft Anwendung finden. Je nach Bodengüte und Umfang der Nutzungsbeschränkungen, jedoch auch von Bundesland zu Bundesland, differiert die Höhe der möglichen Zahlungen.

Die laufenden Kosten lassen sich, soweit nicht per Förderung über derartige Programme zu finanzieren, über den Tausch von Flächen deutlich reduzieren, indem die Kommunen, Kreise, Kirchen und andere öffentliche Träger ihr Eigentum gegen für den Naturschutz wichtige Parzellen eintauschen. Durch Verpachtung an ortsansässige Landwirte unter den notwendigen Auflagen kann die weitere Pflege garantiert werden.

Einmalige Investitionen vor allem für Pflanzarbeiten und für Baumaßnahmen zur Anlage von Feuchtgebieten schlagen in Lich mit rund 220000 Mark zu Buche. Allerdings kann man über die mit 25000 Mark pro Hektar veranschlagten Pflanzungskosten für Hecken, Feldgehölze und Waldränder insofern streiten, als daß viele Flächen sicherlich auch der natürlichen Sukzession überlassen werden könnten. Solche Entscheidungen müssen allerdings im konkreten Einzelfall vor Ort getroffen werden.

Nicht enthalten sind bei den Investitionskosten die Aufwendungen für die Verbund- und Pflegeplanung.

7.5 Zusammenfassung

Punktuelle Trittsteinbiotope müssen nicht den strengen Größenmaßstäben für großflächige Schutzgebiete genügen, da sie lediglich dem Zwischenaufenthalt von Individuen dienen sollen. Als Bestandteile eines Schutzgebietssystems auf lokaler Ebene gelten jedoch auch hier die allgemeinen Anforderungen, wie sie in Kapitel 6 skizziert wurden. Wichtig sind besonders ausreichend breite Pufferzonen. Trittstein- und lineare Korridorbiotope sollen vorrangig gleiche bzw. ähnliche Biotoptypen miteinander verbinden.

Die Bedeutung linearer Verbundelemente nimmt mit deren Breite und Länge zu, mit steigender gegenseitiger Distanz dagegen ab. Für Hecken und Feldraine können als Leitwerte eine Breite von mindestens 4 m und ein Linienabstand von 150 bis 200 m angesehen werden. Neben dem Arten- und Biotopschutz können die Erfordernisse eines Erosionsschutzes in Ackerbaugebieten engere Abstände verlangen.

Anhand von sechs Beispielen für den Biotopverbund mit Hilfe linearer Korridorbiotope werden konkrete Planungshinweise gegeben: Fließgewässer und Uferstreifen, Ackerrandstreifen, Straßen- und Wegränder (einschließlich Vorschlägen zur Minderung der Folgen des Straßen- und Wegebaus), Waldränder, Obstbaumbestände sowie Zaunpfähle als Ersatz für das vielfach fehlende Habitatelement Totholz.

Am Beispiel der Gemeinde Lich werden die Kosten bilanziert, die sich aus der Realisierung eines Biotopverbundkonzeptes ergeben.

8 Extensivierung der gesamten Flächennutzung

8.1 Wege zu einer umweltverträglichen Landwirtschaft

Die gravierenden Umweltbelastungen durch die moderne Landwirtschaft, zugleich aber auch die Problemfelder Überproduktion und Existenzgefährdung der bäuerlichen Betriebe, erfordern ein drastisches Umdenken in der Agrarpolitik. Die Planung von Biotopverbundsystemen muß neben einem engmaschigen Netz an Schutzflächen, Trittsteinen und Korridorbiotopen auch eine Minderung der Intensität von Lebensfeindlichkeit und Isolationswirkung der Nutzökosysteme berücksichtigen, insbesondere in den Agrarlandschaften; dies knüpft an die Forderung an, daß Naturschutz Anspruch an 100 Prozent der Fläche stellen muß. Andernfalls verpufft ein guter Teil der unmittelbaren Naturschutzbemühungen in der Wirkungslosigkeit. Die Interessen von Biotopverbund bzw. Naturschutz auf der einen und der Agrarpolitik auf der anderen Seite ließen sich, wie zahlreiche Untersuchungen beweisen, durchaus unter einen Hut bringen.

Biotopverbund durch intensiven Schutz auf ausgewählten Flächen und extensive Landnutzung auf der gesamten Restfläche braucht die Arbeit der Bauern und nicht die Stillegung von Äckern und Grünland. Naturschutz und Landwirtschaft müssen, um ein ökologisches und ökonomisches Optimum gleichermaßen zu erreichen, gemeinsam für ein agrarpolitisches Umlenken arbeiten. Allerdings sei klargestellt, daß sich – wie HAMPICKE (1991) richtig schreibt – die Mehrzahl der gefährdeten Pflanzen- und Tierarten «nicht durch mäßige, sondern allein durch **radikale** Extensivierung wirksam schützen« lassen. Die heutigen Flächenerträge sind viermal so hoch wie vor dem ersten Weltkrieg – eine flächendeckende Nutzungsreduktion mit Ziel einer generellen Rückkehr von Pflanzen mit geringem Nährstoffbedarf (oligotraphente Arten) ist damit illusorisch (HAMPICKE 1992).

Erfordernisse an eine Extensivierung aus Sicht des Naturschutzes formulieren unter anderem ALBERS et al. (1992), der Arbeitskreis der Landschaftsanwälte (1987), BRAHMS et al. (1992), BRIEMLE et al. (1991), BRIEMLE & ELSÄSSER (1992), der Deutsche Rat für Landespflege (1983b, 1988), VON HAAREN & MÜLLER-BARTUSCH (1991), HABER (1983, 1991), HAMPICKE (1988, 1991 und 1992), HEYDEMANN (1983a, b und c, 1986b), KNAUER (1992), KUNTZE & SCHEFFER (1992), die Landesanstalten/-ämter... (1987), der Naturschutzbeirat bei der Obersten Landschaftspflegebehörde des Landes Nordrhein-Westfalen (1988), von NORDHEIM (1992), PFADENHAUER (1988b), STICHMANN (1984, 1986), ULLRICH et al. (1987), WEIGER (1984) und ZIELONKOWSKI (1988), auf die zur Vertiefung des nachfolgend Gesagten verwiesen sei.

Biotopverbund und Naturschutz allgemein erfordern zweierlei:

- die dauerhafte Herausnahme von landwirtschaftlichen Flächen aus der Nutzung, um dem Anspruch an 10 bzw. 20% der Gesamtfläche (s. Seite 109 ff.) gerecht zu werden, **und**
- die Extensivierung der Nutzung auf der gesamten Fläche.

Vor allem der zweite Aspekt soll an dieser Stelle etwas tiefergehend beleuchtet werden.

Abb. 93: Auch die Erfordernisse des Bodenschutzes sprechen für die Realisierung eines umfassenden Biotopverbunds in den Ackerlandschaften: Das Ausmaß der Bodenerosion durch Wasser läßt sich durch ein engmaschiges, hangparalleles Netz von Hecken und Feldrainen wirkungsvoll begrenzen, das der Winderosion durch Hecken senkrecht zur Hauptwindrichtung. Hinzu muß eine extensivere Landbewirtschaftung kommen.

Was bedeutet Extensivierung? HABER (1991) weist auf terminologische Probleme hin. Das Wort extensiv sei ehemals nicht das Gegenteil von intensiv gewesen; dem Wortsinne nach bedeute es ausgedehnt, auf großen Flächen, weiträumig. Historisch sei extensive Landwirtschaft die Grünlandnutzung (ausgehend von vorhandenen Pflanzenbeständen) gewesen, intensiv der Ackerbau (welcher völlig neue Pflanzenbestände begründete).

Aus diesem Grunde spricht HABER lieber von De-Intensivierung als von Extensivierung, da man in vielen Bereichen aufgrund langfristig veränderter Standortbedingungen zu der ehemaligen extensiven Nutzung nicht zurückkehren könne.

Extensivierung oder De-Intensivierung soll hier definiert werden als die Verringerung des ertragsfördernden Aufwandes in der Landnutzung unter Verzicht auf einen Teil der möglichen Produktionspotentials auf großen Flächen; Ziel ist das Erreichen einer dauerhaften, nachhaltig betriebenen, extensiven (oder de-intensiven) agrarischen Landnutzung unter Schonung der natürlichen Ressourcen.

Zu unterscheiden sind zwei Ebenen der Extensivierung: großflächig im Rahmen der Europäischen Gemeinschaft und kleinflächig, z.B. durch Förderprogramme der Bundesländer und einzelner Gemeinden.

Flächenstillegung

In der Europäischen Gemeinschaft soll in erster Linie die vorübergehende Stillegung von Ackerflächen zur Reduktion der Getreide-Überschüsse dienen. Das ein- bis maximal fünfjährige Brachfallen, wie es das gegenwärtige Konzept vorsieht, bringt für den Naturschutz nur sehr wenig: Lediglich Ackerwildkräuter und andere, vorwiegend einjährige Wildkrautarten werden kurzzeitig gefördert, der ökologische Gesamtwert solcher jungen Brachflächen indes ist relativ gering.

Als noch gewichtigeres Argument kommt hinzu, daß das Brachlegen keinerlei Intensitätsminderung der Landbewirtschaftung auf den übrigen Flächen bedeutet, sondern ganz im Gegenteil die konventionell wirtschaftenden Landwirte zu einer weiteren Intensivierung zwingt, um maximale Erträge zu erzielen (vgl. zum Beispiel JEDICKE 1989b, Landesanstalten/-ämter ... 1987).

Auch ökonomisch verfehlte die Flächenstillegung seitens der EG bisher ihr erklärtes Ziel, die Getreideüberschüsse zu verringern. So standen in Westdeutschland 1989 der geschätzten Verringerung der Getreideproduktion durch Stillegung von 600000 bis 770000 t eine Steigerung der Getreideernte um rund 885000 t gegenüber (VON HAAREN & MÜLLER-BARTUSCH 1991). Auch STICHMANN (1986) sieht in der Flächenstillegung keine dauerhafte Lösung der Überschußproduktion, da bei den bisherigen Steigerungsraten der Erträge die Mindererträge von 10% stillgelegter Fläche durch Ertragssteigerungen auf der übrigen Fläche innerhalb von sieben bis acht Jahren wieder aufgezehrt wären.

Hinzu kommt, daß die Kriterien für Flächenstillegungen bislang keine deutlich erkennbaren Bezüge zu den Belangen des Naturschutzes zeigen.

Flächenstillegung muß, wenn sie positiv aus naturschutzfachlicher Sicht bewertet wird, langfristig gewährleistet sein: Nur dauerhaft aus der wirtschaftlichen Nutzung herausgenommene Flächen sind geeignet, die Flächenansprüche für Schutzflächen eines Biotopverbundsystems zu erfüllen – in großen Schutzgebieten, Trittstein- und Korridorbiotopen. Einzige denkbare Ausnahme ist im Hinblick auf die Erhaltung der Bodenfruchtbarkeit einjähriges Brachfallen von Ackerflächen im Sinne der früher vor Erfindung der Mineraldüngung üblichen Dreifelderwirtschaft.

Aufforstung stillgelegter Flächen

Die EG fördert verstärkt dauerhafte Flächenstillegungen mit Aufforstung. Argumentiert wird dabei u.a. auch mit Argumenten, daß damit Biotopverbund realisiert würde. Nötig ist hier eine differenzierte Bewertung: In waldarmen, ausgeräumten Landschaften kann die Vermehrung des Waldanteils durchaus zu begrüßen sein – unter der Voraussetzung, daß sich die gepflanzten Kombinationen von Gehölzarten an der am jeweiligen Standort zu erwartenden potentiellen natürlichen Vegetation orientiert. In ohnehin waldreichen Landschaften ist eine weitere Erhöhung des Waldanteils hingegen negativ zu beurteilen.

Wünschenswert ist das Überlassen stillgelegter Flächen der natürlichen Sukzession – eine Möglichkeit, die in den Richtlinien der EG bisher nicht vorgesehen und somit nicht förderfähig ist. Bei Pflanzung wie Sukzession kann, besonders auf zuvor stark gedüngten, gut wüchsigen Standorten, ein mehrjähriges Aushagern durch häufige Mahd unter Abführen des Mähgutes notwendig sein. Die Begründung von Weihnachtsbaum-, Pappel- und anderen intensiven Kulturen kann nicht im Interesse des Biotopverbunds und Naturschutzes liegen.

Tabuzonen für Aufforstungen bilden u.a. magere Brachen, (potentielle) Feuchtwiesen, Wiesentäler und Hangwiesen sowie generell die in § 20c des Bundesnaturschutzgesetz und den Landesgesetzen besonders geschützten Biotope (vgl. Ringler 1991).

Bisher existiert für Aufforstungen kein lenkendes Planungsinstrument. Dieses ist jedoch (möglichst naturraumbezogen) dringend erforderlich, um derartige Einzelvorhaben in ein für den Naturschutz sinnvolles Gesamtkonzept einzubinden.

Ackerland

Die Programme auf Landesebene für herbizid- und düngemittelfreie Ackerrandstreifen sind ein zaghafter Anfang, wenngleich ihre Bedeutung für den Biotopverbund insgesamt begrenzt ist: Sie dienen dem Erhalt der Ackerbegleitflora und fördern – bei völligem Pestizidverzicht – auch die typische Insektenfauna in Ackerrand und Feldrain (Raskin et al. 1992). Anzustreben ist eine Verbreiterung der Streifen auf bis zu 10 m unter Benachbarung eines krautigen, ungenutzten Feldraines und im Rahmen lokaler Verbundkonzepte ein planvolleres Vorgehen unter Ausweitung der bisherigen Fördermittel. Ein Biotopverbund der Ackerraine untereinander wird die Wirksamkeit der Programme erhöhen, die nicht allein in ohnehin extensiv genutzten Landschaften anzuwenden sind.

Nennenswerte Größenordnungen einer Extensivierung im Ackerbau sind durch Randstreifen allein jedoch nicht erreichbar. Dazu müssen flächendeckend die ausgebrachten Dünger- und Pestizidmengen wirkungsvoll begrenzt werden. Dies kann zum einen geschehen durch Festschreiben von Obergrenzen pro Flächeneinheit, die allerdings in der Praxis schwer zu kontrollieren wären, zum anderen aber – dem Verursacherprinzip gemäß – durch eine drastische Besteuerung von Düngemitteln und Pestiziden, die zu mindestens einer Verdoppelung der Preise führen müßte.

Mittel- bis langfristig ist eine Umstellung der Produktionsweise auf integrierten und noch besser ökologischen Landbau (s. unten) anzustreben. Ausbildung und Beratung der Landwirte sind in dieser Richtung grundlegend zu verbessern und auszubauen.

Grünland

Den nach wie vor anhaltenden Trend zum Umbruch von Grünland zu stoppen, liegt sehr stark im Interesse des Naturschutzes. Durch ständige Bodenbedekkung und (weitgehend) fehlende Pestizidanwendung belastet die Grünlandnutzung den Naturhaushalt weniger als Akkerbau. Dennoch erfordert auch das Grünland umfassende Maßnahmen zur Extensivierung – die Praxis nähert sich immer stärker den Methoden des Futterbaus an. Das Ergebnis sind sehr artenarme Grasbestände auf hinsichtlich der ökologischen Bedingungen weitgehend nivellierten Standorten, unabhängig von früheren landschaftlichen Unterschieden.

Beibehaltung bzw. Wiedereinführung traditioneller Nutzungsintensitäten (durchaus unter Einsatz modernster Maschinen) ist die zentrale Forderung des Naturschutzes an die Bewirtschaftung von Dauergrünland (von Nordheim 1992): durch Reduktion des Gesamtstickstoff-Eintrags, Reduktion der Schnitt- und Beweidungsintensität und Wiederherstellung der ursprünglichen Feuchteverhältnisse im Boden. Anzustreben sind somit eine Verringerung der Produktion und der Umweltbelastung, eine Förderung der floristischen Vielfalt und eine Verbesserung der Lebensbedingungen für die Fauna (Knauer 1992). Dabei kann man generalisierend sagen, daß der Artenvielfalt offenes Grünland mit mageren, extremen Wärme- und Wasserverhältnissen mit den dazugehörigen Strukturelementen und Kontaktbiotopen am förderlichsten sind (Hampicke 1992).

Ein Problem liegt in dem Nährstoffreichtum des Grünlandes durch starke Düngung: Sowohl Gülle- als auch mineralische Düngung und Klärschlamm-Ausbringung sind zu reduzieren. Dabei ergeben generelle Richtwerte für Obergrenzen keinen Sinn, weil sich die Verhältnisse je nach Standort mit Faktoren wie Bodenart und -typ, Produktivität, Nähe zu Grund- und Oberflächenwasser usw. stark unterscheiden. Auch ökologisch ergeben sich daraus Grenzen der Extensivierungs-Möglichkeiten, wie Briemle & Elsässer (1992) unterstreichen: Die natürliche Produktivität von humusreichen, tiefgründigen Grünlandböden (z. B. Braunerden, Parabraunerden, Kolluvien und Auenböden) mit optimaler Bodenfeuchte kann so groß sein, daß sie sich bei mäßiger Nutzungsintensität nicht ausmagern lassen. Die Autoren formulieren folgende Empfehlungen:

- Auf wüchsigen Standorten sollte eine Mindestintensität von drei bis vier Schnitten pro Jahr nicht unterschritten werden. Gegen einen späten Mahdtermin sprechen hier neben einer schlechten Futterverwertbarkeit des Heus auch standortökologische Gründe wie die Gefahr einer Eutrophierung und Nitratauswaschung.
- Je »fetter« eine Wiese ist, desto geringer ist ihre Artenzahl und die Aussicht, daß sich die Artengarnitur rasch hin zu Magerkeitszeigern wandelt. Der Erfolg einer Extensivierung hängt auch davon ab, ob noch ein entsprechendes Samenpotential vorhanden ist.
- Nur auf Böden mit natürlich geringer Standortproduktivität ist eine Grünland-Extensivierung erfolgversprechend (langjährige natürliche Ertragsleistung in ungedüngtem Zustand unter 40 dt Trokkenmasse pro Hektar). [Anmerkung: Dies gilt aus Sicht des Artenreichtums, gleichwohl ist eine Extensivierung von »guten« Standorten vor allem zum Schutz von Böden und Grundwasser unumgänglich.]
- Zunächst erforderlich ist eine Ausmagerungs-Periode: Ohne Düngung ist für

einige Jahre die bisherige Schnitthäufigkeit beizubehalten, bis die Erträge merklich zurückgehen – erst dann kann der erste Schnitt zeitlich hinausgeschoben werden.

• Viele Wiesenblumen der bodenfrischen bis mäßig trockenen Glatthafer- und Goldhaferwiesen sind nicht ausgesprochene Magerkeitszeiger, sondern haben vergleichsweise hohe Nährstoffansprüche – farbenfrohe Heuwiesen haben eine Biomasseproduktion von 40 bis 80 dt Trockenmasse pro Hektar und Jahr und wurden auch früher regelmäßig mit Hofdüngern versorgt.

Von daher muß Extensivierung im Grünland also in jedem Einzelfall anhand der lokalen Standortbedingungen beurteilt werden, um notwendige und sinnvolle Nutzungseinschränkungen festzulegen. Ein Streitpunkt liegt in der Verwertbarkeit des von Extensivwiesen stammenden Heus. JILG & BRIEMLE (1993) wiesen nach, daß Heu aus ungedüngten Wiesen, deren erster oder einziger Aufwuchs erst Ende Juni oder im Juli geschnitten wird, in der Rinderaufzucht durchaus verfüttert werden kann. Bedingung ist aber, daß dieses Futter tatsächlich aus kräuterreichen Wiesen mit einem Ertragsanteil der grasartigen Pflanzen von maximal 50% stammt – nur dann ist ein Mindestmaß an Verdaulichkeit und Akzeptanz vorhanden, um die notwendige Gewichtszunahme der Rinder zu gewährleisten. Auf überständiges, grasreiches Wirtschaftsgrünland lassen sich diese Aussagen aber keinesfalls übertragen.

ALBERS et al. (1992) untersuchten die Folgen einer Extensivierung im Feuchtgrünland und wiesen nach, daß die Verluste im allgemeinen geringer als befürchtet sind. Aufgrund der besseren Verwertung älteren Grundfutters ist die Haltung einer geringer leistenden Kuh mit 4500 l Jahresmilchleistung demnach sogar der Haltung einer höher leistenden Kuh (6000 l) finanziell überlegen, bei verringertem Kraftfutter-Einsatz wächst der Flächenanspruch pro Kuh. ALBERS et al. (1992) empfehlen extensiv wirtschaftenden Landwirten, den Rindern in ihrer Jugend viel Grundfutter zu geben, um ihnen einen großen Pansen anzutrainieren, und auch später viel Grundfutter zu verfüttern, um ihre Gesundheit zu erhalten. Der erste späte Schnitt solle möglichst als Heu konserviert werden, da die Silagebereitung durch die grobe Struktur des Mahdgutes Schwierigkeiten verursache.

Aus Sicht des Naturschutzes sind folgende weitere Einschränkungen der Grünland-Nutzung zu fordern:

- keine weitere Entwässerung, stattdessen gezielte Wiedervernässung;
- in Wiesenbrüter-Arealen kein Walzen oder Schleppen während der Hauptbrutzeit (15.3. bis 15.6.), nach Möglichkeit genereller Verzicht auf Schleppen, Walzen und Senkenverfüllung;
- keine Mahd vor dem 15.6.;
- Verminderung der Schnittzahl auf ein bis zwei (drei) Schnitte pro Jahr;
- Besatzdichte bei Beweidung im allgemeinen mit maximal drei (zwei) Großvieheinheiten pro Hektar;
- keine Gülle während der Brutzeit, nur restriktive Düngung;
- keine chemischen Pflanzenschutzmittel.

Die Besatzdichte mit Weidevieh muß wiederum standortbezogen differenziert werden, wenngleich hier noch kaum Erfahrungen veröffentlicht wurden. ALBERS et al. (1992) beobachteten auf Niedermoor-Böden, daß bei intensiver Nutzung und entsprechendem Düngereinsatz der Torfschwund ähnlich hoch wie im Ackerbau ist, wenn eine Besatzstärke von 1 bis 1,5 Großvieheinheiten pro Hektar überschritten wird.

Welche Haustierrassen sind für extensives Grünland am besten geeignet? Zu berücksichtigen ist hier auch das unterschiedliche Freßverhalten etwa von Rindern, Schafen und Ziegen (vgl. z. B. JEDICKE et al. 1993, KNAUER 1992). Man kann, wie JILG & BRIEMLE (1993), übliche Rinderrassen halten. ALBERS et al.

(1992) empfehlen fleischbetonte Zweinutzungs-Rassen, und zwar vorzugsweise solche, die traditionell den betreffenden Standort über Jahrhunderte mitgestaltet haben. Dies sind, auch bei Schafen und Ziegen, häufig alte Rassen, die durch Einkreuzungen oft weitgehend verdrängt wurden (vgl. auch JEDICKE et al. 1993).

Wo noch eine intensive Grünlandnutzung stattfindet, sind auch extensive Randstreifen sinnvoll, wie von NORDHEIM (1992) für hohe Gräser bewohnende Wirbellose unterstreicht: Mindestens 2 bis 5 m breite Randstreifen von Wiesen und Weiden könnten in kleinem Maßstab bereits ein Verbundsystem mit ökologisch höherwertigen Wiesenflächen bilden.

Tierhaltung

Massentierhaltungen widersprechen dem Naturschutz aus verschiedenen Gründen. Der Abschied von den flächenbezogenen Tierhaltung im kombinierten Akkerbau- und Viehhaltungsbetrieb ließ das Gülleproblem mit immensen Überschüssen überhaupt erst entstehen. Folgen sind ein Anstieg der Nitratgehalte im Grundwasser und in Oberflächengewässern, Beeinträchtigungen von Bodenstruktur, Bodenfruchtbarkeit und Nahrungsmittel-Qualität. Ammoniak-Emissionen aus der Viehhaltung tragen zudem mutmaßlich zu Waldschäden und Bodenbelastungen bei.

Verfahren zur Güllebehandlung können das Problem entschärfen helfen. Bestandsobergrenzen für Tierhaltungen in Abhängigkeit von der zur Verfügung stehenden landwirtschaftlichen Nutzfläche bewirken eine Begrenzung der ausgebrachten Güllemengen. Die Rückkehr von der Gülle- zur Mistwirtschaft bei Reduktion der Tierbestände würde die Situation ebenfalls verbessern. Mittelfristig ist ein völliger Verzicht auf Massentierhaltungen unabdingbar. Indes sind in diesem Zusammenhang die Strukturen kleinbäuerlicher Landwirtschaft nicht gleichzusetzen mit umweltfreundlicher, Großbetriebe hingegen mit umweltschädigender Wirtschaftsweise, wie HAMPIKKE (1991) unterstreicht; in der ehemaligen DDR bewirkten die großen Landwirtschaftlichen Produktions-Genossenschaften (LPG) teils mehr Naturschutz als kleinbäuerliche westdeutsche Landwirtschaft (RINGLER 1991).

Integrierter Pflanzenschutz und ökologischer Landbau

Der integrierte Pflanzenschutz zielt auf die Kombination biologischer Regelungsmechanismen mit verringertem Einsatz chemischer Mittel. So werden (möglichst selektiv wirksame) Biozide im allgemeinen erst dann eingesetzt, wenn bestimmte Schadensschwellen überschritten werden. Abwechslungsreiche Fruchtfolgen unter Verwendung mannigfaltiger Kulturpflanzen bieten einen gewissen Bodenschutz. Zu dem Konzept zählt auch die Erhaltung bzw. Förderung sogenannter »ökologischer Zellen«, so daß sich Übereinstimmungen mit den Zielen des Biotopverbunds ergeben (vgl. DIERCKS 1982, HEITEFUSS 1980, KNAUER 1986a, MEINERT & MITTNACHT 1992).

Die Ablösung konventioneller Landbaumethoden durch den integrierten Pflanzenbau auf großen Flächen würde bereits einen deutlichen Schritt zur Minderung der Lebensfeindlichkeit heutiger Agrarökosysteme darstellen, vor allem in punkto Boden- und Wasserschutz.

Längerfristiges Ziel muß aber die Umstellung der Produktionsweise auf Methoden des alternativen oder ökologischen Landbaus sein. Der einzelne Betrieb wird als ein Organismus aufgefaßt, in dem möglichst geschlossene Kreisläufe anzustreben sind. Der Verzicht auf Chemie, eine eingeschränkte, auf organische Materialien beschränkte Düngung, eine angepaßte Bodenbearbeitung und ein vielseitiger Anbau mit einer bedeutenden Rolle der bodenverbessernden Leguminosen sind die Kernpunkte dieser Wirtschaftsweisen (vgl. BICK 1983, BRUGGER 1982, FINCKENSTEIN 1983, FRANZ 1982, KNAUER 1986b, SCHAUMANN 1982, SCHMID 1982, SPIESS 1982, THUN 1982, von WISTINGHAUSEN 1982). Neben staatlicher Förderung von Betriebsumstellungen und durch intensive Beratungsangebote für Landwirte liegt hier eine Aufgabe für umweltbewußte Verbraucher, durch ihr Kaufverhalten biologisch wirtschaftende Betriebe zu unterstützen. Jedoch sei vor der Annahme gewarnt, daß großflächig betriebener ökologischer Landbau allein den Anforderungen des Naturschutzes gerecht würde.

Daß ein großflächiger Umstieg von konventionellem auf ökologischen Landbau durchaus möglich erscheint, wies unter anderem BECHMANN (1986) nach. Dafür müßte allerdings der Preis einer erheblich geminderten Fleischproduktion in Kauf genommen werden, die aus ernährungswissenschaftlicher Sicht sogar zu begrüßen wäre. HAMPICKE (1988, 1991) sieht indes eine Konkurrenz zwischen den Ansprüchen des Artenschutzes (Renaturierung von Biotopen auf 10 bis 20 Prozent der Fläche) und denen des allgemeinen Landschaftsschutzes (Extensivierung auf der gesamten Fläche). Die hier notwendige Diskussion würde den Rahmen dieses Buches sprengen, wenngleich sie im Naturschutz noch bei weitem nicht intensiv genug geführt wird.

»Ökologische« Flurbereinigung

Gerade in den Intensivackerbaugebieten müssen die Schlaggrößen im Rahmen von Flurbereinigungen begrenzt werden, damit überhaupt Korridorbiotope neu entstehen können. In extremem Umfang ist dies in den ehemals intensiven Ackerlandschaften Ostdeutschlands vonnöten. Ein Mittel zur Durchführung könnte eine »ökologische« Flurbereinigung sein, d. h. ein Verfahren, welches aus Grün-

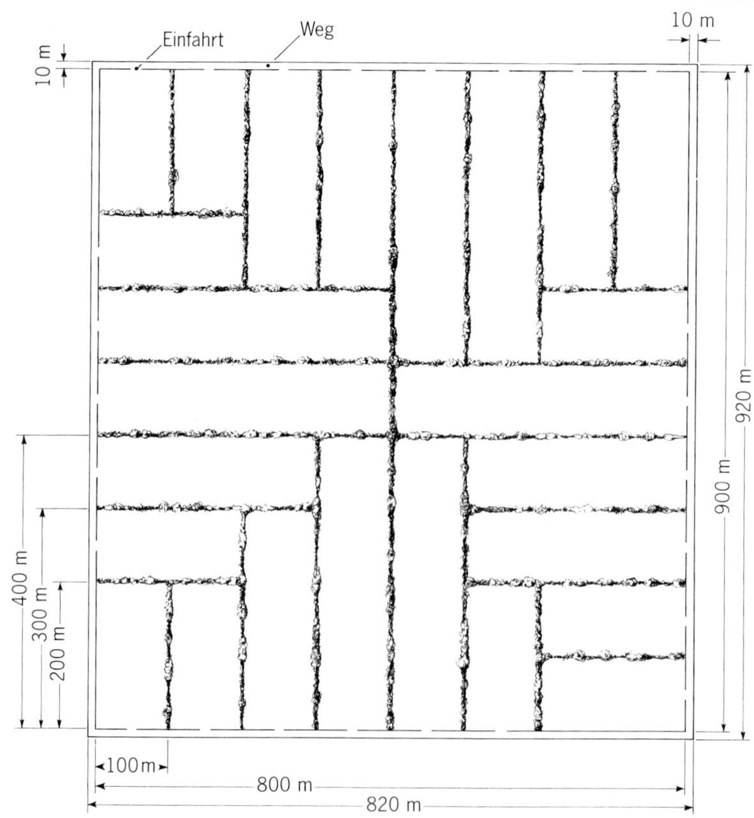

Abb. 94: Schematisches Beispiel für die Neugliederung einer 72 ha großen Ackerfläche durch lineare Verbundelemente (aus JEDICKE 1991c). Die Langäcker sind 2 bis 4 ha groß. Die Verschachtelung ermöglicht viele Verzweigungen der als Hecken und Feldraine denkbaren Parzellengrenzen bzw. Korridore.

den des Naturschutzes eingeleitet wird. Dieses würde zugleich die Flächenstillegung in dem notwendigen Umfang vollziehen helfen, um die Grundlage für die großräumige Renaturierung von Lebensräumen zu schaffen.

HEYDEMANN (1986b) empfiehlt zur Schlageinteilung unter Berücksichtigung des Einsatzes von Großmaschinen die Handtuchform ohne Längenbegrenzung, jedoch mit einer maximalen Breite von 150 bis 200 m. In Abb. 94 ist schematisch eine 72 ha große Ackerfläche in 100 m breite Langäcker mit Flächengrößen zwischen 2 und 4 ha gegliedert.

Situation in Ostdeutschland

In den neuen Bundesländern stehen Agrarpolitik und Naturschutz vor einer noch anderen Situation, geprägt durch die sozialistischen Großbetriebe mit teils 5000 ha großen Flächen oder 300 Rindern. Während in Westdeutschland noch immer Parzellen zusammengelegt werden, steht im Osten eine Aufgliederung der Großschläge durch neue Privatbetriebe und/oder stärkere Nutzungsdifferenzierung an. RINGLER (1991) regt hier neben vielen detaillierten Vorschlägen auch zu Biotopverbundsystemen sechs Grundtypen von Entwicklungsbereichen vor:

- Rückwandlung von Großmeliorationen auf langfristig unergiebigen und gleichzeitig biologisch besonders entwicklungsträchtigen Standorten wie Talmooren und Feuchtniederungen;
- Umwandlung agrarökonomisch deplazierter Großanbaugebiete in den Hochlagen der Mittelgebirge über 700 m Meereshöhe in reine Extensiv- und Erholungslandschaften (Erzgebirge, Thüringer Wald und Harz);
- Renaturierung von ökonomischen Ausfallzonen innerhalb der Anbauflächen, z. B. Deflationszonen, Fehlstellenbereiche in Getreideschlägen, Sekundärvernässungen in Mulden, durch Industrie-Immissionen geschädigte Anbauflächen;
- Wiederherstellung von verrohrten und kanalisierten Wasserläufen in Ackerschlägen;
- Acker- und Grünlandextensivierung ohne Nutzungsaufgabe;
- Erhaltung extensiver Acker-, Streuobst- und Reb-Kleinparzellen als Überreste vorsozialistischer Agrarstrukturen.

Die Verfügbarkeit großer Flächen – wie sie auch die gegenwärtigen Flächenstillegungen illustrieren – müßte entsprechende Verbund-Maßnahmen in großem Maßstab leichter und schneller realisieren lassen als in den alten Bundesländern.

Umsetzung einer umweltschonenden Agrarpolitik

Gefordert sind die Länder, die Bundesrepublik, die Europäische Gemeinschaft sowie deren Mitgliedsstaaten, durch in ihrem Rahmen mögliche Programme und Finanzierungsmöglichkeiten aktiv zu werden. HAMPICKE (1988, 1991) unterstreicht, daß eine umweltverträglichere Landwirtschaft im wesentlichen aus Einsparungen durch den Abbau der Überschußproduktion finanziert werden kann. Hinzu könne auch die Finanzierung auf dem Wege nationaler Agrar- und Naturschutzpolitik kommen, etwa durch Umwidmung von allein in der Bundesrepublik über zwei Milliarden Mark kostenden Maßnahmen wie Flurbereinigung, Wasser- und Wegebau, einzelbetrieblicher Förderung und Ausgleichszulagen. Damit sei die Frage des Verschwindens von immer mehr Tieren und Pflanzen (und ebenso ihrer Lebensräume) nicht ein Problem des Geldmangels, sondern des fehlenden politischen Willens.

Unterstrichen sei auch die Notwendigkeit, Extensivierungskonzepte jeglicher Ausrichtung nicht einheitlichen Schemata zu unterwerfen, sondern örtlich und zeitlich zu differenzieren. HABER (1991) umschrieb dies bereits vor über zwanzig Jahren mit seinem Modell der »differenzierten Landnutzung«. Notwendig ist dazu vor allem eine Kenntnis der örtlichen Nährstoffbilanzen.

8.2 Notwendige Konsequenzen in der Forstwirtschaft

Auch im Einflußbereich der Forstwirtschaft kann es nicht bei einer strikten Funktionstrennung zwischen Naturschutz und Waldbewirtschaftung bleiben; dabei erscheinen die Gegensätze geringer und die Umsetzungsmöglichkeiten einfacher als im Falle der Landwirtschaft.

Vorrangiges Ziel muß die Minderung der ökologischen Barrierewirkung der Monokulturen bilden, die über die bereits beschriebenen Verbundmaßnahmen hinaus (s. Seite 100) in artenreichere Mischbestände umzuwandeln sind. Leitlinie für einen derartigen Bestandsumbau bildet die potentiell natürliche Waldzusammensetzung, so daß Nadelbäume in der Regel weitgehend verschwinden müßten. Je nach waldbaulichen Zielsetzungen können dabei jedoch auch ohne Bedenken einzelne Laubholzarten per

Abb. 95: Grundformen forstlicher Verjüngungsverfahren.

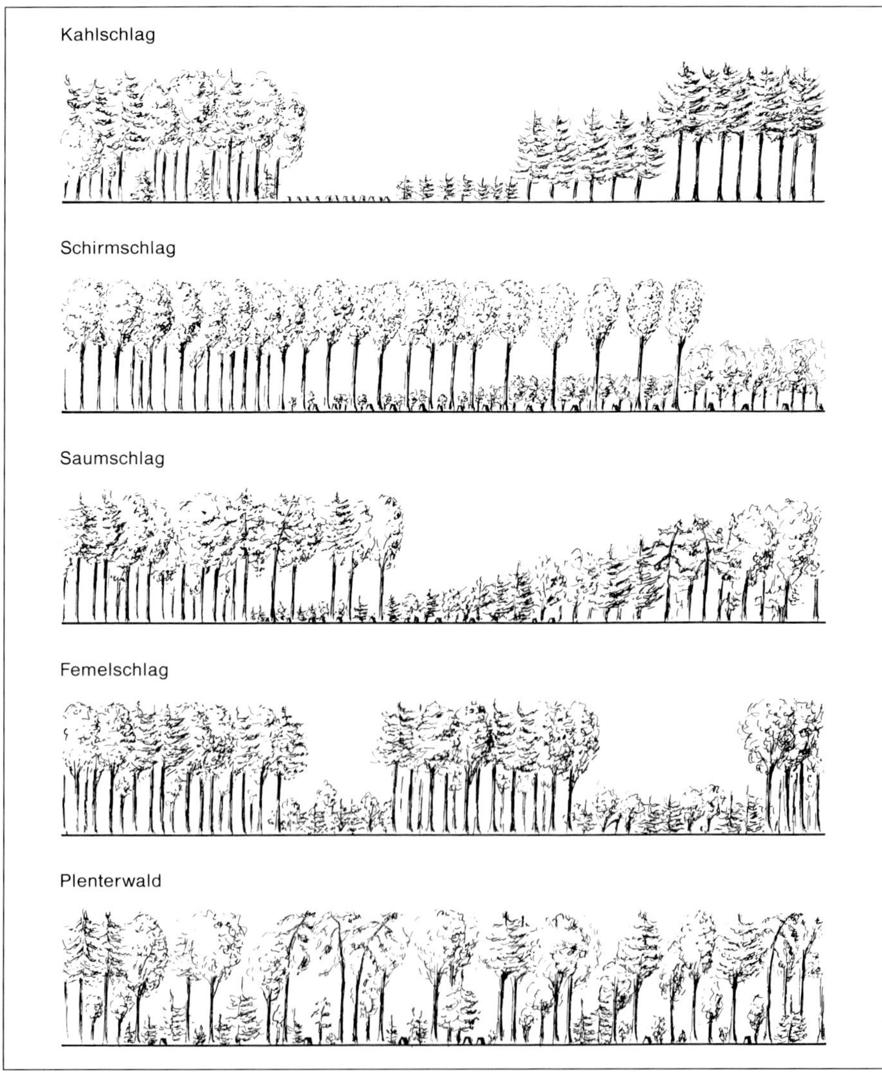

gezielter Durchforstung bevorzugt werden. Weitergehendes Ziel ist ein horst-, gruppen-, trupp- und stammweise ungleichaltrig aufgebauter und gemischter Wald aus standortgemäßen Baumarten und -rassen mit einem qualitativ und quantitativ optimalen Holzvorrat. Der Einzelstamm wird nicht nach Erreichen einer festgelegten Umtriebszeit, sondern zum Zeitpunkt eines qualitativ hochwertigen Zieldurchmessers geschlagen. Die Walderneuerung vollzieht sich unter dem Schirm des Bestandes. Durch diese »biologische Rationalisierung« (Richter 1988) lassen sich die Kosten für steuernde und korrigierende Eingriffe deutlich senken. Zugleich kann ein gewisser Totholzanteil erhalten werden.

Zentrale Frage des Waldbaus in seinen Auswirkungen auf den Naturschutz ist die Art des Schlages, d.h. in welcher Form der Bestand geerntet wird (Abb. 95):

- Ökologisch unverträglich ist die Altersklassen- oder Kahlschlagwirtschaft mit flächig gleichzeitigem Abhieb und anschließender Neupflanzung des Baumbestandes.
- Schirm- und Saumschlag sind etwas schonendere Verfahren, da der Boden nicht großflächig völlig entblößt wird, sondern durch nachwachsende junge Gehölze wieder beschattet wird: Schirmschlag heißt, beim Abhieb einer großen Fläche einen Schirm von Altbäumen zu belassen, unter dem dann eine Naturverjüngung stattfindet; erst nach und nach wird der Altbaumbestand dann ganz herausgenommen. In beiden Fällen aber, vor allem beim Schirmschlag, entsteht wiederum ein gleichaltriger, strukturarmer Waldbestand. Saumschlag bedeutet einen streifenweisen Kahlschlag des Altholzes gegen die Hauptwindrichtung in ein bis drei Baumhöhen breiten Streifen, der alle fünf bis zehn Jahre fortgesetzt wird.
- Femelschlag beinhaltet eine horst- oder truppweise Auflichtung des Kronendachs mit einer Ausdehnung der Femel von zwei bis drei Baumlängen, um eine Naturverjüngung einzuleiten. Schirm- bis saumweise werden diese Verjüngungskerne nach und nach randlich erweitert.
- Plenterwald schließlich ist gleichzusetzen mit einer einzelstammweisen Nutzung, die zugleich in einem Arbeitsgang Verjüngung und Erziehung vornimmt. In der Folge sind alle Durchmesserklassen und Altersstufen vertreten.

Naturnaher und naturgemäßer Waldbau kommen den Erfordernissen des Naturschutzes deutlich näher als die herkömmliche Forstwirtschaft. Späth (1992) definiert dabei als

- naturnah die »Weiterentwicklung des Altersklassenwaldes zu vielfältigen Mischbeständen unter Förderung von Naturverjüngungsverfahren mit standortsgerechten Baumarten;
- naturgemäß einen »plenter- bis femelartig bewirtschafteten Dauerwald mit standortsheimischen Hauptbaumarten und standortsgerechten Mischbaumarten«.

Aus faunistischer Sicht wirkt der Femelschlag am günstigsten (Heydemann 1982). Die dadurch entstehende gruppenweise Verjüngung kommt vermutlich auch den natürlichen Verhältnissen am nächsten, wie sie das Mosaik-Zyklus-Konzept beschreibt.

Ziel einer Extensivierung im forstlichen Bereich muß also – neben der Bereitstellung der Flächen für Totalreservate – ein naturgemäßer Waldbau sein, wie ihn vor allem die Mitgliedsbetriebe der Arbeitsgemeinschaft Naturgemäßer Waldbau (ANW) bereits mit (auch wirtschaftlichem) Erfolg betreiben. Naturnaher Waldbau ist ein Schritt auf dem Wege dorthin, wie ihn verschiedene Bundesländer wie z.B. das Saarland, Hessen und Nordrhein-Westfalen in ihren Staatsforsten beschreiten – aber noch nicht das Endziel.

Späth (1992) und Heinrich (1993) unterstreichen jedoch, daß auch die Richtlinien der Arbeitsgemeinschaft Naturgemäße Waldwirtschaft nicht alle Ansprüche des Naturschutzes an die Struktur und Gestaltung von Waldlebensräumen erfüllt. HEINRICH (1993) nennt in deren Erweiterung folgende Grundsätze:

1. Abkehr vom Altersklassenwald, Waldbau ohne Kahlschlag:
- Verzicht auf Kahlschläge, großflächige Schirmschläge und vergleichbare Räumungen;
- einzelstammweise Nutzung, auch um großflächige Jung- und Stangenholzstadien zu umgehen;
- gleichzeitige Pflege, Ernte und Verjüngung auf derselben Fläche.

2. Aufbau naturnaher Mischwälder:
- mindestens die Zusammensetzung der Hauptbaumarten orientiert sich an der potentiellen natürlichen Vegetation;
- grundsätzlich Laubholz als Hauptbaumart(en) mit > 50% Bestockungsanteil, zusätzlich zu den Hauptbaumarten mindestens zwei weitere Laubbaumarten;
- Gastbaumarten (Fichte, Tanne und Kiefer) und Exoten (Douglasie, Roteiche, Weymouthkiefer u. a.) nur als Mischbaumarten auf Standorten, die den Bedingungen der natürlichen Vorkommen weitgehend entsprechen, aber nicht als bestandsbildende Baumarten (> 30%);
- keine Begründung von Nadelholzkulturen;
- Tolerieren wirtschaftlich uninteressanter Nebenbaum- und Straucharten bis zu einem Bestockungsanteil von 30%;
- Schutz von Vorkommen seltener Gehölze wie Eibe, Elsbeere, Mehlbeere, Speierling, Mispel und Wildobstarten.

3. Vorrang von Naturverjüngung und Sukzession:
- Naturverjüngung und Sukzession ist gegenüber Saat, Saat gegenüber Pflanzung zu bevorzugen;
- Verzicht auf Wiederaufforstung kleiner Freiflächen im Wald (< 1 ha) oder am Waldrand;
- auf größeren Freiflächen 20%, mindestens aber 1 ha, der Sukzession überlassen.

4. Förderung und Entwicklung von Alt- und Totholz:
- 10% Altholz der Bäume mit mehr als 30 cm Brusthöhendurchmesser als Minimum in jedem Bestand als »geschütztes Altholz« kennzeichnen und von jeder künftigen Nutzung ausnehmen;
- möglichst hohen Totholzanteil (stehend und liegend) belassen, er soll mindestens 10% des stehenden Holzvorrats mit über 30 cm Brusthöhendurchmesser je Unterabteilung entsprechen;
- Nutzungsverzicht bei Einzelwürfen, solange das 10%-Totholz-Ziel noch nicht erreicht ist;
- sturmbedingte Stümpfe in voller Länge belassen;
- gebrochene und gestürzte Totbäume nicht nutzen;
- auf mehr als 0,25 ha großen Windwurfflächen mindestens 10% der geworfenen Holzmenge belassen;
- Nutzungsverzicht bei vorhandenen Einzelüberhältern;
- keine Nutzung, sondern Kennzeichnung von Bäumen mit Schwarzspechthöhlen oder mehr als einer Höhle anderer Spechtarten sowie von Bäumen mit Greifvogel-, Graureiher- oder Schwarzstorchhorsten;
- Biomasse wie Holzreste, Reisig, Laub, Rinde und Streu an Ort und Stelle im Wald belassen;
- Verbrennen von Nadelholzresten auf Windwurfflächen nur bei bevorstehender Massenvermehrung von Schadinsekten, nicht vorbeugend; kein Verbrennen von Laubbruchholz.

5. Bodenschutz:
- Erosion und Verdichten des Waldbodens weitestmöglich vermeiden bzw. vermindern, Fördern des Einsatzes von Rückepferden;
- Verzicht auf Waldkalkungen, deren Wirksamkeit umstritten, aber Schädi-

gung auf Bodenorganismen nachgewiesen ist.

6. Verzicht auf Chemieeinsatz (Pflanzenschutzmittel, pauschale Walddüngung).

7. Nutzungsverzicht auf Sonderstandorten mit naturnah vorhandenen natürlichen Waldgesellschaften, Renaturierung geschädigter Flächen (z. B. Wiedervernässung trockengelegter Feuchtwälder).

8. Waldränder mit 20 bis 30 m Breite schützen und entwickeln, Verzicht auf neue Wege an Waldrändern, keine Holzlagerung.

9. Reduzieren des Waldwegenetzes besonders bei örtlich zu starker Dichte; wo möglich, befestigte Wege durch Verlängern der Instandsetzungszyklen »extensivieren« oder nur noch als Rückegassen beibehalten.

10. Verbot des Holzeinschlags in der Brutzeit von Vögeln (März bis August).

11. Verzicht auf Erstaufforstungen an ökologisch wertvollen Standorten.

Aus naturschutzökonomischer Sicht dürfte eine umfassende Extensivierung unter diesen Leitlinien viel leichter zu realisieren sein als in der Landwirtschaft, wie Hampicke (1991, 1992) eindrucksvoll darlegt: Staats- und Körperschaftswald – sie nehmen 58,5% der westdeutschen Waldfläche ein – wirtschaften nach Abzug aller Kosten mit Verlust, nur der Privatwald erbringt im Durchschnitt einen positiven Reinertrag pro Hektar Holzbodenfläche. Für das Jahr 1988 ergeben sich folgende Zahlen für die alte Bundesrepublik (Angaben jeweils in DM je ha Helzbodenfläche):

- Staatswald: 608 DM Betriebsertrag minus 753 DM Betriebsaufwand = minus 145 DM Reinertrag;
- Körperschaftswald: 622 DM Betriebsertrag minus 636 DM Betriebsaufwand = minus 14 DM Reinertrag;
- Privatwald: 759 DM Betriebsertrag minus 674 Betriebsaufwand = plus 85 DM Reinertrag.

Im Mittel aller Betriebsformen ist der Reinertrag negativ, mit anderen Worten: Die Holzerzeugung in der Bundesrepublik ist unrentabel. Somit »können die Kosten des Naturschutzes in der Forstwirtschaft gesamtwirtschaftlich nur geringfügig sein«, wenn sie überhaupt von Null abweichen (Hampicke 1991). Selbst wenn der Autor rein theoretisch einen Reinertrag von 200 DM pro Hektar und Jahr unterstellt, würde bei Bereitstellung von 10% der Waldfläche für den Naturschutz ein Gewinnausfall von 140 Mio. DM pro Jahr entstehen – »eine nicht nur gesamtwirtschaftlich triviale, sondern auch im Vergleich zu den Naturschutzkosten im Bereich der Landwirtschaft sehr bescheidene Summe«. Angesichts des geschilderten Verlustes in der Forstwirtschaft »muß die Verringerung der bewirtschafteten Fläche nicht die Gewinne, sondern die Verluste reduzieren, der Artenschutz trägt dann zu einer gesamtwirtschaftlichen Allokationsverbesserung bei«. Mittel- bis längerfristig, so Hampicke (1992), sei die Extensivierung ohne Zweifel die einzig erfolgversprechende Gesundungskur für weite Gebiete der Forstwirtschaft, wobei sich naturnähere Wirtschaftsweisen »grundsätzlich durch Kostenersparnisse« auszeichneten.

Dabei sei im Einzelfall zu nuancieren: Kunstforsten könnten nicht von heute auf morgen sich selbst überlassen bleiben; hohe Kosten der Bestandsgründung, Durchforstung und Pflege sollten durch Einfahren der zugehörigen Ernte auch ausgeglichen und daher eine intensive Nutzung bis dahin aufrecht erhalten werden (Hampicke 1991).

8.3 Reduktion der Flächenbeanspruchung

Ein Thema der Extensivierung von Flächennutzungen ist auch ein weitaus haushälterischer Umgang als bisher bei Eingriffsvorhaben jeglicher Art. Das bedeutet in jedem Einzelfall,

- die Notwendigkeit einer geplanten Maßnahme sehr kritisch zu hinterfragen,
- unvoreingenommen Alternativen in ihrer Naturschutzrelevanz zu prüfen und dazu intensive Untersuchungen floristischer und vor allem faunistischer Art durchzuführen (nicht jede Umweltverträglichkeitsprüfung verdient ihren Namen),
- bei der Abwägung Erfordernisse des Naturschutzes und hier gerade die Zerschneidungs- und Isolationsfolgen mindestens ebenso intensiv wie andere gesellschaftliche Belange zu berücksichtigen,
- die Folgen eines Eingriffs, wo er unvermeidbar erscheint, weitestmöglich zu verringern und durch weitreichenden Ausgleich zu mindern (von einem Ausgleich in naturwissenschaftlichem Sinne kann man ohnehin nicht sprechen).

Auch unkonventionelle Maßnahmen wie z. B. Biotopverpflanzungen, der Bau von Grünbrücken, Tunnellösungen, Brükkenbauwerke statt Dammschüttungen über Tälern usw. sind ernsthaft zu erwägen. Generell muß der Landverbrauch – für welche Maßnahmen auch immer – drastisch reduziert und inzwischen überflüssig gewordene alte Flächenversiegelungen durch Rückbau und Renaturierung in einen naturnäheren Zustand zurückgebaut werden.

8.4 Zusammenfassung

Die strikte Funktionstrennung zwischen Naturschutz- und Wirtschaftsflächen in Agrar- und Forstökosystemen ist langfristig zu entschärfen, indem auf der gesamten Fläche eine Nutzungsextensivierung durchgeführt wird. Dazu wird exemplarisch eine Reihe von Vorschlägen unterbreitet.

Beispiele für mögliche Einzelmaßnahmen in der Landwirtschaft stellen eine Reduktion der Dünger- und Pestizidmengen etwa durch drastische Besteuerung dar, die Festlegung von flächengebundenen Bestandsobergrenzen für die Tierhaltung, die Einführung von Methoden des integrierten Pflanzenbaus, eine schonende Grünland-Bewirtschaftung, die Begrenzung der Schlaggrößen sowie schließlich die Umstellung auf ökologischen Landbau. Letzteres wäre für den Preis einer deutlich verringerten Fleischproduktion ohne weiteres möglich. Die bislang von der EG zum Übrschußabbau favorisierte kurzzeitige Flächenstillegung bewirkt für den Naturschutz keine wirksame Verbesserung.

In der Forstwirtschaft sind monostrukturelle Kulturen in Mischbestände unter weitgehendem Verzicht auf die zumeist standortfremden Nadelbäume umzuwandeln, die Kahlschlagwirtschaft muß naturnahen und längerfristig naturgemäßen Waldbaumethoden weichen.

Darüber hinausgehende Erfordernisse des Naturschutzes werden umrissen, u. a. zur Belassung von Tot- und Altholz im Wirtschaftswald. Angesichts der defizitären wirtschaftlichen Lage der heutigen Forstwirtschaft kann eine Extensivierung gesamtwirtschaftlich nur von Vorteil sein.

Weiter notwendig ist ein weitaus haushälterischer Umgang bei Eingriffsvorhaben, die nach wie vor einen wachsenden Flächenverbrauch und zunehmende Zerschneidungswirkungen bedeuten.

9 Chancen und Grenzen eines flächendeckenden Biotopverbunds

9.1 Möglichkeiten der Realisierung

Eines steht fest: Ohne politischen Willen lassen sich Projekte zum Biotopverbund nicht realisieren. Diese Entschlossenheit muß auch die Bereitstellung finanzieller Mittel in ausreichendem Umfang beinhalten. Wie die vorangegangenen Ausführungen gezeigt haben, kann Biotopverbund auf unterschiedlichen Ebenen ansetzen und sich somit auch verschiedener Finanzquellen bedienen – ungeachtet der Tatsache, daß langfristig allein das konsequent und ohne Abstriche umgesetzte Gesamtprogramm unter Einschluß der flächendeckenden Extensivierung zum Erfolg führen kann:

(1) Auf **kommunaler Ebene** können Einzelmaßnahmen des Biotopverbunds allein aus dem Haushalt der betroffenen Gemeinde bzw. Stadt finanziert werden, unter Umständen unterstützt durch Zuschüsse aus Mitteln des Kreises und Landes, aus der Wirtschaft und von Stiftungen. Hinzu kommen Maßnahmen im Rahmen von landesweiten Naturschutzprogrammen, etwa im Falle von Ackerrand- und Uferstreifen, Feuchtwiesen, Streuobstwiesen usw. Realisierbar erscheint hier vor allem der Verbund von kleinflächigen Trittsteinen und linear zu entwickelnden Korridorbiotopen. Die Träger von Fachplanungen sind aufgerufen, gerade auf lokaler Ebene ebenfalls das in ihren Dingen Stehende zu leisten.

(2) Für die **Land- und Stadtkreise** werden die Schwerpunkte in der Entwicklung eines möglichst dicht geknüpften Netzes von Trittsteinbiotopen liegen. Aktivitätsschwerpunkte können der Ankauf von Flächen mit dem Ziel eines größtmöglichen Schutzes wertvoller und der Renaturierung weniger bedeutender Bereiche, die Ausweisung von Naturdenkmälern und Geschützten Landschaftsbestandteilen sowie die Konzeption und langfristige Durchführung von Pflegemaßnahmen bilden. Der enge Kontakt zu den Trägern von Maßnahmen auf gemeindlicher wie auf höherer Ebene ist dringend geboten.

(3) Die **Bundesländer** sind insbesondere durch den Aufbau von Schutzgebietssystemen gefordert. Eine um ein Mehrfaches gesteigerte Personalausstattung, um allein den rechtlichen Ablauf der Ausweisung von Schutzgebieten sicherzustellen, zählt ebenso zu den Notwendigkeiten wie die großzügige Bereitstellung von Finanzmitteln, um externe Gutachten und Planungskonzepte in Auftrag geben, Entschädigungen an Grundeigentümer zahlen, Flächen ankaufen und Pflegemaßnahmen planen und auch längerfristig realisieren zu können. Auch wissenschaftliche Grundlagen- und Begleituntersuchungen sind in großem Umfang zu fördern. Daneben vermögen die Bundesländer den Aufbau lokaler Netze von Korridorbiotopen durch entsprechende Förderprogramme maßgeblich zu unterstützen. Die Forstverwaltungen der Länder müssen sich für die Ausweisung von Naturwaldreservaten und Altholzinseln, für eine zunehmende Berücksichtigung des Biotopverbunds und Naturschutzes bei der gesamten Waldbewirtschaftung und für die Umstellung auf naturgemäßen Waldbau engagieren.

(4) Die **Bundesregierung bzw. die Regierung der Länder** inner- wie außerhalb der Europäischen Gemeinschaft sind

aufgerufen, die Lösung der ökonomischen Konflikte der Landwirtschaft endlich ernsthaft mit der Minderung der agrarischen Umweltprobleme zu verknüpfen und im Sinne des Biotopverbunds eine Extensivierung der Nutzung auf der gesamten Agrarfläche zu forcieren. Daneben fallen die konsequentere Sicherung von Nationalparken und anderer großflächiger Schutzgebiete überregionaler Bedeutung in Zusammenarbeit mit den Ländern sowie die unabdingbare Forschungsförderung in ihr Ressort.

Auf allen politischen Ebenen sind die ehrenamtlichen Naturschutz- und die Berufsverbände dieses Bereichs aufgerufen, ihr Wissen und ihr Engagement gebündelt zur Förderung des Biotopverbunds als unbedingt notwendige Naturschutzstrategie einzusetzen. Dies gilt auch für die ökologische Forschung an den Universitäten und allen anderen Einrichtungen sowie die mit naturbezogenen Planungen befaßten Fachverwaltungen.

Ökonomische Betrachtungen zu den Möglichkeiten der Realisierung des Biotopverbunds liegen erst in geringer Zahl vor. HEYDEMANN (1983a, 1986b) rechnet seine Vorschläge für den Flächenschutz in Schleswig-Holstein hoch, indem er zusätzlich zu den bestehenden Naturschutzgebieten des Landes weitere 10 Prozent – ohne das Wattenmeer – als Vorrangflächen für den Naturschutz zugrunde legt. Diese 155000 Hektar befinden sich zum Teil (75000 Hektar) im Besitz der öffentlichen Hand, rund 80000 Hektar müßten aus Privatbesitz erworben werden. Bei einem breit streuenden, im Mittel um 20000 Mark pro Hektar liegenden Kaufpreis ergäbe dies im Rahmen eines 20-Jahres-Plans jährliche Aufwendungen in Höhe von 80 Millionen Mark. Diese Summe entspreche nicht einmal annähernd den Aufwendungen aus der Gemeinschaftsaufgabe »Verbesserungen der Agrarstruktur und des Küstenschutzes« für den Bereich des Landes Schleswig-Holstein bzw. den Aufwendungen für die Flurbereinigung. Der größte Teil könne aus Mitteln der Flurneuordnung oder der Agrarpreis-Subventionen bestritten werden.

Übertragen auf das Gebiet der gesamten Bundesrepublik (West), kalkuliert HEYDEMANN (1983a) mit Kosten von 1,3 Milliarden Mark per anno in einem 20jährigen Zeitraum. Diese Summe bedeute nicht einmal 7,3 Prozent der Kosten, die die Bundesrepublik jährlich für die EG-Agrarpolitik zuschießen müsse – dieser Vergleich zeigt, daß die Finanzierung kein unlösbares Problem darstellen kann.

HEYDEMANN fordert die Auflage eines zusätzlichen Gemeinschaftsprogramms »Flächenhafter Naturschutz« als Renaturierungsprogramm durch Bund und Länder. Auf Landesebene biete in dessen Rahmen das Landschaftsprogramm im Sinne eines »Generalplanes Naturschutz und Landschaftspflege« die Möglichkeit für den Erlaß von konkreten Leitlinien. Darin müßten auch die unzureichenden vorhandenen Landschaftsrahmen- und Landschaftspläne neu konzipiert werden. Parallel dazu sei ein Arbeitsprogramm für wissenschaftliche Untersuchungen vonnöten, welches allein für Schleswig-Holstein mehr als 3000 neue Arbeitsplätze für qualifizierte Forscher erbringen könnte.

Umfassend stellten HAMPICKE et al. (1991) die Flächenansprüche des Arten- und Biotopschutzes den volkswirtschaftlichen Kosten ihrer Realisierung gegenüber. In zwei Szenarien (vgl. dazu HORLITZ & KIEMSTEDT 1991) wurden 9,6 bzw. 13,6% der Fläche Westdeutschlands als Vorrangflächen für den Arten- und Biotopschutz gefordert. Für die alten Länder der Bundesrepublik würde eine Summe von jährlich einer Milliarde Mark ausreichen, um einen Kompromiß aus beiden Szenarien zu realisieren. Die Kosten verteilen sich dabei zu jeweils etwa einem Drittel auf Arbeitskosten, Kosten des Flächenanspruchs und sonstige Kosten (Sachmittel, Investitionen zur Gewässersanierung usw.). Die in derselben Studie ermittelte Zahlungsbereitschaft der Bevölkerung beträgt das Zwei- bis Zehnfache der Kosten. Die Autoren zieht daraus das Fazit: »Das Ergebnis ist Aufforderung an eine den Bevölkerungswillen respektierende Wirtschaftspolitik, den Naturschutz auf eine neue Grundlage zu stellen und ihn um Größenordnungen auszuweiten.« Nicht berücksichtigt ist in dieser Studie eine flächendeckende Extensivierung.

Biotopverbund und Naturschutz generell in großem Maßstab lassen sich, so HAMPICKE (1991), finanzieren

- durch kostenlosen Abbau bestehender Fehlausgaben zum Nulltarif,
- durch Umwidmung bestehender öffentlicher Mittel,
- durch Neuaquisation von Mitteln, wenn die beiden zuvor genannten Wege ausgeschöpft sind.

Die erste Möglichkeit ergibt sich in der Landwirtschaft durch den Abbau der etwa 20% der Gesamtproduktion betragenden Überproduktion, in der Forstwirtschaft angesichts defizitärer Ergebnisse generell durch Nutzungsverzicht und Umstellung auf naturnahe und naturgemäßen Waldbaumethoden (vgl. Kapitel 8.1 und 8.2). Umwidmung von Mitteln ist – wie oben bereits geschildert – u. a. möglich bei den Ausgaben im Rahmen der Gemeinschaftsaufgabe zur Verbesserung der Agrarstruktur und des Küstenschutzes. Instrumente zur Neuaquisation können laut HAMPICKE (1991) z. B. Spenden und Beiträge, Eintrittsgelder und analoge Gebühren, Abgaben auf naturbelastende Tätigkeiten, Güter und Faktoren sowie die allgemeine Steuerfinanzierung bilden.

Wie unzureichend sich die finanzielle Ausstattung des Naturschutzes bisher gestaltet, weisen BRAHMS et al. (1986) und ERZ (1983b) nach: Im Jahre 1983 gaben die Bundesländer durchschnittlich 0,5% ihres Gesamtetats für Naturschutz und Landschaftspflege aus (Entschädigungen anderer Nutzungen und zum Teil Folgekosten der Flurbereinigung eingeschlossen), der Bund sogar nur 0,002%. Die Eingriffsverwaltungen verfügten 1955 über den 3000fachen, 1980 immerhin noch über den 258fachen Etatansatz des Naturschutzes, der allein durch dieses krasse Mißverhältnis zum Scheitern verurteilt zu sein scheint.

In einer früheren Studie zum Artenschutzprogramm Berlin kommt HAMPIKKE (1983, 1985, 1986) zu folgendem Schluß: »Das wichtigste Ergebnis der Studie ist, daß selbst in Ballungsgebieten, wo man die höchsten Kosten erwarten würde, zahlreiche Möglichkeiten billigen Naturschutzes bestehen. Daß sie nicht genutzt werden, liegt an Unkenntnis, fehlender Organisationen, mangelnder Tatkraft der verantwortlichen Behörden (...), an Partialinteressen (...). Eindeutig falsch ist die Behauptung, daß wir uns Naturschutz in der Stadt wegen der Kosten nicht leisten könnten, wenn unter ›Kosten‹ das verstanden wird, was wirtschaftswissenschaftlich hart und eindeutig definiert ist.«

Der Kernteil des Berliner Artenschutzprogramms würde im Falle seiner Realisierung maximal 4 Millionen Kosten pro Jahr verursachen, weniger als 0,01% des Westberliner Bruttosozialprodukts. Die weitergehenden Maßnahmen – rund 100 Millionen Mark per anno – ließen sich allein durch Anhebung des Wassergeldes um 40 Pfennig pro Kubikmeter finanzieren. In der Folge würde die Umweltqualität wesentlich verbessert und gleichzeitig ein Mehr an Arbeitsplätzen geschaffen.

Auch konsequent durchgeführter und flächendeckend greifender Biotopverbund kann also keinesfalls an zu hohen monetären Aufwendungen scheitern, sondern allein am fehlenden politischen Willen. Zahlreiche Vollzugsdefizite sind aufzuarbeiten – die Zeit drängt zu raschem Handeln.

9.2 Biotopverbund: Leistungsgrenzen und Kritik

9.2.1 Kritikpunkte im Überblick

Maßnahmen des Biotopverbunds in noch so hoher Dichte und maximalen Flächenanteilen geschützter Gebiete darf nicht alleiniges Aktionsfeld des Naturschutzes, nicht ein schickes Deckmäntelchen für die Untätigkeit in anderen Bereichen werden. Schon schmücken sich beispielsweise Straßenbauverwaltungen und andere Eingriffsbehörden, die nach wie vor für massive Zerstörungen und Belastungen von Natur und Umwelt verantwortlich zu machen sind, mit ihren angeblichen Leistungen für den Biotopverbund. Der Bau neuer Straßen ist genauso wie der begradigende Ausbau von Fließgewässern oder die Asphaltierung eines Parkplatzes ein Eingriff in den Naturhaushalt, der auch durch noch so gutgemeinte kosmetische Maßnahmen nicht wiedergutzumachen ist.

Aber auch ein fundiertes Konzept für den Biotopverbund wie für den gesamten Naturschutz besitzt seine Grenzen, die an zahlreichen Punkten deutlich werden. Sie begründen eine zunehmende Kritik an der gesamten Strategie:

(1) Das Konzept stützt sich auf die (bekannten) Ansprüche ganz weniger, besser erforschter Tierarten; die Anforderungen des größten Teils der rund 45000 in der Bundesrepublik vorkommenden Tierarten an ihren Lebensraum wurden jedoch bisher kaum untersucht.

(2) In der Praxis ist nicht einfach zwischen Dispersion und Dispersal zu unterschieden (ELLENBERG jun. 1992): Dispersion bezeichnet Menge und Verteilung der Aktionsräume von Individuen in Grenzen, die nur selten überschritten werden. Dispersal benennt den Ausbreitungsvorgang, bei dem Individuen (in der Regel zwischen Jugend und Erwachsensein) regelmäßig bemerkenswerte Hindernisse überwinden. Aus populationsbiologischer Sicht genügt es, wenn nur einzelne Individuen dabei überleben.

(3) Wird die Bedeutung der genetischen Vielfalt in den Konzepten überschätzt, wie ELLENBERG jun. (1992) fragt, und werden ebenso die Isolationswirkungen beispielsweise von Feld- und Waldwegen zu hoch bewertet (DUELLI 1992b)?

(4) Die Ergebnisse vorliegender wissenschaftlicher Untersuchungen werden zu leichtfertig interpretiert. Halten sich Tiere bei ihren Ortsbewegungen überhaupt an die vorgesehenen Trittstein- und Korridorbiotope?

(5) Im Vordergrund stehen häufig rein ästhetische Gesichtspunkte, etwa die Landschaft durch ein Heckennetz abwechslungsreicher zu gestalten. Damit wird ein ausgeprägt anthropozentrischer Naturschutz betrieben, während die Umweltansprüche der Tier- und Pflanzenarten – soweit bekannt – auch noch weitgehend unberücksichtigt bleiben.

(6) Botanischer und zoologischer Artenschutz gehen von vielfach unterschiedlichen Prämissen aus; nicht nur mangelnde Kenntnisse, sondern auch die fehlende Abwägung der jeweiligen Erfordernisse gegeneinander läßt gerade bei Biotopmanagement und -pflege Maßnahmen zu, die unbemerkt katastrophale Auswirkungen auf bestimmte Pflanzen und/oder Tiergruppen haben können. Interdisziplinäre Zusammenarbeit im Vorfeld findet zumeist nicht statt.

(7) Die »hemdsärmelige ›Macher-Mentalität‹ im managenden Naturschutz« (DIERSSEN 1987) vermittelt vielfach die Illusion, Natur sei ohne weiteres »machbar« – dabei lassen sich viele Ökosysteme und Biotope nur in Zeiträumen von Jahrzehnten bis Jahrhunderten, andere überhaupt nicht mehr wiederherstellen. Die volle Renaturierbarkeit ist auch bei optisch gelungen erscheinenden Projekten vielfach allein deshalb nicht gegeben, weil das typische Faunenspektrum wegen zu starker Verinselung nicht mehr einwandern kann.

(8) Biotopverbund als vorrangige Naturschutzstrategie bindet Hände und Arbeitskraft an den reinen Arten- und Biotopschutz, während Erfordernisse des Schutzes und der Erhaltung der Lebensmedien Boden, Wasser und Luft weitgehend vergessen werden. Dabei lassen sich Umwelteinflüsse wie unnatürliche Stoffdepositionen aus der Luft – beispielsweise mit der Folge einer zunehmenden Eutrophierung aller Lebensräu-

me – auch in den Schutzflächen nicht ausschalten und erfordern gleichermaßen ein umweltpolitisches Engagement.

(9) Der Naturschutz argumentiert auch beim Aufbau von Verbundsystemen immer noch gerne mit Kriterien wie »Seltenheit«, »guten« und »schlechten« Biotopen – Argumente, die von Scheuklappen bestimmt werden und nicht mehr zeitgemäß sind. Schützenswert als Vorrangflächen müssen grundsätzlich alle Lebensräume von Pflanzen und Tieren gelten (auch ohne das Vorkommen von Arten der Roten Listen), soweit nicht eine Intensivnutzung vorherrscht und die Fläche nicht zur Arrondierung vorhandener und geplanter Schutzflächen renaturiert werden soll. In ihrer Intensität abgestufte Ansprüche muß der Naturschutz daneben, wie mehrfach betont, auf 100% der Fläche anmelden. Vorkommen von »Seltenheiten« können lediglich als Maßstab für die Dringlichkeit von Naturschutz-Maßnahmen dienen.

(10) Soll der für künftige Pflegemaßnahmen in der Landschaft vielfach herbeizitierte Landwirt künftig Gärtner und Pfleger sein, oder soll er nicht lieber gesunde Nahrungsmittel erzeugen? STRAUSS (1988) pointiert mit dieser Frage seine Befürchtung, daß dem Staat die in Euphorie den Biotopverbund-Flächen übergestülpten Pflegemaßnahmen am Ende teurer zu stehen kommen als die Einführung umweltschonender Bewirtschaftungsweisen auf der Gesamtfläche. Pflegemaßnahmen dürfen in der Tat nicht übertrieben werden, der Landwirt sollte vorrangig gesunde Nahrungsmittel umweltschonend produzieren: Flächendeckende Extensivierung muß ein gleichrangiges Standbein jedes Biotopverbund-Konzeptes neben dem Lebensraumnetz darstellen.

(11) Die Propagierung von Verbundsystemen bedeutet für die ohnehin hoffnungslos überlasteten Mitarbeiter der Naturschutzbehörden eine Verschiebung der Arbeitsschwerpunkte, so daß andere Aufgaben zwangsläufig noch kürzer als bisher kommen müssen. Es bleibt beispielsweise für die Beurteilung von Eingriffen in den Naturhaushalt weniger Zeit, so daß indirekt der weiteren Zerschneidung und Verinselung der Landschaft Vorschub geleistet wird. Forderungen zum Biotopverbund müssen also zugleich ein massives Aufstocken des Personalbestandes in den Naturschutzbehörden auf allen Ebenen einklagen.

9.2.2 Mangelnde wissenschaftliche Grundlagen

In der Tat müssen die der Inseltheorie und dem Verbundkonzept zugrunde liegenden wissenschaftlichen Untersuchungen noch als sehr dünn bezeichnet werden, wie an verschiedenen Stellen dieses Buches bereits anklang. Allein in Westdeutschland leben rund 45000 verschiedene Tier- (NOWAK 1982) und 2995 Pflanzenarten (unter Einschluß der Neophyten, KORNECK & SUKOPP 1988). Lediglich für einen Bruchteil davon liegen halbwegs ausreichende Kenntnisse der Ökologie vor, selbst bei so gut untersuchten Gruppen wie den Vögeln, Säugetieren und Amphibien klaffen nach wie vor große Wissenslücken beispielsweise hinsichtlich Minimalareal-Größen, Ausbreitungsökologie und Verbunddistanzen.

Abb. 96 demonstriert den minimalen Anteil der Wirbeltiere von gerade 1,3% am gesamten Artenbestand der Fauna in der alten Bundesrepublik, deren Ökologie als relativ gut bekannt gelten kann. Bruchstückhafte Kenntnisse liegen darüber hinaus von zumeist nur einzelnen Arten(gruppen) der Hauptflügler, Käfer (besonders Laufkäfer), Tagfalter, Libellen und Mollusken vor, jedoch muß die Wissenschaft bei dem Gros der Arten passen.

Hier stellt sich natürlich die Frage, inwieweit ein detailliertes Wissen der Lebensansprüche und Ökologie etwa jeder einzelnen Insektenart überhaupt notwendig ist, um über Schutzerfordernisse entscheiden zu können. Diese Kernfrage richtet sich indes an die Theorie – die große Zahl noch kaum erforschter bzw.

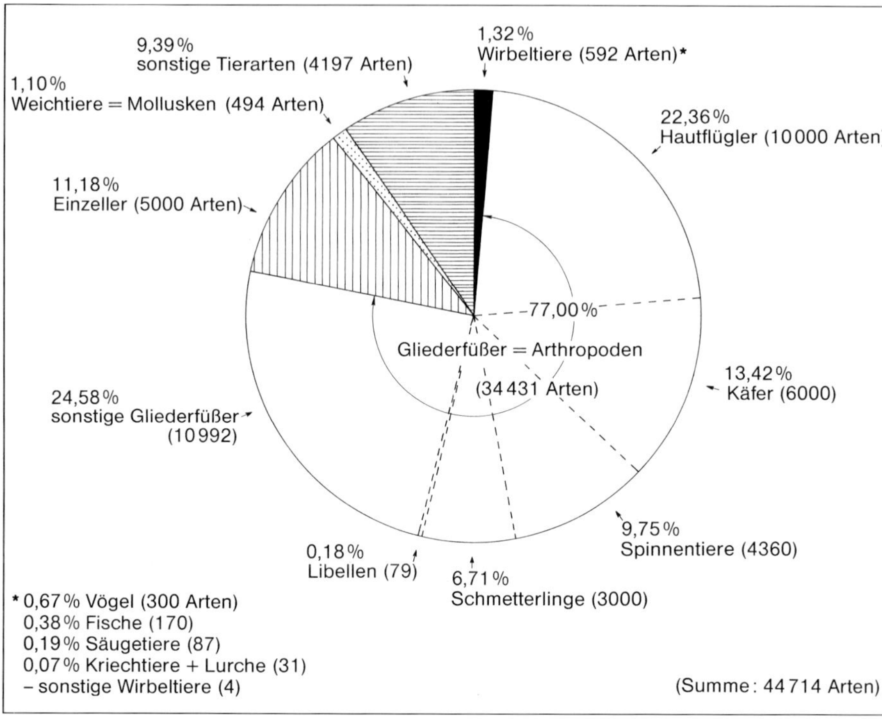

Abb. 96: Zusammensetzung der Fauna im Westen der Bundesrepublik Deutschland (Artenzahl nach Nowak 1982).

gänzlich ununtersuchter Tier- und Pflanzenarten macht es in der Praxis unverantwortbar, konsequentes Handeln für den Naturschutz bzw. den Aufbau eines umfassenden Biotopverbunds unter Berücksichtigung der Gesamtfläche noch länger hinauszuzögern, lediglich um detailliertere Forschungsergebnisse abzuwarten.

Mit anderen Worten: Das rasant fortschreitende Artensterben und die Ausräumung und Zerschneidung der Landschaft fordert einen pragmatischen Ansatz – ein sofortiges Handeln auf der Grundlage des aktuellen Kenntnisstandes unter bewußter Inkaufnahme möglicher Fehler auf der einen, gleichzeitig eine Intensivierung der praxisnahen Forschung auf der anderen Seite.

Der Vogelschutz fußt wohl auf dem noch umfassendsten ökologischen Grundlagenwissen, muß sich jedoch ein Versagen seiner bisherigen Strategien vorwerfen lassen (Berthold et al. 1988). Die Vorschläge dieser Autoren für ein neues Vogelschutz-Konzept decken sich weitgehend mit dem in diesem Buch skizzierten Grundlagen des Biotopverbunds – auch sie fordern die umgehende Renaturierung von 10 bis 15 Prozent der Landesfläche und ein Verringern der gesamten Nutzungsintensität. Insofern stärkt diese Untersuchung die Auffassung, daß die beschriebene Taktik tatsächlich dem Naturschutz endlich zu echten Erfolgen verhelfen kann.

Zu fordern ist die interdisziplinäre Zusammenarbeit von Wissenschaftlern unterschiedlicher Fachrichtungen an allen Maßnahmen des Biotopverbunds. Nur so lassen sich die Gefahr einer zu anthropozentrischen Betrachtungsweise verringern und die oft divergierenden bzw. sich gegenseitig ausschließenden Ansprüche einzelner Tier- und Pflanzengruppen sowie die Notwendigkeiten etwa von Boden- und Grundwasserschutz für alle Seiten bestmöglich unter einen Hut bekommen.

Natürlich können nach wie vor Zweifel an der Effizienz des Konzeptes zum Biotopverbund laut werden, setzt jeder Einzelne die Priorität anders: mal auf eine flächendeckende Nutzungsextensivierung, mal auf großflächige Schutzgebiete, mal auf lokalen Biotopverbund. Letztendlich kommt es weniger auf die Schwerpunktsetzung als vielmehr auf die umgehende Inangriffnahme an irgend einem Punkt des Konzeptes an. Sollte innerhalb der nächsten 20 bis 30 Jahre Zug um Zug die Realisierung des Gesamtpaketes gelingen, stehen die Chancen nicht schlecht, das Artensterben endlich zu stoppen und einen Teil von Umweltbelastungen zu reduzieren – dies kann wohl niemand ernsthaft bezweifeln. Parallel dazu müssen jedoch auch andere Anstrengungen im Natur- und Umweltschutz massiv verstärkt werden.

9.2.3 Ist Natur unbegrenzt »machbar«?

Eingriffe in Natur und Landschaft sind nach den Vorschriften der Naturschutzgesetze – soweit möglich – zu unterlassen, ansonsten durch Maßnahmen des Naturschutzes und der Landschaftspflege auszugleichen. Diese an sich begrüßenswerte Gesetzesklausel vermittelt vielfach den Eindruck, daß Natur ohne Probleme »machbar« sei: Verschwindet ein von einer sumpfigen Wiese umgebener Teich unter einer neuen Straßentrasse, wird eben in der Nähe ein neues Feuchtgebiet angelegt. Solche Darstellungen täuschen jedoch darüber hinweg, daß sich viele Biotope und Ökosysteme überhaupt nicht bzw. nur innerhalb sehr langer Zeiträume anlegen lassen. Diese Tatsache gilt auch für die im Rahmen des Biotopverbunds vorgesehene großflächige Renaturierung von Lebensräumen, um vorhandene Biotope zu ergänzen.

Entwicklungszeiten unterschiedlicher Biotoptypen

Blab (1993) stellt folgende Beispiele für die Regenerationsfähigkeit von verschiedenen Biotoptypen zusammen:

- Einjährigen-Gesellschaften und ihre Fauna benötigen lediglich ein bis vier Jahre; entscheidend auf Artenzahlen und Bestandsaufbau wirken der Samenvorrat im Boden, die Abbaugeschwindigkeit etwaiger früher ausgebrachter Herbizide und – wie in allen Biotoptypen – die Nähe zu Ausbreitungszentren in der Nachbarschaft.
- Die Vegetation eutropher Stillgewässer entwickelt sich innerhalb von acht bis 15 Jahren. Unter den Tieren können innerhalb dieser kurzen Zeit zumeist jedoch nur migrationsfreudige Arten einwandern.
- Gepflanzte Hecken zeigen auch nach zehn bis 15 Jahren noch kaum spezialisierte Insektenarten; befinden sich geeignete Ausbreitungszentren erst in einigen Kilometern Entfernung, so sind auch nach Jahrzehnten noch kaum neue Arten feststellbar.
- Pfeifengraswiesen, Halbtrocken- und andere Magerrasen, die durch intensive Düngung und Mahd in Fettwiesen umgewandelt wurden, sind auf vielen Standorten erst in Jahrzehnten und auch dann oft nur sehr unvollständig wiederherstellbar.
- Die Vegetation oligotropher Gewässer bleibt auch nach 20 bis 30 Jahren noch sehr spärlich, selbst wenn Ausbreitungszentren in enger Nachbarschaft liegen.
- Für die Besiedlung von Felshöhlen mit echten Höhlentieren reichen 100 bis 200 Jahre in der Regel nicht aus.
- Neuaufforstungen zeigen in ihrer Insektenfauna während der ersten Baumgeneration meist noch wenige spezifische Arten. Die Bodenfauna spiegelt lediglich das jeweilige »Durchlaufstadium« der langfristigen Bodenbildung hin zum Waldboden wider. Erst nach Jahrzehnten verschieben sich die Artenspektren zugunsten der Waldgesellschaften.
- »Urwaldreste« gelten bezüglich der spezifischen Fauna selbst in Jahrhunderten als nicht wiederherstellbar.
- Hochmoore benötigen rund 1000 Jahre, um 1 m Torf zu bilden; zahlreiche hochmoortypische Tierarten besiedeln

zwar auch geringere Torfmächtigkeiten, andere sind jedoch so eng an primäre Hochmoorflächen gebunden, daß sie sekundäre offensichtlich überhaupt nicht besiedeln.

Viele Typen sind nicht renaturierbar

Eine ganze Reihe von Biotoptypen kann unter den gegebenen Bedingungen in Mitteleuropa nicht mehr entwickelt werden (zitiert nach BRUNS 1987):

a) alle erhaltenen *natürlichen* Biotoptypen, deren Entstehungsbedingungen nicht mehr herstellbar sind:
Urwaldreste einschießlich azonaler Typen (zum Beispiel Bruchwälder), Übergangs- und Hochmoore, meso- und oligotrophe Flachmoore (Ausnahme: eutrophe Flachmoore in moorreichen Regionen), Quellen, Quellsümpfe, natürliche Seen und Seeuferbereiche, natürliche Bach- und Flußabschnitte mit ihren Auen, Auenwäldern und Rieden, primäre Felsfluren, natürliche Salzwiesen und Küstendünen, Felshöhlen;

b) alle *sekundären* Biotoptypen, deren Entstehungsbedingungen nicht mehr herstellbar sind bzw. die sehr lange Reifungszeiten benötigen:
naturnahe Auen mit Naßwiesen, Auenwäldern, Rieden, alte sekundäre Felsfluren, alte Wallhecken und Lesesteinriegel, oligo- und mesotrophes Grasland wie zum Beispiel Kalkmagerrasen, Sandrasen, außeralpine Borstgrasrasen, Pfeifengraswiesen mit altem Bodenprofil (älter als 50 Jahre), Heiden mit über 50 Jahre altem Bodenprofil, binnenländische Salzfluren, naturnahe Wälder, spezielle historische Waldnutzungsformen;

c) besondere geomorphologische Erscheinungen und einzigartige Kulturschöpfungen: Dolinen; Gräber, Hochäkker-Relikte;

d) alle Ökosysteme, in denen Rote Liste-Arten so isoliert vorkommen, daß eine Erholung durch Neubesiedlung unwahrscheinlich ist;

e) Flächen, deren Bedeutung national und international anerkannt ist; sie sind in der Regel durch obenstehende Kategorien erfaßt;

f) alte Siedlungsbiotope: historische Stadtwälder, Parks und Friedhöfe, alte Bäume, Baumgruppen und Alleen, alte Weiher, alte Naturstein- und Ziegelmauern mit Kletter- und Fugenvegetation.

Als »Ausgleichbarkeits-Schwellenwert« sehen KAULE & SCHOBER (1985) Zeiträume zwischen 30 und 50 Jahren an. Immer jedoch muß, auch bei Biotopen, die als in kürzeren Zeiten wiederherstellbar gelten, die Erhaltung Vorrang vor Neuanschaffung besitzen.

Aus den vorstehenden Angaben sollte jedoch nicht der Umkehrschluß gezogen werden, daß für die als »nicht entwickelbar« bezeichneten Biotoptypen im Rahmen des Aufbaus von Biotopverbundsystemen keine Bemühungen zur Neuanlage unternommen zu werden brauchen – eine Verbesserung der Lebensbedingungen für einen Teil der Arten läßt sich auf jeden Fall erreichen. Klarheit muß jedoch darüber bestehen, daß von einer echten Renaturierung im Grunde nicht gesprochen werden kann, das Artenspektrum an Pflanzen und vor allem an Tieren wird mindestens über Jahrzehnte eingeschränkt in einem verarmten Zustand verbleiben.

Eine wichtige Rolle bei der Entwickelbarkeit von neu angelegten Biotopen spielt die Nähe zu Ausbreitungszentren, also zu vergleichbaren, möglichst ähnlichen Biotoptypen, die aufgrund ihrer relativ hohen Beständigkeit ein vielfältiges Artenspektrum vor allem spezialisierter Pflanzen und Tiere aufweisen. Von hier aus können Individuen mit abnehmender Distanz und sich verringernder Isolationswirkung der dazwischen liegenden Flächen umso besser einwandern und umso leichter eine neue beständige Teilpopulation aufbauen.

»Natur ist nicht machbar und meist nur schwer ersetzbar«, stellt BLAB (1985a) unmißverständlich fest. Maßnahmen zur Gestaltung und Neuanlage von Lebensräumen sollten seiner Meinung nach vor allem in mehr oder weniger denaturierten Landschaften ergriffen werden. Er fordert ein umso vorsichtigeres Vorgehen, je seltener, empfindlicher und naturnäher die von Veränderungen betroffenen Regionen und Lebensräume sind. Die Zeiträume von mehreren Jahrzehnten bis Jahrhunderten, die die meisten Ökosysteme zu ihrer Entstehung benötigen, verlangen mehr Ehrfurcht, als die naiven Vorstellungen vieler Planer an den Tag legen.

Anhand verschiedener Beispiele nimmt KLÖTZLI (1991) eine kritische Bestandsaufnahme und Standortbestimmung zu mitteleuropäischen Renaturierungen vor. Renaturierung sei im allgemeinen relativ kurzfristig erreichbar, d. h. die »Rückführung von Ökosystemen in naturnähere Zustände unter Schaffung von neuen Lebensmöglichkeiten für schützenswerte Organismen, unter Zurückdrängung von atypischen Organismen aus gestörten Flächen«. Eine Regeneration – definiert als »erfolgreiche Wiederherstellung typischer, natürlicher Verhältnisse in gestörten Ökosystemen« sei hingegen ein säkularer Prozeß, der Zeiträume in der Größenordnung von Jahrhunderten erfordere. Selbst die Regeneration von anthropogenem Grünland könne von langer Dauer sein.

Dem Ziel einer Regeneration, so unterstreicht auch KLÖTZLI (1991), stehen veränderte Umweltbedingungen häufig im Wege, z. B. Eutrophierung, Entwässerung, Druck durch Erholung, Siedlung und Landwirtschaft, Verbrachungsprobleme, Aufforstungen und die politische Situation.

Einen Überblick über bisherigen Projekte von Biotopverpflanzungen und deren kritische Einschätzung geben RUHLAND & SCHWANK (1992) sowie SCHWIKKERT (1992). Sie verdeutlichen, daß derartige Versuche nur das letzte Mittel bei einer nicht abzuwendenen Zerstörung des aktuellen Standortes bilden können, wenn alle Möglichkeiten der Erhaltung ausscheiden. Stets handelt es sich um Experimente mit ungewissem Ausgang.

Ersatzbiotope oft nur für Ubiquisten

Für zerstörte Standorte muß, um einen wirklichen Ersatz anzubieten, ein vergleichbarer Ersatz-Standort desselben Biotoptyps angeboten werden. Gerade dies ist jedoch, wie gesagt, für viele Biotoptypen mangels Wiederherstellbarkeit unmöglich. Auch bei gegebener Renaturierungs-Möglichkeit – beispielsweise durch Wiedervernässung einer Wiese – stellen Ersatzbiotope in aller Regel nur für euryöke Arten eine Lösung dar; für die meisten mitteleuropäischen Tierarten gibt es keine Ersatzbiotope, weil diese zumeist nur ähnlich, aber nicht ökologisch gleichartig sind (HEYDEMANN 1980). Ersatz in Form von Ausgleichsmaßnahmen bei Eingriffen bedeutet zudem für viele Arten, so HEYDEMANN, ein Aussterben ohne Rückkehr, da sie die Interimszeit zur Entwicklung des Biotops nicht überleben können, falls in der Nachbarschaft keine entsprechenden gleichaltrigen Bestände vorkommen. Gerade aber die vom Aussterben bedrohten Tierarten besitzen nur eine geringe Kolonisierungsfähigkeit, da sie in der Regel aus langfristig stabilen Lebensräumen stammen (MÜHLENBERG 1982).

Bezüglich der Bewertung von Eingriffen und Ausgleichsmaßnahmen sei, da hier nur am Rande interessant, verwiesen auf die entsprechende Literatur (beispielsweise Arbeitsgruppe ›Eingriffsregelung‹ ... 1988, BLAB 1985a, BRUNS 1987, LAHL et al. 1992, MADER 1983b, MÜHLENBERG 1982, RIECKEN 1992a).

Zum Wert von Anpflanzungen

Gezielte Experimente zu den tierökologischen Folgen von Anpflanzungen im Rahmen von Biotopverbundsystemen nehmen MADER et al. (1986) vor. Über einen Zeitraum von bisher fünf Jahren beobachteten sie eine Serie von neun angelegten Feldholzinseln á 400 m^2 in Abständen von je 100 bzw. 200 m, die durch ein- und zweireihige Erlenpflanzungen verbunden sind. Die Ergebnisse, hier kurz zusammengefaßt, demonstrieren zwar einerseits, daß der von (Pflanzen und) Tieren bestrittene Sukzessionsprozeß längere Zeiträume beansprucht und die Anpflanzung noch keinen »vollwertigen« Lebensraum darstellt, andererseits belegen sie jedoch die durchaus positiven Auswirkungen des Biotopverbund-Konzeptes in der Praxis:

- Das Mikroklima der Agrarflächen wird kleinräumig unterbrochen, was sich bereits jetzt in einer Reduktion von Windgeschwindigkeit und Verdunstungsrate zeigt.
- Das mit den Pflanzungen angebotene Ressourcenspektrum wird von der Fauna mit hohen Steigerungsraten zunehmend genutzt.
- Anpflanzungen beeinflussen das Flugmuster von Vögeln in hohem Maße.
- Das Artenspektrum von Laufkäfern und Vögeln verschiebt sich zugunsten hygrophiler und schattenliebender Arten, vereinzelt treten auch Waldarten auf.
- Feldholzinseln sind für Fluginsekten attraktiver als die ein- bzw. zweireihigen Erlenpflanzungen.
- Deutlich wird eine Ausstrahlung von »Nutzinsekten« in die angrenzenden Agrarflächen, so daß regulatorische und stabilisierende Prozesse auch in den Nutzökosystemen möglich werden.

Noch 12 bis 17 Jahre alte, im Rahmen von Flurbereinigungen angelegte Heckenpflanzungen unterschieden sich in ihrer floristischen Ausstattung, insbesondere hinsichtlich Struktur, Baum- und Straucharten sowie Qualität von Saum- und Traufvegetation, von autochthonen Gehölzstreifen: Wie PFADENHAUER & WIRTH (1988) beobachteten, fehlen ihnen zahlreiche regionaltypische Strauch- und Krautarten, oder diese kommen nur durch unbewußt geschaffene Verbindungen zu alten Hecken, Südhanglage oder das Fehlen angrenzender Ackernutzung vor.

Auch REIF & AULIG (1993) konnten in Oberfranken selbst in 25 Jahre alten Heckenpflanzungen zumeist keine Einwanderung zusätzlicher Gehölzarten beobachten; junge Schlehen *(Prunus spinosa)* kamen lediglich in drei von 27 untersuchten Hecken vor. Nur in einigen Hekken fanden sich ein oder zwei, einmal vier neue Straucharten.

Tieransiedlungen sind kaum geeignet

Vielfach werden gezielte Ansiedlungen ausgewählter Pflanzen- und Tierarten als Mittel des Artenschutzes propagiert. Auch hier dominiert häufig eine zu rosige Vorstellung von der Machbarkeit – allein schon aufgrund der hohen Zahl insgesamt betroffener Sippen erscheint das Ausbringen von Arten unrealistisch, bei Lebensgemeinschaften ist es prinzipiell unmöglich (DIERSSEN 1987). Generell sind Aktionen zur Wiedereinbürgerung von Tieren und Pflanzen strengen Kriterien zu unterziehen und nur unter Beteiligung von Fachleuten und mit einer begleitenden wissenschaftlichen Langzeituntersuchung durchzuführen (vgl. Bundesforschungsanstalt für Naturschutz und Landschaftsökologie 1981, LIENENBECKER 1985; NOWAK 1981a und b, 1985; NOWAK & ZSIVANOVITS 1981). Sie können nur in Einzelfällen ein Mittel des Naturschutzes darstellen.

RIECKEN (1992b) zieht aus einer ausführlichen und kritischen Betrachtung der Machbarkeit von Natur folgende Schlußfolgerungen für künftiges Naturschutzhandeln:

1. Absolute Priorität muß der Erhaltung schutzwürdiger und schutzbedürftiger Lebensräume zukommen.
2. Biotopentwicklung sollte dort ansetzen, wo erhaltenswerte Lebensräume und deren Bestandteile gefährdet sind – hier sollte »verbessert, erweitert, entwikkelt, vernetzt und gepuffert« werden.
3. Mehr Sorgfalt und Sachverstand und weniger Optimismus hinsichtlich des tatsächlich Mach- und Ausgleichbaren muß künftig bei der Überprüfung der Ausgleichbarkeit von Eingriffen (wie generell bei Neuanlagen von Lebensräumen) investiert werden.
4. Die Neuanlage von Lebensräumen sollte planvoll und einzelfallbezogen erfolgen: Zu Beginn ist das Ziel klar zu formulieren. Nur regional Typisches ist zu regenerieren. Geeignete Flächen sind

sorgfältig auszuwählen, weil jede Neuanlage auch ein Eingriff in das dort Vorhandene ist. Die Standortbedingungen müssen geeignet für das angestrebte Ziel sein. Hinreichend große Flächen und Pufferzonen müssen bereitgestellt, mögliche nachbarschaftliche Gefährdungen überprüft werden. Kann die neu entwickelte Lebensstätte Fallenfunktion haben (z. B. Amphibienteich in Straßennähe)? Sind in der Nähe Ausbreitungszentren typischer Arten vorhanden und die Zwischenräume überwindbar? Konkurrieren andere Nutzungen mit den Zielen? Notwendig sind auch eine Erfolgskontrolle und eine rechtliche Absicherung der Flächen.

9.2.4 Die Chance zu echtem Naturschutz vertan?

In einer Diskussion der gegenwärtigen Ansätze zu Biotopverbundsystemen kritisiert STRAUSS (1988) die dabei erfolgende Selbstbeschränkung des Naturschutzes auf den reinen Arten- und Biotopschutz: Dadurch nehme er sich selbst »wieder die Chance, über das bisherige Maß hinaus aktiv in bestimmte Planungsprozesse einzugreifen, d.h. die eigentlichen Lebensgrundlagen zu sichern, bevor die davon abhängigen Lebensräume gesichert oder geschützt werden«. Daneben beanstandet er die häufige Reduzierung des Biotopverbunds auf die überkommene Funktion der Restflächen-Verwertung, die zu nutzen wirtschaftlich uninteressant ist.

Einmal mehr sei hier unterstrichen, daß Biotopverbundsysteme nur bei einer konsequenten Realisierung des gesamten Konzepts zum angestrebten Erfolg führen können: 10 bis 20% der Gesamtfläche als Vorranggebiete für den Naturschutz unter Einschluß großflächiger Schutzgebiete, umfassende Maßnahmen zur Renaturierung und Pflege sowie eine flächendeckende Reduktion der Nutzungsintensität. Nur dann greifen die bei vielen halbherzig konzipierten Projekten durchaus berechtigten Kritikpunkte von STRAUSS nicht mehr. Dennoch sollte man selbst bei ungünstigen politischen Vorzeichen die Chancen nicht verstreichen lassen, erste – wenn auch kleine – Schritte in die Richtung eines Biotopverbunds zu unternehmen.

Indes kann und darf Biotopverbund künftig nicht die alleinige Strategie des Naturschutzes sein – sonst muß er sich in der Tat den Vorwurf der einseitigen Selbstbeschränkung gefallen lassen. Für den Schutz der Naturgüter Boden, Wasser und Luft erscheint die flächendeckende Extensivierung wichtiger als der Aufbau eines Lebensraum-Netzes, wenngleich auch dieses auf jeden Fall positive Auswirkungen etwa zur Erosionsminderung und zum Grundwasserschutz besitzt. Selbst hier kann Biotopverbund also Verbesserungen bewirken, obschon der Arten- und Biotopschutz im Vordergrund steht.

Die gegenseitigen Verknüpfungen verschiedener Bereiche des Natur- und Umweltschutzes illustriert ELLENBERG jun. (1987, 1992) am Beispiel der anthropogenen Stickstoff-Emissionen, die – näher als etwa Schwefelverbindungen an den Quellen deponiert – als spezifisch mitteleuropäische Qualität der Naturschutzprobleme künftig besser berücksichtigt werden müßten: »Flächendeckende Eutrophierung hat in Mitteleuropa auf quasi natürlichem Wege vermutlich mehr Populationen von mehr Arten verdrängt als alle Pestizide und Schadstoffe zusammengenommen.« Derartige Aufgaben des Umweltschutzes werden in Zukunft aufgrund wachsender Folgewirkungen auch für den Naturschutz immer wichtiger.

Dem Naturschutz muß – leider in weiten Teilen auch heute noch mit Recht – die Verengung seines Denkens und Handelns auf den biotischen Teil der Biosphäre und hier auf ausgewählte Objekte (PLACHTER 1992) angekreidet werden; die Zuständigkeit für die abiotischen Naturgüter überließ er weitgehend dem technischen Umweltschutz. Die Mitsteuerung der Naturnutzung muß, wie PLACHTER richtig fordert, als wesentlichen Aufgabe erkannt und umgesetzt werden.

Die Chance des Naturschutzes liegt, so sei abschließend festgestellt, in der Kombination eines beharrlich betriebenen Biotopverbunds mit drastisch intensivierten Bemühungen zum Umweltschutz im allgemeinen und vor allem dem Bodenschutz (vgl. JEDICKE 1989a) im speziellen.

9.3 Offene Fragen – Aufgaben für die Forschung

An der Strategie des Biotopverbunds, die als Maßnahmenpaket den Naturschutz aus den in doppeltem Sinne »roten Zahlen« hinausführen soll, werden keine ernsthaften Zweifel grundsätzlicher Art geübt. Dennoch besteht ein dringender Bedarf angewandter Forschungen, nicht nur um Detailfragen und auch lokale Besonderheiten zu klären, sondern vielmehr um wichtige ökologische Grundlagen zu enträtseln und daraus exaktere Leitlinien für die Naturschutzpraxis abzuleiten.

Wissenschaftliche Forschung für den Naturschutz als interdisziplinäre Herausforderung im Sinne von HABER (1982), die über den Bereich der Ökologie hinausgeht, muß nach MADER (1987b) nicht allein »den musealen Aspekt der Schaustellung und der Sicherung repräsentativer Teile« berücksichtigen, sie erhebt »einen ganzheitlichen Anspruch auf alle Teilbereiche und Flächen unseres Planeten«. Daraus leitet MADER zwei Aufgabenbereiche ab:

- Naturerforschung im allgemeinen – das Arbeitsfeld der Ökologen – darf nicht in linearem Denken steckenbleiben, sondern muß im Rahmen einer vernetzten Forschung mit gesteigertem Anteil fachübergreifender Arbeitsansätze erfolgen. Ein besonderer Schwerpunkt muß auf populationsökologischen und genetischen Fragen liegen. Immer sollte der Schritt von der reinen Deskription zur Planung und zum konkreten Handeln vollzogen werden.
- Gleichwertig sind die Möglich- und Notwendigkeiten des Schutzes zu untersuchen, d.h. »real existierendes Verhalten des Menschen gegenüber der Natur zu beobachten, zu analysieren und zu bewerten und notwendiges Verhalten zu formulieren«. Diese Forschung weist in den sozio-ökonomischen Bereich.

Landschaftsökologie und Landschaftsplanung können nach Auffassung von MADER (1987b) bei der interdisziplinären Zusammenarbeit beider Forschungsrichtungen eine Katalysatorfunktion ausüben: als »Bindeglied zwischen den flächennutzenden, wirtschaftenden und handelnden Kräften auf der einen Seite und den Darstellungen und Bewertungen komplexer ökologischer Situationen und Zukunftsprognosen auf der anderen«.

Dabei muß die Naturschutzforschung zu unterscheiden lernen, wie HEYDEMANN (1980) unterstreicht: die Langzeitforschung, die oft 15 bis 20 Jahre benötigt, um ökologische Fragen experimentell vollständig zu klären, von der mittelfristigen Forschung, die innerhalb von drei bis fünf Jahren für eine bestimmte Planung ein hinreichend vertieftes Wissen über einen bestimmten Fragenkomplex liefert. Zunehmende Bedeutung erlangt in der Politik als dritte Sparte die wissenschaftlich begründete Prognose und Bewertung, die nach ein- bis zweijähriger Klärung zur Abschätzung der voraussichtlichen ökologischen Entwicklung auf der Grundlage gesicherter Schätzwerte kommt.

Beispiele für vordringliche Fragenkomplexe

Anregungen für künftige Forschungsvorhaben mit dem Ziel, solidere Grundlagen auch für den Biotopverbund zu liefern, vermitteln beispielsweise BLAB (1979b, 1984, 1985b), HENLE & KAULE (1992), REICHHOLF (1987b) und REMMERT (1984, 1988b). Vordringlich erscheinen Untersuchungen vor allem zu folgenden Leitfragen:

(1) Inwieweit ist die an Meeresinseln entwickelte Inseltheorie tatsächlich auf Habitatinseln zu übertragen, welche Einschränkungen ergeben sich mit den üblichen Abweichungen von der kreisförmigen, mehr oder weniger runden Idealform? Die meisten Habitatinseln besitzen eine unregelmäßige, längliche Gestalt.

(2) Welche »Schlüsselarten« können als prädestiniert für populationsökologische Untersuchungen gelten, da sich die Ergebnisse – natürlich mit gewissen Vorbehalten – für Artengruppen bzw. Lebensraumtypen generalisieren lassen, um möglichst kurzfristig zu praxisnahen und umsetzbaren Aussagen für Zielarten zu gelangen?

(3) Lassen sich die bisherigen Kenntnisse zum Mosaik-Zyklus-Konzept für den Wald und andere Ökosystem- und Biotoptypen bestätigen und erweitern? In welchen Flächengrößen und Zeithorizonten laufen Verjüngungsprozesse ab? Welche Konsequenzen ergeben sich für dynamische Naturschutzkonzepte?

(4) Wie und unter welchen Bedingungen funktioniert der Individuenaustausch in Metapopulationen? Wie muß der Naturschutz darauf reagieren?

(5) Für welche Organismen und Lebensräume läßt sich das Mosaikkonzept einer kleinräumig vielgestaltigen Kulturlandschaft bestätigen? Verändern sich dadurch die naturschutzfachlichen Anforderungen an Biotopverbund einschließlich der Extensivierung in Nutzökosystemen?

(6) Welche minimalen Bestandsgrößen beanspruchen bestimmte Arten, um nicht vom Erlöschen der Population bedroht zu sein? Im Rahmen welcher Bestandsgrößen erfolgt eine »Überschußproduktion«, die zu einer nennenswerten Abwanderung von Individuen führt, die somit als Ausbreitungszentren zur Neubesiedlung umgebender Flächen durch die entsprechende Art führen kann?

(7) Welche unteren Flächengrößen sind für charakteristische Arten als Minimalareale anzusprechen, die langfristig eine überlebensfähige Population erhalten können? Für welche Ökosystemtypen lassen sich welche Minimalgrößen festlegen, die im Rahmen eines Schutzgebietssystems einzuhalten sind?

(8) Wie groß müssen Trittsteine und Schutzgebiete sein, um euryöke Randbereichsarten weitestmöglich auszuschalten und biotoptypische Artenkombinationen zu erhalten?

(9) Genügen ermittelte artspezifische Minimalareale auch zur langfristigen Erhaltung sowohl der Arten als auch der Ökosystemtypen? Erinnert sei als Beispiel an die Zyklen der Urwaldentwicklung (Mosaik-Zyklus-Konzept). Im Idealfall sollten in einem großflächigen Schutzgebiet alle Entwicklungsstadien desselben Biotoptyps nebeneinander vorkommen, so daß etwa im Falle des Zusammenbrechens eines überalterten Urwaldbestandes die typischen Hochwald-Arten in einen vergleichbaren benachbarten Bestand wechseln können.

(10) Welche Maximaldistanzen können bestimmte Tierarten im Rahmen üblicher Ortsveränderungen überwinden, um ihren Standort zu wechseln und neue Lebensräume zu besiedeln? Welche maximale Verbunddistanzen sind folglich im Rahmen des Biotopverbunds anzustreben?

(11) Mit welchen Verbreitungsstrategien überwinden Pflanzen im Normalfall wie große Entfernungen, ebenfalls mit dem Hintergrund der Größendefinition zu fordernder Maximaldistanzen von Lebensräumen?

(12) Viele Rote-Liste-Arten sind auf Sukzessionsstadien angewiesen, die sich auch durch menschliches Biotopmanagement nur schwer schaffen lassen. Der Biber (*Castor fiber*) beispielsweise verändert ständig seinen Lebensraum und schafft damit für viele andere Tier- und Pflanzenarten die Existenzgrundlage, benötigt aber selbst sehr großflächige Schutzgebiete (Remmert 1984). Welche ähnliche »Wertarten« mit maximalen Flächenansprüchen gibt es, die eine vergleichbar herausragende ökologische Bedeutung besitzen?

(13) Welche qualitative Mindestaus-

stattung an Habitat- bzw. Strukturelementen fordern bestimmte Arten von ihrem Lebensraum, welche Ansprüche ergeben sich aus eventuell vorhandender differenzierter Biotopbindung (zum Beispiel bei jahresperiodischen oder entwicklungsbedingten Biotopwechseln)?

(14) Funktionieren Korridorbiotope tatsächlich wie gewünscht als Austauschbrücken für die meisten Arten, insbesondere die als stenök zu bezeichnenden Spezies, oder halten sich diese nicht an solche vorgegebenen Strukturen? Wie stark wirken Unterbrechungen durch isolierende Nutzungen und Verkehrstrassen? Welche Anforderungen lassen sich für die Anlage und Gestaltung von Korridorbiotopen unterschiedlicher Art folgern?

(15) Inwieweit können bei vorhandenen Untersuchungen lokalspezifische Besonderheiten die Ergebnisse beeinflussen, so daß Einschränkungen bzw. Modifikationen generalisierender Modelle notwendig werden?

(16) Mit Hilfe welcher Beschränkungen der Nutzungsintensität land- und forstwirtschaftlicher Flächen bzw. welcher Umstellungen in der Nutzungsweise lassen sich welche Erfolge für den Arten- und Biotopschutz sowie einen umfassenderen Natur- und Umweltschutz erzielen? Welche Nutzungseinschränkungen erfordern die Pufferzonen rings um Schutzgebiete?

Die Auflistung ließe sich fortsetzen, sie soll jedoch nur einige Hinweise auf dringend zu erforschende Zusammenhänge vermitteln. Neben diesen mehr allgemeinen Fragestellungen erfordern auch die konkreten Biotopverbund-Planungen vor Ort eine vorausgehende und die Maßnahmen begleitende Forschung – »wenn nicht die angestrebte natürliche Vielfalt zu einer managementfixierten technomorphen Einfalt führen soll« (DIERSSEN 1987). Alle Projekte müssen von einer mehrjährigen wissenschaftlichen Erfolgskontrolle begleitet werden, auch um kurzfristig auf unerwünschte Entwicklungen reagieren zu können. Dieser Appell richtet sich an alle Planer und Akteure des Naturschutzes.

9.4 Zusammenfassung

Konzepte zur Realisierung von Biotopverbundsystemen können auf kommunaler Ebene, durch Stadt- und Landkreise, Bundesländer und Bundesregierung mehr oder weniger unabhängig voneinander angegangen werden. Erste ökonomische Betrachtungen zeigen durchaus gangbare Wege zur Finanzierung großangelegter Programme auf.

Diverse Kritikpunkte an Zielen und Wegen des Biotopverbunds werden besprochen. Bedeutsame Aspekte sind vor allem die noch wenig gut untermauerte wissenschaftliche Basis, die sehr begrenzte »Machbarkeit« und Renaturierbarkeit von Natur und die Ablenkung und Bindung von Arbeitskräften, die anderen Problemen des Natur- und Umweltschutzes abgeht. Die prekäre Lage fordert jedoch umgehendes Handeln. Parallel ist die Grundlagen- und anwendungsorientierte Forschung, deren wichtigste Fragenkomplexe umrissen werden, entscheidend zu intensivieren.

Fachbegriffe*

Allel = veränderte Form eines Gens an einem Chromosom (Erbanlagen).

allochthon = in einem anderen Gebiet entstanden und sekundär in das betreffende Gebiet eingewandert, eingeschleppt oder absichtlich eingebracht (Gegensatz: autochthon).

anthropogen = durch den Menschen bedingt.

anthropozentrisch = vom Menschen ausgehend, ihn in den Mittelpunkt stellend.

Arten-Areal-Beziehung = hier: für Meeresinseln entwickelter und auf Habitatinseln übertragener exponentieller Zusammenhang zwischen Flächengröße und Artenzahl; bei zunehmender Flächengröße steigt die Anzahl vorkommender Arten zunächst steil an, um dann immer flacher zu werden.

Arten-Distanz-Beziehung = Mit zunehmender Entfernung einer Insel von einer Besiedlungsquelle sinkt der Erfolg der Erstbesiedlung durch neue Arten.

autochthon = bodenständig, an Ort und Stelle entstanden (Gegensatz: allochthon).

Biogeographie = Wissenschaft von der Aus- und Verbreitung von Tier- und Pflanzenarten.

Biotop = räumlich abgegrenzter Lebensraum einer bestimmten Lebensgemeinschaft (Biozönose).

Biotopdispersion= insel- und netzförmige Streuung von Tier- und Pflanzen-Lebensräumen inmitten einer mehr oder weniger lebensfeindlichen, isolierenden Landschaft.

Biotopverbund = räumlicher Kontakt zwischen Lebensräumen, welcher eine funktionale Vernetzung zwischen Organismen in Form von Beziehungssystemen ermöglicht.

Biozönose = Lebensgemeinschaft von Pflanzen und Tieren in einem gemeinsamen Lebensraum.

biozönotischer Konnex = Beziehungsgefüge zwischen den Organismen eines Lebensraumes aufgrund von Ernährungsverknüpfungen.

carnivor = fleischfressend.

Diversität = Artenmannigfaltigkeit in einer Lebensgemeinschaft, wobei nicht nur die Artenzahl, sondern auch die Siedlungsdichte (Abundanz) der einzelnen Arten Berücksichtigung findet.

Dominanz = relative Individuenzahl oder Biomasse einer Art im Verhältnis zu den anderen Arten einer Biozönose.

epigäisch = unmittelbar auf der Bodenoberfläche lebende Tierarten im Gegensatz zu den hypergäischen, den Pflanzenbestand bewohnenden Spezies.

euryök = Organismen mit wenig spezialisierten Ansprüchen an ihren Lebensraum, die starke Schwankungen von Umweltfaktoren vertragen (Gegensatz: stenök).

eutroph = nährstoffreich.

Eutrophierung = Nährstoffanreicherung in einem Lebensraum, dadurch zumeist höhere Produktion pflanzlicher Biomasse.

Extinktion = im Engl.: Aussterben von Tier- und/oder Pflanzenarten in einem Lebensraum.

genetische Drift = Veränderungen der Genfrequenz in kleinen Populationen infolge der geringen Individuenzahl.

Gründereffekt = Phänomen, daß Populationen, die sich – etwa auf Inseln – aus wenigen Individuen bilden, nur ein eingeschränktes Spektrum der genetischen Variation der größeren Ausgangspopulation repräsentieren; eine Folge ist eine

* unter Verwendung vor allem folgenden Literaturzitates: SCHAEFER, M., (1992): Wörterbücher der Biologie – Ökologie. 3. Aufl., Fischer-Verlag, Jena.

höhere Anfälligkeit der neuen Population gegen Umwelteinflüsse, die leichter zum Aussterben führen können.

Habitat = charakteristischer »Wohnort« einer Einzelart, im Gegensatz zu Biotop als Lebensraum einer Biozönose.

herbivor = pflanzenfressend.

Immigration = Einwanderung von Tier- und/oder Pflanzenarten in einen Lebensraum (Gegensatz: Emigration).

Inselökologie = Zweig der Biogeographie, der auf der von MACARTHUR & WILSON in den sechziger Jahren entwickelten Theorie der Dynamik von Lebensgemeinschaften in isolierter Insellage fußt.

mesotroph = mittlere Nährstoffversorgung.

Migration = jahresperiodische und/oder fortpflanzungsbedingte Wanderung von Tieren.

monophag = Tierarten mit enger Nahrungsspezialisierung auf eine Art oder Gattung.

Neophyt = Neubürger einer Flora, in historischer Zeit eingebürgert.

nitrophil = stickstoff- bzw. allgemein nährstoffliebend.

Ökosystem = Beziehungsgefüge biotischer und abiotischer Natur von Organismen und ihrem Lebensraum, die durch Stoff- und Energiekreisläufe mannigfaltig miteinander verknüpft sind.

Ökoton = schmaler und linear entwickelter Übergangsbereich von einem Lebensraumtyp in einen anderen, in welchem sich beiderseitige Umweltfaktoren mischen und so einem breiten typischen Artenspektrum Lebensraum bieten (Saumbiotop).

oligophag = Tierarten mit enger Nahrungsspezialisierung auf wenige Arten einer oder verschiedener Gattungen.

oligotroph = nährstoffarm.

Podsolierung = Auswaschung von organischen Substanzen, Kalk und Eisenhydroxiden im Bodenprofil durch Sickerwasser vom humosen Oberboden in tiefere Bodenhorizonte.

Population = Gesamtheit der Individuen einer Art oder Artengruppe in einem zusammenhängenden Lebensraum.

Randeffekt = ökologische Wirkungen im Randbereich von Ökosystemen, den Ökotonen, vor allem in Form erhöhter Struktur- und Artenvielfalt.

Renaturierung = Versuch zur Wiederherstellung eines naturnahen Zustandes von Lebensräumen, oft auch als Gegensatz zum Begriff der Rekultivierung (der Wiedernutzbarmachung vor allem von ehemaligen Abbauflächen) gebraucht.

Retentionsraum = Fläche im Umfeld von Fließgewässern, die zum Versickern von Oberflächenwasser und damit zur Auffrischung des Grundwassers zur Verfügung steht.

Sippe = taxonomische Gruppe einer beliebigen Rangstufe.

stenök = Organismen mit engen Ansprüchen an ihren Lebensraum, also vergleichsweise spezialisierte Arten (Gegensatz: euryök).

Trophiestufen = Ernährungsebenen in einer Nahrungspyramide, zum Beispiel Pflanzenfresser oder Fleischfresser zweiter Ordnung.

Turnover = »Artenumsatz« in einer Population durch Einwandern und Aussterben von Einzelarten.

Ubiquist = Tier- oder Pflanzenart ohne spezialisierte Umweltansprüche, die sich an sehr verschiedenartige Lebensräume anpassen kann.

Verinselung = Isolation von Tier- bzw. Pflanzenpopulationen und/oder relativ naturnahen Ökosystemen/Landschaftsbestandteilen auf inselartigen Restflächen, die durch stark lebensfeindliche Intensivnutzung der Zwischenflächen (Äcker, Straßen, Bebauung usw.) mehr oder weniger stark voneinander getrennt sind.

verschollen = Tier- und Pflanzenarten der Roten Liste, die früher im Gebiet vorkamen, von denen aber kein Hinweis auf ein aktuelles Vorkommen mehr vorliegt.

Literaturverzeichnis

ALBERS, H., FÖRSTER, C., KNOCHE, U., WARNKEN, T. (1992): Leitfaden zur Extensivierung der (Grün-)Landwirtschaft. Verlag Arbeitsgemeinschaft für bäuerliche Landwirtschaft, Rheda-Wiedenbrück.

AMANN, E., EBERLE, D., HOPPENSTEDT, A. (1988): Landschaftsrahmenplanung in Baden-Württemberg. Natur und Landschaft 63 (4), 150–154.

– TAXIS, H. D. (1987): Die Bewertung von Landschaftselementen im Rahmen der Flurbereinigungsplanung in Baden-Württemberg. Natur und Landschaft 62 (6), 231–235.

AMBUEL, B., TEMPLE, S. A. (1983): Area-dependent changes in the bird communities and vegetation of southern Wisconsin forests. Ecology 64 (5), 1057–1068.

AMMER, U., UTSCHICK, H. (1982): Methodische Überlegungen für eine Biotopkartierung im Wald. Forstw. Cbl. 101, 60–68.

Arbeitsgemeinschaft beruflicher und ehrenamtlicher Naturschutz (1985): Nationalparke: Anforderungen – Aufgaben – Problemlösungen. Jb. Natursch. Landschaftspfl. 37, 73–119.

Arbeitsgemeinschaft Culterra (1993): Flur- und Waldwege heute: asphaltiert, betoniert, befestigt. Über die Tendenz zum Güterwegebau mit Hartbelägen und die Auswirkungen auf Umwelt und Landschaft. Schriftenreihe der Bristol-Stiftung, Heft 1, Schaan/FL.

Arbeitsgruppe »Eingriffsregelung« der Landesanstalten/-ämter für Naturschutz und Landschaftspflege und der Bundesforschungsanstalt für Naturschutz und Landschaftsökologie (1988): Empfehlungen zum Vollzug der Eingriffsregelung. Beilage zu Natur und Landschaft 63 (5), 22 S.

Arbeitsgruppe »Methodik der Biotopkartierung im besiedelten Bereich«, Leiter H. SUKOPP (1986): Flächendeckende Biotopkartierung im besiedelten Bereich als Grundlage einer ökologisch bzw. am Naturschutz orientierten Planung. Grundprogramm für die Bestandsaufnahme und Gliederung des besiedelten Bereichs und dessen Randzonen. Natur und Landschaft 61 (10), 371–389.

Arbeitskreis der Landschaftsanwälte (1987): Resümee der ADL-Tagung zur Neuordnung der Agrarpolitik und zu den daraus resultierenden Chancen für Naturschutz und Landschaftspflege. Natur und Landschaft 62 (11), 488–489.

Arbeitskreis Waldbau und Naturschutz der Höheren Forstbehörde Westfalen-Lippe und der Landesgemeinschaft Naturschutz und Umwelt NRW (1988): Waldwegebau und Naturschutz. Natur- u. Landschaftsk. 24, 49–52.

ASSEBURG, M. (1985): Landschaftliche Erlebniswirkungsanalyse und Flurbereinigungsmaßnahmen. Natur und Landschaft 60 (6), 235–239.

AUHAGEN, A., SUKOPP, H. (1983): Ziel, Begründungen und Methoden des Naturschutzes im Rahmen der Stadtentwicklungspolitik von Berlin. Natur und Landschaft 58 (1), 9–15.

AUWECK, F. A. (1982): Bewertung von Hecken in Bayern. Laufener Seminarbeitr. 5, 118–124.

BAIRLEIN, F. (1991): Biotopverbundsysteme und das Mosaik-Zyklus-Konzept. Laufener Seminarbeitr. 5/91, 45–51.

BANSE, G. (1982): Anmerkungen zur Arten-Areal-Kurve bei Vögeln. Ökol. Vögel 4, 59–65.

– BEZZEL, E. (1984): Artenzahl und Flächengröße am Beispiel der Brutvögel Mitteleuropas. J. Orn. 125 (3), 291–305.

BARANDUN, J. (1990): Auswirkungen von Ausbreitungsbarrieren auf das Vorkommen von Groppen *(Cottus gobio)* – Anregungen für den Artenschutz. Natur und Landschaft 65 (2), 66–68.

BASTIAN, H.-V. (1987): Zur Habitatwahl des Braunkehlchens *(Saxicola rubetra)* in einer südwestdeutschen Kulturlandschaft. Ökol. Vögel 9, 107–111.

BAUER, W. (1987): Zusammenfassung und Ausblick. Symposiumsbericht Biotopvernetzung in der Kulturlandschaft. Schr.-R. Angewandter Naturschutz 1, Naturlandstiftung Hessen, 108–110.

– DISTER, E. (1980): Fischteiche als Eingriffe in Tallandschaften. Vogel und Umwelt 1, 70–72.

BECHMANN, A. (1986): Pilotstudie für ein Szenario »Ökologischer Landbau«. Report 6, SYNÖK-Institut, Barsinghausen.

BERENS, C. (1986): Die agrarstrukturelle Vorplanung – ein Beitrag zur überörtlichen Entwicklung eines Raumes. Z. f. Kulturtechnik und Flurber. 27, 388–397.

BERNHARDT, K.-G. (1985): Untersuchungen zur Verteilung und zum Vorkommen der Wanzen *(Heteroptera)* und Zikaden *(Homoptera, Auchenorrhyncha)* in einem typischen Biotopkomplex des Münsterlandes. Decheniana 138, 78–84.

– SCHREIBER, K.-F. (1988): Synökologische Untersuchungen eines Hecken-Feld-Waldrand-Biotopkomplexes in Westfalen (Norddeutschland). Landschaft + Stadt 20 (3), 106–113.

BERTHOLD, P., FLIEGE, G., QUERNER, U., WINKLER, H. (1986): Die Bestandsentwicklung von Kleinvögeln in Mitteleuropa: Analyse von Fangzahlen. J. Orn. 127 (4), 397–437.

– QUERNER, U., WINKLER, H. (1988): Vogelschutz: 100 Jahre lang bis in die »roten Zahlen« - ein neues Konzept ist unerläßlich. Natur und Landschaft 63 (1), 5–8.

BEZZEL, E. (1982): Arten-Areal-Kurve bei Vögeln: Norm oder Normalfall? Ökol. Vögel 4, 211–214.

– (1991): Mosaik-Zyklus-Konzept und Naturschutzpraxis – ein sehr subjektives Schlußwort. Laufener Seminarbeitr. 5/91, 52–53.

BICHLMEIER, F. (1984): Der Grünordnungsplan als Bestandteil des Bebauungsplanes – Seine Ziele und Inhalte nach dem Bayerischen Naturschutzgesetz. Garten + Landschaft 2, 39–43.

BICK, H. (1983): Konventioneller Landbau und Alternativer Landbau aus der Sicht der Ökologie. Schr.-R. DRL 42, 202–204.

BLAB, J. (1979a): Amphibienfauna und Landschaftsplanung. Natur und Landschaft 54 (1), 3–7.

– (1979b): Rahmen und Ziele eines Artenschutzprogrammes. Natur und Landschaft 54 (12), 411–416.

– (1984): Ziele, Methoden und Modelle einer planungsbezogenen Aufbereitung tierökologischer Fachdaten. Landschaft + Stadt 16 (3), 172–181.

– (1985a): Zur Machbarkeit von »Natur aus zweiter Hand« und zu einigen Aspekten der Anlage, Gestaltung und Entwicklung von Biotopen aus tierökologischer Sicht. Natur und Landschaft 60 (4), 136–140.

– (1985b): Handlungs- und Forschungsbedarf für den Reptilienschutz. Natur und Landschaft 60 (9), 336–339.

– (1986): Biologie, Ökologie und Schutz von Amphibien. Schr.-R. Landschaftspfl. Natursch. 18, Bonn-Bad Godesberg, 3. Aufl.

– (1992): Isolierte Schutzgebiete, vernetzte Systeme, flächendeckender Naturschutz? Stellenwert, Möglichkeiten und Probleme verschiedener Naturschutzstrategien. Natur und Landschaft 67 (9), 419–424.

– (1993): Grundlagen des Biotopschutzes für Tiere. Schr.-R. Landschaftspfl. Natursch. 24, Kilda-Verlag, Greven, 4. Aufl.

– FORST, R., KLÄR, C., NICLAS, G.,

SCHRÖDER, E., STEER, U., WEY, H., WOITHE, G. (1992): Förderprogramm zur Errichtung und Sicherung schutzwürdiger Teile von Natur und Landschaft mit gesamtstaatlich repräsentativer Bedeutung – Naturschutzgroßprojekte und Gewässerrandstreifenprojekte. Natur und Landschaft 67 (7/8), 323–327.

– NOWAK, E. (1983): Grundlagen, Probleme und Ziele der Roten Listen der gefährdeten Arten. Natur und Landschaft 58 (1), 3–8.

– NOWAK, E., TRAUTMANN, W., SUKOPP, H. (1984): Rote Liste der gefährdeten Tiere und Pflanzen in der Bundesrepublik Deutschland. 4. Aufl., Greven.

BLAKE, J. G., KARR, J. R. (1984): Species composition of bird communities and the conservation benefit of large versus small forests. Biol. Conserv. 30, 173–187.

– (1987): Breeding birds of isolated woodlots: Area and habitat relationships. Ecology 68 (6), 1724–1734.

BÖCKER, R., GRENZIUS, R., PLATEN, R., LINDER, W., SCHACHT, N. (1991): Monitoring für die Naturschutzgebiete von Berlin. Natur und Landschaft 66 (9), 436–438.

BOECKLEN, W. J., GOTELLI, N. J. (1984): Island biogeographic theory and conservation practice: Species-area or specious-area relationships? Biol. Conserv. 29, 63–80.

BOHL, M. (1986): Zur Notwendigkeit von Uferstreifen. Natur und Landschaft 61 (4), 134–136.

BOHN, U., BÜRGER, K., MADER, H.-J. (1989): Leitlinien des Naturschutzes und der Landschaftspflege. Natur und Landschaft 64 (9), 379–381 + Beil.

– WOLF, G. (1989): Ergebnisse des Kolloquiums über Naturwaldreservate 1989. Natur und Landschaft 64 (12), 587–591.

BORCHERT, J. (1988): Naturschutz und Landschaftspflege in der Flurbereinigung – Zusammenstellung der Verwaltungsvorschriften der Länder. Natur und Landschaft 63 (5), 221–226.

BOTSCH, H.-J., LEICHT, H., SCHMIDT, H. (1983): Kartierung unbereinigter Weinberge in Franken. Natur und Landschaft 58 (3), 94–99.

BÖTTGER, K. (1986): Aspekte der Gehölzbeschattung und Zielvorstellungen der Renaturierungsmaßnahmen am Unteren Schierenseebach (Schleswig-Holstein), unter besonderer Herausstellung der *Odonata*. Natur und Landschaft 61 (1), 10–14.

– (1990): Ufergehölze – Funktionen für den Bach und Konsequenzen. Ziele eines Fließgewässer-Schutzes. Natur und Landschaft 65 (2), 57–62.

BRAHMS, E., HAAREN, C. von, LANGER, H. (1986): Naturschutzansprüche und ihre Durchsetzung. Ziele des Naturschutzes und Strategien zu ihrer Durchsetzung in empfindlichen Landschaften am Beispiel der Eifelmaare. Angewandte Wissenschaft 331, Schr.-R. BML, Münster-Hiltrup.

– JANSSEN, U., MÜLLER, C., PUMMERER, S. (1992): Umsetzungsorientierte Konzeption zur Stillegung oder Extensivierung landwirtschaftlicher Nutzflächen aus landschaftsökologischer Sicht. Ber. Ökol. Forschung 11, Forschungszentrum Jülich.

BRAUN, U., BUTTSCHARDT, T. K., VIETING, U. K. (1993): Kommunale Biotopvernetzung – Erfahrungen aus Baden-Württemberg am Beispiel Walzbachtal. Naturschutz und Landschaftsplanung 25 (2), 45–51.

BRECHTEL, F. (1987): Zur Bedeutung der Rheindämme für den Arten und Biotopschutz, insbesondere als Bestandteile eines vernetzten Biotopsystems, am Beispiel der Stechimmen *(Hymenoptera aculeata)* und Orchideen *(Orchidaceae)* – unter Berücksichtigung der Pflegesituation. Natur und Landschaft 62 (11), 459–464.

BRIEMLE, G., EICKHOFF, D., WOLF, R. (1991): Mindestpflege und Mindestnutzung unterschiedlicher Grünlandtypen aus landschaftsökologischer und landeskultureller Sicht. Beih. Veröff. Naturschutz Landschaftspflege Bad.-Württ. 60, 1–160.

– ELSÄSSER, M. (1992): Die Grenzen der

Grünland-Extensivierung – Anregungen zu einer differenzierteren Betrachtung. Naturschutz und Landschaftsplanung 24 (5), 196–197.

– KUNZ, H.-G., MÜLLER, A. (1987): Zur Mindestpflege der Kulturlandschaft insbesondere von Brachflächen aus ökologischer und ökonomischer Sicht. Veröff. Naturschutz Landschaftspflege Bad. Württ. 62, 141–160.

BROCKMANN, E. (1987): Natur im Verbund – Theorie für die Praxis. Schr.-R. Angewandter Naturschutz 3, Naturlandstiftung Hessen, 1–152, Bad Nauheim.

– DEEG, S. (1987): Von Biotopkartierungen zu Vernetzungskonzepten – Grundlage der Biotopschutzarbeit der Naturschutzverbände. Schr.-R. Angewandter Naturschutz 1, Naturlandstiftung Hessen, 84–107.

BRÜCKNER, C. (1985): Landschaft im Würgegriff des Straßennetzes. Natur- u. Landschaftsk. 21, 1–4, 1985.

BRUGGER, G. (1982): Überblick über die gegenwärtigen Alternativen im Landbau. Angewandte Wissenschaft 263, Schr.-R. BML, 10–23.

BRUNS, D. (1987): Lassen sich Biotope verpflanzen? Garten + Landschaft 10, 41–45.

Bundesforschungsanstalt für Naturschutz und Landschaftsökologie (1981): Leitlinien zur Ausbringung heimischer Wildpflanzen. Natur und Landschaft 56 (10), 368–369.

CLAUSNITZER, H.-J. (1980): Hilfsprogramm für gefährdete Libellen. Natur und Landschaft 55 (1), 12–15.

– (1983): Der Einfluß unterschiedlicher Bewirtschaftungsmaßnahmen auf den Artenbestand eines Teiches. Natur und Landschaft 58 (4), 129–133.

COLEMAN, B. D., MARES, M. A., WILLIG, M. R., HSIEH, Y.-H. (1982): Randomness, area, and species richness. Ecology 63 (4), 1121–1133.

COX, C. B., MOORE, P. D. (1987): Einführung in die Biogeographie. Gustav Fischer Verlag, Stuttgart.

DAVIS, B. N. K. (1976): The colonization of isolated patches of nettles *(Urtica dioica L.)* by insects. Journ. Appl. Ecol. 13, 1–14.

DEIXLER, W. (1984a): Gedanken zur Realisierung eines Vernetzungskonzepts und mögliche Instrumentarien. Laufener Seminarbeitr. 7, 49–56.

– (1984b): Erfordernisse des Naturschutzes und der Landschaftspflege in der Flurbereinigung nach Maßgabe des Naturschutzrechtes. Natur und Landschaft 59 (1), 3–7.

– (1985): Biotopvernetzung – Konzepte und Realisierung. Natur und Landschaft 60 (4), 131–135.

Deutsche Landwirtschafts-Gesellschaft (Hrsg., 1988): Naturschutz und Landschaftspflege mit Schafen. DLG-Arbeitsunterlagen, Frankfurt/M.

Deutscher Rat für Landespflege (1983a): Ein »Integriertes Schutzgebietssystem« zur Sicherung von Natur und Landschaft entwickelt am Beispiel des Landes Niedersachsen. Schr.-R. DRL 41, 5–14.

– (1983b): Landespflege und landwirtschaftlich intensiv genutzte Gebiete. Schr.-R. DRL 42, 133–157.

– (1985): »Warum Artenschutz«? Schr.-R. DRL 46, 537–557.

– (1988): Empfehlungen für eine umweltorientierte Entwicklung des ländlichen Raumes – gutachterliche Stellungnahme. Schr.-R. DRL 54, 235–260.

DIAMOND, J. M. (1975): The island dilemma: lessons of modern biogeographic studies for the design of natural reserves. Biol. Conserv. 7, 129–146.

DIERCKS, R. (1982): Integrierter Pflanzenschutz. Angewandte Wissenschaft 263, Schr.-R. BML, 158–179.

DIERSSEN, K. (1987): Bewahrender und gestaltender Naturschutz – Reflexion über Gefahren, Grenzen, Möglichkeiten. Grüne Mappe, Landesnaturschutzverband Schleswig-Holstein, 20–24.

DIETERICH, H. (1981): Das Bann- und Schonwaldprogramm in Baden-Württemberg. Beih. Veröff. Naturschutz

Landschaftspflege Bad.-Württ. 20, 83–89.

DILLENBURGER, R. (1979): Entscheidungshilfe in der Naturschutzgebietsplanung. Natur und Landschaft 54 (9), 308–311.

DORDA, D. (1992): Zur ökosystemaren Inventur saarländischer Naturwaldzellen. Natur und Landschaft 67 (11), 541–543.

DU BOIS, W., OTTO-ZIMMERMANN, K. (1992): Umweltdaten in der kommunalen Praxis. Datenbeschaffung und Datenverarbeitung für Umweltplanung, Überwachung und UVP – Kommunale Umweltinformationssysteme. Erhard Blottner Verlag, Taunusstein.

DUELLI, P. (1989): Methoden zur Bewertung naturnaher Flächen aufgrund von Fallbeispielen. Konzeptionelles Einschaltkapitel zum Schluss-Teilbericht der Forschungsgruppe Fauna (WSL Birmensdorf ZH) für das NFP »Boden«-Projekt 238a. Mskr., Birmensdorf, 21 S.

– (1992a): Biotopverbund bei Wirbellosen. In: Arbeitsgemeinschaft für Natur- und Heimatschutz Baselland, Hrsg., Biotopverbund – die wirksame Strategie gegen den Artenschwund? Referate der Tagung vom 26. Januar 1991, 16–20, Muttenz/Schweiz.

– (1992b): Mosaikkonzept und Inseltheorie in der Kulturlandschaft. Verh. Ges. f. Ökologie 21, 379–384.

– STUDER, M., MARCHAND, I. (1989): The influence of the surroundings on arthropod diversity in maize fields. Acta Phytopathologica et Entomologica Hungarica 24 (1–2), 73–76.

– STUDER, M., MARCHAND, I., JAKOB, S. (1990): Population movements of arthropods between natural and cultivated areas. Biol. Conserv. 54, 193–207.

EGGELSMANN, R. (1985): Ökohydrologische Aspekte für den Schutz und Erhalt von Feuchtbiotopen. Verh. Ges. f. Ökologie XIII, 165–167.

EIGNER, J. (1982): Bewertung von Knicks in Schleswig-Holstein. Laufener Seminarbeitr. 5, 110–117.

– EIGNER, A. (1990): Pflegemaßnahmen in Trockenbiotopen auf Hügelgräbern in Heiligenhafen, Schleswig-Holstein – erste Ergebnisse. Natur und Landschaft 65 (2), 74–78.

ELLENBERG, H. jun. (1983): Gefährdung wildlebender Pflanzenarten in der Bundesrepublik Deutschland – Versuch einer ökologischen Betrachtung. Forstarchiv 54 (4), 127–133.

– (1987): Fülle – Schwund – Schutz: Was will der Naturschutz eigentlich? Über Grenzen des Naturschutzes in Mitteleuropa unter den derzeitigen Rahmenbedingungen. Verh. Ges. f. Ökologie XVI, 449–459.

– (1992): Naturschutz als konstruktiver Beitrag zur zukünftigen Landnutzung in Mitteleuropa. NNA-Ber. 5 (19), 4–8.

ELLENBERG, H. sen. (1982): Vegetation Mitteleuropas mit den Alpen in ökologischer Sicht. Verlag Eugen Ulmer, Stuttgart, 3. Aufl.

ERDMANN, K.-H., NAUBER, J. (1990): Biosphären-Reservate – Ein zentrales Element des UNESCO-Programms »Der Mensch und die Biosphäre« (MAB). Natur und Landschaft 65 (10), 479–483.

ERZ, W. (1978a): Zur Aufstellung von Artenschutzprogrammen. In: OLSCHOWY, G., Natur- und Umweltschutz in der Bundesrepublik Deutschland, 792–802, Hamburg/Berlin.

– (1978b): Probleme der Integration des Naturschutzgesetzes in Landnutzungsprogramme. TUB, Zeitschr. d. Techn. Univ. Berlin 10 (2), 11–19.

– (1983a): Naturschutzpolitik – Agrarische Aspekte des Naturschutzes. Daten und Dokumente zum Umweltschutz 35, 101–111.

– (1983b): Naturschutz und Landschaftspflege im Rückblick auf ein Vierteljahrhundert Deutscher Naturschutztage und heute. Materialien zu einer bilanzierenden Naturschutzpolitik. Jb. Natursch. Landschaftspfl. 33, 9–37.

– (1985): Nationalparke in Theorie und Praxis. Ergebnisse einer internationalen Arbeitstagung 1984 in Cuxhaven. Jb. Natursch. Landschaftspfl. 37, 65–72.

– (1990): Naturschutzgebiete in der Bundesrepublik Deutschland – Inhaltliche Ziele und Flächenanteile. Geogr. Rdsch. 42 (5), 299–302 plus Kartenbeilage.

Eschwege, C. von (1988): Möglichkeiten zum Entwurf von Biotopvernetzungs- und Verbundsystemen im Rahmen der Landschaftsplanung. Schr.-R. Angewandter Naturschutz 5, Naturlandstiftung Hessen, 81–85.

Evert, K.-J., Winkelbrandt, A. (1983): Erfassung der Flächeninanspruchnahme durch Bundesfernstraßen am Beispiel der BAB A 45 – Methode und Ergebnisse. Natur und Landschaft 58 (2), 51–55.

Feldmann, R., Geiger, A. (1987): Amphibienschutz an Straßen in Nordrhein-Westfalen. Laichplatzwanderungen und Bestandserfassungen für 1986. LÖLF-Mitt. 4, 8–19.

Fey, J. M. (1988): Die Beeinträchtigung von Fließgewässern durch Fischteiche. Natur- u. Landschaftsk. 24, 45–48.

Finck, P., Hammer, D., Klein, M., Kohl, A., Riecken, U., Schröder, E., Ssymank, A., Völkl, W. (1992): Empfehlungen für faunistisch-ökologische Datenerhebungen und ihre naturschutzfachliche Bewertung im Rahmen von Pflege- und Entwicklungsplänen für Naturschutzgroßprojekte des Bundes. Natur und Landschaft 67 (7/8), 329–340.

Finckenstein, G. Graf (1983): Alternative Landbaumethoden in landwirtschaftlichen Intensivgebieten aus der Sicht der Praxis. Schr.-R. DRL 42, 199–201.

Fingerle, K. (1985): Ländlicher Wegebau und Forderungen des Naturschutzes und der Landschaftspflege. Naturschutz in Nordhessen 8, 29–38.

Finke, L. (1987): Flächenansprüche aus ökologischer Sicht. Forschungs- und Sitzungsberichte 165, Veröff. ARL Hannover, 179–201.

Fischer, A. (1982): Hohlwege im Kaiserstuhl. Bestandsaufnahme, Bewertung, ökologische Bedeutung. Natur und Landschaft 57 (4), 115–119.

Foerster, E., Wolff-Straub, R. (1982): Artenhilfsprogramm Breitblättriges Knabenkraut. Merkblatt 23, LÖLF, Recklinghausen.

Foster, R. B. (1980): Heterogenity and disturbance in tropical vegetation. In: Soulé, M. E., Wilcox, B. A., Eds., Conservation biology, 75–92, Mass.

Franz, J. M. (1982): Biologische Schädlingsbekämpfung. Angewandte Wissenschaft 263, Schr.-R. BML, 152–157.

Freie und Hansestadt Hamburg, Stadtentwicklungsbehörde – Fachamt für Landschaftsplanung (Hrsg., 1992): Freiraumverbundsystem. Karte zum Landschaftsprogramm Hamburg, Konzept. Hamburg.

Frey, K. (1988): Die Flurbereinigung als Umsetzungsmöglichkeit für geplante Biotopverbundsysteme. Schr.-R. Angewandter Naturschutz 5, Naturlandstiftung Hessen, 76–80.

Frobel, K., Beck, P. (1982): Langfristige Änderungen des Vogelartenbestandes im Landkreis Coburg (Nordbayern). Ökol. Vögel 4, 67–79.

Fuchs, M. (1984): Ziele des Naturschutzes bei der Schaffung von Trockenbiotopen. Laufener Seminarbeitr. 5, 23–26.

Gäbler, H.-J. (1985): Wasserläufe in der Agrarlandschaft als Entwässerungssystem und ihre ökologische Funktion. Z. f. Kulturtechnik und Flurbereinigung 26, 222–230.

Gelder, J. J. van (1973): A quantitative approach to the mortality resulting from traffic in a population of *Bufo bufo* L. Oecologia 13, 93–95.

Gilbert, F. S. (1980): The equilibrium theory of island biogeography: fact or fiction? J. Biogeogr. 7, 209–235.

Grebe, R. (1988): Verhinderung und Verminderung von Eingriffen in den Naturhaushalt durch die Landschaftsplanung. Schr.-R. DRL 55, 411–413.

GROSSKOPF, J. (1988): Die Aktivitätsstruktur der Carabiden (Col.) des Straßenrandes als Folge von Mulchen und Saugmähen. Natur und Landschaft 63 (12), 511–516.

GROTHE, H., MARKS, R., VUONG, V. (1979): Die Kartierung und Bewertung gliedernder und belebender Landschaftselemente im Rahmen der Landschafts- und Freiraumplanung. Natur und Landschaft 54 (11), 375–380.

GRÜGER, B., STÖRKEL, K.-U. (1988): Erfassung, Bewertung und Beurteilung stehender Gewässer des Main-Kinzig-Kreises (Hessen). Natur und Landschaft 63 (7/8), 315–317.

HAAREN, C. von (1988): Über die Bedeutung von landschaftsökologisch-historischen Betrachtungen für die Naturschutzplanung. Natur und Landschaft 63 (7/8), 299–303.

– MÜLLER-BARTUSCH, C. (1991): Programme zur Flächenstillegung und Extensivierung. Ein Weg zu einer umweltschonenden Landwirtschaft? Naturschutz und Landschaftsplanung 23 (3), 100–106.

HAARMANN, K. (1983): Der aktuelle Zustand der Naturschutzgebiete in der Bundesrepublik Deutschland – eine vorläufige Übersicht. Schr.-R. DRL 41, 27–31.

– PRETSCHER, P. (1981): Naturschutzgebiete – Licht und Schatten. Natur und Landschaft 56 (10), 364–366.

– (1988): Naturschutzgebiete in der Bundesrepublik Deutschland. Naturschutz aktuell 3, Greven, 2. Aufl.

– (1993): Zustand und Zukunft der Naturschutzgebiete in Deutschland. Die Situation im Süden und Ausblicke auf andere Landesteile. Schr.-R. Landschaftspfl. Naturschutz 39, 1–266.

HABER, W. (1982): Naturschutzprobleme als Herausforderung an die Forschung. Natur und Landschaft 57 (1), 3–8.

– (1983a): Die Biotopkartierung in Bayern. Schr.-R. DRL 41, 32–37.

– (1983b): Maßnahmen der Landespflege in landwirtschaftlichen Intensivgebieten und ihre Auswirkungen auf den Naturhaushalt. Schr.-R. DRL 42, 196–198.

– (1991): Auswirkungen der Extensivierung auf die Umwelt einer Industriegesellschaft – Gedanken zu einer De-Intensivierung in der Landwirtschaft. Naturschutz und Landschaftsplanung 23 (3), 94–99.

HÄNGGI, A. (1989): Erfolgskontrollen in Naturschutzgebieten – Gedanken zur Notwendigkeit der Erfolgskontrolle und Vorschlag einer Methode der Erfolgskontrolle anhand der Spinnenfauna. Natur und Landschaft 64 (4), 143–146.

HAESELER, V. (1979): Landschaftsökologischer Stellenwert von Zaunpfählen am Beispiel der Nistgelegenheiten für solitäre Bienen und Wespen *(Hym. Aculeata)*. Natur und Landschaft 54 (1), 8–13.

– (1982): Ameisen, Wespen und Bienen als Bewohner gepflasteter Bürgersteige, Parkplätze und Straßen *(Hymenoptera: Aculeata)*. Drosera 1, 17–32.

HAMPICKE, U. (1983): Die voraussichtlichen Kosten einer naturschutzgerechten Landwirtschaft. Landschaft + Stadt 15 (4), 171–183.

– (1985): Die volkswirtschaftlichen Kosten des Naturschutzes in Berlin. Ökonomische Begleitstudie zu den »Grundlagen für das Artenschutzprogramm in Berlin«. Landschaftsentw. u. Umweltforsch. 35, Berlin.

– (1986): Die Kosten des Naturschutzes. Garten + Landschaft 5, 19–24.

– (1988): Naturschutz und Landwirtschaft. Überlegungen zu einem Gesamtkonzept in Hessen und in der Bundesrepublik Deutschland. Vogel und Umwelt 5, 47–73.

– (1991): Naturschutz-Ökonomie. UTB 1650, Verlag Eugen Ulmer, Stuttgart.

– (1992): Ist Naturschutz möglich? – Ziele, Konzepte, Kosten. NNA-Ber. 5 (1), 9–17.

– TAMPE, K., KIEMSTEDT, H., HORLITZ, T., WALTERS, M., TIMP, D. (1991): Kosten und Wertschätzung des Arten-

und Biotopschutzes. Berichte 3/91, Umweltbundesamt, Verlag Erich Schmidt, Berlin.

HANSKI, I., GILPIN, M. (1991): Metapopulation dynamics: brief history and conceptual domain. Biological Journal of the Linnean Society 42, 3–16.

HEINRICH, C. (1993): Leitlinie Naturschutz im Wald – Ein Naturschutzkonzept für den Wald in Hessen. Hrsg. vom Naturschutzbund Deutschland, Landesverband Hessen, Wetzlar, 166 S.

HEITEFUSS, R. (1980): Einfluß des Pflanzenschutzes auf die Arten- und Biotopvielfalt. Landwirtsch. Forsch., Sonderh. 37, 67–77.

HELLIWELL, D. R. (1976): The effects of size and isolation on the conservation value of wooded sites in Britain. J. Biogeogr. 3, 407–416.

HEMMANN, K., HOPP, J., PAULUS, H. F. (1987): Zum Einfluß der Mahd durch Messerbalken, Mulcher und Saugmäher auf Insekten am Straßenrand. Natur und Landschaft 62 (3), 103–106.

HENLE, K., KAULE, G. (Hrsg., 1992): Arten- und Biotopschutzforschung für Deutschland. Ber. aus der Ökol. Forschung 4, Forschungszentrum Jülich, 1–435.

HENN, P. (1988): Pflege der straßenbegleitenden Vegetationsflächen. Schr.-R. Angewandter Naturschutz 5, Naturlandstiftung Hessen, 47–56.

Hessische Landesforstverwaltung (Hrsg., 1985): Die Gestaltung funktionsgerechter Waldränder. Merkblatt 4, Wiesbaden/Hann. Münden.

HEUBLEIN, D. (1982): Untersuchungen zum Einfluß eines Waldrandes auf die epigäische Spinnenfauna eines angrenzenden Halbtrockenrasens. Laufener Seminarbeitr. 5, 79–94.

HEYDEMANN, B. (1980): Die Bedeutung von Tier- und Pflanzenarten in Ökosystemen, ihre Gefährdung und ihr Schutz. Jb. Natursch. Landschaftspfl. 30, 15–83.

– (1981): Zur Frage der Flächengröße von Biotopbeständen für den Arten- und Ökosystemschutz. Jb. Natursch. Landschaftspfl. 31, 21–51.

– (1982): Der Einfluß der Waldwirtschaft auf die Wald-Ökosysteme aus zoologischer Sicht. Schr.-R. DRL 40, 926–944.

– (1983a): Vorschlag für ein Biotopschutzzonen-Konzept am Beispiel Schleswig-Holsteins – Ausweisung von schutzwürdigen Ökosystemen und Fragen ihrer Vernetzung. Schr.-R. DRL 41, 95–104.

– (1983b): Die Beurteilung von Zielkonflikten zwischen Landwirtschaft, Landschaftspflege und Naturschutz aus der Sicht der Landespflege und des Naturschutzes. Schr.-R. für ländliche Sozialfragen 88, 51–78.

– (1983c): Aufbau von Ökosystemen im Agrarbereich und ihre langfristigen Veränderungen. Daten und Dokumente zum Umweltschutz 35, 53–83.

– (1985): Folgen des Ausfalls von Arten – am Beispiel der Fauna. Schr.-R. DRL 46, 581–594.

– (1986a): »Ökologische Wende«. Interview, Globus-Begleitmappe 1, »Vernetzte Lebensräume«, BUND, 11–14, Stuttgart.

– (1986b): Grundlagen eines Verbund- und Vernetzungskonzeptes für den Arten- und Biotopschutz. Grüne Mappe, Landesnaturschutzverband Schleswig-Holstein, 11–22, Kiel.

– (1987a): Über die Notwendigkeit von Biotop-Verbundsystemen. Überarbeiteter Tonbandmitschnitt. Schr.-R. Angewandter Naturschutz 1, Naturlandstiftung Hessen, 58–77.

– (1987b): Das Programm der »Neuen Nachwachsenden Rohstoffe« die Verträglichkeit mit Programmen des Naturschutzes, der Extensivierung und der Flächenstillegung. Grüne Mappe, Landesnaturschutzverband Schleswig-Holstein, 14–19, Kiel.

– (1987c): Naturschutz-Forschung – Innovation und Erfolgsbewertung für Politik, Planung und Praxis. Jb. Natursch. Landschaftspfl. 39, 164–176.

– NOWAK, E. (1980): Katalog der zoologisch bedeutsamen Biotope (Ökosysteme) Mitteleuropas. Natur und Landschaft 55 (1), 7–9.

HIGGS, A. J., USHER, M. B. (1980): Should nature reserves be large or small? Nature 285, 568–569.

HÖLZINGER, J. (1987): Die Vögel Baden-Württembergs. Bd. 1, Teil 1–3: Gefährdung und Schutz. Stuttgart.

HOLTERMANN, D. (1983): Zur Bedeutung ›ökologischer‹ Zellen in Weinbergen, dargestellt am Beispiel von Kleinschnecken. Verh. Ges. f. Ökologie X, 93–101.

HORLITZ, T., KIEMSTEDT, H. (1991): Flächenansprüche des Arten- und Biotopschutzes – Ermittlung von Minimalforderungen für die Bundesrepublik. Naturschutz und Landschaftsplanung 23 (6), 243254.

HOVESTADT, T. (1990): Die Bedeutung zufälligen Aussterbens für die Naturschutzplanung. Natur und Landschaft 65 (1), 3–8.

HOVESTADT, T., ROESER, J., MÜHLENBERG, M. (1992): Flächenbedarf von Tierpopulationen als Kriterien für Maßnahmen des Biotopschutzes und als Datenbasis zur Beurteilung von Eingriffen in Natur und Landschaft. Ber. aus der Ökol. Forschung 1, Forschungszentrum Jülich, Jülich.

HOWE, R. W. (1984): Local dynamics of bird assemblages in small forest habitat islands in Australia and North America. Ecology 65 (5), 1585–1601.

HUFFAKER, C. B. (1958): Experimental studies on predation: dispersion factors and predator-prey oscillations. Hilgardia 27, 343–383.

Institut für Naturschutz und Tierökologie (1977): Tierwelt und Straße – Problemübersicht und Planungshinweise. Jb. Natursch. Landschaftspfl. 26, 91–115.

JEDICKE, E. (1981): Naturschutz und Landschaftspflege auf örtlicher Ebene am Beispiel der Großgemeinde Arolsen in Nordhessen. Unveröff. Mskr., Arolsen.

– (1985): Rettet die Ackerwildkräuter. DBV-Merkblatt, Kornwestheim.

– (1988): Kleingewässer – Teiche, Tümpel, Weiher. Otto Maier Verlag, Ravensburg.

– (1989a): Boden – Entstehung, Ökologie, Schutz. Otto Maier Verlag, Ravensburg.

– (1989b): Brachland als Lebensraum. Otto Maier Verlag, Ravensburg.

– (1990): Planung und Umsetzung von Biotopverbundsystemen. Garten und Landschaft 100 (10), 39–44.

– (1991a): Kleinstrukturen, Amphibien und Straßenbau in einer Agrarlandschaft – Isolation durch Straßen und Grundlagen zum Biotopverbund. Naturschutz und Landschaftsplanung 23 (2), 78–84.

– (1991b): Biotopverbund im Forst. Allgem. Forst Zeitschr. 46 (14), 703–705.

– (1991c): Schöne Hecken für Garten und Landschaft. Verlag Eugen Ulmer, Stuttgart.

– (1992a): Gedanken zu einem Leistungsbild für lokale Biotopverbund-Planungen – Plädoyer für eine Naturschutz-Planung auf fundierter Basis. Naturschutz und Landschaftsplanung 24 (2), 71–74.

– (1992b): Naturschutzgebiete in Deutschland – Statistik für die 16 Bundesländer mit Stand vom 1. Januar 1992. Naturschutz und Landschaftsplanung 24 (4), 155–157.

– (1992c): Theorie des Biotopverbundes und seine praktische Umsetzung. In: Arbeitsgemeinschaft für Natur- und Heimatschutz Baselland, Hrsg., Biotopverbund – die wirksame Strategie gegen den Artenschwund? Referate der Tagung vom 26. Januar 1991, 4–15, Muttenz/Schweiz.

– (1992d): Die Amphibien Hessens. Verlag Eugen Ulmer, Stuttgart.

– (1993): Statistik der Naturschutzgebiete mit Stand vom 1.1.1993. Naturschutz und Landschaftsplanung 25 (3), 115–116.

– FREY, W., HUNDSDORFER, M., STEINBACH, E. (1993): Praktische Landschaftspflege – Grundlagen und Maßnahmen. Verlag Eugen Ulmer, Stuttgart.

– STAIBER, K. (1988): Zwölfjährige

Bilanz der Wasservogel-Bestandsentwicklung in einem Feuchtgebiet aus Menschenhand. Natur und Landschaft 63 (10), 423–428.

JEDICKE, L., JEDICKE, E. (1992): Farbatlas Landschaften und Biotope Deutschlands. Verlag Eugen Ulmer, Stuttgart.

JESORSKY, C. (1991): Komponenten eines Geographischen Informationssystems für die Landschafts- und Umweltplanung. Landschaftsentwicklung und Umwelforschung 79, Schr.-R. TU Berlin, 296 S.

JILG, T., BRIEMLE, G. (1993): Futterwert und Futterakzeptanz von Magerwiesen-Heu im Vergleich zu Fettwiesen-Heu. Analyse der Futterzusammensetzung und der Zuwachsleistung bei Rindern. Naturschutz und Landschaftsplanung 25 (2), 64–68.

JOB, H. (1993a): Naturparks in Frankreich – «Parcs natruels rgionaux« und Erfahrungen für deutsche Naturparke. Naturschutz und Landschaftsplanung 25 (3), 105–111.

– (1993b): Braucht Deutschland die Naturparke noch? Eine Stellungnahme zur Diskussion um Großschutzgebiete. Naturschutz und Landschaftsplanung 25 (4), 126–132.

JOREK, N. (1979): Entwurf eines Management-Konzeps für großflächige Feuchtgebiete in Westfalen. Verh. Ges. f. Ökologie VII, 283–286.

JUCHLER, S., STICHER, H. (1984): Junge geschüttete Böden – eine Untersuchung von Böden an Straßen- und Bahndämmen der Nordschweiz unter Berücksichtigung der Vegetation. Z. f. Kulturtechnik und Flurbereinigung 25, 24–31.

JUNGBLUTH, J. H. (1980): Probleme und Möglichkeiten des Arten- und Biotopschutzes bei Muscheln. Natur und Landschaft 55 (1), 9–12.

KAPFER, A., PFADENHAUER, J. (1986): Vegetationskundliche Untersuchungen zur Pflege von Pfeifengras-Streuwiesen. Natur und Landschaft 61 (11), 428–432.

KAULE, G. (1980): Biotoperhaltung und Biotopentwicklung in Agrarlandschaften. Landwirtsch. Forsch., Sonderh. 37, 30–45.

– (1983): Vernetzung von Lebensräumen in der Agrarlandschaft. Daten und Dokumente zum Umweltschutz 35, 25–41.

– (1984): Einfluß bodenverändernder und bodenordnender Maßnahmen auf die Umwelt. Informationen zur Raumentwicklung 6, 567–574.

– (1985): Anforderungen an Größe und Verteilung ökologischer Zellen in der Agrarlandschaft. Z. f. Kulturtechnik und Flurber. 26, 202–207.

– (1991): Arten- und Biotopschutz. Verlag Eugen Ulmer, Stuttgart, 2. Aufl.

– SCHOBER, M. (1985): Möglichkeiten und Grenzen des Ausgleichs für Eingriffe. Angewandte Wissenschaft 314, Schr.-R. BML, Münster-Hiltrup.

KEIL, W. (1981): Das Altholz-Insel-Programm in Hessen. Jb. Natursch. Landschaftspfl. 31, 105–109.

– (1988): Modellflugsport aus der Sicht des Vogelschutzes. LÖLF-Mitt. 3, 31–32.

KELCEY, J. G. (1975): Opportunities for wildlife habitats on road verges in a new city. Urban Ecology 1, 271–284.

KIERCHNER, G.-J., WOLFF-STRAUB, R. (1978): Biotopkartierung Nordrhein-Westfalen. LÖLF-Mitt. 3 (10), 241–248.

KIRCH, C., SCHMIDT, G. (1991): Feuchtwiesen bei Bremervörde – Möglichkeiten für ihre Erhaltung und Weiterentwicklung. Naturschutz und Landschaftsplanung 23 (3), 106–114.

KLAUSNITZER, B. (1993): Ökologie der Großstadtfauna. 2. Aufl., Gustav Fischer Verlag, Jena.

KLOOS, H. W. (1990): Landinformationssysteme in der öffentlichen Verwaltung. Schr.-R. Verwaltungsinformatik 7, Verlag Decker & Müller, Heidelberg, 470 S.

KLÖTZLI, F. (1991): Möglichkeiten und erste Ergebnisse mitteleuropäischer Renaturierungen. Verh. Ges. f. Ökologie 20, 229–242.

KNAUER, N. (1980): Möglichkeiten und Schwierigkeiten bei der Schaffung funktionsfähiger Naturschutzgebiete in der Agrarlandschaft. Landwirtsch. Forsch., Sonderh. 37, 105–116.

– (1986a): Konzept eines Netzes aus ökologischen Zellen in der Agrarlandschaft und Bedeutung für das Agrarökosystem. Laufener Seminarbeitr. 10, 54–63.

– (1986b): Zum Verständnis von Integriertem Pflanzenbau aus der Sicht der Landschaftsökologie. Laufener Seminarbeitr. 4, 22–30.

– (1992): Grünlandextensivierung – Landschaftsökologische Bedeutung und Möglichkeiten der Realisierung durch die Landwirtschaft. NNA-Ber. 5 (4), 59–71.

– WOLTER, H. (1980): Ökologische Auswirkungen des Straßennetzes, dargestellt am Beispiel von Schleswig-Holstein. Forstarchiv 51, 250–255.

KOHL, A., SCHRÖDER, E., WEY, H. (1992): Empfehlungen für floristisch-vegetati-nskundliche Datenerhebungen und ihre naturschutzfachliche Bewertung im Rahmen von Pflege- und Entwicklungsplänen für Naturschutzgroßprojekte des Bundes. Natur und Landschaft 67 (7/8), 328.

KOHLER, A. (1980): Gewässerbiotope in Agrarlandschaften. Landwirtsch. Forsch., Sonderh. 37, 46–60.

KOLODZIEJCOK, K.-G. (1985): Unterschiede zwischen Nationalpark und anderen Schutzgebietsformen aus rechtlicher Sicht (bezogen auf die Bundesrepublik Deutschland). Jb. Natursch. Landschaftspfl. 37, 18–23.

KONOLD, W., WOLF, R. (1987): Kulturhistorische und landschaftsökologische Untersuchungen als Grundlage für die Feuchtgebiets-Planung am Beispiel der Gemarkung Bad Wurzach-Seibranz (Lkrs. Ravensburg). Natur und Landschaft 62 (10), 424–429.

KORN, H., PITZKE, C. (1988): Stellen Straßen eine Ausbreitungs-Barriere für Kleinsäuger dar? Ber. ANL 12, 189–195.

KORNECK, D., SUKOPP, H. (1988): Rote Liste der in der Bundesrepublik Deutschland ausgestorbenen, verschollenen und gefährdeten Farn- und Blütenpflanzen und ihre Auswertung für den Arten- und Biotopschutz. Schr.-R. Vegetationskde. 19, Bonn-Bad Godesberg.

KOSTRZEWA, A. (1988): Die Beeinträchtigung von Greifvogelhabitaten durch anthropogene Einflüsse – Untersuchungen in der Niederrheinischen Bucht. Natur und Landschaft 63 (6), 272–276.

KRAUS, W. (1984): Uferstreifen an Gewässern zum Nutzen der Wasserwirtschaft, Ökologie und Landwirtschaft. Wasser und Boden 9, 426–430.

– (1988): Rechtsvorschriften und Verfahrensbeteiligung von Naturschutz und Landschaftspflege bei der Wasserwirtschaft. Ber. ANL 12, 309–313.

KRAUSE, A. (1979): Lößhohlwege – schutzwürdige Biotope im Bonner Stadtgebiet. Natur und Landschaft 54 (1), 14–16.

– (1988): Waldbäche und Waldflüsse – naturnahe Vorbilder für die Umgestaltung ausgebauter Wasserläufe. Natur und Landschaft 63 (9), 367–369.

KRAUSE, C. L., MRASS, W., WINKELBRANDT, A. (1985): Gedanken zu Aufgaben, Inhalten und zur Gliederung des Landschaftsrahmenplans. Natur und Landschaft 60 (2), 54–58.

KREBS, S. (1990): Gras- und Krautsäume – Strukturelemente in der Kulturlandschaft. Hrsg. vom Ministerium für Ländlichen Raum, Ernährung, Landwirtschaft und Forsten Baden-Württemberg, Stuttgart, 63 S.

KREEB, K. H. (1983): Vegetationskunde. Methoden und Vegetationsformen unter Berücksichtigung ökosystemischer Aspekte. Verlag Eugen Ulmer, Stuttgart.

KUFELD, W. (1988): Geographisch-planungsrelevante Untersuchungen am Aubachsystem (südlich von Regensburg) als Grundlage eines Bachsanierungskonzeptes. Ber. ANL 12, 259–302.

KUNICK, W., KUONI, M., MAAS, J.

(1983): Pilotstudie Stadtbiotopkartierung Stuttgart. Beih. Veröff. Natursch. Landschaftspfl. Bad.-Württ. 36, Karlsruhe.

Kuntze, H., Scheffer, B. (1992): Änderung von Bodeneigenschaften durch Flächenstillegung und Extensivierung von Grünland in Niedersachsen. NNA-Ber. 5 (4), 54–59.

Kunzmann, G., Harrach, T., Vollrath, H. (1985): Artenvielfalt und gefährdete Arten von Grünlandgesellschaften in Abhängigkeit vom Feuchtegrad des Standortes. Natur und Landschaft 60 (12), 490–494.

Lahl, U., Frank, K., Zeschmar-Lahl, B. (1992): Die Eingriffsregelung in der Bauleitplanung und in der Baugenehmigung. Natur und Landschaft 67 (12), 580–585.

Landesanstalt für Ökologie, Landschaftsentwicklung und Forstplanung NW (1988): Waldrandgestaltung. LÖLF-Mitt. 3, 52–53.

Landesanstalten/-ämter für Umwelt-, Naturschutz und Landschaftspflege (1987): Gemeinsame Empfehlung der Landesanstalten/-ämter für Umwelt-, Naturschutz und Landschaftspflege zur Berücksichtigung von Zielen des Naturschutzes und der Landschaftspflege bei der Extensivierung und Flächenstillegung im Bereich der Landwirtschaft. Natur und Landschaft 62 (2), 57–61.

Lassen, D. (1979): Unzerschnittene verkehrsarme Räume in der Bundesrepublik Deutschland. Natur und Landschaft 54 (10), 333–334.

– (1987): Unzerschnittene verkehrsarme Räume über 100 km^2 Flächengröße in der Bundesrepublik Deutschland – Fortschreibung 1987. Natur und Landschaft 62 (12), 532–535.

– (1990): Unzerschnittene verkehrsarme Räume über 100 km^2 – eine Ressource für die ruhige Erholung. Natur und Landschaft 65 (6), 326–327 plus Kartenbeil.

Leeuwen, C. G. van (1964): Het verband tussen natuurlijke en anthropogene landschapsvormen, bezien vanuit de betrekkingen in grensmilieus. Gorteria 2, 93–105.

Lienenbecker, H. (1983): Starker Artenrückgang im NSG »Barrelpäule«. LÖLF-Mitt. 2, 39–42.

– (1985): Zur Problematik der Besiedlung neu angelegter Kleingewässer und anderer Biotope mit Pflanzen und Tieren. Natur- u. Landschaftsk. 21, 28–32.

Linke, H. (1988): Biotopvernetzung am Beispiel von Fließgewässern. Schr.-R. Angewandter Naturschutz 5, Naturlandstiftung Hessen, 57–63.

Lohmeyer, W., Pretscher, P. (1982): Zur Kenntnis der Flora, Vegetation und Fauna eines schützenswerten Lößhohlweges am Hauptterrassenabhang in Bonn-Bad Godesberg. Natur und Landschaft 57 (6), 195–204.

Losch, S. (1992): Bebauung, Zersiedlung und Zerschneidung von Biotopen – Entwicklungstrends. NNA-Ber. 5, 1, 41–46.

Loske, R. (1984): Steinbrüche als Amphibienlebensräume. Beobachtungen aus dem Kreis Soest. Natur und Landschaft 59 (3), 91–94.

Lucke, R. (1985): Obstbäume in der Landschaft. Garten + Landschaft 11, 37–43.

Lüderwaldt, D. (1980): Berücksichtigung von Naturschutz und Landschaftspflege bei der Landentwicklung. Natur und Landschaft 55 (7/8), 271–274.

– (1983) : Vorarbeiten des Landes Niedersachsen für ein Schutzgebietssystem. Schr.-R. DRL 41, 105–108.

Lüttmann, J. (1987): Verteilung von Widderchen-Populationen (*Procris statices* L., *Zygaena filipendulae* L., *Zygaena meliloti* Esp.) in einem Lebensraummosaik. Verh. Ges. f. Ökologie XV, 359–364.

Lynch, J. F., Whigham, D. F. (1984): Effects of forest fragmentation on breeding bird communities in Maryland, USA. Biol. Conserv. 28, 287–324.

MacArthur, R. H., Diamond, J. M., Karr, J. R. (1972): Density composition in island faunas. Ecology 53 (2), 330–342.
– Wilson, E. O. (1963): An equilibrium theory on insular zoogeography. Evolution 17, 373–387.
– (1967): The theory of island biogeography. New York.
– (1971): Biogeographie der Inseln. München.
Mader, H.-J. (1979): Die Isolationswirkung von Verkehrsstraßen auf Tierpopulationen – untersucht am Beispiel von Arthropoden und Kleinsäugern der Waldbiozönose. Schr.-R. Landschaftspflege Natursch. 19, Bonn-Bad Godesberg.
– (1980a): Die Verinselung der Landschaft aus tierökologischer Sicht. Natur und Landschaft 55 (3), 91–96.
– (1980b): Tierökologische Konsequenzen der Verinselung der Landschaft im Siedlungsbereich. Tagungsber. ANL 1, Laufen, 24–41.
– (1981): Untersuchungen zum Einfluß der Flächengröße von Inselbiotopen auf deren Funktion als Trittstein oder Refugium. Natur und Landschaft 56 (7/8), 235–242.
– (1982): Die Tierwelt der Obstwiesen und intensiv bewirtschafteten Obstplantagen im quantitativen Vergleich. Natur und Landschaft 57 (11), 371–377.
– (1983a): Warum haben kleine Inselbiotope hohe Artenzahlen? Kritische Gedanken über den Wert kleinflächiger Landschaftsstrukturen aus der Sicht des Naturschutzes. Natur und Landschaft 58 (10), 367–370.
– (1983b): Artenschutz in der Eingriffs- und Ausgleichsregelung am Beispiel eines tierökologischen Bewertungsmodells für Straßentrassen. Jb. Natursch. Landschaftspfl. 34, 114–128.
– (1983c): Größe von Schutzgebieten unter Berücksichtigung des Isolationseffektes. Schr.-R. DRL 41, 82–85.
– (1984a): Inselökologie – Erwartungen und Möglichkeiten. Laufener Seminarbeitr. 7, 7–16.
– (1984b): Animal habitat isolation by roads and agricultural fields. Biol. Conserv. 29, 81–96.
– (1984c): Kritische Bilanz eines Insektizideinsatzes auf einem Bohnenfeld – oder 51.000 tote Marienkäfer. Natur und Landschaft 59 (12), 484–486.
– (1984d): Der Einfluß der Intensiv-Bewirtschaftung im Obstbau auf die epigäische Fauna am Beispiel der Laufkäfer und Spinnen. Decheniana 137, 105–111.
– (1985a): Welche Bedeutung hat die Vernetzung für den Artenschutz? Schr.-R. DRL 46, 631–634.
– (1985b): Die Verinselung der Landschaft und die Notwendigkeit von Biotopverbundsystemen. LÖLF-Mitt. 4, 6–14.
– (1987a): Straßenränder, Verkehrsnebenflächen – Elemente eines Biotopverbundsystems? Natur und Landschaft 62 (7/8), 296–299.
– (1987b): Gedanken zum Selbstverständnis der Naturschutzforschung. Natur und Landschaft 62 (10), 418–420.
– (1988): Biotopverbundsysteme in intensiv bewirtschafteten Agrarlandschaften. Natur- u. Landschaftsk. 24, 1–7.
– (1990): Die Isolation von Tier- und Pflanzenpopulationen als Aspekt einer europäischen Naturschutzstrategie. Natur und Landschaft 65 (1), 9–12.
– Klüppel, R., Overmeyer, H. (1986): Experimente zum Biotopverbundsystem – tierökologische Untersuchungen an einer Anpflanzung. Schr.-R. Landschaftspflege Naturschutz 27, Bonn-Bad Godesberg.
– Mühlenberg, M. (1981): Artenzusammensetzung und Ressourcenangebot einer kleinflächigen Habitatinsel, untersucht am Beispiel der Carabidenfauna. Pedobiologia 21, 46–59.
– Müller, K. (1984): Der Zusammenhang zwischen Heckenlänge und Artenvielfalt. Z. f. Kulturtechnik und Flurber. 25, 282–293.
– Pauritsch, G. (1981): Nachweis des Barriere-Effektes von verkehrsarmen

Straßen und Forstwegen auf Kleinsäuger der Waldbiozönose durch Markierungs- und Umsetzungsversuche. Natur und Landschaft 56 (12), 451–454.

– Schell, C., Kornacker, P. (1988): Feldwege – Lebensraum und Barriere. Natur und Landschaft 63 (6), 251–256.

Mai, H. (1989): Amphibien und Reptilien im Landkreis Waldeck-Frankenberg – Verbreitung und Schutz. Naturschutz in Waldeck-Frankenberg, Bd. 2, Edertal/Bad Wildungen.

Malmberg, S. (1985): Zur Bedeutung von Nationalparken im Schutzgebiets-System eines Landes und unter internationalen Aspekten am Beispiel Schwedens. Jb. Natursch. Landschaftspfl., 37, 60–64.

Margules, C., Higgs, A. J., Rafe, R. W. (1982): Modern biogeographic theory: Are there any lessons for nature reserve design? Biol. Conserv. 24, 115–128.

Martin, K. (1987): Quantitativ-ökologische Untersuchungen zur Schneckenfauna in unterschiedlich ausgeprägten Bachuferbereichen des Mittleren Nekkarraumes. Veröff. Naturschutz Landschaftspflege Bad.-Württ. 62, 381–464.

– Roweck, H. (1988): Zur anthropogenen Isolierung von Landschnecken-Populationen. Landschaft + Stadt 20 (4), 151–155.

Martin, T. E. (1981): Limitation in small habitat islands: Chance or competition? Auk 98, 715–734.

Meinert, G., Mittnacht, A. (1992): Integrierter Pflanzenschutz – Unkräuter, Krankheiten und Schädlinge im Akkerbau. Verlag Eugen Ulmer, Stuttgart.

Meisel, K. (1984): Landwirtschaft und »Rote Liste«-Pflanzenarten. Natur und Landschaft 59 (7/8), 301–307.

– (1985): Gefährdete Ackerwildkräuter – historisch gesehen. Natur und Landschaft 60 (2), 62–66.

Merian, C. (1991): Naturparke in der Bundesrepublik Deutschland – Grunddaten, Stand 31.1.1991. Natur und Landschaft 66 (4), 205–209.

Meynen, E., Schmithüsen, J. (1959–1962): Handbuch der naturräumlichen Gliederung. Bad Godesberg.

Milne, B. T., Forman, R. T. T. (1986): Peninsulars in maine: woody plant diversity, distance, and environmental patterns. Ecology 67 (4), 967–974.

Ministerium für Umwelt, Raumordnung und Landwirtschaft Nordrhein-Westfalen (1988a): Uferschutz – ein Schritt zur ökologischen Verbesserung. LÖLF-Mitt. 1, 16–17.

– (1988b): Schutzprogramm für Ackerwildkräuter. LÖLF-Mitt. 2, 42–43.

Miotk, P. (1983): Erste Auswertungsergebnisse der bisherigen Kartierungen der für den Naturschutz wertvollen Bereiche. Schr.-R. DRL 41, 50–54.

Moog, M., Brabänder, H. D. (1992): Vertragsnaturschutz in der Forstwirtschaft. Schriften zur Forstökonomie 3, XI + 205 S.

Moore, P. D. (1983): Ecology: Evolution of linear habitats in Britain. Nature 304, 688.

Mossakowski, D. (1966): Ökologische und biometrische Untersuchungen an epigäischen Coleopteren verschiedenartiger Moor- und Heidebestände. Diss., Kiel.

Mrass, W., Winkelbrandt, A. (1984): Gedanken zum Auftrag und zur Stellung des Landschaftsrahmenplanes. Natur und Landschaft 59 (7/8), 292–293.

– Zvolsky, Z. (1978): Landschaftsplanung in der Agrarplanung. In: Olschowy, G. (Hrsg.)., Natur- und Umweltschutz in der Bundesrepublik Deutschland, 511–518, Hamburg/Berlin.

Mühlenberg, M. (1982): Artenverlust – trotz ökologischer Planung? Eine kritische Anmerkung über Schaffung von Ersatzbiotopen. Natur und Landschaft 57 (9), 295–296.

– (1984): Versuche zur Theorie der Inselökologie am Beispiel experimenteller Wiesenverkleinerungen. Laufener Seminarbeitr. 7, 25–38.

– Hovestadt, T. (1992): Das Zielartenkonzept. NNA-Berichte 5, 1, 36–41.

– LEIPOLD, D., MADER, H.-J., STEINHAUER, B. (1977): Island ecology of arthropods. I. Diversity, niches, and resources on some Seychelles islands; II. Niches and relative abundances of Seychelles ants (Formicidae) in different habitats. Oecologia (Berl.) 29, 117–134 + 135–144.

– WERRES, W. (1983): Lebensraumverkleinerung und ihre Folgen für einzelne Tiergemeinschaften. Experimentelle Untersuchung auf einer Wiesenfläche. Natur und Landschaft 58 (2), 43–50.

MÜLLER, D. (1988): Naturgemäße Waldbewirtschaftung und naturnaher Waldrand – Maßnahmen der Hessischen Landesforstverwaltung. Schr.-R. Angewandter Naturschutz 5, Naturlandstiftung Hessen, 42–46.

MÜLLER, H., STEINWARZ, D. (1987): Landschaftsökologische Aspekte der Jungkrötenwanderung – Untersuchungen an einer Erdkröten-Population (*Bufo bufo* L.) im Siebengebirge. Natur und Landschaft 62 (11), 473–476.

– (1988): Auswirkungen unterschiedlicher Schnittvarianten auf die Arthropodenzönose einer urbanen Grünfläche. Natur und Landschaft 63 (7/8), 335–339.

– (1990): Grünflächenplanung und Pflegemanagement aus tierökologischer Sicht. Natur und Landschaft 65 (6), 306–310.

MÜLLER, H.-J., RIEDL, U. (1983): Synökologischer Ansatz zur Bestimmung der Naturschutzwürdigkeit – Versuch einer flächendeckenden Bewertung von Biotopfunktionen. Landschaft + Stadt 15 (3), 104–111.

MÜLLER, N. (1982): Biotopkartierung im besiedelten Bereich und ihre Bedeutung für die Stadtplanung am Beispiel der Stadt Augsburg. Informationen zur Raumentwicklung 10, 813–833.

– WALDERT, R. (1981): Erfassung erhaltenswerter Lebensräume für Pflanzen und Tiere in der Stadt Augsburg – Stadtbiotopkartierung. Natur und Landschaft 56 (11), 419–429.

– (1984): Biotopkartierung in Augsburg – Projektübersicht. Ber. Naturwiss. Verein Schwaben 88 (2), 29–33.

MÜLLER, P. (1981): Arealsystem und Biogeographie. – Stuttgart.

MÜLLER, T. (1987): Der Traufwald. Natur und Landschaft 62 (9), 344–346.

MÜLLER-PFANNENSTIEL, K., WINKELBRANDT, A. (1991): Erfassung der direkten Flächeninanspruchnahme durch den Aus- und Neubau von Bundesautobahnen. Natur und Landschaft 66 (11), 523–527.

Naturlandstiftung Hessen (Hrsg., 1988): Verwirklichung einer Biotopverbundplanung mit der Landwirtschaft in der Großgemeinde Lich (Landkr. Gießen). Selbstverlag, Lich.

Naturschutzbeirat bei der Obersten Landschaftsbehörde des Landes Nordrhein-Westfalen (1988): Anforderungen des Naturschutzes an die Agrarpolitik. LÖLF-Mitt. 2, 38–41.

NICKEL, E. (1992): Pflege der Trockenhänge im Taubertal. Ein Modell zur Landschaftspflege in Baden-Württemberg. Naturschutz und Landschaftsplanung 24 (1), 9–15.

NIESSLEIN, E. (1985): Forstpolitik. Ein Grundriß sektoraler Politik. Pareys Studientexte 47, Verlag Paul Parey, Hamburg/Berlin.

NILSSON, S. G. (1977): Density compensation and competition among birds breeding on small islands in a South Swedish lake. Oikos 28 (2–3), 170–176.

– (1978): Fragmented habitats, species richness and conservation practice. Ambio VII (1), 26–27.

– (1986): Are bird communities in small biotope patches random samples from communities in large patches? Biol. Conserv. 38, 179–204.

NITSCHE, L. (1988): Erfahrungen bei der Pflege von Brachen und Naturschutzgebieten in Nordhessen mit Schafen und Ziegen. Naturschutz heute 6, 23–30.

NORDHEIM, H. von (1992): Auswirkungen unterschiedlicher Bewirtschaftungsmethoden auf die Wirbellosenfauna des Dauergrünlandes. NNA-Ber. 5 (4), 13–26.

NOWAK, E. (1981a): Wiedereinbürgerung von Tieren – Betrachtungen über Zweck, Handlungsvielfalt und naturschützerische Relevanz. Natur und Landschaft 56 (4), 111–114.

– (1981b): Tieraussetzungen als Methode des Naturschutzes – Gedanken über zukünftige Aktivitäten. Natur und Landschaft 56 (4), 138.

– (1982): Wie viele Tierarten leben auf der Welt, wie viele davon in der Bundesrepublik Deutschland? Natur und Landschaft 57 (11), 383–389.

– (1985): Wiedereinbürgerung von Tieren – ein geeignetes Mittel des Artenschutzes? Schr.-R. DRL 46, 635–640.

– ZSIVANOVITS, K.-P. (1981): Umsiedlung von Tieren – förderungswürdig oder nicht? Natur und Landschaft 56 (4), 135–136.

OLSCHOWY, G. (1981): Straße und Umwelt. Zielkonflikte und ihre Auswirkungen. Natur und Landschaft 56 (10), 388–391.

– (1984): Zur Ökologie der Fließgewässer. Z. f. Kulturtechnik und Flurber. 25, 66–77.

OPDAM, P., RIJSDIJK, G., HUSTINGS, F. (1985): Bird communities in small woods in an angricultural landscape: Effects of area and isolation. Biol. Conserv. 34, 333–352.

OPPERMANN, R. (1987): Tierökologische Untersuchungen zum Biotopmanagement in Feuchtwiesen – Ergebnisse einer Feldstudie an Schmetterlingen und Heuschrecken im württembergischen Alpenvorland. Natur und Landschaft 62 (6), 235–241.

OSTERMANN, O. (1991): Naturschutz in der Dorferneuerung – Ergebnisse aus Niedersachsen. Natur und Landschaft 66 (11), 537–542.

PANEK, N. (1989): Ein Laubwald-Nationalpark in Nordhessen? Natur und Landschaft 64 (7/8), 338–342.

PANZER, K., PLACHTER, H. (1983): Unterstützung von Fachaufgaben des Naturschutzes mit graphischer Datenverarbeitung. Natur und Landschaft 58 (3), 83–93.

PATZNER, A.-M., HERBST, W., STÜBER, E. (1985): Methode einer ökologischen und landschaftlichen Bewertung von Fließgewässern. Natur und Landschaft 60 (11), 445–448.

PAULUS, H. F. (1980): Einige Vorschläge für Hilfsprogramme unserer gefährdeten Käfer. Natur und Landschaft 55 (1), 28–32.

PAURITSCH, G. (1984): Die Carabidengemeinschaften unterschiedlich großer Straßeninseln (Autobahneinschlüsse). Laufener Seminarbeitr. 7, 79–85.

– HARBOTH, A. (1988): Ergebnisse und Auswirkungen der Streuobstwiesenkartierung in Hessen. Natur und Landschaft 63 (7/8), 340–341.

PEINTINGER, M. (1988): Erfassung und ökologische Bewertung von städtischen Baulücken und Grünanlagen in Radolfzell (Landkreis Konstanz). Natur und Landschaft 63 (3), 119–121.

PFADENHAUER, J. (1988a): Pflege- und Entwicklungsmaßnahmen in Mooren des Alpenvorlandes. Natur und Landschaft 63 (7/8), 327–334.

– (1988b): Naturschutzstrategien und Naturschutzansprüche an die Landwirtschaft. Ber. ANL 12, 51–57.

– WIRTH, J. (1988): Alte und neue Hekken im Vergleich am Beispiel des Tertiärhügellandes im Landkreis Freising. Ber. ANL 12, 59–69.

PFISTER, H. P., NAEF-DAENZER, B. (1987): Der Neuntöter und andere Heckenbrüter in der modernen Kulturlandschaft. Beih. Veröff. Naturschutz Landschaftspflege Bad.-Württ. 48, 147–157.

PLACHTER, H. (1985): Schutz der Fauna durch Flächensicherung – Stand, Möglichkeiten und Grenzen. Schr.-R. DRL 46, 618–630.

– (1986): Tierökologische Empfehlungen für den Straßen- und Wasserbau im dörflichen Siedlungsbereich. Laufener Seminarbeitr. 8, 73–98.

– (1987): Arten- und Biotopschutzprogramme als umfassende Zielkonzepte des Naturschutzes. Jahrbuch Natursch. Landschaftspfl. 39, 106–126.

– (1991): Naturschutz. UTB 1563. Gustav Fischer Verlag, Stuttgart.

– (1992): Naturschutz in der Bundesrepublik Deutschland – Versuch einer Bilanz. NNA-Ber. 5 (19), 67–75.

PREUSS, G. (1980): Voraussetzungen und Möglichkeiten für Hilfsmaßnahmen zur Erhaltung von Stechimmen in der Bundesrepublik Deutschland. Natur und Landschaft 55 (1), 20–26.

PUTH, R. (1988): Biotopvernetzung im Rahmen des Landschaftsplanes – dargestellt am Beispiel der Gemeinde Meißner. Schr.-R. Angewandter Naturschutz 5, Naturlandstiftung Hessen, 90–97.

PUTZER, D. (1983): Segelsport vertreibt Wasservögel von Brut-, Rast- und Futterplätzen. LÖLF-Mitt. 2, 29–34.

QUINGER, B., BIEDERMANN, E., FIEGLE, M. (1991): Naturschutzwert und Pflegemodellfunktion einiger Schafhutungen Südwest-Thüringens. Naturschutz und Landschaftsplanung 23 (1), 220–228.

QUINN, J. F., HASTINGS, A. (1987): Extinction in subdivided habitats. Conservation Biology 1 (3), 198–208.

RANFTL, H. (1988): Auswirkungen des Luftsportes auf die Vogelwelt und die sich daraus ergebenden Forderungen. Ber. ANL 12, 197–200.

RAPOPORT, E. H., BORIOLI, G., MONJEAU, J. A., PUNTIERI, J. E., OVIEDO, R.D. (1986): The design of nature reserves: A simulation trial for assessing specific conservation value. Biol. Conserv. 37, 269–290.

RASKIN, R., GLÜCK, E., PFLUG, W. (1992): Floren- und Faunenentwicklung auf herbizidfrei gehaltenen Agrarflächen – Auswirkungen des Akkerrandstreifenprogramms. Natur und Landschaft 67 (1), 714.

Rat von Sachverständigen für Umweltfragen (1985): Umweltprobleme der Landwirtschaft. Sondergutachten. Stuttgart/Mainz.

RECK, H. (1992): Arten- und Biotopschutz in der Planung – Empfehlungen zum Untersuchungsaufwand und zu Untersuchungsmethoden für die Erfassung von Biodeskriptoren. Naturschutz und Landschaftsplanung 24 (4), 129–135.

REH, W. (1991): Populationsbiologische Untersuchungen am Grasfrosch (*Rana temporaria* L., 1758). Diss., Mainz.

– SEITZ, A. (1989): Untersuchungen zum Einfluß der Landnutzung auf die genetische Struktur von Populationen des Grasfrosches (*Rana temporaria* L.). Verh. Ges. f. Ökol. XVIII, 793–797.

– (1990): The influence of land use on the genetic structure of populations of the Common Frog *Rana temporaria*. Biol. Conserv. 54, 239–249.

– (1993): Populationsstudien beim Grasfrosch – ein Beitrag der Populationsbiologie zu Landschaftsplanung und Biotopverbund. Naturschutz und Landschaftsplanung 25 (1), 10–16.

REICHELT, G. (1979): Landschaftsverlust durch Straßenbau. Natur und Landschaft 54 (10), 335–338.

REICHHOFF, L., BÖHNERT, W. (1991): Das Nationalparkprogramm der ehemaligen DDR. Natur und Landschaft 66 (4), 195–203.

REICHHOLF, J. (1984): Inselökologische Aspekte der Ausweisung von Naturschutzgebieten für die Vogelwelt. Laufener Seminarbeitr. 7, 57–61.

– (1986): Ist der Biotop-Verbund eine Lösung des Problems kritischer Flächengrößen? Laufener Seminarbeitr. 10, 19–24.

– (1987a): Indikatoren für Biotopqualitäten, notwendige Mindestflächengrößen und Vernetzungsdistanzen. Forschungs- und Sitzungsberichte 165, ARL Hannover, 291–309.

– (1987b): Vogelschutz: die Bringschuld der Wissenschaft. Vogel und Umwelt 4 (6), 345–352.

REIF, A., AULIG, G. (1993): Künstliche Neupflanzung naturnaher Hecken – Sinnvolle Naturschutztechnologie oder unlösbarer Widerspruch? Natur-

schutz und Landschaftsplanung 25 (3), 85–93.
– GÖHLE, S. (1988): Vegetationskundliche und standörtliche Untersuchungen nordostbayerischer Waldmäntel. Ber. ANL 12, 71–103.
REIJNEN, R., FOPPEN, R. (1991): Effect of road traffic on the breeding site-tenacity of male Willow Warblers *(Phylloscopus trochilus)*. J. Orn. 132 (3), 291–295.
REINKE, E. (1993): Verfahrensansatz zur Berücksichtigung zoologischer Informationen bei der UVP – Möglichkeiten trotz anwendungsbezogener Forschungsdefizite. Naturschutz und Landschaftsplanung 25 (1), 5–10.
REITHELSHÖFER, G. (1982): Kann und soll sich die forstliche Rahmenplanung der Landschaftsplanung unterordnen? Natur und Landschaft 57 (3), 86–88.
REMMERT, H. (1982): Wie groß müssen Naturschutzgebiete sein? Seevögel 3 (4), 115–120.
– (1984): Zielrichtungen künftiger Forschung zur naturschutzrelevanten Inselökologie. Laufener Seminarbeitr. 7, 86–90.
– (1987): Sukzessionen im Klimax-System. Verh. Ges. f. Ökologie XVI, 27–34.
– (1988a): Naturschutz. Ein Lesebuch. Berlin/Heidelberg.
– (1988b): Naturschutzforschung und -vermittlung als Aufgabe der Universitäten. Ber. ANL 12, 13–17.
– (1991): Das Mosaik-Zyklus-Konzept und seine Bedeutung für den Naturschutz: Eine Übersicht. Laufener Seminarbeitr. 5/91, 5–15.
RENNAU, H.-J. (1991): The stabilizing potential of spatial heterogeneity – Analysis of an experimental predator-prey-system. In: SEITZ, A., LOESCHKKE, V., eds., Species conservation: a population-biological approach, Birkhäuser Verlag, Basel, 61–72.
RESCHKE, K. (1987): Eine neue Anleitung zur Bewertung gliedernder und belebender Landschaftselemente in Nordrhein-Westfalen. Natur und Landschaft 62 (11), 481–483.
RICHTER, J. (1988): Ökologischer Waldbau: Noch viele Fragen offen. LÖLF-Mitt. 3, 48–52.
RIECKEN, U. (1992a): Planungsbezogene Bioindikation durch Tierarten und Tiergruppen – Grundlagen und Anwendung. Schr.-R. Landschaftspfl. Naturschutz 36, 1–187.
– (1992b): Grenzen der Machbarkeit von »Natur aus zweiter Hand«. Natur und Landschaft 67 (11), 527–535.
– RIES, U., SSYMANK, A. (1993): Biotoptypenverzeichnis für die Bundesrepublik Deutschland. Schr.-R. f. Landschaftspflege u. Naturschutz 38, 301–339.
RIESS, W. (1986): Konzepte zum Biotopverbund im Arten- und Biotopschutzprogramm Bayern. Laufener Seminarbeitr. 10, 102–115.
RINGLER, A. (1981): Schrumpfung und Dispersion von Biotopen. Natur und Landschaft 56 (2), 39–45.
– (1990): Das Landschaftspflegekonzept Bayern – Aufgaben, Vorgehensweise, Grundprinzipien. Natur und Landschaft 65 (4), 176181.
– (1991): Die Vereinigung als Chance für den deutschen Naturschutz – Anmerkungen zum 3. Oktober 1990 aus westdeutscher Sicht. Naturschutz und Landschaftsplanung 23 (2), 50–62, (3), 120–131.
ROBBINS, C. S. (1980): Effect of forest fragmentation on breeding bird populations in the Piedmont on the Mid-Atlantic region. Atlantic Naturalist 33, 31–36.
ROBINSON, G. R., QUINN, J. F. (1988): Extinction, turnover and species diversity in an experimentally fragmented California annual grassland. Oecologica 76, 71–82.
RODI, D. (1986): Modelle zur Einrichtung und Erhaltung von Feldflora-Reservaten in Württemberg. Verh. Ges. f. Ökologie XIV, 167–172.
RÖSER, B. (1988): Saum- und Kleinbiotope – Ökologische Funktion, wirtschaftliche Bedeutung und Schutzwürdigkeit in Agrarlandschaften. Ecomed-Verlag, Landsberg.

ROGL, M. (1984): Voraussetzungen zur Schaffung von Trockenbiotopen im Straßenbau. Laufener Seminarbeitr. 5, 27–34.

ROLLI, E., KONOLD, W. (1985): Der Weg zum »natürlichen« Dorfbach. Landschaft + Stadt 17 (3), 110–119.

ROSENSTOCK, A. (1981): Das Landschaftsschutzgebiet als Steuerungsmittel in der Planung – Zu Nutzungsbeschränkungen im Landschaftsschutzgebiet. Diss., Stuttgart.

– (1983): Zur Stellung des Landschaftsschutzgebietes innerhalb eines Naturschutzprogramms. Natur und Landschaft 58 (2), 65–68.

RÜCKERT, E., SCHÖN, I. (1988): Die Bedeutung des Landschaftsplanes für die Sicherung und Planung von Biotopvernetzungen. Schr.-R. Angewandter Naturschutz 5, 65–72.

RUGE, K., BRETZENDORFER, F. (1981): Biotopstrukturen und Siedlungsdichte beim Schwarzspecht *(Dryocopus martius)*. Beih. Veröff. Naturschutz Landschaftspflege Bad.-Württ. 20, 37–48.

RUHLAND, S., SCHWANCK, J. (1992): Biotopverpflanzung als Ausgleichsmaßnahme – Anmerkungen zur Zielkonsistenz von Natur- und Umweltschutz. Naturschutz und Landschaftsplanung 24 (1), 6–8.

RUNGE, A. (1989): Wegränder – Ersatzstandorte für gefährdete Pilzarten. LÖLF-Mitt. 1/89, 52–54.

RUNGE, F. (1978): Änderungen in den Naturschutzgebieten Westfalens und des Regierungsbezirks Osnabrück in den letzten 20 Jahren. LÖLF-Mitt. 3 (10), 271–276.

RUSTERHOLZ, K. A., HOWE, R. W. (1979): Species-area relations of birds on 9small islands in a Minnesota lake. Evolution 33 (1), 468–477.

SCHAEFER, M. (1974): Auswirkungen natürlicher und experimenteller Störungen in Grenzzonen von Ökosystemen, untersucht am Beispiel der epigäischen Arthropodenfauna. Pedobiologia 14, 51–60.

– (1992): Wörterbücher der Biologie – Ökologie. UTB 430. 3. Aufl., Fischer-Verlag, Jena.

SCHALL, B. (1988): Die Vegetation der Waldwege und ihre Korrelation zu den Waldgesellschaften in verschiedenen Landschaften Südwestdeutschlands mit einigen Vorschlägen zur Anlage und Pflege von Waldwegen. Ber. ANL 12, 105–140.

SCHAUMANN, W. (1982): Warum alternativer Landbau? Angewandte Wissenschaft 263, Schr.-R. BML, 35–44.

SCHEMEL, H.-J., ENGLMAIER, A. (1982): Zur Bedeutung naturnaher Kleinstrukturen für die Landwirtschaft im Rahmen der Flurbereinigung. Z. f. Kulturtechnik und Flurbereinigung 23, 75–86.

SCHERZINGER, W. (1991): Das Mosaik-Zyklus-Konzept aus der Sicht des zoologischen Artenschutzes. Laufener Seminarbeitr. 5/91, 3042.

SCHIEFER, J. (1981): Vegetationsentwicklung und Pflegemaßnahmen auf Brachflächen in Baden-Württemberg. Sechsjährige Dauerflächenuntersuchungen in zwei Halbtrockenrasen und Glatthaferwiesen. Natur und Landschaft 56 (7/8), 263–268.

SCHLUMPRECHT, H., VÖLKL, W. (1992): Der Erfassungsgrad zoologisch wertvoller Lebensräume bei vegetationskundlichen Kartierungen. Natur und Landschaft 67 (1), 3–7.

SCHLÜPMANN, M. (1985): Auswirkungen der Verkleinerung und Isolierung von Ökosystemen. Natur- u. Landschaftsk. 21, 92–96.

SCHLÜTER, U. (1992): Renaturierung von Fließgewässern – Ziele und Maßnahmen aus Sicht der Landschaftsplanung. Naturschutz und Landschaftsplanung 24 (6), 230–237.

SCHMID, O. (1982): Grundsätze und Praxis der Regulierung von Pflanzenkrankheiten, Schädlingen und Unkräutern im biologischen respektive alternativen Landbau. Angewandte Wissenschaft 263, Schr.-R. BML, 130–151.

SCHMIDT, A. (1984): Biotopschutzprogramm NRW: Vom isolierten Schutz-

gebiet zum Biotopverbundsystem. LÖLF-Mitt., Teil I: 9 (1), 3–9; Teil II: 9 (2), 3–8.
– REMBIERZ, W. (1987): Überlegungen zu ökologischen Eckwerten und ökologisch orientierten räumlichen Leitzielen der Landes- und Regionalplanung. Forschungs- und Sitzungsber. 165, ARL Hannover, 239–290.
SCHMIDT, G. (1988): Illusionen über die Landwirtschaft. Garten + Landschaft 11/88, 25–28.
SCHMIDT, G. W. (1984): Fische in geschützten Gewässern? – Theoretische Überlegungen und praktische Hinweise zur Fischbesiedlung von künstlichen Gewässern in Naturschutzgebieten sowie von Teichen für den Fischartenschutz und für die Fütterung fischfressender Vögel. Natur und Landschaft 59 (12), 487–491.
SCHMIDT, W. (1991): Die Bodenvegetation im Wald und das Mosaik-Zyklus-Konzept (einschließlich einiger Folgerungen für den Biotopschutz in Wäldern). Laufener Seminarbeitr. 5/91, 16–29.
SCHNEIDER, C., SUKOPP, H. (1978): Zur Erhaltung von Flora und Fauna in Naturschutzgebieten. Forderungen an die Gesetze aus der Sicht der angewandten Ökologie. TUB, Zeitschr. d. Techn. Univ. Berlin 10 (2), 20–26.
SCHNEIDER, E. (1984): Angewandte Fernerkundung. Hannover.
SCHREINER, J. (1987): Der Flächenanspruch im Naturschutz. Ber. ANL 11, 209–224.
SCHUBERT, R. (Hrsg., 1984): Lehrbuch der Ökologie. Gustav Fischer Verlag, Jena.
SCHUBERT, W. (1988): Wintersport – Auswirkungen auf die Tier- und Pflanzenwelt. LÖLF-Mitt. 3, 28–30.
SCHULTE, W. (1988): Naturschutzrelevante Kleinstrukturen – eine bundesweit wünschenswerte Bestandsaufnahme. Beispiel: Bad Godesberg mit besonderer Berücksichtigung der Mauervegetation. Natur und Landschaft 63 (9), 379–385.
– (1989): Deskriptiver Bewertungsansatz – Vorteile und Anwendungsmöglichkeiten. Beispiele: Biotopkartierung und »Biotopverbund« im besiedelten Bereich. Mskr., Bundesforschungsanstalt für Naturschutz und Landschaftsökologie, Bonn, 12 S.
– MARKS, R. (1985): Die bioökologische Bewertung innerstädtischer Grünflächen als Begründung für ein naturnah gestaltetes Grünflächen-Schutzgebietssystem. Natur und Landschaft 60 (7/8), 302–305.
– VOGGENREITER, V. (1986): Flächendeckende Biotopkartierung im besiedelten Bereich als Grundlage für eine stärker naturschutzorientierte Stadtplanung. Natur und Landschaft 61 (7/8), 275282.
SCHULZE, E.-D., REIF, A. (1982): Die Bewertung der nordbayerischen Hekken aus botanischer Sicht. Laufener Seminarbeitr. 5, 125–129.
SCHULZ, H.-J. (1978): Landschaftsplanung und Regionalplanung. In: OLSCHOWY, G. (Hrsg.), Natur- und Umweltschutz in der Bundesrepublik Deutschland, 827–834, Hamburg/Berlin.
SCHUMACHER, W. (1980): Schutz und Erhaltung gefährdeter Ackerwildkräuter durch Integration von landwirtschaftlicher Nutzung und Naturschutz. Natur und Landschaft 55 (12), 447–453.
– (1984): Gefährdete Ackerwildkräuter können auf ungespritzten Ackerrändern erhalten werden. LÖLF-Mitt. 9 (1), 14–20.
SCHUSTER, J. (1984): Schaffung von Trockenbiotopen. Laufener Seminarbeitr. 5, 8–22.
SCHWABE-BRAUN, A., WILMANNS, O. (1982): Waldrandstrukturen – Vorbilder für die Gestaltung von Hecken und Kleinstgehölzen. Laufener Seminarbeitr. 5, 50–60.
SCHWERDTFEGER, F. (1978): Lehrbuch der Tierökologie. Hamburg/Berlin.
SCHWICKERT, P. W. (1992): Verpflanzen von Pflanzen bzw. Pflanzengesellschaften als Chance für den Naturschutz? Natur und Landschaft 67 (3), 111–114.

SETTELE, J., GEISSLER, S. (1988): Schutz des vom Aussterben bedrohten Blauschwarzen Moorbläulings durch Brachenerhalt, Grabenpflege und Biotopverbund im Filderraum. Natur und Landschaft 63 (11), 467–470.

SIMBERLOFF, D. S. (1969): Experimental zoogeography of islands: A model for insular colonization. Ecology 50 (2), 296–314.

– (1974): Equilibrium theory of island biogeography and ecology. Ann. Rev. Ecol. Syst. 5, 161–180.

– (1976): Experimental zoogeography of islands: Effects of island size. Ecology 57 (4), 629–648.

– ABELE, L. G. (1975): Island biogeography theory and conservation practice. Science 191, 285–286.

– (1982): Refuge design and island biogeographic theory: effects of fragmentation. The American Naturalist 120, 1, 41–50.

– WILSON, E. O. (1969): Experimental zoogeography of islands: The colonization of empty islands. Ecology 50 (2), 278–296.

SMOLIS, M., GERKEN, B. (1987): Zur Frage der Populationsgröße und der intrapopularen Mobilität von tagfliegenden Schmetterlingen, untersucht am Beispiel der Zygaenidenarten *(Lepidoptera: Zygaenidae)* eines Halbtrockenrasens. Decheniana 140, 102–117.

SOULÉ, M. E., WILCOX, B. A. (1980): Conservation biology – An evolutionary-ecological perspective. Sunderland.

SPAHL, H., VIEHMANN, K. (1987): Die Kartierung landschaftlicher Kleinstrukturen im nördlichen Breisgau – dargestellt am Beispiel der Gemeinde Teningen. Natur und Landschaft 62 (2), 69–73.

SPÄTH, H., BEISENHERZ, W. (1986): Wiederbesiedlung von Forellenbächen – Erfolgreiche Versuche mit Groppen. LÖLF-Mitt. 3, 28–34.

SPÄTH, V. (1992): Naturschutz im Wald – Leitfaden für Naturschützer, Waldbesitzer und Förster. Hrsg. vom Naturschutzbund Deutschland, Landesverband Baden-Württemberg, Kornwestheim, 52 S.

SPIESS, H. (1982): Düngung, Fruchtfolgegestaltung und Bodenbearbeitung bei »alternativer« Bewirtschaftung. Angewandte Wissenschaft 263, Schr.-R. BML, 57–66.

SPITZER, H., KÖSTER, H.-J. (1987): Umfang der Wasserschutzgebiete in der Bundesrepublik Deutschland. Z. f. Kulturtechnik u. Flurber. 28, 193–197.

SPREIER, B. (1984): Hecken in Flurbereinigungsgebieten als Inselbiotope. Laufener Seminarbeitr. 7, 39–48.

Statistisches Bundesamt (Hrsg., 1988): Umweltinformationen der Statistik. Ausgabe 1988. Mainz.

– (1992): Statistisches Jahrbuch 1992 für die Bundesrepublik Deutschland. Wiesbaden.

STEIN, J. (1981): Biotopschutzprogramm Altholzinseln im hessischen Wald. Beih. Veröff. Naturschutz Landschaftspflege Bad.-Württ. 20, 91–110.

– (1987): Artenschutzprogramm »Altholzinseln« im hessischen Wald. Angewandter Naturschutz 1, Naturlandstiftung Hessen, 54–57.

STERN, S. (1987): Artenschutz in der Landwirtschaft. Garten + Landschaft 10, 46–54.

STICHMANN, W. (1984): Naturschutz und Landwirtschaft – Beurteilung aus der Sicht der Naturschutzverbände NRW. LÖLF-Mitt. 3, 17–19.

– (1985): Naturschutzgebiete in der Diskussion. Natur- u. Landschaftsk. 21, 5–7.

– (1986): Naturschutz mit der Landwirtschaft. Eine Stellungnahme zur Entwicklung und Zukunft der Agrarlandschaften in Mitteleuropa. Geogr. Rundschau 38 (6), 294–302.

– (1987): Naturschutz und Waldbewirtschaftung. LÖLF-Mitt. 2, 28–33.

STÖRKEL, K.-U. (1986): Naturschutz und Entwässerungsgräben Anregungen und Tips. Vogel und Umwelt 4 (2), 117–120.

STRAUSS, H. (1988): Zur Diskussion über

Biotopverbundsysteme – Versuch einer kritischen Bestandsaufnahme. Natur und Landschaft 63 (9), 374–378.

SUKOPP, H. (1972): Wandel von Flora und Vegetation in Mitteleuropa unter dem Einfluß des Menschen. Ber. Ldw. 50, 112–139.

– (1983): Erfahrungen bei der Biotopkartierung in Berlin im Hinblick auf ein Schutzgebietssystem. Schr.-R. DRL 41, 69–73.

– WEILER, S. (1986): Biotopkartierung im besiedelten Bereich der Bundesrepublik Deutschland. Landschaft + Stadt 18 (1), 25–38.

SVENSSON, S. (1978): Size and isolation of natural reserves: some applications of ecological theory (schwed. m. engl. Zusammenfassung). Anser, Suppl. 3, 225–234.

THUN, M. (1982): Spezielle Maßnahmen in der biologisch-dynamischen Wirtschaftsweise. Angewandte Wissenschaft 263, Schr.-R. BML, 67–76.

TISCHLER, W. (1980): Asseln *(Isopoda)* und Tausendfüßer *(Myriopoda)* eines Stadtparks im Vergleich mit der Umgebung der Stadt: zum Problem der Urbanbiologie. Drosera 2, 41–52.

– (1984): Einführung in die Ökologie. 3. Aufl., Stuttgart/New York.

TRAUTMANN, W. (1978): Flora und Vegetation – Einführung. In: OLSCHOWY, G., Hrsg., Natur- und Umweltschutz in der Bundesrepublik Deutschland, 245–251, Hamburg/Berlin.

– WOLF, G. (1983): Die Bedeutung der Naturwaldreservate für Schutzgebietssysteme. Schr.-R. DRL 41, 92–94.

TRAUTNER, J. (Hrsg., 1992): Arten- und Biotopschutz in der Planung: Methodische Standards zur Erfassung von Tierartengruppen. Ökologie in Forschung und Anwendung 5. Verlag Josef Margraf, Weikersheim.

ULLMANN, I. (1984): Schutz und Pflege artenreicher Trockenwiesen an Verkehrswegen. Laufener Seminarbeitr. 5, 44–55.

– HEINDL, B., FLECKENSTEIN, M., MENGLING, I. (1988): Die straßenbegleitende Vegetation des Mainfränkischen Wärmegebietes. Ber. ANL 12, 141–187.

ULLRICH, B., MARX, J., EDER, M. (1987): Das Grünbracheprogramm Niedersachsens. Natur und Landschaft 62 (10), 420–423.

VOGEL, S., WESTERKAMP, C. (1991): Pollination: an integrating factor of biocenoses. In: SEITZ, A., LOESCHCKE, V., eds., Species conservation: a population-biological approach, Birkhäuser Verlag, Basel, 159–170.

VOGT, J. (1988): Integrierende Bauleitplanung. Melle.

VOLK, H. (1988): Die Waldbiotopkartierung. Ein Ansatz zur Erfassung des Naturschutzwertes der Wälder. Allgem. Forst-Zeitschr. 4, 55–62.

WASNER, U. (1984): Schonende Straßenrandpflege läßt Kleintierfauna überleben. LÖLF-Mitt. 2, 9–16.

– (1987): Wirkung der Saugmahd auf den Insektenbestand am Straßenrand. LÖLF-Mitt. 2, 34–39.

– WOLFF-STRAUB, R. (1987): Ökologische Empfehlungen zur Mahd der Straßenränder. Naturschutz praktisch, Merkblatt Nr. 75, LÖLF, Recklinghausen.

WEGENER, U. (Hrsg., 1991): Schutz und Pflege von Lebensräumen – Naturschutzmanagement. Gustav Fischer Verlag. Jena.

WEIGER, H. (1984): Naturschutz und Landwirtschaft. LÖLF-Mitt. 3, 9–13.

WESTRICH, P. (1982): Wildbienen. Ökologische Bedeutung – Gefährdung – Schutz. Veröff. Naturschutz Landschaftspflege Bad.-Württ. 55/56, 9–21.

WIEDEMEIER, P. (1992): Biotopverbund bei Säugern. In: Arbeitsgemeinschaft für Natur- und Heimatschutz Baselland, Hrsg., Biotopverbund – die wirksame Strategie gegen den Artenschwund? Referate der Tagung vom 26. Januar 1991, 21–22, Muttenz/Schweiz.

WIETFELD, J., RIEGER, K., OELKE, H. (1984): Das Naturschutzgebiet Großer

Knechtsand – ein Beitrag zur Inselbiogeographie. Beitr. Naturk. Niedersachsens 37, 77–90.

WILDERMUTH, H. (1986): Natur als Aufgabe – Leitfaden für die Naturschutzpraxis in der Gemeinde. Otto Maier Verlag, Ravensburg.

WIRZ, S. (1983): Zur Pflege- und Entwicklungsplanung für Naturschutzgebiete in Rheinland-Pfalz. Natur und Landschaft 58 (11), 399–404.

WISTINGHAUSEN, E. von (1982): Düngung, Ertrag und Nährstoffbilanz aus der Sicht des biologisch-dynamischen Landbaus. Angewandte Wissenschaft 263, Schr.-R. BML, 77–89.

WITT, R., RISSLER, A. (1988): Natur in Not. Stuttgart.

WITTIG, R. (1980): Die bisherige Effizienz des Schutzes von Mooren und oligotrophen Gewässern in Naturschutzgebieten der Westfälischen Bucht. Natur und Landschaft 55 (7/8), 276–278.

– SCHREIBER, K.-F. (1983): A quick method for assessing the importance of open spaces for urban nature conservation. Biol. Conserv. 26, 57–64.

WOIKE, M. (1983): Bedeutung von feuchten Wiesen und Weiden für den Artenschutz. LÖLF-Mitt. 3, 5–15.

– (1989): Bestandsentwicklungen in den Feuchtwiesenschutzgebieten Nordrhein-Westfalens – erste Tendenzen. LÖLF-Mitt. 4/89, 18–28/37.

WOLFF-STRAUB, R. (1984): Saumbiotope – Charakteristik, Bedeutung, Gefährdung, Schutz. LÖLF-Mitt. 9 (1), 33–36.

WOOLHOUSE, M. E. J. (1983): The theory and practice of the species-area effect, applied to the breeding birds of British woods. Biol. Conserv. 27, 315–332.

– (1987): On species richness and nature reserve design: An empirical study of UK woodland avifauna. Biol. Conserv. 40, 167–178.

ZEMP, M. (1989): *Vaccinium vitis-idaea* L., ein bemerkenswertes Vorkommen am Schweizer Blauen und einige anschließende Betrachtungen zur acidophilen Vegetation des Gebiets. Bauhinia 9/2, 175–178.

– (1992): Biotopverbund bei Pflanzen. In: Arbeitsgemeinschaft für Natur- und Heimatschutz Baselland, Hrsg., Biotopverbund die wirksame Strategie gegen den Artenschwund? Referate der Tagung vom 26. Januar 1991, 23–24, Muttenz/Schweiz.

ZIELONKOWSKI, W. (1988): Umwandlung von Intensivflächen in Extensivflächen: Neue Potentiale und Chancen für den Naturschutz? Schr.-R. DRL 54, 272–276.

ZIMMERMANN, P., WOIKE, M. (1982): Das Schaf in der Landschaftspflege – Möglichkeiten und Grenzen des Einsatzes in schutzwürdigen Biotopen. LÖLF-Mitt. 7 (2), 1–13.

ZWÖLFER, H. (1982): Die Bewertung von Hecken aus tierökologischer Sicht. Laufener Seminarbeitr. 5, 130–134.

Register

Zur Vertiefung

→ **Farbatlas Waldlandschaften.** Ausgewählte Waldtypen und Waldgesellschaften unter dem Einfluß des Menschen. Prof. Dr. Richard Pott. 1993. 224 S., 243 Farbf., 17 Zeichn. Kt. ISBN 3-8001-3469-1. In diesem Farbatlas werden alle Komponenten, die zur Entstehung unserer Waldlandschaften geführt haben, deutlich gemacht.

→ **Farbatlas Waldschäden.** Dr. Günter Hartmann u. a. 1988. 256 Seiten, 418 Farbfotos. Kt. ISBN 3-8001-3306-7. Dieser Farbatlas ermöglicht jedermann das Erkennen von Schadbildern verschiedenster Ursachen an 16 Gattungen bzw. Arten von Waldbäumen. Er enthält eine Auswahl von mehr als 200 Krankheitserscheinungen.

→ **Farbatlas Landschaften und Biotope Deutschlands.** Leonie u. Dr. Eckhard Jedicke. 1992. 320 S., 225 Farbfotos, 20 Zeichn. Kt. ISBN 3-8001-3320-2. Dieser Farbatlas und Führer durch die heimische Natur stellt prägnant und verständlich 55 Landschaften und 127 Biotope vor.

→ **Praktische Landschaftspflege.** Grundlagen und Maßnahmen. Hrsg. Dr. Eckhard Jedicke. 1993. 280 S., 103 Abb., 61 Tab., Kt. ISBN 3-8001-4091-8. Dieses Buch vermittelt Landwirten, Planern und Gutachtern kompakte und verständliche Informationen über Durchführung, Hintergründe und Organisation von Pflegemaßnahmen.

→ **Pflanzenökologisches Praktikum.** Gelände- und Laborpraktikum der terrestrischen Pflanzenökologie. Prof. Dr. Lore Steubing, Dr. Andreas Fangmeier. 1992. 205 Seiten, 80 Abb. (UTB – Große Reihe) Kt. ISBN 3-8252-8062-4.

→ **Arten- und Biotopschutz.** Dr. agr. Giselher Kaule. 2. überarb. u. erw. Aufl. 1991. 519 S., 54 s/w-Fotos, 85 Zeichn. u. Ktn., 145 Tab. (UTB – Große Reihe) Kst. ISBN 3-8252-8028-4. Eine grundlegende und konzeptionelle Darstellung der Naturschutzarbeit, von der Beschreibung der Naturschutzobjekte über die Bewertung bis zur Durchführung von Einzelmaßnahmen.